Mathematical Modeling Fourth Edition

数理モデリング入門

原著
第4版

ファイブ・ステップ法

Mark M. Meerschaert
【著】

佐藤 一憲・梶原　毅
佐々木 徹・竹内 康博
宮崎 倫子・守田　智
【訳】

共立出版

Mathematical Modeling 4th edition by Mark M. Meerschaert Copyright © 2013, Elsevier Inc. All rights reserved.

This edition of Mathematical Modeling by Mark Meerschaert is published by arrangement with ELSEVIER INC., a Delaware corporation having its principal place of business at 360 Park Avenue South, New York, NY 10010, USA

Original ISBN: 978-0-12-386912-8

Japanese language edition published by KYORITSU SHUPPAN CO., LTD.

訳者まえがき

　サンマの美味しい季節である．かぼちゃや栗のお菓子も季節限定で出回っている．残念ながらぶどうは見かけなくなってきたが，その代わりになしが手に入る．秋はおいしい．血圧に気をつけながらたくさん食べよう！
　そうは言っても，やっぱり家で料理しないと食べたいものは食べられない．レストランだとおかわりするのも恥ずかしいし...　さて，料理本は揃っているかな？

ステップ1「メニューと材料」を設定する．
ステップ2「料理」の手法を選ぶ．
ステップ3「手順」を定式化する．
ステップ4「レシピにしたがって」解く．
ステップ5「メニューに沿った料理」を出す．

　われながら完璧である．問題があるとしたら，それは体重計が知っている．

・・・

　この本のタイトルは正しい．これは料理の本ではない．Meerschaert氏の著した"Mathematical Modeling (Fourth Edition)"の全訳である．この中には「数理モデル」をあたかも「おいしく料理」するための方法が書かれている．
　おなかをすかせながら，時間をかけてできあがった料理をいざ頬張ってみても，ちっとも美味しくないことがたびたびあるのは私だけだろうか？　昼にうどんを食べたことを忘れてしまって，夜にそうめんをゆでてしまったら，ちょっと悲しい気分にもなる（ステップ1の失敗）．ぷりっぷりの皮で包まれた餃子は，焼くのもいいけれど，ぜひとも水餃子にしたい（ステップ2によっては別物ができあがる）．カレーに入れるタマネギは煮る前にしっかりと炒めた方がおいしいわけで，炒めるのを忘れて煮る時間を長くしたってダメである（ステップ3で手順を明確にする必要がある）．みりんが切れてしまったので，その代わりに酒や砂糖を多めにするのはあまり感心しない．調味料の目分量もやめよう（ステップ4は洗練された解析のための決め手である）．おいしそうに焼けたハンバーグだって，肉団子のように山積みに

されたら食欲が半減してしまう．人参やじゃがいもがきれいに添えてあって，デミグラスソースがたっぷりとかかっているものが食べたい（ステップ 5 次第ではせっかくのものが台無しになってしまう）．

　上述した 5 つのステップには少し言葉の使い方に無理があったかもしれない．しかし，美味しい料理を作るためにはどのステップも欠かすことができない重要な要素であることはわかっていただけると思う．さらに大切なことは，この 5 つのステップにしたがってきちんと料理すれば，誰にでもおいしい料理ができあがるのである．

　この 5 つのステップにしたがって数理モデルを考える手法を，この本では「ファイブ・ステップ法」(five-step method) と呼んでいる．決してこれまでになかった革新的な方法というわけではないのだが，この方法にしたがってきちんと手順をふんで数理モデルを考えることによって，誰にでもまっとうな数理モデルを考えることができるのだ．

　どのような問題にどのような数理モデルがふさわしいのかという問いには，おそらく唯一の答えはない．たとえ問題が同じであっても，考える人の興味や立場が違うと，数理モデルも全く違うものになるからである．しかし，ひとたび「数理モデルの手法」が決まって，「モデルが定式化」されてしまえば，あとは数学の問題であるから，どのような数学を使えばいいのかは自ずと知れてくる．本書では，そのようなときに最もよく使われる数理モデルとして「最適化モデル」「動的モデル」「確率モデル」を取り上げて，具体的な例を挙げながら詳しく説明している．

　Mathematica や Maple をはじめとする様々な数式処理ソフトウエアを駆使していることも本書の特徴である．これらのソフトウエアが使える環境で本書を読めば，さらに学習効果が期待できるだろう．

　最後に，訳者について少しだけ紹介しておきたい．私たち 6 名の訳者は，数理生物学・数学・物理学のいずれかを専門とする大学教員である．これまでにも何冊かの書籍を共訳させていただいた．ただし，今回のような多岐にわたる題材を対象とした数理モデルの書籍を翻訳するのは初めての機会であったために，原稿ができあがるまでに想像していた以上の時間がかかってしまった．幸いにして，モデルが定式化されてしまえば，ふだん私たちが目にしているなじみのある数学が多かった．したがって，私たちの専門ではなかなかお目にかかれないような具体例によって，新鮮な気持ちで数理モデルを考えることができたように思う．一方で，クジラの問題をはじめ，感染症の問題や捕食者 – 被食者の問題は，専門分野におけるなじみのあるテーマであった．これらの例は，私たち専門家の目から見ても，入門書としてふさわしいものになっていると感じた．

　今回も企画から出版にいたるまで，共立出版の信沢孝一氏にはひとかたならぬご

尽力をいただきました．特に，〆切を何度も延ばしながら，原稿を辛抱強く待っていただいたことに感謝いたします．また，共立出版の大谷早紀氏には編集を担当していただきました．原稿の隅々にまで目を配っていただいたことにお礼申し上げます．

さて，今晩はファイブ・ステップ法にしたがってどんな料理を作ろうか？

2014 年 10 月　金木犀の香る頃

訳者を代表して　佐藤一憲

目 次

訳者まえがき ... iii

まえがき ... ix

第 I 部　最適化モデル　1

第 1 章　1 変数の最適化　3
1.1　ファイブ・ステップ法 ... 3
1.2　感度分析 ... 8
1.3　感度とロバスト性 ... 14
1.4　練習問題 ... 16

第 2 章　多変数の最適化　21
2.1　制約なしの最適化 ... 21
2.2　ラグランジュ乗数 ... 31
2.3　感度分析とシャドウ・プライス ... 42
2.4　練習問題 ... 50

第 3 章　最適化計算法　57
3.1　1 変数最適化問題 ... 57
3.2　多変数最適化問題 ... 65
3.3　線形計画法 ... 75
3.4　離散最適化 ... 92
3.5　練習問題 ... 104

第 II 部　動的モデル　　　　　　　　　　　　　117

第 4 章　動的モデル入門　　　　　　　　　　　119
4.1　平衡状態の解析 119
4.2　ダイナミカルシステム 125
4.3　離散時間ダイナミカルシステム 131
4.4　練習問題 138

第 5 章　動的モデルの解析　　　　　　　　　　145
5.1　固有値の方法 145
5.2　離散系に対する固有値の方法 152
5.3　相図 156
5.4　練習問題 171

第 6 章　動的モデルのシミュレーション　　　　179
6.1　シミュレーション入門 179
6.2　連続時間モデル 186
6.3　オイラー法 194
6.4　カオスとフラクタル 202
6.5　練習問題 214

第 III 部　確率モデル　　　　　　　　　　　　231

第 7 章　確率モデル入門　　　　　　　　　　　233
7.1　離散的確率モデル 233
7.2　連続的確率モデル 238
7.3　統計学入門 242
7.4　拡散 247
7.5　練習問題 253

第 8 章　確率モデル　　　　　　　　　　　　　263
8.1　マルコフ連鎖 263
8.2　マルコフ過程 274
8.3　線形回帰 284
8.4　時系列 294

8.5	練習問題	304

第9章 確率モデルのシミュレーション　　315

9.1	モンテカルロシミュレーション	315
9.2	マルコフ性	322
9.3	解析的シミュレーション	331
9.4	粒子追跡	339
9.5	分数階拡散	350
9.6	練習問題	363

あとがき　　376

索　引　　380

訳者一覧　　383

まえがき

　数理モデリングは数学と他の世界を結ぶものである．あなたは問いを発する．あなたはちょっと考えてから，正確な数学の言葉で表現し直すことによって，問いを洗練する．数学の問題になってしまえば，あなたは数学を使って答えを見つけることができる．そして，最終的には（またこれはかなり多くの人々が忘れていることでもあるが）あなたはプロセスを逆にたどって，数学の解答を，もともとの問題に対してわかりやすく無意味でないような答えに翻訳し直す必要がある．日本語が堪能な人もいるし，計算が達者な人もいる．それぞれにたくさんの人がいる．どちらの言語にも長けていて，自ら進んで翻訳したり，翻訳できる人がもっと必要だ．このような人たちは，未来の問題を解決するにあたって大きな影響を与えるだろう．

　このテキストは，数理モデリングの分野の一般的な入門として役立つことを意図しているが，数学やそれに密接に関連した分野の，高学年の学部生や低学年の大学院生を対象としている．正規の前提条件としては，通常の1年生と2年生で学ぶ数学であるが，1変数の微積分学，多変数の微積分学，線形代数学，微分方程式である．前もってコンピュータや確率統計に触れておけば役には立つが，必要なことではない．

　この本は，1種類の数理モデルに焦点を当てたテキストとは違って，最適化からダイナミカルシステムや確率過程までの，広範囲のモデリングの問題をカバーしている．この本は，1セメスターの微積分学の知識だけを仮定した他のテキストとは違って，学生に知り得る**すべての**数学を使うように鼓舞する（それが実際の問題を解くためには必要なことだからである）．

　大多数の数理モデルは3つのカテゴリーのひとつに入る：最適化モデル；動的モデル；確率モデル．実際の応用で使われるモデルのタイプは手元の問題によって規定されるかもしれないが，しばしば，選択の問題である．多くの場合に，2つ以上のタイプのモデルが使われる．たとえば，期待値に基づく，もっと小規模で扱いやすい決定論的動的モデルと併せて，大規模なモンテカルロシミュレーションモデルが使われる．

この本は，3つの主なカテゴリーの数理モデルに対応する，3部から構成されている．まず最適化モデルから始まる．第1章1節では，1変数最適化問題の内容で，数理モデリングのファイブ・ステップ法が導入される．最初の章の残りは，感度分析とロバスト性の入門である．これらの数理モデリングの基礎は，この本のその他の部分でも一貫して使われる．各章の終わりの練習問題でも学生はこれらのことを身につけることが要求される．多変数の最適化に関する第2章は決定変数，実行可能で最適な解，制約条件を導入する．ラグランジュ乗数の方法の復習は，多変数の微積分学でこの重要な技法を学ばなかった学生のために与えられる．制約条件をもつ問題に対する感度分析の節では，ラグランジュ乗数がシャドウ・プライス（双対変数と呼ぶ著者もいる）を表していることを学ぶ．これは後の第3章で線形計画法の議論の舞台を設定する．第3章の最後は，第2版で追加された離散最適化の節である．そこでは，分枝限定法を用いた整数計画法の実用的な入門を与える．さらに，線形計画問題と整数計画問題の間の結びつきを調べることによって，離散モデル対連続モデルという重要な問題を早めに導入する．第3章は，1変数と多変数のニュートン法や，線形計画法と整数計画法を含む，重要な計算技術のいくつかを扱う．

　次の部では，動的モデルについて，状態や平衡の概念を学生に導入する．後の議論での，確率過程の状態空間，状態変数，平衡状態は，ここで議論されるものと密接に結びついている．離散時間および連続時間の非線形ダイナミカルシステムを扱う．このようなモデルの多くは解析解を許さないので，この部では厳密な解析解をほとんど重視しない．第6章の最後は，第2版で追加されたカオスとフラクタルの節である．解析的な方法とシミュレーションの方法の両方を使って，離散的および連続的動的モデルの振る舞いを調べることで，それがある条件のもとでどのようにしてカオスになりうるのかを理解する．この節は，主題の実用的で理解しやすい入門を与える．学生は初期条件，倍加周期，フラクタル集合のストレンジアトラクタに触れる．最も重要なことは，このような数学的な珍奇なものは現実世界の問題から出てきたということである．

　最後の部では，確率モデルを導入する．確率の知識は前もって仮定しない．その代わりに，最初の2つの部の道具を頼りにして，現実世界に関連するように自然で直感的な方法で確率を導入する．第7章は確率変数，確率分布，大数の強法則，中心極限定理といった基本概念を導入する．第7章「確率モデル入門」の最後は拡散の節であるが，第3版で追加された．そこでは，拡散方程式に焦点を当てて，偏微分方程式のやさしい入門を与える．フーリエ変換を用いてこの拡散方程式の点湧き出し解の簡単な導出を与えることによって，正規密度にたどり着く．次に，前の7.3節「統計学入門」で導入された中心極限定理に拡散モデルを結びつける．この拡散

に関する新しい節は，地球科学の低学年大学院生向けのネバダ大学で教えた授業に基づくものである．大気と地下水の汚染物質の移動に対して応用される．第8章では，マルコフ連鎖，マルコフ過程，線形回帰を含む，基本的な確率過程を扱う．第8章「確率モデル」の最後は，第3版で追加された時系列に関する新しい節である．この節はまた，2つ以上の予測量をもつ多重回帰モデルへの入門にもなっている．8.3節「線形回帰」の議論をさらに進める自然な流れとして，時系列に関する新しい節は相関という重要なアイディアを導入する．それはまた，時系列モデルで，相関した変数をどのようにして認めて，依存した構造をどのようにして含めるのかを示す．議論は自己相関モデルに焦点が当てられるが，それは最も一般的に有用な時系列モデルだからである．それはまた最も便利であり，広く利用されている線形回帰ソフトウエアを使って扱うことができる．統計パッケージを利用できる学生のために，この節では，適切な応用と，自己相関のプロットや逐次平方和を含む，発展的な方法の解釈を説明する．しかし，節全体は，複数の予測量を許したり，2つの基本的な尺度である R^2 と残差標準偏差 s を出力したりするような，基本的な回帰の実行だけを使って扱うことができる．これはすべて，良い表計算ソフトウエアや電卓で実行することができる．第9章は確率モデルのシミュレーション方法を扱う．モンテカルロ法が導入されて，効率的なシミュレーションアルゴリズムを作るためにマルコフ性が適用される．解析的シミュレーション法も調べて，モンテカルロ法と比較する．第4版では，2つの新しい節が第9章の最後に追加された．最初の新しい節では粒子追跡法を扱って，基礎となる確率過程のモンテカルロシミュレーションによって偏微分方程式を解く．この本の最後の節では，異常拡散の内容で，分数階微積分学を導入する．分数階拡散方程式は粒子追跡によって解かれて，地下水汚染の問題に応用される．この節はフラクタル，分数階微分，裾の重い確率分布の概念を結びつける．

　この本の各章には，やりがいのある一組の練習問題が付いている．この練習問題に取り組むためには，学生は，ある程度の創造性とかなりの努力が必要である．この本では問題をでっち上げることはしなかった．それらは本当の問題である．それらは特別な数学的な技術の利用を説明しようとはしていない．全く逆である．この本では，**問題が必要としているために**，時には何か新しい数学的な技術を調べることもあるだろう．この本では，学生が"これはすべて何のためなのか？"とこちらを見上げて尋ねたりする余地がないように決めた．よくあるように単純化されすぎたりひどく非現実的ではあるのだが，作り話の問題は，現実の問題を解くために数学を応用するときの基本的な課題を具体化する．多くの学生にとっては，作り話の問題はたくさんの課題を示す．この本は作り話の問題を解く方法を学生に教える．か

なり有能な学生であれば作り話の問題を解くことができるように，首尾よく適用できる一般的な方法がある．それは第1章1節で出てくる．この同じ一般的な方法は本文のいたるところですべての種類の問題に適用される．

　各章の練習問題に続いて，さらに進んだ文献を読むために提案したリストがある．このリストは，その章の題材に関連した多くの応用数学のUMAP[1]モジュールに対する文献を含んでいる．UMAPモジュールは本文の題材への興味ある補足や格別に信用できる課題を提供しうる．UMAPモジュールのすべては，ほんのわずかな費用で，COMAP (The COnsortium for Mathematics and its APplications) から利用できる (www.comap.com)．

　この本の主なテーマのひとつは，数学的な問題を解くための適切な技術の利用である．数式処理ソフトウエア，グラフィックス，数値計算法のすべては，数学の中に占める場所が決まっている．多くの学生にはこのような道具に対する適切な入門がなかった．このコースでは，本文で最新の技術を導入する．新しい技術は現実世界の問題を解くためのもっと便利な方法を与えるので，学生は学習しようと動機づけられる．数式処理ソフトウエアと2次元のグラフィックスは，このコースのいたるところで有用である．3次元のグラフィックスは，多変数の最適化に関する節の第2章と第3章で使われる．すでに3次元グラフィックスの手ほどきを受けた学生は自分たちの知っていることを使うようにと励まされるはずである．本文で扱われている数値計算法は，とりわけ，ニュートン法，線形計画法，オイラー法，線形回帰，モンテカルロシミュレーションを含んでいる．

　本文は，数学でのグラフ化のためのユーティリティを適切に利用するための命令に沿って，コンピュータで作成された非常に多くのグラフを含んでいる．数式処理ソフトウエアは，重要な代数計算が必要となる章で広く使われる．本文は第2章，第4章，第5章，第8章でのMapleやMathematicaといった数式処理ソフトウエアによるコンピュータの出力を含んでいる．計算技術に関する章（第3章，第6章，第9章）は，解析解をもたないような問題を解くための数値アルゴリズムの適切な利用を議論する．線形計画法や整数計画法に関する3.3節と3.4節は，普及している線形計画法パッケージLINDOによるコンピュータの出力を含んでいる．線形回帰や時系列に関する8.3節と8.4節は，一般的に使われている統計パッケージMinitabによる出力を含んでいる．

　学生はこの教科書を十分に活用するために適切な技術の利用が提供されている必要がある．どのような状況でも，教員が自分自身の大学でこの教科書を簡単に使えるようにした．学生に精巧なコンピュータ施設を提供できる手段がある場合もある

---

[1] 訳注：Undergraduate Mathematics and its APplications

だろうが，そこまではできない場合もあるだろう．最低限必要なものは以下の通りである：(1) 2次元グラフを描くためのソフトウエアのユーティリティ；(2) 学生がいくつかの単純な数値アルゴリズムを実行することができる機械．たとえば，コンピュータの表計算ソフトウエアのプログラムやプログラム可能なグラフィックス電卓によって，このようなことはすべてできる．理想的な状況はすべての学生に数式処理ソフトウエア，線形計画法パッケージ，統計計算パッケージの利用を提供することである．次のものは，この教科書に関連して使うことのできる適切なソフトウエアのパッケージのリストの一部である．

数式処理ソフトウエア：

- Derive, Chartwell-Yorke Ltd., `www.chartwellyorke.com/derive`
- Maple, Waterloo Maple, Inc., `www.maplesoft.com`
- Mathcad, Parametric Technology Corp., `www.ptc.com/products/mathcad`
- Mathematica, Wolfram Research, Inc., `www.wolfram.com/mathematica`
- MATLAB, The MathWorks, Inc., `www.mathworks.com/products/matlab`
- Maxima, free download, `maxima.sourceforge.net`

統計パッケージ：

- Minitab, Minitab, Inc., `www.minitab.com`
- SAS, SAS Institute, Inc., `www.sas.com`
- SPSS, IBM Corp., `www.ibm.com/software/analytics/spss`
- S-PLUS, TIBCO Corp., `spotfire.tibco.com`
- R, R Foundation for Statistical Computing, free download,
  `www.r-project.org`

線形計画法パッケージ：

- LINDO, LINDO Systems, Inc., `www.lindo.com`
- MPL, Maximal Software, Inc., `www.maximal-usa.com`
- AMPL, AMPL Optimization, LLC, `www.ampl.com`
- GAMS, GAMS Development Corp., `www.gams.com`

本文中の数値アルゴリズムは，擬似コードの形で示している．教員によっては，学生に自分自身でアルゴリズムを実装させたいだろう．一方，学生はプログラムを組むことを要求されていなければ，われわれは教員が適切なソフトウエアを使って

容易に学生にプログラムを与えられるようにしたい．本文中のすべてのアルゴリズムは，この教科書のユーザーには費用がかからずに利用できるように，様々なコンピュータプラットフォーム上で実装した．コピーが欲しければ，著者に連絡をとるか，ホームページ

www.stt.msu.edu/users/mcubed/modeling.html

を見てほしい．そこでは，これらの実装をダウンロードできる．また，あなた自身の実装を他の教員や学生と共有したいなら，コピーを私たちに送ってほしい．許可してもらえるなら，コピーを他の人たちに無料で利用できるようにする．

　授業で利用するために教科書を採用する教員のための，完全で詳細な解答の説明書は著者や出版社から利用できる．本文で使われているアルゴリズムのコンピュータによる実装は，本文に載っているすべてのグラフィックスやコンピュータの出力を作成するために使われるコンピュータファイルとともに，様々なプラットフォームに対してダウンロードすることができる．これらのダウンロードはすべてホームページ

www.stt.msu.edu/users/mcubed/modeling.html

で利用可能である．

　この教科書の第3版までに対する反応は満足なものであった．この仕事の最も良いところは，この本を使う学生や教員との交流である．どんなコメントや提案でも遠慮なく私に連絡してほしい．

Mark M. Meerschaert
Department of Statistics and Probability
Michigan State University
C430 Wells Hall
East Lansing, MI 48824-1027 USA

Phone: (517) 353-8881
Fax: (517) 432-1405
Email: mcubed@stt.msu.edu
Web: www.stt.msu.edu/users/mcubed

第Ⅰ部
最適化モデル

第1章　1変数の最適化

　最適化の問題は，数学の応用では最も一般的なものであろう．どのような仕事にたずさわっていても，具合の良いことを最大にしたいと思うし，具合の悪い結果やコストは最小にしたいと思うだろう．経営者は変数を調整して，利益を最大にしようとしたり，望むような生産と配送を最小のコストでしようとしたりする．漁場や森林のような天然資源にたずさわる人は，長期間にわたる生産量を最大にするように収穫量をコントロールしたいであろう．行政機関は，消費者向け製品の生産による環境破壊を最小にするように基準を設ける．コンピュータ・システムの管理者は情報処理量を最大にして，遅れを最小にしようとするだろう．農業では収穫が最大になるような植え付けを試みるだろう．医者は危険な副作用が最小になるように投薬を調整するであろう．これらの事例（他にもたくさんあるだろう）は，ある特定の数学的構造を共通にもつ．それは，一つあるいは複数の変数をコントロールして[1]，他の変数において最良の結果を得るということである．これらの多くの場合，コントロール変数に様々な現実的な制約がつく．最適化モデルは，与えられた制約のもとで，最適な結果をもたらすようなコントロール変数の値を求めるものである．

　最適化モデルの話を，ほとんどの学生が学習済みと思われるところから始めよう．1変数最適化問題（最大・最小問題とも呼ばれる）は，大学1年前期の微分積分の授業で扱われるのが普通であろう[2]．ここで学ぶ方法のみで扱うことができる応用問題は多岐にわたるであろう．本章の目的は，数理モデルの基礎への入門を，なじみのある問題設定のもとで行なうことである．また，基本事項の復習も行なう．

1.1　ファイブ・ステップ法

　本節では，数理モデルを用いて問題を解決する一般的な手続きの概略を述べる．この手続きをファイブ・ステップ法と呼ぶ．1年前期の微分積分の授業でお目にかかる，典型的な1変数最大・最小問題を解くことを通じて，このファイブ・ステッ

---

[1] 訳注：このような変数をコントロール変数という．
[2] 訳注：日本では高校の微分積分でも扱われる．

プ法を説明しよう．

例 1.1 現在体重 200 ポンドの豚がいる．この豚は 1 日あたり 5 ポンド体重が増え，その飼育には 1 日 45 セントかかるとする．市場での豚 1 ポンドあたりの価格は，現在 65 セントで，1 日に 1 セントずつ価格が下がっているとする．この豚はいつ売るべきであろうか？

問題解決への数理モデルのアプローチは 5 つのステップからなる：

1. 問題を設定する．
2. 数理モデルの手法を選ぶ．
3. モデルを定式化する．
4. モデルを解く．
5. 問題の解答を出す．

最初のステップは，問題を設定することである．問題は数学の言葉で記述されていなくてはならず，問題設定にはかなりの手間がかかることがしばしばである．この過程においては，物事が実際にどのようになっているかに関して，たくさんの仮定をしなくてはならない．この段階では，あてずっぽうを恐れるべきではない．あとになってあてずっぽうを改良することは，いつでもできる．また，数学として問題を設定するためには，事前に必要な項目を定めておくことが必要である．問題を一通り確認し，変数のリストを作成する．このリストには，各変数の単位も適切なものを加えておく．次に変数に関する仮定のリストを作る．変数間の関係（等式や不等式）で，既知のものや仮定しておくべきものも，すべてこのリストに書く．これらがすべて済んだら，問題設定の準備は整った．この問題の目的を，数学の言葉で明確に記述する．変数や単位，等式や不等式，その他の仮定のリストを前段階で作成したが，これらが実際に問題の一部となっていることに気づくだろう．これらが問題の枠組みになっているのである．

例 1.1 では，豚の体重 w（ポンド），豚を売るまでの日数 t や，t 日間豚を飼育するのにかかる費用 C（ドル），豚の市場価格 p（ドル／ポンド），豚を売った場合に得る収入 R（ドル），そして最終的な利益 P（ドル）のすべてが変数となる．豚の最初の体重（200 ポンド）のように，他にもこの問題と関係する量はある．しかし，このような量は変数にはならない．この段階では，このような定数であるような量を変数と分けておくことが重要である．

次に，ステップ 1 の最初の段階で決めた変数に関する仮定のリストを作成しなくてはならない．この過程では，問題における定数の影響を考慮することになる．豚

変数： $t =$ 時間（日）
          $w =$ 豚の体重（ポンド）
          $p =$ 豚の価格（ドル／ポンド）
          $C = t$ 日間豚を飼育する費用（ドル）
          $R =$ 豚を売ることによる収入（ドル）
          $P =$ 豚を売ることによる利益（ドル）

仮定： $w = 200 + 5t$
          $p = 0.65 - 0.01t$
          $C = 0.45t$
          $R = p \cdot w$
          $P = R - C$
          $t \geq 0$

目的： P を最大にする

図 1.1 養豚の問題のステップ 1 の結果.

の体重は最初 200 ポンドで，5（ポンド／日）増えていくので，

$$(w \text{ ポンド}) = (200 \text{ ポンド}) + \left(\frac{5 \text{ ポンド}}{\text{日}}\right)(t \text{ 日})$$

である．式が意味をもっていることを確かめるために，単位を入れていることに注意しよう．この問題の他の仮定は以下の通りである：

$$\left(\frac{p \text{ ドル}}{\text{ポンド}}\right) = \left(\frac{0.65 \text{ ドル}}{\text{ポンド}}\right) - \left(\frac{0.01 \text{ ドル}}{\text{ポンド} \cdot \text{日}}\right)(t \text{ 日})$$

$$(C \text{ ドル}) = \left(\frac{0.45 \text{ ドル}}{\text{日}}\right)(t \text{ 日})$$

$$(R \text{ ドル}) = \left(\frac{p \text{ ドル}}{\text{ポンド}}\right)(w \text{ ポンド})$$

$$(P \text{ ドル}) = (R \text{ ドル}) - (C \text{ ドル}).$$

なお，$t \geq 0$ とする．この問題の目的は，純益 P（ドル）を最大にすることである．ステップ 1 の結果を，あとで参照するのに便利な形にまとめたものが図 1.1 である．
　ステップ 1 の三段階（変数，仮定，目的）は，どんな順番でやってもよい．たとえば，ステップ 1 の最初に目的を定めることが便利であることも多い．例 1.1 では，目的 P を定め，$P = R - C$ であることに気づいてからでないと，R と C が変数であることはわかりにくいかもしれない．ステップ 1 が完了したかどうかを確かめ

る方法としては，目的 P が変数 t とちゃんと関係づけられているかを調べるというのがある．ステップ 1 に関する一般的なアドバイスとしては，**ともかく何かやってみる**というのが最良であろう．すぐにわかること（問題に一通り目を通して名詞を探すだけで見つかる変数もある）は何でも書くということから始めれば，きっと残りもなんとかなるだろう．

ステップ 2 は数理モデルの手法を選ぶことである．この段階では，問題がすでに数学の言葉で述べられているので，答えを得るために用いる数学の手法を選ぶことになる．多くのタイプの問題は，有効で一般的な解法手順があるような標準的な形式で述べることができる．応用数学のほとんどの研究は，問題の一般的なカテゴリーを定め，それを解決する有効な方法を探求するということからなっている．この分野にはすでに膨大な文献があり，さらに新しい結果も数多く生み出され続けている．数理モデルの手法をうまく選択できるほど経験があり，文献にも詳しいような学生は，いたとしても，極めて少数だろう．しかし本書では，まれな例外を除いて，問題それ自身から適切な数理モデルの手法がわかるであろう．この例題に関して言えば，1 変数最適化問題，すなわち最大・最小問題としてモデル化される．

ここで選んだモデルの手法について，その概略を述べておこう．詳細については，微分積分の入門書を見られたい．

実軸の部分集合 S で定義された実数値関数 $y = f(x)$ が与えられているとする．内点 $x \in S$ において f が最大値か最小値をとり，かつ f が x において微分可能であるならば，$f'(x) = 0$ である，という定理がある．この定理により，内点 $x \in S$ で $f'(x) \neq 0$ となる点は，最大・最小の候補から外すことができる．そうでない点が多すぎなければ，この方法でうまくいくであろう．

ステップ 3 はモデルの定式化である．ステップ 1 で記述した式を，ステップ 2 で選んだ手法の標準的な形として定式化する．これにより，標準的で一般的な解法が適用できる．この例でもそうであるが，モデルの手法において特別な変数名を用いて記述する慣習があるなら，それに従って変数名を変えておいたほうが便利であろう．次のように書こう．

$$P = R - C$$
$$= p \cdot w - 0.45t$$
$$= (0.65 - 0.01t)(200 + 5t) - 0.45t.$$

$y = P$ を最大にしたい量とし，$x = t$ を独立変数とする．すると，この問題は

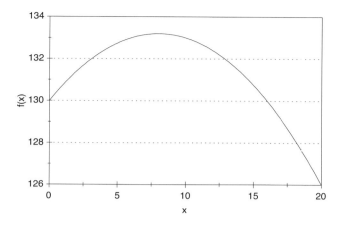

図 1.2 養豚の問題において，豚を売るまでの日数 x に対する純益 $f(x) = (0.65 - 0.01x)(200 + 5x) - 0.45x$ のグラフ．

$$\begin{aligned} y &= f(x) \\ &= (0.65 - 0.01x)(200 + 5x) - 0.45x \end{aligned} \quad (1.1)$$

を集合 $S = \{x : x \geq 0\}$ で最大にする問題になる．

ステップ 4 はモデルを解くことである．ここでは，ステップ 2 で選んだ標準的な解法を用いる．この例では，式 (1.1) で定義された関数の，集合 $x \geq 0$ における最大値を求めたい．図 1.2 が関数 $f(x)$ のグラフである．f が x の 2 次関数なので，グラフは放物線である．微分すると

$$f'(x) = \frac{8 - x}{10}$$

であり，$x = 8$ で $f'(x) = 0$ となる．f は区間 $(-\infty, 8)$ で増加し，$(8, \infty)$ で減少し，$x = 8$ で最大となる．この点において，$y = f(8) = 133.20$ となる．点 $(x, y) = (8, 133.20)$ は実軸全体における f の最大を与え，したがって集合 $x \geq 0$ でも最大である．

ステップ 5 は，ステップ 1 で提起されたもともとの問題，つまりこの豚はいつ売ると利益が最大になるかという問題への解答を出す．ここで数理モデルを用いて得られた答えは，8 日後に豚を売るというもので，これで純益 133.20 ドルを得ることになる[3]．ステップ 1 でなされた仮定が正しければ，この答えは正しい．ステップ 1 で行なったことを変えてみて，それに応じた問題を考えたり，他の仮定を考え

---

[3] 訳注：133 ドル 20 セント．本書では 133.20 ドルという記法も用いる．

てみたりする余地はある．扱っているのが現実の問題（豚を飼っていて，これをいつ売るべきなのか）なので，ステップ1にはリスクとなる要因がある．このような理由から，通常は他の選択肢も考える必要がある．この過程（**感度分析**と呼ばれる）は，次節で扱う．

本節の主な目的は，数理モデルにおけるファイブ・ステップ法を紹介することであった．図1.3に，あとで参照しやすいようにこの方法をまとめている．本書では，数理モデルの様々な問題を解くのにファイブ・ステップ法を用いる．ステップ2のところでは，そこで用いる数理モデルの方法についても述べるであろう．そこでは例も1つあるいは2つ扱うであろう．その数理モデルの方法をすでに学んでいる場合は，その部分を飛ばしたり，記法にざっと目を通すだけにしてもよいであろう．図1.3にまとめたもののうちのいくつか（たとえば「適切なツール」の利用）については，あとに詳しく述べる．

章末の練習問題でも，ファイブ・ステップ法を用いるべきである．ここでファイブ・ステップ法を用いる習慣がつけば，もっと難しい数理モデルの問題を解くのも楽になるであろう．また，ステップ5には特別な注意を払うべきであることに注意しよう．現実においては，正しいだけでは不十分なのである．考えを他の人，時には自分より数学になじみのない人に説明する力も必要となる．

1.2 感度分析

前節では，数理モデルに取り組むためのファイブ・ステップ法の概略を説明した．この手続きは問題における仮定を考えることから始まる．これらの仮定すべてが正しいと思えるほどに物事がはっきりしていることは滅多にない．したがって，得られる結果が，それぞれの仮定に対してどの程度影響を受けるか（感度が高いか）を考える必要がある．この感度分析は，数理モデルを利用する際の重要な局面のひとつである．その詳細はどの数理モデルを用いるかによって変わってくるので，感度分析に対する議論は本書の最後まで続けられることになる．ここでは，簡単な1変数最適化問題に対する感度分析に話をしぼる．

前節では，養豚の問題（例1.1）を用いて数理モデルのファイブ・ステップ法を説明した．図1.1には，この問題における仮定がまとめられている．この例では，データと仮定が逐一挙げられている．そうであっても，きびしい目で見ておく必要がある．データは測定や観測，場合によっては推測によって得られる．データが正確でない可能性も考慮しなくてはならない．

他のデータと比較して，はるかに確かな値が得られるデータもある．豚の現在の体重，現在の豚の価格，豚を飼うための1日あたりの費用は，見積もりやすくかつ

ステップ 1. 問題を設定する．

- 問題に現れる変数を，適切な単位とともにすべてリストに書く．
- 変数と定数を混同しないように注意する．
- 変数に関する仮定（等式，不等式を含む）をすべて書く．
- 単位をチェックして，すべての仮定が意味をもつか確かめる．
- 問題の目的を数学の言葉で明確に記述する．

ステップ 2. 数理モデルの手法を選ぶ．

- 問題を解くのに使える一般的な解法手順を選ぶ．
- 一般的に言って，このステップでは経験や技術，そして関連文献に詳しいことが必要となる．
- 本書では用いる手法を指定することになる．

ステップ 3. モデルを定式化する．

- ステップ 1 で設定した問題を，ステップ 2 で選んだモデルの方法の言葉で書き直す．
- ステップ 2 で用いた記法に合わせるために，ステップ 1 で用いた変数名を変更する必要があるかもしれない．
- ステップ 1 で設定した問題を，ステップ 2 の数学的な構造に合わせるために，仮定を追加しなくてはならないかもしれないことに注意する．

ステップ 4. モデルを解く．

- ステップ 2 で選んだ一般的な解法を，ステップ 3 で定式化した問題に適用する．
- 数学の適用は慎重に．計算違いなどがないかチェックする．答えは意味をなすか？
- 適切なツールを使う．数式処理ソフトウエアやグラフィックツール，数値計算ツールは，扱える問題の範囲を広げるし，計算違いなども減らしてくれる．

ステップ 5. 問題の解答を出す．

- ステップ 4 の結果を普通の言葉に直す．
- 数学の記号や用語は避ける．
- もともとの問題を理解できる人なら誰でもわかるような答えでなくてはならない．

図 1.3 ファイブ・ステップ法．

表 1.1 養豚の問題．最良売却日 x の価格下落率 r に対する感度．

r（ドル／日）	x（日）
0.008	15.0
0.009	11.1
0.010	8.0
0.011	5.5
0.012	3.3

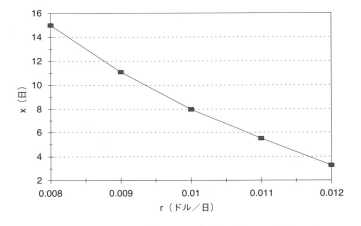

図 1.4 養豚の問題．最良売却日 x の価格下落率 r に対するグラフ．

確かな値がわかる．豚の成長の速さは，それらと比べると確かさが落ちる．豚の価格が下がっていく速さは，さらに不確かであろう．r を価格の下落率とする．ここでは，1 日あたり $r=0.01$ ドルとしたが，今度は実際の r の値が違っているとしてみよう．異なる r の値に対して同じ解法を繰り返すことにより，答えの r の値に対する感度がどのようなものであるかがわかってくるであろう．表 1.1 に，この問題をいくつかの r の値に対して解いた結果を挙げる．図 1.4 は，同じデータをグラフにしたものである．最適な売却日がパラメータ r の影響を大きく受けているのがわかる．

感度を測る方法で，これよりも系統的なものとして，r を未知のパラメータとして扱って，前と同じステップを行なうという方法が考えられる．p を

$$p = 0.65 - rt$$

とすると，先と同様にして，

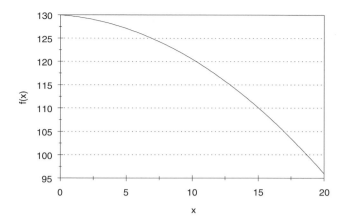

図 1.5 養豚の問題．利益 $f(x) = (0.65 - 0.015x)(200 + 5x) - 0.45x$ の売却日 x に対するグラフ．$r = 0.015$ の場合．

$$y = f(x)$$
$$= (0.65 - rx)(200 + 5x) - 0.45x$$

を得る．よって，

$$f'(x) = \frac{-2(25rx + 500r - 7)}{5}$$

となり，

$$x = \frac{7 - 500r}{25r} \tag{1.2}$$

において，$f'(x) = 0$ となる．最適な売却日は式 (1.2) で与えられる．ただし，この値が非負であるとき，すなわち $0 < r \leq 0.014$ である場合に限る．$r > 0.014$ のときは，放物線 $y = f(x)$ の頂点が集合 $x \geq 0$ の外になる．この集合 $x \geq 0$ における最大を考えているので，この場合には最適売却日は $x = 0$ となる．なぜなら，全区間 $[0, \infty)$ において $f' < 0$ であるからである．図 1.5 は $r = 0.015$ の場合の図である．

豚の成長率 g も確かな値ではない．先の例では $g = 5$（ポンド／日）としていた．一般的に

$$w = 200 + gt$$

とすると，

$$f(x) = (0.65 - 0.01x)(200 + gx) - 0.45x \tag{1.3}$$

となり，したがって

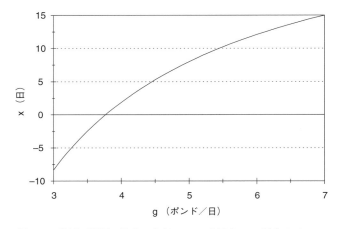

図 1.6 養豚の問題．最良の売却日 x の成長率 g に対するグラフ．

$$f'(x) = \frac{-(2gx + 5(49 - 13g))}{100}$$

である．すると，$f'(x) = 0$ となる点 x は，

$$x = \frac{5(13g - 49)}{2g} \tag{1.4}$$

である．最適な売却日は式 (1.4) で与えられる．ただし，この x の値が負でない場合に限る．図 1.6 は，成長率 g と最適な売却日の関係を表している．

感度のデータを解釈する際には，変化量そのものの値を用いるよりも，相対的な変化やパーセントで表した変化を用いて解釈するのが自然であり便利でもある．たとえば，r の 10％の減少は x に 39％の増加をもたらし，g の 10％の減少は x に 34％の減少をもたらす．x が Δx 変化した場合，x の相対的な変化は $\Delta x/x$ で与えられ，パーセントで表した x の変化は $100\Delta x/x$ である．r が Δr 変化し，その結果 x が Δx 変化した場合，これらの相対的な変化の比は $\Delta x/x$ を $\Delta r/r$ で割ったものである．$\Delta r \to 0$ として，導関数の定義を用いると，

$$\frac{\Delta x/x}{\Delta r/r} \to \frac{dx}{dr} \cdot \frac{r}{x}$$

を得る．この極限値を x の r に対する**感度**と呼び，$S(x, r)$ で表す．養豚の問題では，$r = 0.01, x = 8$ において

$$\frac{dx}{dr} = \frac{-7}{25r^2}$$
$$= -2{,}800$$

であり，したがって，
$$S(x,r) = \frac{dx}{dr} \cdot \frac{r}{x}$$
$$= (-2{,}800)\left(\frac{0.01}{8}\right)$$
$$= \frac{-7}{2}$$
である．つまり，r が 2％ 増えると x は 7％ 減る．また，
$$\frac{dx}{dg} = \frac{245}{2g^2}$$
$$= 4.9$$
であるから，
$$S(x,g) = \frac{dx}{dg} \cdot \frac{g}{x}$$
$$= (4.9)\left(\frac{5}{8}\right)$$
$$= 3.0625$$
となり，豚の成長率が 1％ 増加した場合には，売るのを 3％ 程度長く待つことになる．

感度 $S(y,g)$ を計算するためには，まず式 (1.4) を式 (1.3) で与えられた目的の関数 $y = f(x)$ に代入して，
$$y = \left(0.65 - 0.01\left[\frac{5(13g-49)}{2g}\right]\right)\left(200 + g\left[\frac{5(13g-49)}{2g}\right]\right)$$
$$\quad - 0.45\left[\frac{5(13g-49)}{2g}\right]$$
$$= \frac{150.0625}{g} + 50.375 + 10.5625g$$
とする．そして微分して，
$$\frac{dy}{dg} = -\frac{150.0625}{g^2} + 10.5625.$$
これに $g = 5$ を代入して $dy/dg = 4.56$ を得る．よって，
$$S(y,g) = \frac{dy}{dg} \cdot \frac{g}{y}$$
$$= (4.56)\left(\frac{5}{133.20}\right)$$
$$= 0.17.$$

もし，豚が予想よりも10％速く育ったら，純益は1.7％増えると期待できる．この例では，導関数 dy/dg を求めるのに，そこそこの代数計算が必要となる．第2章では，代数計算に利用できる**数式処理ソフトウエア**の使い方も述べる．

　感度分析の手順を有効に適用するには，十分な判断が必要である．考えているモデルにおいて，すべてのパラメータに対しては感度を計算できないことがよくあるし，特に必要でもないものもある．最も不確かなパラメータを選んで，それに対して感度分析を行なうことが必要である．感度の解釈は不確かさの度合いにも依存する．基本として問うべきは，データの不確かさが，答えの信頼性に与える影響の程度である．養豚の問題では，成長率 g は価格下落率 r と比べると確かなものであろう．この豚の過去の成長や同様の動物の成長を見た経験があれば，g が25％も違ってくるのは，かなりの驚きだろう．しかし，r の値の見積りに25％の誤差があっても，それには全く驚かないだろう．

1.3　感度とロバスト性

　数理モデルの出す結果が，モデルが完全には正確でないときでも正しいままであるとき，その数理モデルはロバストであるという．現実の問題では，完全な情報があるわけでもなく，たとえ完全に正確なモデルを構築することができるとしても，簡単で扱いやすい近似のモデルがあるほうがよい．このような理由で，数理モデルのプロジェクトでは，ロバスト性の考慮は必要な要素である．

　前節では感度分析の方法を紹介した．これにより，データについての仮定に対するモデルのロバスト性を見積もるのである．数理モデルの方法のステップ1でなすべき仮定で，検討しなくてはならないものは他にもある．数学が便利に簡単に使えるような仮定をたてることがしばしば必要ではあるが，その仮定がモデルからの結果を損なうほど特殊かどうかを考えるのも，モデルを構築する者の責任であろう．

　図1.1には，養豚の問題においてなされた仮定がまとめられている．データの値は別にして，豚の体重と価格の両方が時間の1次関数であるというのが主な仮定である．これらは明らかに問題を単純化するための仮定であり，厳密に成り立つことは期待できない．これでは，1年後には豚の体重は

$$w = 200 + 5(365)$$
$$= 2,025 \text{ポンド}$$

となり，価格は

$$p = 0.65 - 0.01(365)$$
$$= -3.00 \text{ドル／ポンド}$$

となってしまう．より現実的なモデルでは，これらの関数の非線形性と時間経過に伴う不確実性の増加の両方を考慮に入れることになるだろう．

仮定が正しくなくても，モデルは正しい答えを出すであろうか．数理モデルの構築には完全であることが要求されるとはいえ，完全であるなんてことはありえない．数理モデルの構築には完全な**方向に向かう**ことが要求される，という方が正確である．うまく構築された数理モデルはロバストになるだろう．つまり，出る答えは完璧に正しいわけではないが，現実の状況で使うのに十分なほどに正解に近いものになるだろう．

養豚の問題でなされた線形性の仮定を検証してみよう．基本的な式は

$$P = pw - 0.45t$$

であった．ここで，p は1ポンドあたりの豚の価格（ドル）で，w は豚の体重（ポンド）である．もし，モデルのもとのデータや仮定がそれほど外れていなければ，豚を売る最適な時間は $P' = 0$ で与えられるだろう．よって，

$$p'w + pw' = 0.45 \,(\text{ドル}/\text{日})$$

を得る．$p'w + pw'$ という項は豚の価値の増加率を表している．このモデルからわかることは，豚の価値の上昇が豚を飼うコストを上回っている間は，豚を飼っているほうが良いということである．さらに言えば，豚の価値の変化は $p'w$ と pw' という2つの成分からなっている．最初の項 $p'w$ は，価格の下落による価値の減少を表している．また，第2の項 pw' は豚の体重増加による価値の増加を表している．もっと一般的なモデルを応用する際に伴う現実的な問題を考えてみよう．必要なデータに未来の豚の成長と価格変化があり，これらを時間の関数で微分可能なものとしてきちんと特定しなくてはならない．このような関数は絶対に正確にはわからない．そのような関数に意味があるのかさえも疑問である．日曜早朝3時に豚を売ることができるだろうか．値段が無理数であることがありうるだろうか．現実的なシナリオを考えてみよう．その養豚家は約200ポンドの豚を飼っている．先週その豚は1日あたり5ポンド体重を増やした．5日前には豚はポンドあたり70セントで売れたが，現在の価格はポンドあたり65セントまで落ちている．どうすべきであろう？　すぐわかるアプローチは，これらのデータ（$w = 200,\ w' = 5,\ p = 0.65,\ p' = -0.01$）をもとにいつ売るかを決定することである．これは正に上で行なったことである．p' や w' がこの先数週間も一定であることはないだろうという点，そして，それゆえに p や w が時間の1次関数にはならないという点は理解している．しかし，p' と

w' がこの期間にそれほど大きく変わらないのであれば，これらが一定であると仮定することに伴う誤差はそれほど大きくはないであろう．

さて，前節で述べた感度分析の結果に対して，若干荒い解釈を与える準備は整った．豚を売るのに最適な日 (x) の成長率の変化 w' に対する感度が 3 となったことを思い出そう．数週間先の成長率が実際には 4.5 から 5.5（ポンド／日）の間に収まったと仮定しよう．これは想定した値の 10％以内に収まっている．よって，豚を売る最適な日は 8 日目の 30％以内，すなわち 5 日目と 11 日目の間となる．8 日目に豚を売ることによる利益の損失は 1 ドル未満ということになる．

価格の方を見てみよう．$p' = -0.01$，すなわちこの先数週間，1 日に 1 セント価格が落ちていくというのが，最悪のシナリオであると仮定しよう．価格の下降はもっとゆっくりである可能性が高く，価格が変動しない ($p' = 0$) かもしれない．この場合，実際のところ言えるのは，売るのを最低 8 日間待てということくらいである．p' の値が小さい（ほとんど 0）なら，このモデルの結論は，かなり長い期間にわたり売るのを待つということである．しかし，このモデルは長期間にわたっては正しくはない．この場合の最良の策は，1 週間は豚を飼ったままでいて，そのあとにパラメータ p, p', w', w の値を再評価して，初めからやり直すというものであろう．

1.4 練習問題

1. ある自動車メーカーが，ある車種の販売で 1,500 ドルの利益を上げている．価格を 100 ドル割り引きするごとに売上が 15％ずつ上がると見込まれる．

    (a) 利益を最大にする割引き率はいくらか？ ファイブ・ステップ法を用い，1 変数最適化問題としてモデル化しなさい．

    (b) 15％という仮定に対する感度を求めなさい．割引率と，その結果の利益の両方を考察しなさい．

    (c) 100 ドルの割引あたりの売上の増加が，実際にはたった 10％だったと仮定しよう．その影響はどれほどか？ 割引 100 ドルあたり 10％から 15％の間だったらどうなるか？

    (d) 割引が利益の減少をもたらすのは，どのような状況か？

2. 養豚の問題において，豚を飼育する費用に対する感度分析をしなさい．豚を売るのに最も良い日への影響と利益への影響の両方を考察しなさい．新製品の飼料は 1 日 60 セントの費用で，豚はそれで 1 日に 7 ポンドだけ育つとする．この飼料は替えるだけの価値があるか．最低どれだけの成長率の向上があれば，こ

3. 例 1.1 の養豚の問題を再考しよう．今度は，豚の価格が安定し始めつつあるとする．t 日後の豚の価格（セント／ポンド）が

$$p = 0.65 - 0.01t + 0.00004t^2 \qquad (1.5)$$

で表されるとする．

(a) 式 (1.5) のグラフを，もとの価格の式のグラフと併せて描きなさい．もとの価格の式が，0 に近い t の値に対して，式 (1.5) の近似と考えられる理由を説明しなさい．

(b) 豚を売るのに最適な日を求めなさい．ファイブ・ステップ法を用い，1 変数最適化問題としてモデル化しなさい．

(c) パラメータ値 0.00004 は，価格が安定化する割合を表している．このパラメータに対して感度分析をしなさい．最適な売却日とその利益の両方を考察しなさい．

(d) (b) の結果を (c) の最適解と比べなさい．また，この価格の仮定のロバスト性について述べなさい．

4. 重油の流出で，太平洋の海岸線が 200 マイルにわたり汚染された．問題の石油会社には海岸の汚染除去に 14 日の期間が与えられ，それよりあとには 1 日あたり 10,000 ドルの罰金が課せられる．地元の除去隊は 1 週間に 5 マイルの海岸線の汚染を浄化でき，費用は 1 日に 500 ドルである．除去隊を追加することができるが，1 隊あたり 18,000 ドルの費用に加えて，それぞれの隊に 1 日に 800 ドルの費用がかかる．

(a) この会社の総費用を最小にするには，追加の除去隊を何隊呼ぶべきか？ ただし，ファイブ・ステップ法を用いなさい．その除去費用はいくらになるか？

(b) 除去隊が海岸の重油を除去できる速さに対する感度を調べなさい．除去隊の最適な隊数と会社が支払う総費用の両方を考察しなさい．

(c) 罰金額に対する感度を調べなさい．会社が汚染除去に要する日数と会社が支払う総費用の両方を考察しなさい．

(d) この会社は罰金額が高すぎると提訴した．会社が適切な期間に汚染を除去するのを促すことのみが，罰金の目的だと仮定した場合，この罰金は高すぎるだろうか？

5. ナガスクジラの個体群の増殖率（1年あたり）は $rx(1-x/K)$ と見積もられている．ここで，$r = 0.08$ は内的自然増加率，$K = 400,000$ は維持可能最大個体数[4]，x は個体数で現在およそ $70,000$ 頭である．また，1年に捕獲される鯨は $0.00001Ex$，ただし E は捕獲努力の値（出漁隻数・日数）である．捕獲努力のレベルが一定値として与えられれば，個体数は最終的には増殖率と捕獲率が等しくなる水準で安定する．

   (a) 持続捕獲率[5]が最大となる捕獲努力のレベルはどのくらいか？ ファイブ・ステップ法を用い，1変数最適化問題としてモデル化しなさい．

   (b) 内的自然増加率に対する感度を求めなさい．最適な捕獲努力レベルとそのときの個体数の両方を考察しなさい．

   (c) 維持可能最大個体数に対する感度を求めなさい．最適な捕獲努力レベルとそのときの個体数の両方を考察しなさい．

6. 問題5において，捕鯨のコストが，1隻1日あたり500ドルで，ナガスクジラ1頭の価格が6,000ドルであるとする．

   (a) 長期にわたる利益を最大にする捕獲努力のレベルを求めなさい．ファイブ・ステップ法を用い，1変数最適化問題としてモデル化しなさい．

   (b) 捕鯨のコストに対する感度を求めなさい．最終的な利益（ドル／年）と捕獲努力レベルの両方を考察しなさい．

   (c) ナガスクジラ1頭の価格に対する感度を求めなさい．利益と捕獲努力レベルの両方を考察しなさい．

   (d) 過去30年以上にわたり，世界的な捕鯨禁止の試みがいくつかあったが，不成功に終わった．漁師が捕鯨を続ける経済上の動機を検証しなさい．特に，ナガスクジラの捕鯨が，長期に持続する利益をもたらす条件（2つのパラメータ，1隻1日あたりのコストとクジラ1頭の価格，の値）を決定しなさい．

7. 例1.1の養豚の問題を再考しよう．今度は，利益率（ドル／日）を最大にすることが目的であるとする．すでに90日の間，豚を飼っていて，これまでにこの豚に100ドル使ったと仮定する．

   (a) 豚を売るのに最適な日を求めなさい．ファイブ・ステップ法を用い，1変

---

[4] 訳注：環境収容量ともいう．
[5] 訳注：the sustained harvest rate. 安定状態の個体数における捕獲率．

    (b) 豚の成長率に対する感度を求めなさい．最適な売却日とその利益率の両方を考察しなさい．
    (c) 豚の価格の下落率に対する感度を求めなさい．最適な売却日とその利益率の両方を考察しなさい．

8. 例 1.1 の養豚の問題を再考しよう．今度は，豚が年をとるにつれて成長率が減少するということを考慮する．豚が 5 か月後には完全に成長するものと仮定しよう．

    (a) 利益を最大にするために最適な豚の売却日を求めなさい．ファイブ・ステップ法を用い，1 変数最適化問題としてモデル化しなさい．
    (b) 豚が完全に成長するのに要する時間に対する感度を求めなさい．最適な売却日とその利益の両方を考察しなさい．

9. 発行部数 80,000 の地方日刊新聞が購読料の値上げを検討している．現在の価格は週に 1.50 ドルで，週あたりの値段が 10 セント上がれば購読数が 5,000 減る見込みである．

    (a) 利益を最大にする購読料を求めなさい．ファイブ・ステップ法を用い，1 変数最適化問題としてモデル化しなさい．
    (b) (a) で求めた答の，「購読数が 5,000 減る見込み」という仮定に対する感度を求めなさい．このパラメータが，それぞれ 3,000, 4,000, 5,000, 6,000, 7,000 であると仮定して，最適な購読料を計算しなさい．
    (c) 購読料が 10 セント上ったときに失う購読者数を $n = 5,000$ で表すとする．最適な購読料 p を n の関数として求めなさい．また，これを用いて感度 $S(p, n)$ を決定しなさい．
    (d) この新聞は購読料を変更すべきか？ 結論とその正当性を平易に説明しなさい．

さらに進んだ文献

1. Cameron, D., Giordano, F. and Weir, M. *Modeling Using the Derivative: Numerical and Analytic Solutions.* UMAP module 625.
2. Cooper, L. and Sternberg, D. (1970) *Introduction to Methods of Optimization.* W. B. Saunders, Philadelphia.
3. Gill, P., Murray, W. and Wright, M. (1981) *Practical Optimization.*

Academic Press, New York.

4. Meyer, W. (1984) *Concepts of Mathematical Modeling.* McGraw–Hill, New York.
5. Rudin W. (1976) *Principles of Mathematical Analysis.* 3rd Ed., McGraw–Hill, New York.
6. Whitley, W. *Five Applications of Max–Min Theory from Calculus.* UMAP module 341.

第2章 多変数の最適化

最適化問題では，いくつかの独立変数を同時に考慮しなくてはならないような問題が多い．本章では，多変数最適化問題のうち最も簡単なタイプのものを考えよう．ここで用いられることは，多変数の微分積分の授業を受けた学生のほとんどにはなじみ深いものであろう．本章では，複雑な代数計算を扱うための数式処理ソフトウエアの利用も紹介する．

2.1 制約なしの最適化

多変数最適化問題の最も簡単なものは，微分可能な多変数関数の最大値や最小値を，具合の良い集合上で求めるというものである．あとで見るように，最適化を考える集合の形が複雑な場合には話が複雑になる．

例 2.1 あるテレビメーカーが2つの新製品を計画している．ひとつは19インチLCDフラットパネルの製品で，メーカー希望小売価格は339ドルである．もうひとつは，21インチLCDフラットパネルの製品で，メーカー希望小売価格は399ドルである．メーカーにおけるコストは，19インチの製品で1台195ドル，21インチの製品で1台225ドル，そしてその他に固定コストが400,000ドルである．これらの製品が販売される競争市場では，年間売上台数が平均販売価格に影響を与える．いずれの製品も，1台多く売れるごとに平均販売価格が1セント下がると見積もられている．さらに，19インチの製品の販売は21インチの製品の販売に影響を与え，また逆の影響もある．それは，21インチの製品が1台多く売れるごとに，19インチの製品の平均販売価格が0.3セント下がり，19インチの製品が1台多く売れるごとに，21インチの製品の平均販売価格が0.4セント下がると見積もられている．これらの製品はそれぞれ何台生産すべきだろうか？

前章で述べたファイブ・ステップ法を使ってこの問題を解こう．ステップ1は問題の設定である．ここでは，変数のリストを作ることから始める．次に変数間の関係や，その他の（非負性のような）仮定をすべて書く．最後に，数学の言葉で問題

変数： $s = 19$ インチの製品の販売台数（1 年あたり）
$t = 21$ インチの製品の販売台数（1 年あたり）
$p = 19$ インチの製品の販売価格（ドル）
$q = 21$ インチの製品の販売価格（ドル）
$C = $ 製造コスト（ドル／年）
$R = $ 製品販売による収入（ドル／年）
$P = $ 製品販売による利益（ドル／年）

仮定： $p = 339 - 0.01s - 0.003t$
$q = 399 - 0.004s - 0.01t$
$R = ps + qt$
$C = 400{,}000 + 195s + 225t$
$P = R - C$
$s \geq 0$
$t \geq 0$

目的： P を最大にする

図 2.1　テレビ製造の問題．ステップ 1 の結果．

を定式化する．その際には標準的な記法を用いる．ステップ 1 の結果を図 2.1 にまとめる．

ステップ 2 は数理モデルの手法を選ぶことである．この問題は，多変数の制約なし最適化として解こう．このタイプの問題は，多変数の微分積分の入門講義において扱われるのが普通である．問題と一般的な解法の概略を述べよう．詳細や証明は，微分積分の入門書を見られたい．

n 次元空間 $\mathbb{R}^n$ の部分集合 S 上の関数 $y = f(x_1, \ldots, x_n)$ が与えられている．f の S 上の最大値または最小値を求めたい．これには以下の定理がある．S の内部の点 $(x_1, \ldots, x_n)$ において f が最大値または最小値をとるなら，その点において $\nabla f = 0$ が成り立つ．ただし，f はこの点で微分可能であるとする．言い換えると，極値をとる点において，

$$\frac{\partial f}{\partial x_1}(x_1, \ldots, x_n) = 0$$
$$\vdots \qquad\qquad\qquad (2.1)$$
$$\frac{\partial f}{\partial x_n}(x_1, \ldots, x_n) = 0$$

が成り立つ．この定理を用いると，S の内部の点で f の偏導関数のどれか

が 0 にならない点は，最大・最小の候補から除外できる．よって，最大・最小をとる点を求めるには，n 個の未知変数に対する，n 個の式からなる連立方程式 (2.1) を解くことになる．この場合，偏導関数が定まらない点に加えて，S の境界上の点もすべてチェックしなくてはならない．

ステップ 3 はモデルの定式化である．ここではステップ 2 で決まった手法の標準的な形式で定式化する．利益は

$$
\begin{aligned}
P &= R - C \\
&= ps + qt - (400{,}000 + 195s + 225t) \\
&= (339 - 0.01s - 0.003t)s \\
&\quad + (399 - 0.004s - 0.01t)t \\
&\quad - (400{,}000 + 195s + 225t)
\end{aligned}
$$

である．最大にしたい量を $y = P$ とし，決定変数を $x_1 = s, x_2 = t$ とする．すると問題は，

$$
\begin{aligned}
y &= f(x_1, x_2) \\
&= (339 - 0.01x_1 - 0.003x_2)x_1 \\
&\quad + (399 - 0.004x_1 - 0.01x_2)x_2 \\
&\quad - (400{,}000 + 195x_1 + 225x_2)
\end{aligned}
\tag{2.2}
$$

を集合

$$
S = \{(x_1, x_2) : x_1 \geq 0, x_2 \geq 0\} \tag{2.3}
$$

上で最大にすることとなる．

ステップ 4 では，ステップ 2 の標準的な解法を用いて問題を解く．この問題は，式 (2.2) で与えられた f の，式 (2.3) で定まる集合 S 上での最大値を求めるものである．図 2.2 は関数 f のグラフである．このグラフから，f は S の内部で最大値をとることがわかる．図 2.3 は f の等高線である．

このグラフから，f が最大値をとるのは，$x_1 = 5{,}000, x_2 = 7{,}000$ のあたりであろうと見積もられる．関数 f のグラフは放物面で，その頂点は，$\nabla f = 0$ とおいて得られた方程式 (2.1) の一意な解である．計算すると，

$$
\begin{aligned}
\frac{\partial f}{\partial x_1} &= 144 - 0.02x_1 - 0.007x_2 = 0 \\
\frac{\partial f}{\partial x_2} &= 174 - 0.007x_1 - 0.02x_2 = 0
\end{aligned}
\tag{2.4}
$$

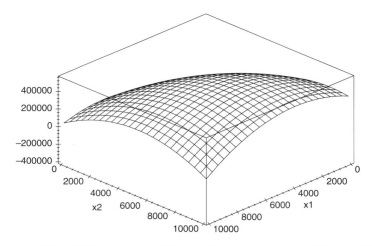

図 2.2 テレビ製造の問題. 19 インチの製品の生産数 x_1 と 21 インチの製品の生産数 x_2 に対する利益 $y = f(x_1, x_2)$ (2.2) のグラフ.

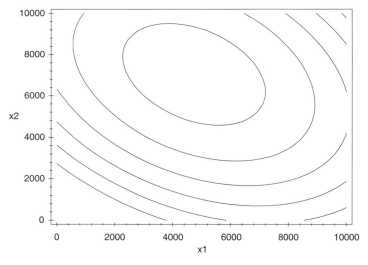

図 2.3 テレビ製造の問題. 19 インチの製品の生産数 x_1 と 21 インチの製品の生産数 x_2 に対する利益 $y = f(x_1, x_2)$ (2.2)の等高線.

となる点は

$$\begin{aligned} x_1 &= \frac{554{,}000}{117} \approx 4{,}735 \\ x_2 &= \frac{824{,}000}{117} \approx 7{,}043 \end{aligned} \quad (2.5)$$

```
In[1]:= y = (339 - x1 / 100 - 3 x2 / 1000) x1 +
        (399 - 4 x1 / 1000 - x2 / 100) x2 -
        (400000 + 195 x1 + 225 x2)
```

$Out[1]= \left(-\dfrac{x1}{100} - \dfrac{3\,x2}{1000} + 339\right) x1 - 195\,x1 + \left(-\dfrac{x1}{250} - \dfrac{x2}{100} + 399\right) x2 - 225\,x2 - 400000$

```
In[2]:= dydx1 = D[y, x1]
```

$Out[2]= -\dfrac{x1}{50} - \dfrac{7\,x2}{1000} + 144$

```
In[3]:= dydx2 = D[y, x2]
```

$Out[3]= -\dfrac{7\,x1}{1000} - \dfrac{x2}{50} + 174$

```
In[4]:= s = Solve[{dydx1 == 0, dydx2 == 0}, {x1, x2}]
```

$Out[4]= \left\{\left\{x1 \to \dfrac{554000}{117},\ x2 \to \dfrac{824000}{117}\right\}\right\}$

```
In[5]:= N[s]
```

$Out[5]= \{\{x1 \to 4735.04,\ x2 \to 7042.74\}\}$

```
In[6]:= y /. s
```

$Out[6]= \left\{\dfrac{21592000}{39}\right\}$

```
In[7]:= N[%]
```

$Out[7]= \{553641.\}$

図 2.4　数式処理ソフトウエア Mathematica を用いたテレビ製造の問題の最適解.

である．式 (2.5) で定まる点 (x_1, x_2) は，f の全平面における最大値を与える．したがって，特に式 (2.3) で定義された集合 S における f の最大値でもある．f の最大値は，式 (2.5) をもとの方程式 (2.2) に代入して得られる．これにより，

$$y = \frac{21{,}592{,}000}{39} \approx 553{,}641 \qquad (2.6)$$

を得る．

　この問題におけるステップ 4 の計算は，いくぶん複雑である．このような場合には，計算の実行には**数式処理ソフトウエア**を用いるのが適当である．数式処理ソフトウエアは，微分や積分の計算ができて，方程式の解も求めることができ，複雑な多項式を簡単な式に変形することもできる．ほとんどの数式処理ソフトウエアは，行

列計算もできるし,グラフを描くこともでき,ある種の微分方程式も解ける.優秀な数式処理ソフトウエアのうちいくつか(Maple, Mathematica, Derive など)は大型コンピュータ用もパソコン用もあり,その多くにはかなり廉価な価格のステューデント・バージョンがある.図 2.2 と図 2.3 のグラフは数式処理ソフトウエア Maple を用いて描いている.数式処理ソフトウエアは,ファイブ・ステップ法をまとめた図 1.3 で述べた「適切なツール」の例のひとつである.図 2.4 は,このモデルを解くのに数式処理ソフトウエア Mathematica を用いた結果である.

このような問題に数式処理ソフトウエアを用いることには,利点がいくつかある.より効率的で,より確実である.このツールの使い方を学べば,仕事がよりはかどるし,計算の泥沼にはまらずに,問題の様々な側面にさらに集中することができる.あとに感度分析の計算で,再び数式処理ソフトウエアの利用例を挙げるが,そこでの計算はもっと骨の折れるものである.

最後のステップ 5 は,問題の答えを平易な言葉で述べるものである.簡単に言えば,このメーカーは,19 インチの製品を 4,735 台,21 インチの製品を 7,043 台生産すれば利益を最大にすることができ,その年の純益は 553,641 ドルとなる.平均販売価格は,19 インチの製品で 270.52 ドル,21 インチの製品では 309.63 ドルになる.その収入は 3,461,590 ドルで,利益率(利益/収入)は 16 % になる.これらの数字は,儲けの出る事業であることを意味するので,メーカーがこの新製品の導入を続けることを勧めることができるだろう.

前段の結論は,図 2.1 の仮定に基づくものである.この結論をメーカーに報告する前に,感度分析を行ない,市場や製造過程に関する仮定に対して結果がロバストであることを確かめておくべきである.特に気になるのは決定変数 x_1, x_2 の値である.メーカーがこの情報をもとに生産するからである.

19 インチの製品の価格弾力性を変数 a で表し,この価格弾力性に対する感度を調べることを通して感度分析の手法を述べる.価格弾力性は,販売数の言い値に対する感度を述べるのに経済専門家が使う用語である.このモデルでは,1 台につき $a = 0.01$ ドルと仮定した[1].先の式にこれを代入すると,

$$\begin{aligned} y &= f(x_1, x_2) \\ &= (339 - ax_1 - 0.003x_2)x_1 \\ &\quad + (399 - 0.004x_1 - 0.01x_2)x_2 \\ &\quad - (400{,}000 + 195x_1 + 225x_2) \end{aligned} \tag{2.7}$$

を得る.偏導関数を計算して 0 に等しいとおくと,

---

[1] 訳注:ここでは言い値の販売数に対する感度を価格弾力性と呼んでいる.

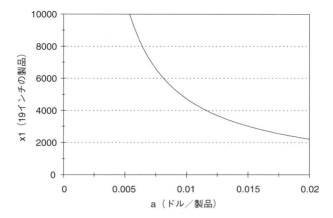

図 2.5 テレビ製造の問題．価格弾力性 a に対する 19 インチの製品の最適生産数 x_1 のグラフ．

$$\begin{aligned}\frac{\partial f}{\partial x_1} &= 144 - 2ax_1 - 0.007x_2 = 0 \\ \frac{\partial f}{\partial x_2} &= 174 - 0.007x_1 - 0.02x_2 = 0.\end{aligned} \quad (2.8)$$

前と同様にこれを x_1, x_2 について解くと，

$$\begin{aligned}x_1 &= \frac{1{,}662{,}000}{40{,}000a - 49} \\ x_2 &= 8{,}700 - \frac{581{,}700}{40{,}000a - 49}.\end{aligned} \quad (2.9)$$

図 2.5，図 2.6 は，a に対する x_1 のグラフと x_2 のグラフである．

19 インチの製品の価格弾力性 a が高くなれば，19 インチ製品の最適生産数 x_1 は下がり，21 インチ製品の最適生産数 x_2 が上がることが，これらのグラフからわかる．また，a に対する感度は，x_1 の方が x_2 より高いこともわかる．これはつじつまが合っているようである．これらの感度の数値を見るために計算すると，$a = 0.01$ で，

$$\begin{aligned}\frac{dx_1}{da} &= \frac{-66{,}480{,}000{,}000}{(40{,}000a - 49)^2} \\ &= \frac{-22{,}160{,}000{,}000}{41{,}067}\end{aligned}$$

となり，

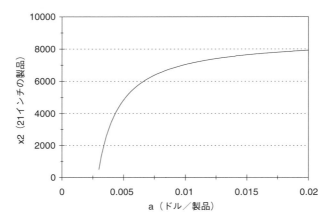

図 2.6 テレビ製造の問題．価格弾力性 a に対する 21 インチの製品の最適生産数 x_2 のグラフ．

$$S(x_1, a) = \left(\frac{-22{,}160{,}000{,}000}{41{,}067}\right)\left(\frac{0.01}{554{,}000/117}\right)$$
$$= -\frac{400}{351} \approx -1.1$$

となる．同様に，
$$S(x_2, a) = \frac{9{,}695}{36{,}153} \approx 0.27$$

となる．もし，19 インチの製品の価格弾力性が 10％ 上がれば，19 インチの製品の製造を 11％ 少なくし，21 インチの製品の製造を 2.7％ 増やすべきである．

次に a に対する y の感度を考えよう．19 インチの製品の価格弾力性の変化は利益にどのような影響を与えるだろうか．y を a で表した式を得るために，式 (2.9) を式 (2.7) に代入すると，以下のようになる．

$$\begin{aligned}
y &= \left[339 - a\left(\frac{1{,}662{,}000}{40{,}000a - 49}\right) - 0.003\left(8{,}700 - \frac{581{,}700}{40{,}000a - 49}\right)\right] \\
&\quad \times \left(\frac{1{,}662{,}000}{40{,}000a - 49}\right) \\
&\quad + \left[399 - 0.004\left(\frac{1{,}662{,}000}{40{,}000a - 49}\right) - 0.01\left(8{,}700 - \frac{581{,}700}{40{,}000a - 49}\right)\right] \\
&\quad \times \left(8{,}700 - \frac{581{,}700}{40{,}000a - 49}\right) \\
&\quad - \left[400{,}000 + 195\left(\frac{1{,}662{,}000}{40{,}000a - 49}\right) + 225\left(8{,}700 - \frac{581{,}700}{40{,}000a - 49}\right)\right].
\end{aligned}$$
(2.10)

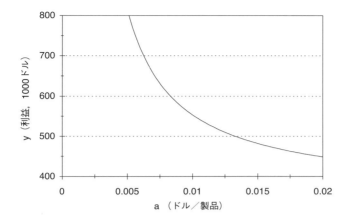

図 2.7 テレビ製造の問題. 価格弾力性 a に対する最適利益 y のグラフ.

図 2.7 は a に対する y のグラフである. 19 インチの製品の価格弾力性が増えると利益が下がるのがわかる.

$S(y,a)$ を求めるのには, dy/da の式が必要である. そのための一つの方法は, 1 変数関数の微分操作を式 (2.10) に直接施すというものである. この場合は数式処理ソフトウエアを使うほうが良いかもしれない. もう一つの方法に, 多変数関数の合成関数微分公式を用いるもので, こちらのほうが効率的に計算できる. この公式はこの場合, 以下のようになる.

$$\frac{dy}{da} = \frac{\partial y}{\partial x_1}\frac{dx_1}{da} + \frac{\partial y}{\partial x_2}\frac{dx_2}{da} + \frac{\partial y}{\partial a}. \tag{2.11}$$

最適な点において, $\partial y/\partial x_1$ と $\partial y/\partial x_2$ が 0 であるから, 式 (2.7) より

$$\frac{dy}{da} = \frac{\partial y}{\partial a} = -x_1^2$$

となり, したがって

$$S(y,a) = -\left(\frac{554{,}000}{117}\right)^2 \frac{0.01}{(21{,}592{,}000/39)}$$
$$= -\frac{383{,}645}{947{,}349} \approx -0.40$$

となる. よって, 19 インチの製品の価格弾力性が 10% 増えると, 利益が 4% 下がる.

式 (2.11) において, 項

```
> y:=(339-a*x1-3*x2/1000)*x1
>   +(399-4*x1/1000-x2/100)*x2-(400000+195*x1+225*x2);
```
$$y := \left(339 - a\,x1 - \frac{3}{1000}x2\right)x1 + \left(399 - \frac{1}{250}x1 - \frac{1}{100}x2\right)x2 - 400000 - 195\,x1 - 225\,x2$$

```
> dydx1:=diff(y,x1);
```
$$dydx1 := -2\,a\,x1 + 144 - \frac{7}{1000}x2$$

```
> dydx2:=diff(y,x2);
```
$$dydx2 := -\frac{7}{1000}x1 - \frac{1}{50}x2 + 174$$

```
> s:=solve({dydx1=0,dydx2=0},{x1,x2});
```
$$s := \left\{ x2 = \frac{48000\,(-21 + 7250\,a)}{-49 + 40000\,a},\ x1 = \frac{1662000}{-49 + 40000\,a} \right\}$$

```
> assign(s);dx1da:=diff(x1,a);
```
$$dx1da := -\frac{66480000000}{(-49 + 40000\,a)^2}$$

```
> assign(a=1/100);x1;
```
$$\frac{554000}{117}$$

```
> sx1a:=dx1da*(a/x1);
```
$$sx1a := \frac{-400}{351}$$

```
> evalf(sx1a);
```
$$-1.139601140$$

```
>
```

図 2.8　テレビ製造の問題．数式処理ソフトウエア Maple を用いた，感度 $S(x_1, a)$ の計算．

$$\frac{\partial y}{\partial x_1}\frac{dx_1}{da} + \frac{\partial y}{\partial x_2}\frac{dx_2}{da}$$

が 0 となるのには，現実的な意味づけがある．導関数 dy/da において，この項は，最適生産数 x_1, x_2 の変化が利益に与える影響に相当する．これが 0 になることは，生産数が少し変化しても（少なくとも線形近似では）利益には影響がないことを意味している．幾何的には，最大値をとる点では，曲面 $y = f(x_1, x_2)$ が水平であるので，x_1 や x_2 が少し変化しても y にはほとんど影響がないということである．19 インチの製品の価格弾力性が 10％ 増えることにより引き起こされる利益減少のほとんどは，販売価格の変化による．したがって，このモデルで得られる生産数はかなり最適に近いものであろう．たとえば，$a = 0.01$ と仮定したが，実際の価格弾力性がこれより 10％ 高いとする．すると，生産数を式 (2.5) を用いて設定することになるが，これは，式 (2.9) で $a = 0.011$ として得られる最適解と比べると，

19 インチの製品を 11％ 余分に，21 インチの製品を約 3％ 少なく生産することになる．また，利益は予想より 4％ 低くなるだろう．しかし，このモデルを利用したら，実際にどれだけの損失になるのだろうか．$a = 0.011$ に対して式 (2.5) を用いると，531,219 ドルの利益を得ることになる．最適な利益は，533,514 ドルである（式 (2.9) で $a = 0.011$ とおき，式 (2.7) に代入する）．よって，実際の生産数は最適値からかなり離れているにもかかわらず，このモデルを用いることによる損失は，望み得る最大利益のわずか 0.43％ でしかない．この点に関しては，このモデルはかなりロバストであることがわかる．さらに，似たような問題の多くにおいて同様のことが成り立つ．なぜなら，このことは極値の点において $\nabla f = 0$ が成り立つということによっているからである．

以上の感度分析の計算は，数式処理ソフトウエアを用いてもできたであろう．実際のところ，数式処理ソフトウエアが利用可能ならそちらのほうが良いだろう．図 2.8 に，数式処理ソフトウエア Maple を用いて感度 $S(x_1, a)$ を求める方法を述べる．他の感度についても同様である．

他の弾力性に対する感度分析も同様のやりかたでできる．細かい点は異なるであろうが，関数 f の形から，それぞれの弾力性が基本的には同じように y に影響を与えることが示唆される．とりわけ，価格弾力性の見積りに若干の誤差があったとしても，このモデルを用いれば，生産数に関する適切な（ほとんど最適な）決定ができるという点は，かなり確かである．

ロバスト性に関する一般的な事柄について，若干述べておこう．このモデルは，線形な価格構造に基づいている．確かに，これは一つの近似にすぎない．しかし，実際の応用においては，以下に述べるような手順をとるだろう．最初に，新製品の市場規模と適当な平均販売価格を，経験に基づいて推測する．次に，過去の同様な状況の経験に基づき，あるいは市場調査に基づいて弾力性を推測する．ある範囲の販売数に対して，適切な弾力性の評価を得ることはできるだろう．この販売数の範囲は，おそらく最適な値を含むであろう．これは事実上，かなり小さな範囲において，非線形関数を線形近似しているのである．このような線形近似がロバスト性を示すことは，よく知られている．結局，このような考え方が微分法の背後にあるのである．

2.2 ラグランジュ乗数

本節では，より複雑な構造を持った最適化問題を考える．前節の最初に述べたように，多変数の最適化モデルにおいて，最適化を考える集合の形が複雑な場合には話が複雑になる．実際の問題において，独立変数に制約があれば，このような複雑なモデルを考えることになる．

例 2.2 前節で扱ったテレビ製造の問題（例 2.1）を再考しよう．そこでは，メーカーが年間に何台でもテレビを製造できるものと仮定した．今回は，生産力に起因する制約を取り入れてみよう．新製品の導入の話は，メーカーが旧モデルの生産中止を計画していて，その組立工場に過剰設備が生ずるところから来ている．この過剰設備は他の現行製品の生産を増やすのにも用いることができるが，メーカーは新製品の方が利益になると考えている．利用可能な生産設備は，年間 10,000 台（≈ 週に 200 台）生産するのに十分なものであると見積もられている．19 インチパネルと 21 インチパネル，そして他の基本的な部品の供給は安定しているが，製造に必要な回路基板は今のところ供給が不足している．また，内部の部品配置の関係で，19 インチの製品は 21 インチの製品の基板とは異なる基板を必要としている．内部の部品配置を変えるのは，設計の大きな変更なしには不可能だが，現時点では設計変更の準備はできていない．部品の供給元は，21 インチの製品用の基板を年間 8,000 枚，19 インチの製品用の基板を年間 5,000 枚供給できる．これらの情報を考慮すれば，メーカーは生産数をどのように設定するべきか？

再びファイブ・ステップ法を用いる．ステップ 1 の結果は図 2.9 にある．変更点は，決定変数 s, t にいくつかの制約を加えただけである．ステップ 2 は数理モデルの手法を選ぶことである．

この問題は，多変数の制約付き最適化問題としてモデル化され，ラグランジュ乗数の方法を用いて解ける．

関数 $y = f(x_1, \ldots, x_n)$ と制約が与えられている．さしあたり，制約は k 個の方程式

$$g_1(x_1, \ldots, x_n) = c_1$$
$$g_2(x_1, \ldots, x_n) = c_2$$
$$\vdots$$
$$g_k(x_1, \ldots, x_n) = c_k$$

で与えられているとしよう．不等式による制約をどのように扱うかはあとで説明する．すべきことは，

$$y = f(x_1, \ldots, x_n)$$

を

$$S = \{(x_1, \ldots, x_n) : g_i(x_1, \ldots, x_n) = c_i \, (i = 1, \ldots, k)\}$$

変数： $s = 19$ インチの製品の販売台数（1 年あたり）
$t = 21$ インチの製品の販売台数（1 年あたり）
$p = 19$ インチの製品の販売価格（ドル）
$q = 21$ インチの製品の販売価格（ドル）
$C = $ 製造コスト（ドル／年）
$R = $ 製品販売による収入（ドル／年）
$P = $ 製品販売による利益（ドル／年）

仮定： $p = 339 - 0.01s - 0.003t$
$q = 399 - 0.004s - 0.01t$
$R = ps + qt$
$C = 400{,}000 + 195s + 225t$
$P = R - C$
$s \leq 5000$
$t \leq 8000$
$s + t \leq 10{,}000$
$s \geq 0$
$t \geq 0$

目的： P を最大にする

図 2.9　制約付きテレビ製造の問題．ステップ 1 の結果．

上で最適化することである．

極値をとる点 $x \in S$ において，

$$\nabla f = \lambda_1 \nabla g_1 + \cdots + \lambda_k \nabla g_k$$

が成り立つ，という定理がある．この $\lambda_1, \ldots, \lambda_k$ を**ラグランジュ乗数**という．ただし，この定理では，$\nabla g_1, \ldots, \nabla g_k$ が線形独立なベクトルであることを仮定する（Edwards (1973) の p.113 を見よ[2]）．この定理を用いると，集合 S において f が最大・最小をとる点を定めるためには，ラグランジュ乗数を含む n 個の方程式

$$\frac{\partial f}{\partial x_1} = \lambda_1 \frac{\partial g_1}{\partial x_1} + \cdots + \lambda_k \frac{\partial g_k}{\partial x_1}$$
$$\vdots$$
$$\frac{\partial f}{\partial x_n} = \lambda_1 \frac{\partial g_1}{\partial x_n} + \cdots + \lambda_k \frac{\partial g_k}{\partial x_n}$$

---
[2] 訳注：和書では，たとえば笠原 (1974) の p.198．

を k 個の制約方程式

$$g_1(x_1,\ldots,x_n) = c_1$$
$$\vdots$$
$$g_k(x_1,\ldots,x_n) = c_k$$

とともに解くことになる．ここで，未知変数は $x_1,\ldots,x_n$ と $\lambda_1,\ldots,\lambda_k$ である．また，勾配ベクトル $\nabla g_1,\ldots,\nabla g_k$ が線形独立ではないような，例外的な点もすべて調べなくてはならない．

ラグランジュ乗数の方法は，勾配ベクトルの幾何的な解釈に基づいている．とりあえず，制約方程式が 1 つだけ，すなわち

$$g(x_1,\ldots,x_n) = c$$

のみと仮定する．すると，ラグランジュ乗数を含む方程式は

$$\nabla f = \lambda \nabla g$$

となる．集合 $g = c$ は $\mathbb{R}^n$ における $n-1$ 次元の曲面であり，S の各点 x に対して，勾配ベクトル $\nabla g(x)$ は点 x において S に垂直である．一方，勾配ベクトル ∇f は f が最も速く増加する向きを常に向いている．極値をとる点においては，f が最も速く増加する向きも S に垂直でなくてはならない．よって，この点では ∇f と ∇g は同じ方向を向く，すなわち $\nabla f = \lambda \nabla g$ でなくてはならない．

制約が複数の場合も，幾何的な説明が同様にできる．今度は，S は k 個の等高面 $g_1 = c_1,\ldots,g_k = c_k$ の共通部分である．各等高面は，$\mathbb{R}^n$ の $n-1$ 次元部分集合であるから，その共通部分は $n-k$ 次元部分集合となる．極値をとる点において，∇f は集合 S に垂直でなくてはならない．したがって，∇f は k 個のベクトル $\nabla g_1,\ldots,\nabla g_k$ に張られる空間内になくてはならない．$\nabla g_1,\ldots,\nabla g_k$ を線形独立とするという条件は，これらの k 個のベクトルがちゃんと k 次元空間を張ることを保証している．（制約条件が 1 つの場合は，線形独立性は単に $\nabla g \neq 0$ を意味する．）

例 2.3 集合 $x^2 + y^2 + z^2 = 3$ 上で $x + 2y + 3z$ の最大値を求めよ．

これは，制約付き多変数最適化問題である．関数

$$f(x, y, z) = x + 2y + 3z$$

を目的関数とし，

$$g(x, y, z) = x^2 + y^2 + z^2$$

が制約関数であるとする．計算すると

$$\nabla f = (1, 2, 3)$$
$$\nabla g = (2x, 2y, 2z)$$

となる．

最大をとる点では，$\nabla f = \lambda \nabla g$；すなわち，

$$1 = 2x\lambda$$
$$2 = 2y\lambda$$
$$3 = 2z\lambda$$

である．これは，4つの未知変数をもつ3個の方程式である．これを解いて，λ を用いた式

$$x = 1/2\lambda$$
$$y = 1/\lambda$$
$$z = 3/2\lambda$$

を得る．ここで，

$$x^2 + y^2 + z^2 = 3$$

を用いると，λ に関する2次方程式を得る．この方程式は2つの実数解をもつ．このうち，解 $\lambda = \sqrt{42}/6$ の方を用いると，

$$x = \frac{1}{2\lambda} = \frac{\sqrt{42}}{14}$$
$$y = \frac{1}{\lambda} = \frac{\sqrt{42}}{7}$$
$$z = \frac{3}{2\lambda} = \frac{3\sqrt{42}}{14}$$

となり，よって点

$$a = \left(\frac{\sqrt{42}}{14}, \frac{\sqrt{42}}{7}, \frac{3\sqrt{42}}{14} \right)$$

が最大値をとる点の候補となる．もう 1 つの解 $\lambda = -\sqrt{42}/6$ を用いると，他の候補 $b = -a$ を得る．制約集合 $g = 3$ 全体において $\nabla g \neq 0$ であるから，a と b の 2 点のみが最大値をとる点の候補である．f が有界閉集合 $g = 3$ 上の連続関数であるから，f はこの集合上で最大値と最小値をもつ．そして，
$$f(a) = \sqrt{42} \quad \text{かつ} \quad f(b) = -\sqrt{42}$$

であるから，点 a で最大，点 b で最小となる．この例を幾何の観点で見てみよう．方程式
$$x^2 + y^2 + z^2 = 3$$

で定義される制約集合 S は，$\mathbb{R}^3$ 内の球面で，半径が $\sqrt{3}$ で原点を中心にもつ．目的関数
$$f(x, y, z) = x + 2y + 3z$$

の等値面は $\mathbb{R}^3$ 内の平面である．この等値面の 1 つが球面 S に接するときの接点が，点 a あるいは点 b であり，このような接点は 2 つしかない．最大値をとる点 a において，勾配ベクトル ∇f, ∇g は同じ向きをもつ．最小値をとる点 b では，∇f と ∇g は反対の向きをもつ．

例 2.4 集合 $x^2 + y^2 + z^2 = 3$ かつ $x = 1$ 上で $x + 2y + 3z$ の最大値を求めよ．

目的関数は
$$f(x, y, z) = x + 2y + 3z$$

で，勾配ベクトルは
$$\nabla f = (1, 2, 3)$$

である．制約関数は，
$$g_1(x, y, z) = x^2 + y^2 + z^2$$
$$g_2(x, y, z) = x$$

である．計算すると，
$$\nabla g_1 = (2x, 2y, 2z)$$
$$\nabla g_2 = (1, 0, 0)$$

である．ラグランジュ乗数の式 $\nabla f = \lambda_1 \nabla g_1 + \lambda_2 \nabla g_2$ は，

$$1 = 2x\lambda_1 + \lambda_2$$
$$2 = 2y\lambda_1$$
$$3 = 2z\lambda_1$$

となる．λ_1, λ_2 を用いて x, y, z について解くと，

$$x = \frac{1-\lambda_2}{2\lambda_1}$$
$$y = \frac{2}{2\lambda_1}$$
$$z = \frac{3}{2\lambda_1}$$

となる．これを制約方程式 $x = 1$ に代入すると，$\lambda_2 = 1 - 2\lambda_1$．これらすべてを残りの方程式

$$x^2 + y^2 + z^2 = 3$$

に代入すると，λ_1 に対する 2 次方程式を得，これより $\lambda_1 = \pm\sqrt{26}/4$ となる．x, y, z の式に代入すれば，次の式を得る：

$$c = \left(1, \frac{2\sqrt{26}}{13}, \frac{3\sqrt{26}}{13}\right)$$
$$d = \left(1, \frac{-2\sqrt{26}}{13}, \frac{-3\sqrt{26}}{13}\right).$$

2 つの勾配ベクトル $\nabla g_1, \nabla g_2$ は，制約集合すべてにおいて線形独立であるから，点 c, d のみが最大値をとる点の候補である．有界な閉集合上で f は最大値をとるので，この候補の点における f の値を比べれば最大値がわかる．最大値は

$$f(c) = 1 + \sqrt{26}$$

で，点 d で最小となる．この例の制約集合 S は $\mathbb{R}^3$ 内の円周で，球面

$$x^2 + y^2 + z^2 = 3$$

と平面 $x = 1$ の共通部分である．前の例と同様に，関数 f の等値面は，$\mathbb{R}^3$ 内の平面である．点 c および点 d において，この等値面が円周 S に

接している.

制約条件が不等式で与えられた場合は，ラグランジュ乗数の方法と制約なし問題での方法を組み合わせて扱う．例 2.4 の問題を変更して，制約 $x = 1$ を不等式による制約 $x \geq 1$ に入れ替えたとしよう．集合

$$S = \{(x, y, z) : x^2 + y^2 + z^2 = 3,\ x \geq 1\}$$

を 2 つの部分の和集合と考える．第 1 の部分

$$S_1 = \{(x, y, z) : x^2 + y^2 + z^2 = 3,\ x = 1\}$$

上の最大値が，点

$$c = \left(1, \sqrt{\frac{8}{13}}, 1.5\sqrt{\frac{8}{13}}\right)$$

において得られ，この点で

$$f(x, y, z) = 1 + 6.5\sqrt{\frac{8}{13}} = 6.01$$

となることは，先の解析からわかっている．残りの部分

$$S_2 = \{(x, y, z) : x^2 + y^2 + z^2 = 3,\ x > 1\}$$

の考察のために，例 2.3 の解析にさかのぼれば，この集合のどこにも f が極大となる点は存在しないことに気づくだろう．したがって，S_1 上の f の最大値が，集合 S 上の f の最大値にならなくてはならない．また，集合

$$S = \{(x, y, z) : x^2 + y^2 + z^2 = 3,\ x \leq 1\}$$

上の f の最大という問題であれば，例 2.3 の解析で得られた点

$$a = \left(\frac{1}{2}, \frac{2}{2}, \frac{3}{2}\right) \cdot \sqrt{\frac{6}{7}}$$

において最大ということになる．

ここで，本節冒頭の問題に戻ろう．ステップ 3 のモデルの定式化の続きを行なう準備はできている．新しいテレビ製造の問題を，制約付き多変数最適化問題として定式化しよう．利益 $y = P$ を 2 つの決定変数 $x_1 = s$, $x_2 = t$ の関数として，この

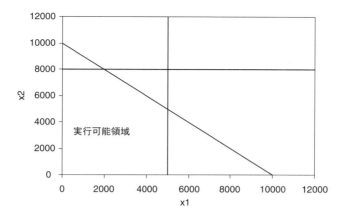

図 2.10 制約付きテレビ製造の問題. 19 インチの製品の生産数 x_1 と 21 インチの製品の生産数 x_2 に対し, 実行可能な生産数の組すべてからなる集合を表わすグラフ.

最大値を求めたい. 目的関数は同じで,

$$y = f(x_1, x_2)$$
$$= (339 - 0.01x_1 - 0.003x_2)x_1 + (399 - 0.004x_1 - 0.01x_2)x_2$$
$$- (400{,}000 + 195x_1 + 225x_2)$$

である. 制約

$$x_1 \leq 5{,}000$$
$$x_2 \leq 8{,}000$$
$$x_1 + x_2 \leq 10{,}000$$
$$x_1 \geq 0$$
$$x_2 \geq 0$$

をみたす x_1, x_2 の集合 S 上で, f を最大としたい. 集合 S は**実行可能領域**と呼ばれる. これが実行可能な生産数全体の集合を表すからである. 図 2.10 はこの問題の実行可能領域のグラフである.

ラグランジュ乗数の方法を用いて, 集合 S 上の $y = f(x_1, x_2)$ の最大値を求めよう. 勾配は,

$$\nabla f = (144 - 0.02x_1 - 0.007x_2, 174 - 0.007x_1 - 0.02x_2)$$

である. S の内部において $\nabla f \neq 0$ であるから, 最大となるのは境界上でなくては

ならない．最初に，境界を構成する線分のうち，直線

$$g(x_1, x_2) = x_1 + x_2 = 10{,}000$$

上にある線分を考えよう．ここで，$\nabla g = (1, 1)$ であるから，ラグランジュ乗数の方程式は

$$\begin{aligned} 144 - 0.02 x_1 - 0.007 x_2 &= \lambda \\ 174 - 0.007 x_1 - 0.02 x_2 &= \lambda \end{aligned} \tag{2.12}$$

である．この2つの方程式を制約条件の方程式

$$x_1 + x_2 = 10{,}000$$

と連立させて解くと，

$$\begin{aligned} x_1 &= \frac{50{,}000}{13} \approx 3{,}846 \\ x_2 &= \frac{80{,}000}{13} \approx 6{,}154 \\ \lambda &= 24. \end{aligned}$$

これをさかのぼって式 (2.2) に代入して，最大値 $y = 532{,}308$ を得る．

図 2.11 は，f の等高線のグラフと実行可能領域を Maple で描いたものである．等高線 $f = C$ は，$C = 0, 100{,}000, \ldots, 500{,}000$ に対して，どんどん小さくなる同心の輪になっていて，すべての輪が実行可能領域と交わっている．$f = 532{,}308$ の等高線が最小の輪である．この集合は実行可能領域 S にちょうど接触していて，最適な点で直線 $x_1 + x_2 = 10{,}000$ に接している．このグラフは，制約の直線 $x_1 + x_2 = 10{,}000$ に対してラグランジュ乗数を用いて得られた臨界点が，実際に実行可能領域 S 上で f の最大値を与えていることを示している．

この点で実際に最大となることを証明するのは，ちょっと複雑になる．f の臨界点における値を，端点 $(5{,}000, 5{,}000), (2{,}000, 8{,}000)$ における値と比べれば，この線分上では臨界点で最大となることが示せる．次に，残りの線分上で f を最適化し，結果を比べる．たとえば，x_1 軸上の線分での f の最大は，$x_1 = 5{,}000$ において達成される．これを見るには，$g(x_1, x_2) = x_2 = 0$ に対してラグランジュ乗数法を適用する．ここでは，$\nabla g = (0, 1)$ なので，ラグランジュ乗数を含む式は，

$$\begin{aligned} 144 - 0.02 x_1 - 0.007 x_2 &= 0 \\ 174 - 0.007 x_1 - 0.02 x_2 &= \lambda \end{aligned}$$

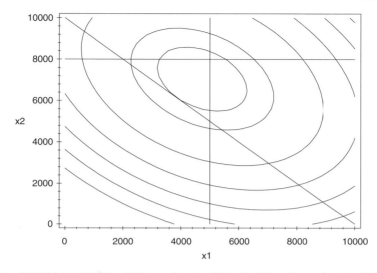

図 2.11 制約付きテレビ製造の問題. 19 インチの製品の生産数 x_1 と 21 インチの製品の生産数 x_2 に対する利益 $y = f(x_1, x_2)$ の等高線のグラフと実行可能な生産数すべてからなる集合.

となる．この2つの方程式を制約の方程式 $x_2 = 0$ と連立させて解けば，$x_1 = 7{,}200$，$x_2 = 0$，$\lambda = 123.6$ を得る．これは実行可能領域の外なので，この線分上の最大・最小は端点 $(0, 0)$，$(5{,}000, 0)$ で達せられる．後者における f の値のほうが大きいので，前者で最小，後者で最大となる．この線分における最適化は，$x_2 = 0$ を代入して1変数最適化の方法を用いて解くこともできる．結局 f の最大値は斜めの線分上で達成されるので，S における最大値がわかったことになる．ステップ4におけるこの計算にはやや複雑なものもある．このような場合には，数式処理ソフトウエアを用いて，微分を計算したり方程式を解いたりする作業を容易にするのが適当であろう．図 2.12 は，制約直線 $x_1 + x_2 = 10{,}000$ に対するステップ4の計算を，数式処理ソフトウエア Mathematica を用いて行なった結果である．

平易に言えば，このメーカーは，19 インチの製品 3,846 台と 21 インチ製品 6,154 台の合計 10,000 台を年間に生産すれば，利益を最大にすることができる．この生産台数は，利用可能な過剰設備をすべて用いるものである．テレビ回路基板の供給に関する制約は受けていない．この事業は，概算で年間 532,308 ドルの利益を生み出すであろう．

```
In[1]:=  y = (339 − x1 / 100 − 3 x2 / 1000) x1 +
             (399 − 4 x1 / 1000 − x2 / 100) x2 −
             (400000 + 195 x1 + 225 x2)
```

$$Out[1]= \left(-\frac{x1}{100} - \frac{3\,x2}{1000} + 339\right) x1 - 195\,x1 + \left(-\frac{x1}{250} - \frac{x2}{100} + 399\right) x2 - 225\,x2 - 400000$$

```
In[2]:=  dydx1 = D[y, x1]
```

$$Out[2]= -\frac{x1}{50} - \frac{7\,x2}{1000} + 144$$

```
In[3]:=  dydx2 = D[y, x2]
```

$$Out[3]= -\frac{7\,x1}{1000} - \frac{x2}{50} + 174$$

```
In[4]:=  s = Solve[{dydx1 == lambda, dydx2 == lambda, x1 + x2 == 10000}, {x1, x2, lambda}]
```

$$Out[4]= \left\{\left\{x1 \to \frac{50000}{13}, x2 \to \frac{80000}{13}, \text{lambda} \to 24\right\}\right\}$$

```
In[5]:=  N[%]
```

Out[5]= {{x1 → 3846.15, x2 → 6153.85, lambda → 24.}}

```
In[6]:=  y /. %
```

Out[6]= {532308.}

図 2.12 制約付きテレビ製造の問題．数式処理ソフトウエア Mathematica を用いた最適解．

2.3 感度分析とシャドウ・プライス

　本節では，ラグランジュ乗数法を用いた感度分析における独特な手法をいくつか論ずる．この乗数自体が現実的な意味をもっていることがわかるであろう．

　例 2.2 におけるモデル解析の結果を報告する前に，感度分析をすることは重要である．2.1 節の最後で，制約なしのモデルに対して価格弾力性に対する感度を調べた．新たなモデルに対する手続きも大きくは変わらない．特定のパラメータの値に対する感度を，モデルを若干一般化して，つまり想定されている定数を変数に変えることで求める．再び，19 インチの製品に対する価格弾力性 a に着目するとしよう．目的関数を式 (2.7) にあらためると，

$$\nabla f = \left(\frac{\partial f}{\partial x_1}, \frac{\partial f}{\partial x_2}\right)$$

において，$\partial f/\partial x_1$ と $\partial f/\partial x_2$ は式 (2.8) で得られたものとなる．今度はラグランジュ乗数を含む式が

$$144 - 2ax_1 - 0.007x_2 = \lambda$$
$$174 - 0.007x_1 - 0.02x_2 = \lambda \quad (2.13)$$

となる．これを制約条件

$$g(x_1, x_2) = x_1 + x_2 = 10{,}000$$

と連立させて解くと，

$$x_1 = \frac{50{,}000}{1{,}000a + 3}$$
$$x_2 = 10{,}000 - \frac{50{,}000}{1{,}000a + 3} \quad (2.14)$$
$$\lambda = \frac{650}{1{,}000a + 3} - 26$$

を得る．よって，

$$\frac{dx_1}{da} = \frac{-50{,}000{,}000}{(1{,}000a + 3)^2}$$
$$\frac{dx_2}{da} = \frac{-dx_1}{da} \quad (2.15)$$

となり，点 $x_1 = 3{,}846$, $x_2 = 6{,}154$, $a = 0.01$ において，

$$S(x_1, a) = \frac{dx_1}{da} \cdot \frac{a}{x_1} = -0.77$$
$$S(x_2, a) = \frac{dx_2}{da} \cdot \frac{a}{x_2} = 0.48$$

を得る．この場合の，a に対する x_1, x_2 のグラフが図 2.13, 図 2.14 にある．もし 19 インチの製品の価格弾力性が増えれば，19 インチの製品の生産を 21 インチの製品の生産へとシフトすることになる．もし，この価格弾力性が減れば，19 インチの製品の製造を増やし，21 インチの製品の製造を減らすことになる．

いずれの場合も，式 (2.14) で与えられる点 (x_1, x_2) が残りの制約直線の間にある限り ($0.007 \leq a \leq 0.022$)，合計で 10,000 台生産することになる．

さて，最適な利益 y の 19 インチ製品の価格弾力性 a に対する感度を考えよう．利益 y を a を用いて表すために，式 (2.14) を式 (2.7) に代入すると，

$$y = \left[339 - a\left(\frac{50{,}000}{1{,}000a + 3}\right) - 0.003\left(10{,}000 - \frac{50{,}000}{1{,}000a + 3}\right)\right]\left(\frac{50{,}000}{1{,}000a + 3}\right)$$
$$+ \left[399 - 0.004\left(\frac{50{,}000}{1{,}000a + 3}\right) - 0.01\left(10{,}000 - \frac{50{,}000}{1{,}000a + 3}\right)\right]$$
$$\times \left(10{,}000 - \frac{50{,}000}{1{,}000a + 3}\right)$$
$$- \left[400{,}000 + 195\left(\frac{50{,}000}{1{,}000a + 3}\right) + 225\left(10{,}000 - \frac{50{,}000}{1{,}000a + 3}\right)\right]$$

44   第2章 多変数の最適化

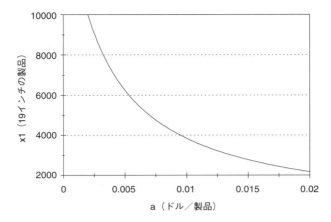

図 2.13 制約付きテレビ製造の問題．価格弾力性 a に対する 19 インチの製品の最適生産数 x_1 のグラフ．

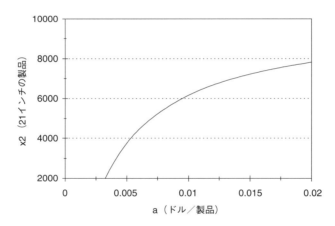

図 2.14 制約付きテレビ製造の問題．価格弾力性 a に対する 21 インチの製品の最適生産数 x_2 のグラフ．

を得る．a に対する y のグラフは図 2.15 にある．

 y の a に対する感度の数値を見積もるためには，上述の 1 変数の方法も適用できるだろう．この場合は，数式処理ソフトウエアを使うほうがよいかもしれない．他の方法として，こちらの方が計算がはるかに効率的であるが，多変数関数の合成関数微分公式 (2.11) を用いるという方法がある．任意の a に対して，勾配ベクトル ∇f は制約直線 $g = 10{,}000$ に垂直である．a をパラメータとして

$$x(a) = (x_1(a), x_2(a))$$

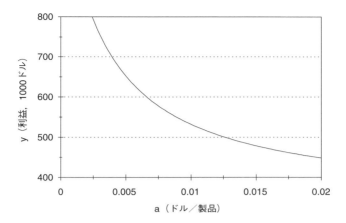

図 2.15 制約付きテレビ製造の問題．価格弾力性 a に対する最適利益 y のグラフ．

が直線 $g = 10{,}000$ 上の点であると考えると，速度ベクトル

$$\frac{dx}{da} = \left(\frac{dx_1}{da}, \frac{dx_2}{da}\right)$$

は，この直線に接している．すると ∇f は dx/da に垂直になる：すなわち内積が

$$\nabla f \cdot \frac{dx}{da} = \left(\frac{\partial y}{\partial x_1}, \frac{\partial y}{\partial x_2}\right) \cdot \left(\frac{dx_1}{da}, \frac{dx_2}{da}\right)$$
$$= \frac{\partial y}{\partial x_1}\frac{dx_1}{da} + \frac{\partial y}{\partial x_2}\frac{dx_2}{da} = 0$$

となる．したがって，2.1 節と同様に，

$$\frac{dy}{da} = \frac{\partial y}{\partial a} = -x^2$$

を得る．これで計算が簡単になり，

$$\begin{aligned}S(y, a) &= \frac{dy}{da} \cdot \frac{a}{y} \\ &= -(3{,}846)^2 \frac{0.01}{532{,}308} \\ &= -0.28\end{aligned}$$

を得る．制約なしの問題と同様に，価格弾力性が増えれば，利益を失うことになる．この利益の損失のほとんどすべては，これも制約なしの問題と同様に，19 インチの

```
> y:=(339-a*x1-3*x2/1000)*x1
>   +(399-4*x1/1000-x2/100)*x2-(400000+195*x1+225*x2);
```
$$y := \left(339 - a\,x1 - \frac{3}{1000}x2\right)x1 + \left(399 - \frac{1}{250}x1 - \frac{1}{100}x2\right)x2 - 400000 - 195\,x1 - 225\,x2$$
```
> dydx1:=diff(y,x1);
```
$$dydx1 := -2\,a\,x1 + 144 - \frac{7}{1000}x2$$
```
> dydx2:=diff(y,x2);
```
$$dydx2 := -\frac{7}{1000}x1 - \frac{1}{50}x2 + 174$$
```
> s:=solve({dydx1=lambda,dydx2=lambda,x1+x2=10000},{x1,x2,lambda});
```
$$s := \{x1 = \frac{50000}{1000\,a+3},\ x2 = 20000\,\frac{500\,a-1}{1000\,a+3},\ \lambda = -52\,\frac{500\,a-11}{1000\,a+3}\}$$
```
> assign(s);
> dx2da:=diff(x2,a);
```
$$dx2da := \frac{10000000}{1000\,a+3} - 20000000\,\frac{500\,a-1}{(1000\,a+3)^2}$$
```
> assign(a=1/100);
> sx2a:=dx2da*(a/x2);
```
$$sx2a := \frac{25}{52}$$
```
> evalf(sx2a);
```
$$.4807692308$$

図 2.16　制約付きテレビ製造の問題．数式処理ソフトウエア Maple を利用した感度 $S(x_2, a)$ の計算．

製品の販売価格が下がるということによるものである．$a = 0.011$ であれば，その場合に式 (2.13) で得られる最適値の代わりに $x_1 = 3{,}846$, $x_2 = 6{,}154$ という値を用いても，潜在的な利益をさほど失わずにすむだろう．勾配ベクトル ∇f は目的関数 f（これが利益である）が最も速く増加する向きを指している．考えている点は最適ではないが，最適な点と点 $(3{,}846,\,6{,}154)$ を結ぶ線分は ∇f に垂直である．よって，この点における f の値は最適値とそれほど離れてはいないと期待できよう．したがって，a に若干の変動があっても，このモデルはほとんど最適な決定をもたらすのである．

この問題に対しても，必要な計算を行なうのに数式処理ソフトウエアを利用するのが賢明であろう．図 2.16 は，感度 $S(x_2, a)$ の計算に数式処理ソフトウエア Maple を利用した結果である．他の感度も同様に計算できる．

次に，最適な生産数 x_1, x_2 とその結果の利益の y の最大年間製造台数 $c = 10{,}000$ に対する感度を考えよう．そのために最初の問題までさかのぼり，定数 $g = 10{,}000$ を一般形 $g = c$ に置き換える．実行可能領域は図 2.10 と同様であるが，ここでは

斜めの制約直線が若干移動する（直線 $x_1 + x_2 = 10{,}000$ に平行ではある）.

c の値が $10{,}000$ に近ければ，最大値をとるのが制約直線

$$g(x_1, x_2) = x_1 + x_2 = c \tag{2.16}$$

上であることは変わらない．ここで，$\nabla f = \lambda \nabla g$ である．∇f も ∇g ももとの問題と同じなので，ラグランジュ乗数を含む方程式は式 (2.12) と同じであるが，今度は新しい制約方程式 (2.16) と連立して解くことになる．これを解くと，

$$\begin{aligned} x_1 &= \frac{13c - 30{,}000}{26} \\ x_2 &= \frac{13c + 30{,}000}{26} \\ \lambda &= \frac{3(106{,}000 - 9c)}{2{,}000} \end{aligned} \tag{2.17}$$

となる．よって，

$$\begin{aligned} \frac{dx_1}{dc} &= \frac{1}{2} \\ \frac{dx_2}{dc} &= \frac{1}{2}. \end{aligned} \tag{2.18}$$

式 (2.18) には，簡単な幾何的説明がある．∇f は f が最も速く増加する向きを向いているので，制約直線 (2.16) を動かすと，新しい最適点 (x_1, x_2) は，∇f と直線 (2.16) が交わる点の付近になくてはならないということである．さて，このとき

$$\begin{aligned} S(x_1, c) &= \frac{1}{2} \cdot \frac{10{,}000}{3{,}846} \approx 1.3 \\ S(x_2, c) &= \frac{1}{2} \cdot \frac{10{,}000}{6{,}154} \approx 0.8 \end{aligned}$$

となる．y の c に対する感度を求めるには，合成関数を微分して

$$\begin{aligned} \frac{dy}{dc} &= \frac{\partial y}{\partial x_1} \frac{dx_1}{dc} + \frac{\partial y}{\partial x_2} \frac{dx_2}{dc} \\ &= (24)\left(\frac{1}{2}\right) + (24)\left(\frac{1}{2}\right) \\ &= 24 \end{aligned}$$

を得る（これはラグランジュ乗数 λ の値である）．よって，

$$S(y, c) = (24)\left(\frac{10{,}000}{532{,}308}\right) \approx 0.45.$$

$dy/dc = \lambda$ の幾何的な説明は以下の通りである．$\nabla f = \lambda \nabla g$ であり，c を増やすと ∇f の向きに移動することになる．この方向に移動するので，f は g の λ 倍の速さで増えることになる．

導関数 $dy/dc = 24$ には重要な現実的解釈がある．可能な生産数が 1 増えると ($\Delta c = 1$)，利益は 24 ドル増える ($\Delta y = 24$)．これは**シャドウ・プライス**と呼ばれる．これは，ある資源（生産力）の企業にとっての価値を表している．メーカーが生産力（これは制約として実際に効いている条件である）の増加を検討するなら，生産力の増加 1 あたり 24 ドル支払う気があるかということになる．あるいは，生産力をこの 19 インチと 21 インチの LCD フラットパネルテレビに充てる代わりに別の新製品に充てることを考えると，その価値があるのは，その新製品が 1 台につき 24 ドルよりも多くの利益を出す場合であり，かつこの場合に限るということを意味する．

この問題における感度の計算は，数式処理ソフトウエアを利用することで簡単になる．図 2.17 は感度 $S(y,c)$ の計算に数式処理ソフトウエア Maple を利用したものである．

他の感度も同様の方法で求めることができる．もし幸運にも数式処理ソフトウエアが使える状況にあるなら，自分の課題にこれを利用すべきであろう．現実の問題は非常に長い計算を伴うことがしばしばである．数式処理ソフトウエアが利用できれば，生産性は向上するだろう．また，手で計算するよりもはるかに楽しいであろう．

もちろん，利益 y および生産台数 x_1, x_2 の最適値は，他の制約条件における値には全く影響を受けない．というのも，他の制約条件 $x_1 \leq 5{,}000$ および $x_2 \leq 8{,}000$ は，実際には効いていないからである．x_1 および x_2 の上界が少し変化すれば実行可能領域も変化するが，最適解は $(3{,}846, 6{,}154)$ のままである．よって，これらの資源に対するシャドウ・プライスは 0 である．メーカーはテレビ回路基板の供給増加に追加料金を支払うことには同意しないだろう．必要がないからである．19 インチの製品の回路基板の供給が 3,846 以下まで落ちなければ，あるいは 21 インチの製品の回路基板の供給が 6,154 以下まで落ちなければ，この状況は変わらないだろう．次の例では，このような場合にはどうなるのかを考えよう．

例 2.5 例 2.2 の制約付きテレビ製造の問題において，19 インチ用の回路基板が年間に 3,000 枚しか供給されないとする．最適な生産計画はどうなるだろうか？

この場合には，等高線 $x_1 + x_2 = 10{,}000$ 上にあった $f(x_1, x_2)$ を最大にする点が，実行可能領域の外に出てしまう．この場合の実行可能領域上での f の最大値

```
> y:=(339-x1/100-3*x2/1000)*x1
>   +(399-4*x1/1000-x2/100)*x2-(400000+195*x1+225*x2);
```
$$y := \left(339 - \frac{1}{100}x1 - \frac{3}{1000}x2\right)x1 + \left(399 - \frac{1}{250}x1 - \frac{1}{100}x2\right)x2 - 400000 - 195\,x1 - 225\,x2$$

```
> dydx1:=diff(y,x1);
```
$$dydx1 := -\frac{1}{50}x1 + 144 - \frac{7}{1000}x2$$

```
> dydx2:=diff(y,x2);
```
$$dydx2 := -\frac{7}{1000}x1 - \frac{1}{50}x2 + 174$$

```
> s:=solve({dydx1=lambda,dydx2=lambda,x1+x2=c},{x1,x2,lambda});
```
$$s := \{\lambda = -\frac{27}{2000}c + 159,\ x1 = \frac{1}{2}c - \frac{15000}{13},\ x2 = \frac{1}{2}c + \frac{15000}{13}\}$$

```
> assign(s);
> dydc:=diff(y,c);
```
$$dydc := -\frac{27}{2000}c + 159$$

```
> assign(c=10000);
> dydc;
```
$$24$$

```
> syc:=dydc*(c/y);
```
$$syc := \frac{78}{173}$$

```
> evalf(syc);
```
$$.4508670520$$

図 2.17 制約付きテレビ製造の問題．数式処理ソフトウエア Maple を利用した感度 $S(y,c)$ の計算．

は，点 (3,000, 7,000) において達成される．この点は，制約直線

$$g_1(x_1, x_2) = x_1 + x_2 = 10{,}000$$

$$g_2(x_1, x_2) = x_1 = 3{,}000$$

の交点である．この点においては，

$$\nabla f = \lambda_1 \nabla g_1 + \lambda_2 \nabla g_2$$

が成り立つ．計算すれば，点 (3,000, 7,000) において

$$\nabla f = (35, 13)$$

$$\nabla g_1 = (1, 1)$$

$$\nabla g_2 = (1, 0)$$

となり，したがって，$\lambda_1 = 13, \lambda_2 = 22$．もちろん，$\mathbb{R}^2$ のすべてのベクトルは $(1,1)$

と $(1,0)$ の線形結合で書ける.しかし,ラグランジュ乗数を計算することの意義は,制約条件が複数ある場合であっても,ラグランジュ乗数が制約条件(生産力と 19 インチ用基板)に対するシャドウ・プライスを表しているということにある.言い換えると,生産力を 1 上げることには 13 ドルの価値があり,回路基板を 1 枚増やすことには 22 ドルの価値があるということである.

読者への便宜をはかり,ラグランジュ乗数がシャドウ・プライスとなることの証明をここに記す.関数 $y = f(x_1, \ldots, x_n)$ が与えられ,1 つ以上の制約式

$$g_1(x_1, \ldots, x_n) = c_1$$
$$g_2(x_1, \ldots, x_n) = c_2$$
$$\vdots$$
$$g_k(x_1, \ldots, x_n) = c_k$$

で定まる集合上で f を最適化する.最適値が点 x_0 で達成され,この点においてラグランジュ乗数定理の仮定がみたされ,

$$\nabla f = \lambda_1 \nabla g_1 + \cdots + \lambda_k \nabla g_k \qquad (2.19)$$

が成り立っているとしよう.制約式はどの順序で書いてもかまわないので,λ_1 が最初の制約式に対応するシャドウ・プライスであることを示せば十分である.集合 $g_1 = t, g_2 = c_2, \ldots, g_k = c_k$ において最適な点の位置を $x(t)$ と書こう.$g_1(x(t)) = t$ であるから,$\nabla g_1(x(t)) \cdot x'(t) = 1$ となり,特に $\nabla g_1(x_0) \cdot x'(c_1) = 1$ である.$i = 2, \ldots, k$ に対しては,すべての t に対して $g_i(x(t)) = c_i$ と一定になるので,$\nabla g_i(x(t)) \cdot x'(t) = 0$ となり,特に $\nabla g_i(x_0) \cdot x'(c_1) = 0$ である.ところで,このシャドウ・プライスは

$$\frac{d(f(x(t)))}{dt} = \nabla f(x(t)) \cdot x'(t)$$

の $t = c_1$ における値である.ここで,式 (2.19) が点 x_0 において成り立つことから,$\nabla f(x_0) \cdot x'(c_1) = \lambda_1 \nabla g_1(x_0) \cdot x'(c_1) = \lambda_1$ となる.これが示したいことであった.

2.4 練習問題

1. 生態学者は,競争関係にある 2 つの種 x, y の増殖過程を記述するのに以下の

モデルを用いる：

$$\frac{dx}{dt} = r_1 x \left(1 - \frac{x}{K_1}\right) - \alpha_1 xy$$
$$\frac{dy}{dt} = r_2 y \left(1 - \frac{y}{K_2}\right) - \alpha_2 xy.$$

変数 x, y はそれぞれの個体数を表す；パラメータ r_i はそれぞれの種の内的自然増加率を表す；K_i は競争相手がいない状況における持続可能な最大個体数を表す；α_i は競争の影響の大きさを表す．シロナガスクジラとナガスクジラの研究から以下のパラメータ値が得られている（t の単位は年である）．

	シロナガス	ナガス
r	0.05	0.08
K	150,000	400,000
α	10^{-8}	10^{-8}

(a) 毎年新たに生まれるクジラの数を最大にするような個体数 x, y を求めなさい．ファイブ・ステップ法を用い，制約なし最適化問題としてモデル化しなさい．

(b) この最適な個体数の内的自然増加率 r_1, r_2 に対する感度を求めなさい．

(c) この最適な個体数の環境収容力 K_1, K_2 に対する感度を求めなさい．

(d) $\alpha_1 = \alpha_2 = \alpha$ と仮定する．一方の種が絶滅するようになっても，最適といえるか？

2. 練習問題1のクジラの問題を再考しよう．今度はクジラの総個体数に着目する．x と y の両方が非負のとき，クジラの個体数レベル x, y が実行可能であるということにする．また，増殖率 $dx/dt, dy/dt$ の両者が非負のとき，個体数レベル x, y は**持続可能**であるという．

(a) 実行可能かつ持続可能な個体数で，総個体数 $x + y$ を最大にするものを求めなさい．ファイブ・ステップ法を用い，制約付き最適化問題としてモデル化しなさい．

(b) この最適個体数 x, y の内的自然増加率 r_1, r_2 に対する感度を求めなさい．

(c) この最適個体数 x, y の環境収容力 K_1, K_2 に対する感度を求めなさい．

(d) $\alpha_1 = \alpha_2 = \alpha$ と仮定する．競争の度合い α に対する最適個体数 x, y の感度を求めなさい．一方の種が絶滅することになっても，最適といえるか？

3. 練習問題1のクジラの問題を再考しよう．今度は，捕獲の経済的効果を考察

する．

- (a) シロナガスクジラ 1 頭は 12,000 ドルの価値があり，ナガスクジラはそのほぼ半分である．捕獲をコントロールすることにより，x と y を望む値に保つことができると仮定する．このとき，どの個体数が最大の収入を生み出すか．（いったん個体数が望む値になれば，増加率と同じ割合で捕獲をすることにより，個体数は一定に保たれるであろう．）ファイブ・ステップ法を用いなさい．制約なし最適化問題としてモデル化しなさい．
- (b) 最適個体数 x, y のパラメータ r_1, r_2 に対する感度を求めなさい．
- (c) 収入（ドル／年）のパラメータ r_1, r_2 に対する感度を求めなさい．
- (d) $\alpha_1 = \alpha_2 = \alpha$ と仮定する．x, y の α に対する感度を調べなさい．一方の種が絶滅することになっても，経済的に最適となるのはどのような点か．

4. 練習問題 1 において，国際捕鯨委員会 (IWC) が，どのクジラの個体群も，環境収容力 K の半分を下回る個体数で維持されるようなことがあってはならない，と勧告したと仮定しよう．

- (a) この制約のもとで，持続的な利益を最大にする個体数を求めなさい．ラグランジュ乗数を用いなさい．
- (b) 最適な個体数 x, y と持続的な利益の各定数に対する感度を求めなさい．
- (c) この最低個体数ルールは，捕獲割り当てを定めれば最も簡単に実施されると IWC は考えている．$K/2$ ルールと同じ効果の捕獲割り当て（シロナガスクジラとナガスクジラを合わせた年間最大捕獲数）を求めなさい．
- (d) 捕鯨船側は，IWC の割り当てはかなりの損失をもたらすと訴え，割り当て緩和を請願した．割り当ての増加が捕鯨船側の年間収入に及ぼし得る影響と，クジラの個体数に及ぼし得る影響を調べなさい．

5. 制約なしのテレビ製造の問題（例 2.1）を考える．このメーカーの組み立て工場が海外にあるため，合衆国政府は 1 台につき 25 ドルの関税を課している．

- (a) この関税を考慮して，最適な生産数を求めなさい．この関税によるメーカーの損失はいくらか．その損失のうち政府に直接支払われるのはいくらか．売上減に相当するのはいくらか．
- (b) 関税を避けるために生産施設を合衆国に移転するのは，メーカーにとって意味があるか．この海外施設は他社に 1 年につき 200,000 ドルで貸すことができ，合衆国に新しい施設を建設し運用する費用は年間 550,000 ドル

になると仮定する．新施設の建設費用は，新施設の予想耐用年数にわたり償却されるものとしている．

(c) この関税の目的は，製造メーカーの合衆国国内における施設運用を促すことである．このメーカーが施設を移転する意味があるようにするには，関税を最低いくらにすべきか．

(d) 関税がこのメーカーに施設移転を決定させるほど高いと仮定すると，実際の関税額の重要性はどの程度か．生産数の関税額に対する感度と，利益の関税額に対する感度の両方を考察しなさい．

6. パーソナルコンピュータのメーカーが，ベーシックモデルを今のところ月間 10,000 台販売している．製造コストは 1 台あたり 700 ドルで，卸売価格は 950 ドルである．この四半期の間，いくつかの市場において試験的に価格を 100 ドル下げてみたところ，その結果は売り上げ 50％増であった．このメーカーは，年に 50,000 ドルかけて全国規模で製品の宣伝をしてきた．広告代理店は，広告費を月に 10,000 ドル増やせば，売上が月に 200 台伸びるだろうと主張している．経営側は，広告費の増額を月に 100,000 ドルを超えない範囲で検討することに同意した．

(a) 利益を最大とする価格と広告費を求めなさい．ファイブ・ステップ法を用いなさい．制約付き最適化問題としてモデル化し，ラグランジュ乗数法を用いて解きなさい．

(b) 決定変数（価格と広告費）の価格弾力性（50％増となる数値）に対する感度を求めなさい．

(c) 広告代理店は，月あたりの広告費を 10,000 ドル上げるごとに販売数が 200 ずつ増えると見積もっている．決定変数の 200 増という見積りに対する感度を求めなさい．

(d) (a) のラグランジュ乗数の値はいくつか．この乗数の現実的解釈は何か．この情報をどう使えば，広告支出の上限を上げるよう経営側トップを説得できるか．

7. 地方の日刊新聞が，先ごろ大手メディア企業に買収された．この新聞は 1 週間 1.50 ドルの価格で，購読部数は 80,000 である．広告料はページあたり 250 ドルで，現在は週に 350 ページ（50 ページ／日）の広告が入っている．新経営陣は利益を増やす方法を求めている．購読料を週に 10 セント増やすと，購読部数が 5,000 落ちると見積もられている．ページあたりの広告料を 100 ド

増やすと，週に 50 ページほど広告が減る見込みである．広告の減少は，購読部数にも影響する．広告が購読の動機のひとつとなっているからである．週に 50 ページの広告が減ると，購読数が 1,000 落ちるとみられる．

(a) 利益を最大にする週間購読料と広告料を求めなさい．ファイブ・ステップ法を用い，制約なしの最適化問題としてモデル化しなさい．
(b) 購読料を 10 セント増やしたときの販売部数の減少は，5,000 と仮定している．(a) で求めた答えの，減少部数の仮定に対する感度を求めなさい．
(c) ページあたりの広告料を 100 ドル増やしたときの広告の減少は，週に 50 ページと仮定している．(a) で求めた答えの，広告の減少ページ数の仮定に対する感度を求めなさい．
(d) 現在この新聞に広告を出している広告主には，顧客にダイレクトメールを送るという選択肢もある．ダイレクトメールにかかる費用は，新聞にページあたり 500 ドルで広告を出すのと同じである．この情報は (a) の結論をどのように変えるか．

8. 練習問題 7 の新聞社の問題を再考しよう．今度は，広告主が顧客にダイレクトメールを送るという選択肢をもっていると仮定する．そのため，広告料を上げるにしてもページあたり 400 ドルを超えてはならない，と経営側が決定した．

(a) 利益を最大にする週間購読料と広告料を求めなさい．ファイブ・ステップ法を用い，制約付き最適化問題としてモデル化しなさい．なお，ラグランジュ乗数法を用いて解きなさい．
(b) 購読料を 10 セント増やしたときの販売部数の減少は，5,000 と仮定している．決定変数（購読料と広告料）の，減少部数の仮定に対する感度を求めなさい．
(c) ページあたりの広告料を 100 ドル増やしたときの広告の減少は，週に 50 ページと仮定している．2 つの決定変数の，広告の減少ページ数の仮定に対する感度を求めなさい．
(d) (a) のラグランジュ乗数の値はいくつか．この値を，広告料の上限（ページあたり 400 ドル）に対する利益の感度を用いて解釈しなさい．

9. 練習問題 7 の新聞社の問題を再考しよう．今度は，新聞社の営業経費に着目する．この新聞社の週あたりの営業経費は現在以下の通りである：編集部（報道，コラム，論説）に 80,000 ドル；広告部に 30,000 ドル；販売部に 30,000 ドル；固定費用（リース料，公共料金，維持費）に 60,000 ドル．新経営陣は，編

集部での削減を考えている．編集部の予算は，最低の場合，週に 40,000 ドルならやっていけると考えられている．編集予算の減額は予算の節約にはなるが，新聞の質にも影響するであろう．他の購読者層での経験によれば，編集予算を 10％ 削減するごとに，購読者が 2％ ずつ減り，広告が 1％ ずつ減るとみられる．経営陣は，広告部の予算の増額も検討している．先頃，似た購読者層をもつ他紙の経営陣が，広告部の予算を 20％ 増やした．その結果，広告が 15％ 増えた．広告部の予算は，週 50,000 ドルまで増やすことができるが，営業経費の全予算は現状の週 200,000 ドルを超えることはできない．

(a) 利益を最大にする編集部予算と広告部予算を求めなさい．購読料は週 1.50 ドルのままで，広告料もページあたり 250 ドルのままであると仮定する．ファイブ・ステップ法を用い，制約付き最適化問題としてモデル化しなさい．なお，ラグランジュ乗数法を用いて解きなさい．

(b) それぞれの制約に対してシャドウ・プライスを求め，その意味を述べなさい．

(c) この問題の実行可能領域を描きなさい．そのグラフ上に最適解の位置を示しなさい．この最適解に実際に効いている制約はどれか．それはシャドウ・プライスにどのように関係するか．

(d) 編集予算の削減が，購読者層の予想外の不評を買ったとしよう．編集予算の 10％ 削減が，$p\%$ の広告の減少と $2p\%$ の購読の減少を引き起こすとする．編集予算を削らないほうがよいと判断されるような p の値の最小値を求めなさい．

10. ある運輸会社が 1 日に 100 トン空輸する能力をもっている．この会社は 1 トンあたり 250 ドルの空輸料金を課している．重量の制約とは別に，飛行機の貨物室の許容量のため，この会社は 1 日につき 50,000 立方フィートまでしか輸送できない．輸送に利用できる貨物の許容量は以下の通りである：

貨物	重量 (トン)	体積 (立方フィート／トン)
1	30	550
2	40	800
3	50	400

(a) 収入を最大にするには，それぞれの貨物を 1 日何トン空輸すればよいか．ファイブ・ステップ法を用い，制約付き最適化問題としてモデル化しなさい．なお，ラグランジュ乗数法を用いて解きなさい．

(b) それぞれの制約に対してシャドウ・プライスを求め，その意味を述べなさい．

(c) この会社は古い飛行機を機種変更して貨物室の容量を大きくすることができる．この変更は1機につき 200,000 ドルかかり，1機あたり 2,000 立方フィート増えることになる．重量の制限は同じままである．飛行機が年間に 250 日飛び，古い飛行機の使用期限は残り約5年であるとすると，機種変更する価値はあるか．何機まで機種変更するか．

さらに進んだ文献

1. Beightler, C., Phillips, D. and Wilde, D. (1979) *Foundations of Optimization*. 2nd ed., Prentice–Hall, Englewood Cliffs, New Jersey.
2. Courant, R. (1937) *Differential and Integral Calculus*. vol. II, Wiley, New York.
3. Edwards, C. (1973) *Advanced Calculus of Several Variables*. Academic Press, New York.
4. Hundhausen, J., and Walsh, R. *The Gradient and Some of Its Applications*. UMAP module 431.
5. Hundhausen, J., and Walsh, R. *Unconstrained Optimization*. UMAP module 522.
6. Nievergelt, Y. *Price Elasticity of Demand: Gambling, Heroin, Marijuana, Whiskey, Prostitution, and Fish*. UMAP module 674.
7. Nevison, C. *Lagrange Multipliers: Applications to Economics*. UMAP module 270.
8. Peressini, A. *Lagrange Multipliers and the Design of Multistage Rockets*. UMAP module 517.

訳注：和書の微分積分の教科書として次を挙げておく．

● 笠原皓司, 微分積分学, サイエンス社 (1974)

第3章　最適化計算法

　第 1 章と第 2 章では最適化問題を解くための解析的な手法をいくつか議論した．これらの手法は多くの最適化問題を解くための基礎になるものである．本章では，いくつかの現実の最適化問題に関する計算問題を取り上げ，最も有名な計算手法について議論しよう．

3.1　1 変数最適化問題

　簡単な 1 変数最適化問題についても，大域的な極値を与える点を求めることは非常に困難な場合がある．現実の最適化問題は通常取扱いが面倒である．関数がすべての点で微分可能であっても，導関数の計算が複雑であることが多い．しかし最も困難な問題は方程式 $f'(x) = 0$ を解くことである．多くの方程式では解析的な解を求めることができないからである．多くの例で使うことができるのは，グラフや数値計算を用いて近似解を発見することである．

例 3.1　例 1.1 で考察した養豚の問題をもう一度考えよう．今回は豚の成長率が一定でないことを考慮する．豚は若いときには成長率が増加すると仮定しよう．利益を最大にするには豚をいつ売ったらよいか？

　ファイブ・ステップ法を使おう．ステップ 1 は，1.1 節の図 1.1 で示したように問題を書き直す．今回は単純に $w = 200 + 5t$ と仮定できない．豚の成長率が増加することを表現する合理的な仮定は何であろうか？　もちろんこの問いに対する可能な解答はいくつもある．今回は豚の成長率は体重に比例すると仮定しよう．すなわち

$$\frac{dw}{dt} = cw. \tag{3.1}$$

$w = 200$ ポンドで $dw/dt = 5$（ポンド／日）なので $c = 0.025$ と決定される．したがって w に関する次の簡単な微分方程式が得られる．

$$\frac{dw}{dt} = 0.025w, \; w(0) = 200. \tag{3.2}$$

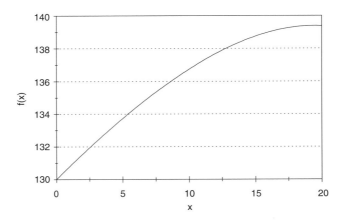

図 3.1 非線形体重モデルを仮定した養豚の問題.販売日 x を横軸,純利益 $f(x)$ を縦軸にとった式 (3.4) に対するグラフ.

変数分離法を用いて,方程式 (3.2) を解くと

$$w = 200e^{0.025t} \tag{3.3}$$

となる.図 1.1 の他の仮定は変わらないのでステップ 1 が終了する.

ステップ 2 はモデル法の選択である.問題は 1 変数最適化問題である.1 変数最適化問題に対する一般的手順は 1.1 節で概説された.本節では,この一般的手順を実行する計算法を求めよう.ここで示される計算法は,手計算が困難なときや面倒な場合に,現実問題でよく用いられるものである.

ステップ 3 はモデルの定式化である.1.1 節の定式化と本節の例に対する定式化の唯一の違いは,体重方程式 $w = 200 + 5t$ を方程式 (3.3) で置き換えることである.次の新しい目的関数が得られる.

$$\begin{aligned} y &= f(x) \\ &= (0.65 - 0.01x)(200e^{0.025x}) - 0.45x. \end{aligned} \tag{3.4}$$

問題は,式 (3.4) で与えられる関数を集合 $S = \{x : x \geq 0\}$ 上で最大化することである.

ステップ 4 はモデルを解くことである.グラフ解法を用いよう.PC で実行できるグラフユーティリティやグラフ計算ソフトウエアが利用できる.もとの目的関数を表示した図 1.2 と同じ座標系に式 (3.4) の関数を描くことから始めよう.図 3.1 を観察すると,この関数をより広い変域で見たほうがよさそうだと感じるであろう.図

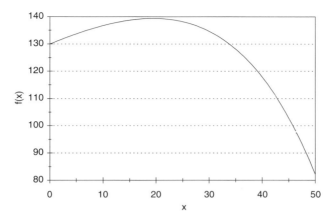

図 3.2 非線形体重モデルを仮定した養豚の問題．販売日 x を横軸，純利益 $f(x)$ を縦軸にとった式 (3.4) に対する完全グラフ．

3.1 は集合 $S = [0, \infty)$ 上の関数を表していないので**完全グラフ**ではないと呼ぼう．

完全グラフは図 3.2 で与えられる．このグラフは問題を解くために必要な重要な特徴をすべて与えている．

グラフが完全であることをどのようにしたら判定できるであろうか？ この問題に対する簡単な答えはない．グラフ解法は探索的な手法である．何度もグラフを描いてみて満足できるまで試してみる必要がある．もちろん負の値 x を考える必要はない．また $x = 65$ を超えた x を考える必要もない．式 (3.4) によれば，$x = 65$ を超えると豚販売の利益が負になり，無意味である．

図 3.2 のグラフから，$x = 20$ のあたりで最大値 $y = f(x) = 140$ をとると結論される．より詳しく見るためにグラフが最大値をとる周辺にズームしよう．図 3.3 と図 3.4 は連続ズームの結果を与えている．

図 3.4 から，次のように最大値を与える x と最大値の推定値が得られる．

$$\begin{aligned} x &= 19.5 \\ y &= f(x) = 139.395. \end{aligned} \tag{3.5}$$

このようにして，最大値を与える点を有効数字 3 桁，最大値を有効数字 6 桁で与えることができた．最大値では $f'(x) = 0$ であるため，x と比べて関数 $f(x)$ の変化が小さいので，x より $f(x)$ の方が有効数字桁数が大きいのである．

ステップ 5 は解答を与えることである．若豚の成長率は増加しているので，19 日か 20 日まで販売を延期すべきである．こうして純利益約 140 ドルが得られる．

60 第3章 最適化計算法

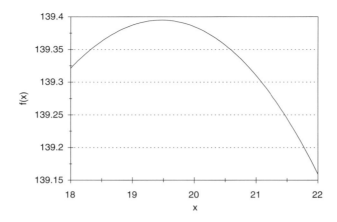

図 3.3 非線形体重モデルを仮定した養豚の問題．販売日 x を横軸，純利益 $f(x)$ を縦軸にとった式 (3.4) に対するグラフに対する第 1 次ズーム．

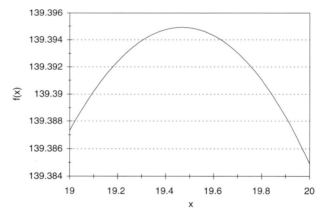

図 3.4 非線形体重モデルを仮定した養豚の問題．販売日 x を横軸，純利益 $f(x)$ を縦軸にとった式 (3.4) に対するグラフに対する第 2 次ズーム．

　最適値（式 (3.5)）を与える点を求めるためにステップ 4 で用いたグラフ解法は，精度の高いものではなかった．今回は問題の正確さを求めるものでないので，満足できる結果ではある．グラフ解法で上述のズーム法を何度も繰り返して用いれば高い精度で最適値を求めることはできるが，このような場合に応用できる効率の高い計算法がある．次に感度分析を行なうときに，これらの計算法のいくつかを見てみよう．

　式 (3.5) で与えられる，若豚が成長率 $c = 0.025$ をもつ場合の最適座標の感度を

調べてみよう．そのためにパラメータ c を変化させてグラフ解法を実行するのが 1 つの方法であるが，これは面倒である．より効果的な手法が望ましい．

まず，モデルを一般化しよう．一般化したモデル

$$\frac{dw}{dt} = cw, \ w(0) = 200 \tag{3.6}$$

を考えると次が得られる．

$$w = 200e^{ct}. \tag{3.7}$$

これから目的関数

$$f(x) = (0.65 - 0.01x)(200e^{cx}) - 0.45x \tag{3.8}$$

が得られる．前のグラフ解法から，$c = 0.025$ の場合，$f'(x) = 0$ を満足する内部臨界点で最適値が得られることがわかっている．f は c の連続関数であるから，0.025 の近傍の c に対して同様な性質が成り立つと結論することは合理的である．この内部臨界点を決定するために導関数 $f'(x)$ を計算し，方程式 $f'(x) = 0$ を解く必要がある．このプロセスの初めの部分（導関数の計算）は比較的簡単である．1 変数の微分法で学んだ導関数の標準的な手法を用いればよい．どのような微分可能な関数に対してもこれは実際に応用できる．複雑な関数の導関数は数式処理ソフトウエア（Maple, Mathematica, Derive など）や（HP-48 のような）電卓も使うことができる．この問題に対しては手計算で簡単に求められる．

$$f'(x) = 200ce^{cx}(0.65 - 0.01x) - 2e^{cx} - 0.45. \tag{3.9}$$

プロセスの第 2 の部分は次の方程式を解くことである．

$$200ce^{cx}(0.65 - 0.01x) - 2e^{cx} - 0.45 = 0. \tag{3.10}$$

この方程式を手計算で求めてみることもできるが，解を求めることはおそらくできないであろう．このようなタイプの方程式を解くため特別に開発された W 関数で数式処理ソフトウエアを用いれば，方程式 (3.10) を解くことができる．発展を続ける数学とソフトウエアはこのような方程式を解く能力を拡張し続けるであろうが，ほとんどの方程式は代数的解法で解くことができないのが現実である．導関数を計算する一般的な代数的解法は存在するが，方程式を解く一般的な代数的解法はない．多項式でも解を求めるための（2 次方程式の解の公式のような）代数的解法は，次数が 5 以上になると一般的な公式を与えることは不可能であると知られている．こ

アルゴリズム： ニュートン法

変数： $x(n) = n$ 回の繰り返し計算後に得られる近似解．
$N = $ 繰り返し回数

入力： $x(0), N$

プロセス：
Begin
for $n = 1$ to N do
　Begin
　$x(n) \longleftarrow x(n-1) - F(x(n-1))/F'(x(n-1))$
　End
End

出力： $x(N)$

図 3.5　1 変数のニュートン法に対する擬似コード．

のため，代数方程式を解くための**数値近似計算**法が必要となる．

方程式 (3.10) を解くためにニュートン法を用いよう．読者は 1 変数の微分法を学んだ際にニュートン法についても学んだかもしれない．

> 微分可能な関数 $F(x)$ と $F(x) = 0$ の解の近似値 x_0 が与えられていると仮定する．ニュートン法は線形近似を用いる．点 $(x_0, F(x_0))$ で接する関数 $F(x)$ の接線の方程式を用いると，関数 $F(x)$ の $x = x_0$ の近傍における近似値は $F(x) \approx F(x_0) + F'(x_0)(x - x_0)$ で与えられる．$F(x) = 0$ の解のより良い近似 $x = x_1$ を求めるために $F(x_0) + F'(x_0)(x - x_0) = 0$ とし，$x = x_1$ を $x_1 = x_0 - F(x_0)/F'(x_0)$ と定める．幾何学的に見れば，点 $x = x_0$ における $y = F(x)$ の接線が点 $x = x_1$ で x 軸と交差する．x_1 が x_0 からそれほど離れていない限り，接線を用いた線形近似は十分に合理的であり，x_1 は真の解に近いであろう．ニュートン法は，このような接線線形近似を繰り返して，真の解に近づいていく近似数列 $x_1, x_2, x_3, \ldots$ を与える．近似値が真の解の十分近くにあれば，ニュートン法で得られる近似数列は，小数点以下の正確な数値を与える桁数を繰り返しごとに約 2 倍に増加させる．

擬似コードで定式化されたニュートン法が図 3.5 に与えられている．擬似コードは数値アルゴリズムを記述するための標準的な方法である．

表 3.1 非線形体重モデルを仮定した養豚の問題における，成長率を表すパラメータ c に対する最適販売日 x の感度分析．

c	x
0.022	11.626349
0.023	14.515929
0.024	17.116574
0.025	19.468159
0.026	21.603681
0.027	23.550685
0.028	25.332247

擬似コードは簡単に，コンピュータ言語（BASIC, FORTRAN, C, PASCAL など）に変換したり表計算ソフトウエアで履行できる．多くの数式処理ソフトウエアにプログラムすることも可能である．本書で与えられる数値解法はこれらのうちのどの方法を用いてもよい．ただし，アルゴリズムを手計算することは推奨できない．

問題は，ニュートン法で次の方程式の解を見つけることである．

$$F(x) = 200ce^{cx}(0.65 - 0.01x) - 2e^{cx} - 0.45 = 0. \qquad (3.11)$$

0.025 近傍の c に対しては，解が点 $x = 19.5$ の近傍にあることが予想される．コンピュータを用いたニュートン法で表 3.1 が得られた．各 c に対して，点 $x(0) = 19.5$ から出発してニュートン法を $N = 10$ 回繰り返した．結果を確かめるため $N = 15$ 回の付加的な感度分析が行なわれた．

方程式 (3.11) の解を求めるために用いられた方法は，2 つのステップを踏んでいたことに注意しよう．第 1 ステップは近似解を求めるために**大域手法**（グラフ）を用いた．次に，希望する精度をもった正確な解を決定するために高速の**局所手法**を適用した．このような数値解法の 2 つのステップは多くの一般的な解法でよく用いられるものである．1 変数最適化問題でグラフを用いることは簡単かつ有効な大域手法である．ニュートン法はプログラム化が容易であり，多くのグラフ作成計算機や表計算ソフトウエア，数式処理ソフトウエアで内蔵数値方程式ソルバを利用することができる．詳細な点が異なってはいるが，多くのソルバはニュートン法を多少変形したものである．これらのソルバはニュートン法と同じように安全で効率的に用いることができる．最初に解の近似値を求めるために大域手法を使う．多くのソルバでは解の近似値か解が含まれる区間の推定値が必要である．その後ソルバを用いて解を求め，利用可能な許容パラメータについて感度分析をしたり，数値解をもとの方程式に代入したりして，得られた結果を検証する．数値ソルバで得られた結

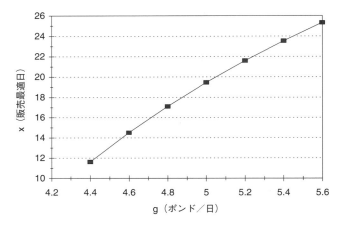

図 3.6 非線形体重モデルを仮定した養豚の問題に対する最適販売日 x のグラフ．横軸は成長率 g．

果を不用意に無批判で信じると危険であることに注意しよう．本書のいくつかの練習問題にもあてはまるが，多くの現実問題で数値ソルバを不適切に用いると重大な誤りを犯すことが知られている．最初に適切な大域手法で近似値を求め，引き続き得られた解の検証を行なうことが，数値解法手続きにおいて重要である．数式処理ソフトウエアや表計算ソフトウエアも数値最適化プログラムをもっている．通常これらのプログラムは，導関数の数値近似をもとにした改良ニュートン法を用いている．最適値を近似するために大域手法を用い，数値最適化プログラムを実行し，得られた結果の精度を保証するために許容パラメータについて感度分析を行なおう．

感度分析の結果を養豚の問題の初めのデータと比較するために，図 3.6 の横軸に成長率

$$g = 200c, \tag{3.12}$$

縦軸に販売最適日を表す解 x を示した．初めのモデルでは $g = 5$ ポンド／日であったことに注意しよう．

感度の推定数値を求めるために，$c = 0.02525$（1％増加）として方程式 (3.11) を解こう．解は

$$x = 20.021136$$

となる．x は 2.84％増加した．したがって，$S(x, c) = 2.84$ と推定できる．

$$g = 200c$$

であるため，

$$S(x,g) = S(x,c) = 2.84$$

となることは簡単に示せる．h を豚の初期体重（$h = 200$ ポンドと仮定された）とすると，

$$h = 5/c$$

であるため，

$$\begin{aligned}
S(x,h) &= \frac{dx}{dh} \cdot \frac{h}{x} \\
&= \left(\frac{dx/dc}{dh/dc}\right)\left(\frac{5/c}{x}\right) \\
&= -S(x,c) = -2.84.
\end{aligned}$$

一般的に，y が z に比例するならば，

$$S(x,y) = S(x,z) \tag{3.13}$$

となり，y が z に反比例するならば，

$$S(x,y) = -S(x,z) \tag{3.14}$$

が成り立つ．

以上で，豚の初期体重と豚の成長率に対する x の感度が計算できた．これ以外の感度は，目的関数に現れるパラメータが不変であるため，第 1 章で考察されたもとの問題と変わらない．

この問題における最適解（19 日か 20 日）が第 1 章で求められた最適解（8 日）と非常に異なるので，モデルのロバスト性に対する重大な疑念が持ち上がる．さらに，仮定

$$p = 0.65 - 0.01t$$

が 3 週間という期間で成り立っているのかという心配もある．豚の成長過程をより詳しく取り込んだ別の販売モデルを考えることもできるであろう．本章の最後の練習問題でロバスト性について議論される．現時点で言えることは以下のとおりである．豚の成長が減少せず価格減少が加速されなければ，何週間か養豚し続けるべきである．その後，新しいデータをもとにして問題を再検討すればよい．

3.2 多変数最適化問題

複数の変数をもつ関数に対して大域的最適値を求める具体的な問題は，前節の 1

3	0	1	4	2	1
2	1	1	2	3	2
5	3	3	0	1	2
8	5	2	1	0	0
10	6	3	1	3	1
0	2	3	1	1	1

図 3.7 都市を 1 平方マイルのブロックに分割し，各ブロックにおける 1 年間の緊急出動要請電話回数を表した地図．上が北，右が東である．

変数関数に対する問題と同じように取り扱うことができる．しかし，問題の次元が大きくなるので別の複雑な問題が発生する．次元が $n > 3$ となるとグラフ解法が使えず，独立変数が増えると $\nabla f = 0$ を解くことがより複雑になる．制約付き最適化は，実行可能領域の形が複雑になるのでより困難になる．

例 3.2 都市近郊のある地域において，古くなった消防署を新しい消防署に置き換える問題を考えよう．古い消防署は歴史的な都心に位置している．都市計画者は新しい消防署の位置を，より科学的に決定しようと考えている．統計解析によれば，消防署から r マイル離れた地点からの出動要請電話に応えて現場に到達するための時間は，$3.2 + 1.7r^{0.91}$ 分と推定された．（第 8 章の練習問題 17, 18 はこの式を導く問題である．）地域の様々な地点からの出動要請電話の推定頻度は消防署長から得られ，図 3.7 に与えられている．各ブロックは 1 平方マイルの広さで，中の数字はそのブロックからの 1 年間の緊急出動要請電話回数を表している．新消防署の最適地点を求めよう．

地図のブロック位置を座標 (x, y) で表そう．ここで，x は町の最西端からの距離，y は最南端からの距離である．たとえば，$(0,0)$ は地図の左下，$(0,6)$ は左上のブロックを表している．問題を簡単にするために，町を 9 つの 2×2 平方マイルの正方形に分割し，消防署は正方形の中心に置くことにしよう．(x, y) が新消防署の設置地点で電話に対する平均応答時間が $z = f(x, y)$ と表されるとする．ここで

$$\begin{aligned}
z = 3.2 + 1.7 [&6\sqrt{(x-1)^2 + (y-5)^2}^{0.91} \\
&+ 8\sqrt{(x-3)^2 + (y-5)^2}^{0.91} + 8\sqrt{(x-5)^2 + (y-5)^2}^{0.91} \\
&+ 21\sqrt{(x-1)^2 + (y-3)^2}^{0.91} + 6\sqrt{(x-3)^2 + (y-3)^2}^{0.91} \\
&+ 3\sqrt{(x-5)^2 + (y-3)^2}^{0.91} + 18\sqrt{(x-1)^2 + (y-1)^2}^{0.91}
\end{aligned}$$

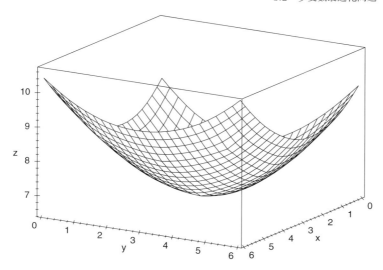

図 3.8 施設配置の問題：地図上の地点 (x,y) に対して式 (3.15)で決定される平均応答時間を表す 3D グラフ．

$$+ 8\sqrt{(x-3)^2+(y-1)^2}^{0.91} + 6\sqrt{(x-5)^2+(y-1)^2}^{0.91}]/84. \tag{3.15}$$

問題は実行可能領域 $0 \le x \le 6$, $0 \le y \le 6$ で $z = f(x,y)$ を最小化することである．

図 3.8 は実行可能領域における目的関数 f の 3D グラフである．f は $\nabla f = 0$ となる唯一の内点で最小値をとるように見える．図 3.9 は f の値が等しくなる等高線図であり，地点 $x=2, y=3$ の近くで $\nabla f = 0$ となることを表している．

この問題に対する ∇f を計算することは確かに可能であるが，$\nabla f = 0$ を代数的に解くことは不可能である．グラフ解法は可能であるが，変数が 2 つ以上の関数に対しては特に煩わしい．最小値を推定する大域的手法が必要となる．

図 3.10 はランダム検索のアルゴリズムを表している．この最適化法は，ランダムに N 個の実行可能点を選択し，目的関数が最小となる点を求めるものである．表記 Random $\{S\}$ は集合 S からランダムに選んだ点を表す．$a = 0, b = 6, c = 0, d = 6$, $N = 1,000$ として，コンピュータで式 (3.15)のランダム検索を実行し，次の結果が得られた．

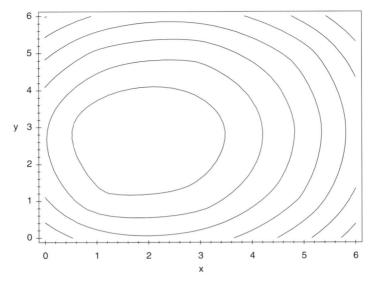

図 3.9 施設配置の問題：式 (3.15) で表される地図上の地点 (x, y) からの平均応答時間 $z = f(x, y)$ の等高線図．

$$\begin{aligned} x\,min &= 1.66 \\ y\,min &= 2.73 \\ z\,min &= 6.46. \end{aligned} \tag{3.16}$$

本アルゴリズムは乱数を用いているので，同じ入力かつ同じコンピュータで繰り返しても結果は少し異なるかもしれない．実行可能領域全体に N 点が等間隔の格子上で与えられている場合，ランダム検索の精度はだいたい等しい．このような格子点は 32×32 個 ($32^2 \approx 1{,}000$) となるので，x, y ともに誤差は $6/32 \approx 0.2$ 以内である．最小点で $\nabla f = 0$ であるため，z の精度はもっと良い．ランダム検索に代わる方法は，グリッド検索（N 個の等間隔に並んだ点で $z = F(x, y)$ を計算）であろう．グリッド検索の性能はランダム検索と本質的に同じであるが，ランダム検索の方が柔軟で実行が容易である．

式 (3.16) の最適値を与える地点の推定値 $(1.7, 2.7)$ と得られた平均応答時間 6.46 分は，実行可能領域内でランダムに選択された $N = 1{,}000$ 個の点における目的関数の値を評価して得られた．N を増やせばより精度が高くなるであろう．しかしながら，ランダム検索法のような単純で大域的な方法では，このようなことは推奨できない．精度を 1 桁上げるためには，N を 100 倍のオーダーで増加しなければならない．したがって，ランダム検索は最適値のおおよその近似値を求めるときにの

アルゴリズム： ランダム検索法

変数：
$a = x$ の下限
$b = x$ の上限
$c = y$ の下限
$d = y$ の上限
$N = $ 反復回数
$x\,min = $ 最小値を与える x 座標の近似値
$y\,min = $ 最小値を与える y 座標の近似値
$z\,min = $ 最小 $F(x,y)$ の近似値

入力： a, b, c, d, N

プロセス：
Begin
$x \longleftarrow$ Random $\{[a, b]\}$
$y \longleftarrow$ Random $\{[c, d]\}$
$z\,min \longleftarrow F(x, y)$
for $n = 1$ to N do
  Begin
  $x \longleftarrow$ Random $\{[a, b]\}$
  $y \longleftarrow$ Random $\{[c, d]\}$
  $z \longleftarrow F(x, y)$
  if $z < z\,min$ then
    $x\,min \longleftarrow x$
    $y\,min \longleftarrow y$
    $z\,min \longleftarrow z$
  End
End

出力： $x\,min,\ y\,min,\ z\,min$

図 3.10 ランダム検索法．

み適している．現在の問題に対してランダム検索で発見した解は十分満足できるものである．問題を簡単に定式化するために採用した仮定により，消防署の位置の誤差は 1 マイルのオーダーであるため，それ以上の精度を求める理由は今のところない．消防署は地図上の地点 $(1.7, 2.7)$ の近くに設置すればよく，そのことにより約 6.5 分の平均応答時間が得られるという答えで十分であろう．正確な位置はモデルで考慮されていない因子，たとえば最適地域の道路の位置や土地取得可能性などによって決められる．また"最適"地点の異なる定義を考えることも合理的である：

練習問題 3.6 を見よ．

　消防署の位置に関する応答時間の感度推定を実行することは重要である．最適地点で $\nabla f = 0$ であるため，f の値が $(1.7, 2.7)$ の近傍で大きく変化することはないであろう．最適地点近傍 (x, y) における f の感度をより具体的に理解するために，ランダム検索プログラムで f を $-f$ で置き換え，検索範囲を $1.5 \leq x \leq 2, 2.5 \leq y \leq 3$ にして実行した．$N = 100$ 回の実行ののち，この修正された範囲での f の最大値は約 6.49 分であり，観察された最適値より 0.03 分短くなっていた．消防署を設置する位置に関して 0.5 マイルの差は現実的には何の意味ももっていないであろう．

　この例で用いられたランダム検索法は単純ではあるが速度が遅い．より高い精度が必要な問題に対してはこのような方法は不適切である．含まれる関数が例 3.2 の目的関数のように複雑である場合には，正確な解を求めることは非常に困難である．2 変数以上の関数に対する大域的最適化問題をより精度が高く効率的に解くためには，勾配を使った手法がよい．勾配が簡単に計算できるような扱いやすい問題を次に考えよう．

例 3.3　ガーデン家具の製造業者が，木枠とアルミチューブ枠という 2 つのタイプのガーデンチェアを製造している．木枠モデルは 18 ドル，アルミチューブ枠モデルは 10 ドルの製造経費が 1 台あたりかかる．販売可能台数が価格に依存しているような市場を仮定しよう．1 日あたり x 台の木製ユニットと y 台のアルミチューブ枠ユニットを販売するとき，木製ユニット 1 台の販売価格は $10 + 31x^{-0.5} + 1.3y^{-0.2}$ を超えることができず，アルミチューブ枠ユニット 1 台の販売価格は $5 + 15y^{-0.4} + 0.8x^{-0.08}$ を超えることができないと推定される．最適製造レベルを求めよう．

　目的は 1 日あたりの利益を表す関数 $z = f(x, y)$ を製造レベルの実行可能領域 $x \geq 0, y \geq 0$ で最大化することである．ここで

$$
\begin{aligned}
z = &\, x(10 + 31x^{-0.5} + 1.3y^{-0.2}) - 18x \\
&+ y(5 + 15y^{-0.4} + 0.8x^{-0.08}) - 10y.
\end{aligned}
\tag{3.17}
$$

図 3.11 は関数 f のグラフである．グラフから，関数 f は $\nabla f = 0$ となる内部点で唯一の最大値をとることがわかる．図 3.12 は関数 f の等高線を表している．グラフから，$x = 5, y = 6$ の近くで関数が最大値をとることが示唆される．f の勾配 $\nabla f(x, y) = (\partial z / \partial x, \partial z / \partial y)$ を計算すると次の結果を得る．

$$
\begin{aligned}
\frac{\partial z}{\partial x} &= 15.5 x^{-0.5} - 8 + 1.3 y^{-0.2} - 0.064 y x^{-1.08} \\
\frac{\partial z}{\partial y} &= 9 y^{-0.4} - 5 + 0.8 x^{-0.08} - 0.26 x y^{-1.2}.
\end{aligned}
\tag{3.18}
$$

3.2 多変数最適化問題   71

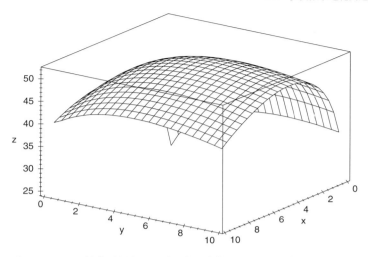

図 3.11 ガーデンチェア製造の問題：1 日あたりの木枠モデルの製造台数 x とアルミチューブ枠モデルの製造台数 y に対する利益関数 $z = f(x, y)$（式 (3.17)）の 3D グラフ．

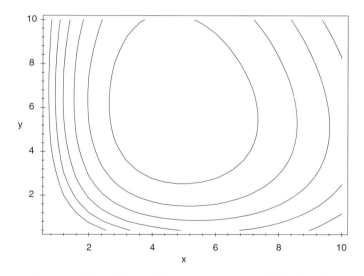

図 3.12 ガーデンチェア製造の問題：1 日あたりの木枠モデルの製造台数 x とアルミチューブ枠モデルの製造台数 y に対する利益関数 $z = f(x, y)$（式 (3.17)）の等高線グラフ．

領域 $0 \leq x \leq 10, 0 \leq y \leq 10$ 上の $N = 1,000$ 点のランダム検索から，1 日あたり $x = 4.8$ 台，$y = 5.9$ 台のチェア生産レベルで，1 日あたり 52.06 ドルの最大利益を得られることがわかる．ニュートン法の多変数版を使って勾配方程式 $\nabla f = 0$ を

アルゴリズム： 2 変数関数に対するニュートン法

変数： $x(n) = n$ 回反復後の解の x 座標の近似値
$y(n) = n$ 回反復後の解の y 座標の近似値
$N = $ 反復回数

入力： $x(0), y(0), N$

プロセス： Begin
for $n = 1$ to N do
　Begin
　$q \longleftarrow \partial F/\partial x(x(n-1), y(n-1))$
　$r \longleftarrow \partial F/\partial y(x(n-1), y(n-1))$
　$s \longleftarrow \partial G/\partial x(x(n-1), y(n-1))$
　$t \longleftarrow \partial G/\partial y(x(n-1), y(n-1))$
　$u \longleftarrow -F(x(n-1), y(n-1))$
　$v \longleftarrow -G(x(n-1), y(n-1))$
　$D \longleftarrow qt - rs$
　$x(n) \longleftarrow x(n-1) + (ut - vr)/D$
　$y(n) \longleftarrow y(n-1) + (qv - su)/D$
　End
End

出力： $x(N), y(N)$

図 3.13　2 変数関数に対するニュートン法の擬似コード．

解いて，より精度の高い最適値を推定しよう．図 3.13 は 2 変数に対するニュートン法のアルゴリズムを与えている．

微分可能な関数 $f_1, \ldots, f_n$ と方程式系

$$f_1(x_1, \ldots, x_n) = 0$$
$$\vdots \qquad (3.19)$$
$$f_n(x_1, \ldots, x_n) = 0$$

の近似解 $(x_1(0), \ldots, x_n(0))$ が与えられているとしよう．

説明をわかりやすくし，1 変数と多変数のニュートン法の関連を明確にするためにベクトル表記を用いる．$x = (x_1, \ldots, x_n)$, $F(x) = (f_1(x), \ldots, f_n(x))$ とし，方程式 (3.19) を $F(x) = 0$ の形式で記し，$x(0)$

を解の初期推定値としよう．ニュートン法では $F(x) = 0$ の解に向かって徐々に精度が高くなる推定値の数列 $x(1), x(2), x(3), \ldots$ を線形近似を用いて求める．$x = x(0)$ の近傍で $F(x) \approx F(x(0)) + A(x - x(0))$ が成り立つ．ここで，A は偏導関数を成分とする次の行列である．

$$A = \begin{pmatrix} \partial f_1/\partial x_1 & \cdots & \partial f_1/\partial x_n \\ \vdots & & \vdots \\ \partial f_n/\partial x_1 & \cdots & \partial f_n/\partial x_n \end{pmatrix}$$

ここで偏導関数は $x = x(0)$ で値を決定する．これは接線近似の多変数版である．$F(x) = 0$ をみたす解のより良い近似 $x = x(1)$ を求めるために，$F(x(0)) + A(x - x(0)) = 0$ を解いて $x(1) = x(0) - A^{-1}F(x(0))$ としよう．これは 1 変数の公式と全く同じである．ただし，行列で割り算ができないので逆行列を用いている点だけは異なっている．真の解に十分近ければ，直前の推定値と比べて 1 回の実行で約 2 桁近似精度が上がってくる．1 変数の場合と同様に，ニュートン法では推定値の数列は真の解に急速に収束する．

図 3.13 の擬似コードは，2 変数関数に対するニュートン法を，次式で与えられる 2×2 行列の逆行列に関する公式を用いて実行する．

$$\begin{pmatrix} q & r \\ s & t \end{pmatrix}^{-1} = \frac{1}{qt - rs} \begin{pmatrix} t & -r \\ -s & q \end{pmatrix}.$$

一般的には，導関数を成分とする行列 A の逆行列を別の方法で計算する必要がある．複数の変数をもつ関数に対するニュートン法は Press, et al. (2002) が詳しい．

例 3.3 では

$$\begin{aligned} F(x, y) &= 15.5x^{-0.5} - 8 + 1.3y^{-0.2} - 0.064yx^{-1.08} \\ G(x, y) &= 9y^{-0.4} - 5 + 0.8x^{-0.08} - 0.26xy^{-1.2} \end{aligned} \quad (3.20)$$

であるため，

$$\begin{aligned}
\frac{\partial F}{\partial x} &= 0.06912yx^{-2.08} - 7.75x^{-1.5} \\
\frac{\partial F}{\partial y} &= -0.064x^{-1.08} - 0.26y^{-1.2} \\
\frac{\partial G}{\partial x} &= -0.064x^{-1.08} - 0.26y^{-1.2} \\
\frac{\partial G}{\partial y} &= 0.312xy^{-2.2} - 3.6y^{-1.4}
\end{aligned} \tag{3.21}$$

と求められる．$x(0) = 5$, $y(0) = 5$ を初期値として，2変数関数に対するニュートン法を実行した．$N = 10$ 回の反復後，解の推定値として次のような結果が得られた．

$$\begin{aligned}
x &= 4.68959 \\
y &= 5.85199.
\end{aligned} \tag{3.22}$$

$N = 15$ として感度を計算してこの結果を確認した．式 (3.17) に代入して $z = 52.0727$ が得られた．したがって，ガーデンチェア製造の問題に対して，1日あたり 4.69 台の木枠チェアと 5.85 台のアルミチューブ枠チェアを製造し1日あたり 52.07 ドルの純利益がもたらされる最適解が得られた．

1変数の場合と同様に，方程式系の正確な数値解を求める手順は2つのステップを踏む．初めに解の位置を推定する大域手法を用いる．2変数の場合であればグラフ解法が有用であるが，多くの場合ランダム検索のような数値解法が必要となる．より高性能な大域手法も種々利用可能であるが，多くは特殊なクラスの問題用に作成されている．次に，第2ステップは正確な解を求めるために高速の局所手法を用いる．精度を制御するパラメータの感度分析や数値解をもとの方程式系に代入して，求めた解を評価しなければならない．ニュートン法は偏導関数を計算することが必要な，非常に高速な局所手法である．偏導関数の値を推定する種々の改良版がある．Press, et al. (2002) を見よ．多くの表計算ソフトウエアや数式処理ソフトウエアは多変数ソルバを備えており，ソルバは多くの数値解析ソフトウエアライブラリやパッケージでも利用できる．まず初めに解の位置を推定するために大域手法を用い，ソルバを実行し，最後にいつものように解を評価する．単純にソルバを用いて得られた解を信用すると，深刻な間違いに陥ることがある．多くの表計算ソフトウエアや数式処理ソフトウエア，数値解析パッケージも多変数数値最適化プログラムを備えている．通常これらのルーチンは導関数の数値近似を用いるニュートン法の変形版を使っている．同様な注意がこのようなルーチンを用いる際にも必要である．大

域手法を用いて最適値の近似値を求めたのちに数値最適化プログラムを実行し，許容パラメータに対する感度分析で精度を確認せよ．

制約付きの多変数最適化問題は解を求めることが困難である．最適値が実行可能領域の内部にある場合には，制約は無視できる．境界で最適値が得られる場合では状況が異なる．このような問題を解くための一般的で効率的なアルゴリズムは存在しない．特殊な問題の特別な場合に使うことができる方法だけが存在する．次節ではこのような方法で最も重要なものを議論しよう．

3.3 線形計画法

制約付き多変数最適化問題の多くは解くことが困難である．特殊な場合を扱う種々の計算手法が開発されてきたが，一般的で高性能な手法は今のところ存在しない．このような問題に対する新しい計算手法を研究する分野は**非線形計画法**と呼ばれ，現在積極的に研究が展開されている．

制約付き多変数最適化問題の最も単純な問題は，目的関数と制約関数がともに線形のものである．このような問題に対する計算手法を研究する分野は**線形計画法**と呼ばれる．線形計画法のソフトウエアパッケージは容易に入手でき，製造問題，投資問題，農業や運送の政策決定問題の多くの分野で使われている．典型的な大規模問題は数千の決定変数と数千の制約を含んでいる．線形計画法を用いてオペレーション分析を行い，巨額の経費を節約できたことを文書によって裏付けられた例は数多くある．オペレーションズリサーチや経営科学の文献で詳細を見ることができる．

例 3.4 植え付け可能な 625 エーカーの土地をもつ家族農業経営を考えよう．植え付けを考慮されている作物は，トウモロコシ，小麦，オート麦である．1,000 エーカーフートの水が灌漑用に必要で，家族は1週あたり 300 時間仕事ができると見積もられる．そのほかのデータは表 3.2 に与えられている．最大利益を得るために各作物の植え付け面積を決定しよう．

ファイブ・ステップ法を使おう．ステップ1の結果は図 3.14 に示されている．ステップ2はモデル法の選択である．この問題を線形計画問題としてモデル化しよう．

線形計画法の標準（不等式）形式は次のように与えられる：制約

$$\begin{aligned}
a_{11}x_1 + \cdots + a_{1n}x_n &\leq b_1 \\
\vdots \qquad \vdots \qquad \vdots& \\
a_{m1}x_1 + \cdots + a_{mn}x_n &\leq b_m
\end{aligned} \qquad (3.23)$$

表3.2 例3.4の農場経営の問題に対するデータ.

必要量 （エーカーあたり）	トウモロコシ	小麦	オート麦
灌漑用水 （エーカーフート）	3.0	1.0	1.5
労働力 （人時／週）	0.8	0.2	0.3
収益 （ドル）	400	200	250

変数： $x_1 =$ トウモロコシ植え付け面積
$x_2 =$ 小麦植え付け面積
$x_3 =$ オート麦植え付け面積
$w =$ 必要灌漑用水（エーカーフート）
$l =$ 必要労働力（人時／週）
$t =$ 総植え付け面積
$y =$ 総収益（ドル）

仮定： $w = 3.0x_1 + 1.0x_2 + 1.5x_3$
$l = 0.8x_1 + 0.2x_2 + 0.3x_3$
$t = x_1 + x_2 + x_3$
$y = 400x_1 + 200x_2 + 250x_3$
$w \leq 1{,}000$
$l \leq 300$
$t \leq 625$
$x_1 \geq 0;\ x_2 \geq 0;\ x_3 \geq 0$

目的： y を最大化する

図 3.14　農場経営の問題に対するステップ 1 の結果.

と $x_1 \geq 0, \ldots, x_n \geq 0$ で定義される実行可能領域で目的関数 $y = f(x_1, \ldots, x_n) = c_1 x_1 + \cdots + c_n x_n$ を最大化せよ．これは第 2 章で議論された多変数制約付き最適化問題の特別な場合である．次の関数を定義する．

$$g_1(x_1, \ldots, x_n) = a_{11}x_1 + \cdots + a_{1n}x_n$$
$$\vdots \qquad\qquad\qquad\qquad\qquad (3.24)$$
$$g_m(x_1, \ldots, x_n) = a_{m1}x_1 + \cdots + a_{mn}x_n$$

と
$$g_{m+1}(x_1,\ldots,x_n) = x_1$$
$$\vdots$$
$$g_{m+n}(x_1,\ldots,x_n) = x_n.$$

制約は $g_1 \leq b_1,\ldots,g_m \leq b_m$ と $g_{m+1} \geq 0,\ldots,g_{m+n} \geq 0$ で書き直される．これらの制約をみたす集合 $(x_1,\ldots,x_n)$ は，**実行可能領域** と呼ばれ，決定変数 $x_1,\ldots,x_n$ のすべての実行可能値を表している．$\nabla f = (c_1,\ldots,c_n)$ は 0 ではないので，関数 f は実行可能領域の内部で最大値をとることはない．$\lambda_i \neq 0$ となるのは i 番の制約で等号が成立している場合に限るとして，境界上の最大値で

$$\nabla f = \lambda_1 \nabla g_1 + \cdots + \lambda_{m+n} \nabla g_{m+n} \tag{3.25}$$

が成り立つ．$i = 1,\ldots,m$ に対するラグランジュ乗数 λ_i の値は，i 番の制約を 1 単位緩める $(g_i(x_1,\ldots,x_n) \leq b_i + 1)$ ことによって，目的関数 $f(x_1,\ldots,x_n)$ の最大値が増加する可能性があることを表している．線形計画問題に対する最適解は，種々の**シンプレックス法**を用いて通常コンピュータで計算される．シンプレックス法は，（簡単に確認できるが）最適解が実行可能領域の端点で得られるという事実に基づいている．シンプレックス法の詳細に入るより，線形計画法パッケージを正しく利用するために必要なものだけに注目することにしよう．

シンプレックス法では端点の座標は，次の代替の線形計画（等式）問題を用いて計算される：集合

$$\begin{aligned} a_{11}x_1 + \cdots + a_{1n}x_n + x_{n+1} &= b_1 \\ a_{21}x_1 + \cdots + a_{2n}x_n \phantom{+ x_{n+1}} + x_{n+2} &= b_2 \\ \vdots \\ a_{m1}x_1 + \cdots + a_{mn}x_n \phantom{+ x_{n+1}\;\;} + x_{n+m} &= b_m \end{aligned} \tag{3.26}$$

と $x_1 \geq 0,\ldots,x_{n+m} \geq 0$ の条件のもとで関数 $y = c_1x_1 + \cdots + c_nx_n$ を最大化せよ．変数 x_{n+i} は i 番目の制約における残りの余裕（スラック）を表すので**スラック変数**と呼ばれる．スラック変数で $x_{n+i} = 0$ となるとき，i 番の制約で等号が成り立っている．端点の座標は，変数 $x_1,\ldots,x_{m+n}$ の

うち n 個を 0 とし，残りの m 個の未知数に対する m 個の方程式を解いて求められる．残った m 個の変数（**基底変数**と呼ばれる）が非負であるならば，端点は実行可能である．

$n = 50$ 個の変数と $m = 100$ 個の制約といった適当な大きさの線形計画問題があるとしよう．端点の個数は 150 変数（50 の決定変数と 100 のスラック変数）から 50 を選ぶ場合の数である．150 から 50 を選択する方法は $(150!)/(50!)(100!)$ で，約 2×10^{40} である．1 端点をナノ秒でチェックできるコンピュータプログラムでも，この問題を解くためには約 8×10^{30} 年かかる．典型的な線形計画法の応用でこのような状況はよく起こることである．シンプレックス法では端点のうち（端点全体からするとほんの少数の）選ばれた端点だけを計算する．$n = 50, m = 100$ のサイズの線形計画問題は大型コンピュータを用いて高速で解くことができる．現在ではこのサイズの問題がパソコンで妥当な時間内に解くことができる上限ではあるが，近い将来には技術の進歩によってこの上限も押し上げられるであろう．一般的にシンプレックス法を用いて線形計画問題を解くために必要な実行時間は，m^3 に比例する．したがって，プロセッサースピードが 1 桁上がれば，倍以上のサイズの線形計画問題を扱うことができるようになる．本書で取り上げる問題は，シンプレックス法を実装したどのような良質のコンピュータでも十分解答可能である．手計算で解こうとしないほうがよい．

ステップ 3 は線形計画モデルを標準形に定式化することである．問題で決定変数は各作物の植え付け面積 x_1, x_2, x_3 である．集合

$$\begin{aligned} 3.0x_1 + 1.0x_2 + 1.5x_3 &\leq 1{,}000 \\ 0.8x_1 + 0.2x_2 + 0.3x_3 &\leq 300 \\ x_1 + x_2 + x_3 &\leq 625 \end{aligned} \quad (3.27)$$

と $x_1 \geq 0, x_2 \geq 0, x_3 \geq 0$ の条件のもとで総収益 $y = 400x_1 + 200x_2 + 250x_3$ を最大化したい．

ステップ 4 は問題を解くことである．Linus Schrage によって書かれた LINDO と呼ばれるシンプレックス法のコンピュータインプリメンテーションを用いた．ステップ 4 の結果は図 3.15 に示されている．$x_1 = 187.5, x_2 = 437.5, x_3 = 0$ で最適解が $Z = 162{,}500$ である．行 2 と行 4 のスラック変数が 0 なので，第 1 制約と第 3 制約で等式が成立している．行 3 のスラック変数が 62.5 であるので，第 2 制

```
MAX      400 X1 + 200 X2 + 250 X3
SUBJECT TO
        2)   3 X1 + X2 + 1.5 X3 <=    1000
        3)   0.8 X1 + 0.2 X2 + 0.3 X3 <=    300
        4)   X1 + X2 + X3 <=    625
END
```

LP 最適解を発見したステップ   2

　　　目的関数値

　　1)   162500.000

　　変数　　　　変数値　　　　　減少コスト
　　X1   187.500000   .000000
　　X2   437.500000   .000000
　　X3   .000000   -.000015

　　行　　スラックまたは過剰　　双対価格
　　2)   .000000   100.000000
　　3)   62.500000   .000000
　　4)   .000000   99.999980

反復回数=   2

図 3.15 線形計画法のパッケージ LINDO を用いて得られた農場経営の問題に対する最適解.

約は不等式である.

　ステップ 5 は解答を与えることである. 問題は各作物の植え付け面積を求めることであった. 187.5 エーカーのトウモロコシ, 437.5 エーカーの小麦の植え付けが最適解である. これにより 162,500 ドルの収益が得られる. 発見された最適解は 625 エーカーすべての農地と 1,000 エーカーフートの灌漑用水すべてを使うが, 1 週間あたり利用可能な 300 人時労働のうち 237.5 人時労働だけを用いる. したがって, 1 週間あたり 62.5 人時は別の仕事か余暇に回すことができる.

　利用可能な灌漑用水量を考慮して感度分析を始めよう. 降雨量や気温によって, 農場のため池の用水量は変化するであろう. 近くの農場から用水を購入することも可能であろう. 図 3.16 は 1 エーカーフートの灌漑用水を増加させた場合の最適解への影響を例示している. トウモロコシ (より収益が高い作物) を半エーカー増し

```
MAX     400 X1 + 200 X2 + 250 X3
SUBJECT TO
        2)   3 X1 + X2 + 1.5 X3 <=    1001
        3)   0.8 X1 + 0.2 X2 + 0.3 X3 <=    300
        4)   X1 + X2 + X3 <=    625
END
```

LP 最適解を発見したステップ   0

目的関数値

        1)   162600.000

        変数   変数値   減少コスト
        X1   188.000000   .000000
        X2   437.000000   .000000
        X3   .000000   -.000015

        行   スラックまたは過剰   双対価格
        2)   .000000   100.000000
        3)   62.200000   .000000
        4)   .000000   99.999980

反復回数=   0

図 3.16 1エーカーフートの灌漑用水を増加させた場合の農場経営の問題に対する最適解．線形計画法のパッケージ LINDO を用いた．

て植え付けることができ，さらに（1週間あたり0.3人時）の労働を減らすことができる．収益は100ドル増加する．

100ドルはこの資源（灌漑用水）に対するシャドウ・プライスである．灌漑用水が1エーカーフートあたり100ドル以下なら，農場は用水を購入すべきであろう．あるいは1エーカーフートあたり100ドル以下なら所有する灌漑用水を売るべきではない．図3.15で3資源（用水，労働力，農地）に対するシャドウ・プライスは**双対価格**と呼ばれている．双対価格は対応するスラック変数の横に書かれている．農地の追加は100ドルの価値があるが，労働力は余っているので労働力の価値は0ドルである．

各作物が生み出す1エーカーあたりの収益は気候と市場に依存している．図3.17は

```
MAX      450 X1 + 200 X2 + 250 X3
SUBJECT TO
     2)   3 X1 + X2 + 1.5 X3 <=    1000
     3)   0.8 X1 + 0.2 X2 + 0.3 X3 <=    300
     4)   X1 + X2 + X3 <=    625
END
```

LP 最適解を発見したステップ   0

　　　目的関数値

　　　1)   171875.000

　　変数　　　　変数値　　　　　減少コスト
　　 X1　　　187.500000　　　　　.000000
　　 X2　　　437.500000　　　　　.000000
　　 X3　　　　 .000000　　　　12.500000

　　　行　　スラックまたは過剰　　　双対価格
　　　2)　　　　　.000000　　　　125.000000
　　　3)　　　 62.500000　　　　　　.000000
　　　4)　　　　　.000000　　　　 75.000000

反復回数=   0

図 3.17 トウモロコシの収益を高くした場合の農場経営の問題に対する最適解．線形計画法のパッケージ LINDO を用いた．

トウモロコシの収益を少し大きくした影響を表している．この変化は決定変数 x_1, x_2, x_3（各作物の植え付け面積）を変更することはない．もちろん収益は $50x_1 = 9{,}375$ ドル増加する．シャドウ・プライスの変化にも注目しよう．トウモロコシの価格が上がると灌漑用水の価値も上がる．（灌漑用水と農地の制約は互いに関連しているが，用水の制約のため小麦の代わりにトウモロコシの植え付け面積を増加させる戦略はとれない．）

　図 3.18 はオート麦の収益を予想より少し大きくした場合の変化を表している．このパラメータの微小変化は，最適解の決定に重大な影響を及ぼす．小麦の代わりにオート麦を植え付けることになる．さらに以前と比べてトウモロコシの植え付け面積が大幅に減少する．明らかに我々のモデルはこのパラメータに対する感度が高い．

```
MAX     400 X1 + 200 X2 + 260 X3
SUBJECT TO
      2)   3 X1 + X2 + 1.5 X3 <=    1000
      3)   0.8 X1 + 0.2 X2 + 0.3 X3 <=   300
      4)   X1 + X2 + X3 <=   625
END
```

LP 最適解を発見したステップ   1

目的関数値

```
      1)       168333.300

    変数        変数値        減少コスト
    X1         41.666670         .000000
    X2          .000000        13.333340
    X3        583.333300         .000000


     行   スラックまたは過剰   双対価格
     2)         .000000        93.333340
     3)       91.666660          .000000
     4)         .000000       120.000000
```

反復回数=   1

図 3.18 オート麦の収益を高くした場合の農場経営の問題に対する最適解．線形計画法のパッケージ LINDO を用いた．

このような理由でこのパラメータに対する感度をより深く調べることが必要となる．
　c をオート麦の収益(ドル／エーカー)とし，目的関数を $f(x) = 400x_1 + 200x_2 + cx_3$ としよう．c を導入することで，実行可能領域 S の形は変化しないことに注意してほしい．c を変化させてモデルを実行した．$c \leq 250$ の場合，最適解は端点 $(187.5, 437.5, 0)$ であり，$c > 250$ とすると最適解は隣の端点 $(41.6\bar{6}, 0, 583.3\bar{3})$ に移る．この 2 つの端点は次の 2 平面が交差する直線上にある．

$$3.0x_1 + 1.0x_2 + 1.5x_3 = 1,000 \atop x_1 + x_2 + x_3 = 625. \tag{3.28}$$

この直線上の任意の点で勾配ベクトル $\nabla f = (400, 200, c)$ を考えよう．$c < 250$ では勾配ベクトルは $x_3 = 0$ を端点とする方向を向いている．$c > 250$ では勾配ベク

トルは $x_2 = 0$ を端点とする方向を向いている．c を増加させると，勾配ベクトルは前者から後者へと向きを変える．$c = 250$ で勾配ベクトル ∇f は，2 点を通る直線と直交し，2 つの端点をつなぐ線分上の任意の点が最適解である．

パラメータ c に対する感度の分岐構造により，オート麦か小麦のいずれを植え付けるべきか判断できない．収益を少し変えると，最適解が変化してしまう．1 エーカーあたりの収益は天候や市場の状況で大きく変化するので，農場経営者は複数の選択肢をもっているとよいであろう．任意の $0 \leq t \leq 1$ に対して次式

$$\begin{align} x_1 &= 187.5t + 41.6\bar{6}(1-t) \\ x_2 &= 437.5t + 0(1-t) \\ x_3 &= 0t + 583.3\bar{3}(1-t) \end{align} \tag{3.29}$$

は，利用可能な農地と灌漑用水を使い切る作物植え付けに関するすべての方法を表している．どの選択肢が最大利益をもたらすかを決定するためには収益に関する不確定性が大きすぎる．

当初の結果が依頼主に示されたのち，その反応を見て感度分析が行なわれることもある．我々の結果が農場経営者に示されたのち，新種トウモロコシのニュースが掲載された新しい種子の宣伝カタログが届いたとしよう．新種のトウモロコシ種子は高価ではあるが，必要な灌漑用水は少ないと仮定する．図 3.19 は，植え付けられた新種トウモロコシが 2.5 エーカーフート（もとは 3.0 エーカーフートであった）の灌漑用水があれば十分であると仮定した場合の感度分析結果を示している．新種トウモロコシは収益を 12,500 ドル増加させる．もちろん，以前と比べて新種トウモロコシの植え付け面積は広がる．この場合用水の双対価格が 33％増加することに注目しよう．

最後に，農場経営者が新作物の大麦にも投資したいと考えたとしよう．1 エーカーの大麦は 1.5 エーカーフートの用水，0.25 人時の労働が必要で，予想収益は 200 ドルとする．大麦の植え付け面積を表す決定変数 x_4 を追加し，新しいモデルを表そう．図 3.20 はモデルの実行結果である．得られた結果はもとの結果と本質的に同じである．トウモロコシと小麦を植え付けることが最適解であることに変わりがないが，理由は容易に理解できる．大麦は小麦と同じ収益をもたらすが，大麦の方が必要な用水と労働が多いからである．

例 3.5 大規模建設会社が現在 3 か所の掘削工事を行なっている．一方で別の 4 か所で建設工事を行なっていて，泥を必要としている．掘削現場 1, 2, 3 では 1 日あたり 150, 400, 325 立方ヤードの泥が取り出される．建設現場 A, B, C, D では毎

```
MAX      400 X1 + 200 X2 + 250 X3
SUBJECT TO
      2)    2.5 X1 + X2 + 1.5 X3 <=    1000
      3)    0.8 X1 + 0.2 X2 + 0.3 X3 <=    300
      4)    X1 + X2 + X3 <=    625
END

LP 最適解を発見したステップ        1

      目的関数値

      1)      175000.000

      変数       変数値         減少コスト
      X1      250.000000         .000000
      X2      375.000000         .000000
      X3        .000000        16.666680


      行   スラックまたは過剰    双対価格
      2)        .000000       133.333300
      3)      25.000000         .000000
      4)        .000000        66.666660

反復回数=       1
```

図 3.19 少ない用水で済む新種トウモロコシを採用した場合の農場経営の問題に対する最適解．線形計画法のパッケージ LINDO を用いた．

日 175, 125, 225, 450 立方ヤードの泥が必要である．補助の泥は掘削現場 4 から 1 立方ヤードあたり 5 ドルで入手可能でもある．泥の運搬費用は，トラック 1 台分で 1 マイルあたり約 20 ドルである．1 台のトラックは 10 立方ヤードの泥を運搬する．表 3.3 は現場間の距離をマイル単位で表している．会社の必要経費を最小にする運搬計画を見つけよ．

ファイブ・ステップ法を使おう．ステップ 1 の結果が図 3.21 に示されている．たとえば，現場 1 から 1 日あたり運び出される泥は 150 立方ヤード以下であり，現場 A には少なくとも 175 立方ヤードの泥を運び込まなければならない．10 立方ヤードの泥の運搬費用は 1 マイルあたり 20 ドルであるため，現場 $i = 1, 2, 3$ から現場 $j = $ A, B, C, D まで運ぶ経費は 1 立方ヤードあたり 2 ドル／マイルである．現場

```
MAX     400 X1 + 200 X2 + 250 X3 + 200 X4
SUBJECT TO
        2)   3 X1 + X2 + 1.5 X3 + 1.5 X4 <=   1000
        3)   0.8 X1 + 0.2 X2 + 0.3 X3 + 0.25 X4 <=  300
        4)   X1 + X2 + X3 + X4 <=   625
END
```

LP 最適解を発見したステップ   1

　　　　目的関数値

　　　　1)   162500.000

　　　変数　　　　変数値　　　　減少コスト
　　　　X1   187.500000   .000000
　　　　X2   437.500000   .000000
　　　　X3   .000000   -.000015
　　　　X4   .000000   49.999980

　　　行　　スラックまたは過剰　　双対価格
　　　　2)   .000000   100.000000
　　　　3)   62.500000   .000000
　　　　4)   .000000   99.999980

反復回数=   1

図 3.20 新たに大麦を加えた場合の農場経営の問題に対する最適解．線形計画法のパッケージ LINDO を用いた．

$i = 4$ から運搬すると 1 立方ヤードあたり 5 ドルの経費が加算される．現場 4 から入手することができる泥量には，上述の経費を支払えば，制限がないとしよう．
　ステップ 2 はモデル法の選択である．この問題を線形計画問題としてモデル化し，表計算ソフトウエアを用いて解こう．多くの表計算ソフトウエアでは，シンプレックス法を実行する方程式ソルバか最適化プログラムを利用できる．線形計画問題が方程式 (3.23) か方程式 (3.26) で定義されるような標準的な形式でない場合，通常簡単な変換を行なえば十分である．たとえば，目的関数 $y = f(x_1, \ldots, x_n)$ を最小化するためには，$-y$ を最大化すればよい．多くのインプリメンテーションは，より自然な問題定式となるようにこのような変換を自動的に行なう．輸送問題用に特別

表 3.3 例 3.5 の泥運搬の問題に対する距離データ：現場間の距離（マイル）.

発掘現場	泥の受け取り現場			
	A	B	C	D
1	5	2	6	10
2	4	5	7	5
3	7	6	4	4
4	9	10	6	2

変数： x_{ij} = 現場 i から現場 j に運搬される泥（立方ヤード）
s_i = 現場 i から運び出される泥（立方ヤード）
r_j = 現場 j に運搬される泥（立方ヤード）
c_{ij} = 現場 i から現場 j への運搬費用（ドル／立方ヤード）
d_{ij} = 現場 i から現場 j への距離（マイル）
C = 総運搬費用（ドル）

仮定： $s_1 = x_{1A} + x_{1B} + x_{1C} + x_{1D}$
$s_2 = x_{2A} + x_{2B} + x_{2C} + x_{2D}$
$s_3 = x_{3A} + x_{3B} + x_{3C} + x_{3D}$
$s_4 = x_{4A} + x_{4B} + x_{4C} + x_{4D}$
$r_A = x_{1A} + x_{2A} + x_{3A} + x_{4A}$
$r_B = x_{1B} + x_{2B} + x_{3B} + x_{4B}$
$r_C = x_{1C} + x_{2C} + x_{3C} + x_{4C}$
$r_D = x_{1D} + x_{2D} + x_{3D} + x_{4D}$
$s_1 \leq 150, s_2 \leq 400, s_3 \leq 325$
$r_A \geq 175, r_B \geq 125, r_C \geq 225, r_D \geq 450$
$c_{ij} = 2d_{ij}$ $(i = 1, 2, 3)$ または $c_{ij} = 2d_{ij} + 5$ $(i = 4)$
　　 (d_{ij} は表 3.3 参照)
$C = c_{1A}x_{1A} + c_{1B}x_{1B} + c_{1C}x_{1C} + c_{1D}x_{1D}$
　 $+ c_{2A}x_{2A} + c_{2B}x_{2B} + c_{2C}x_{2C} + c_{2D}x_{2D}$
　 $+ c_{3A}x_{3A} + c_{3B}x_{3B} + c_{3C}x_{3C} + c_{3D}x_{3D}$
　 $+ c_{4A}x_{4A} + c_{4B}x_{4B} + c_{4C}x_{4C} + c_{4D}x_{4D}$
$x_{ij} \geq 0$ $(i = 1, 2, 3, 4, j = A, B, C, D)$

目的： C を最小化する

図 3.21 泥運搬の問題に対するステップ 1 の結果.

に定式化されたシンプレックス法の簡易版もある．このような輸送問題シンプレックス法は，大規模問題に対して効率的である．今回の問題には通常のシンプレックス法で十分である．

A	A	B	C	D	E	F	G
1	costs						
2	site	A	B	C	D		
3	1	10	4	12	20		
4	2	8	10	14	10		
5	3	14	12	8	8		
6	4	23	25	17	9		
7	solution						
8	site	A	B	C	D	shipped	available
9	1	0	0	0	0	0	150
10	2	0	0	0	0	0	400
11	3	0	0	0	0	0	325
12	4	0	0	0	0	0	
13	received	0	0	0	0		
14	needed	175	125	225	450		
15	total cost	0					

図 3.22 泥運搬の問題に対する表計算ソフトウエア定式化.

ステップ3はモデルの定式化である．本問題における決定変数は，現場 i から現場 j に運ぶ泥の立方フート数 x_{ij} であり，目的は総経費 $y = C$ を最小化することである．ここで

$$\begin{aligned} y = \quad & 10x_{1A} + 4x_{1B} + 12x_{1C} + 20x_{1D} \\ + & 8x_{2A} + 10x_{2B} + 14x_{2C} + 10x_{2D} \\ + 14&x_{3A} + 12x_{3B} + 8x_{3C} + 8x_{3D} \\ + 23&x_{4A} + 25x_{4B} + 17x_{4C} + 9x_{4D} \end{aligned} \tag{3.30}$$

であり，制約は

$$\begin{aligned} x_{1A} + x_{1B} + x_{1C} + x_{1D} &\leq 150 \\ x_{2A} + x_{2B} + x_{2C} + x_{2D} &\leq 400 \\ x_{3A} + x_{3B} + x_{3C} + x_{3D} &\leq 325 \\ x_{1A} + x_{2A} + x_{3A} + x_{4A} &\geq 175 \\ x_{1B} + x_{2B} + x_{3B} + x_{4B} &\geq 125 \\ x_{1C} + x_{2C} + x_{3C} + x_{4C} &\geq 225 \\ x_{1D} + x_{2D} + x_{3D} + x_{4D} &\geq 450 \end{aligned} \tag{3.31}$$

と $x_{ij} \geq 0 \ (i = 1, 2, 3, 4, j = A, B, C, D)$ である．

図 3.22 は本問題に対する表計算ソフトウエアの定式化である．多くのセルはデータを含んでいる．セル F9 から F12, B13 から E13, B15 は式を含む．

A	A	B	C	D	E	F	G
1	costs						
2	site	A	B	C	D		
3	1	10	4	12	20		
4	2	8	10	14	10		
5	3	14	12	8	8		
6	4	23	25	17	9		
7	solution						
8	site	A	B	C	D	shipped	available
9	1	0	125	0	0	125	150
10	2	175	0	0	0	175	400
11	3	0	0	225	100	325	325
12	4	0	0	0	350	350	
13	received	175	125	225	450		
14	needed	175	125	225	450		
15	total cost	7650					

図 3.23 泥運搬の問題に対する最適運搬計画を示す表計算ソフトウエアの解.

$F9 = B9 + C9 + D9 + E9$, $B13 = B9 + B10 + B11 + B12$, $B15 = B3 * B9 + C3 * C9 + \cdots + D6 * D12 + E6 * E12$ である．どのセルが目的関数であり，どのセルが決定変数であるか表に書き込み，制約を指定しなければならない．その詳細は表計算ソフトウエアごとに異なるので，不安があるならば，マニュアルまたはオンラインヘルプを見ればよい．

ステップ 4 は問題を解くことである．図 3.23 は，Quattro Pro optimizer を用いて得た本問題に対する表計算ソフトウエアの解を示している．すべての受け取り側の制約では等式が成立しているが，発送側の制約はすべてが等式となっているわけではないことに注意しよう．ステップ 5 は解答を与えることである．最適解は 1 日あたり，125 立方ヤードの泥を現場 1 から現場 B に，175 立方ヤードの泥を現場 2 から現場 A に発送することである．現場 3 からは 225 立方ヤードの泥を現場 C に，別の 100 立方ヤードの泥を現場 D に発送する．あと現場 D で必要な残りの 350 立方ヤードの泥は現場 4 から来る．泥を購入する追加的な経費は，現場 4 が現場 D に近いことで相殺される．この輸送計画の総経費は，1 日あたり 7,650 ドルである．この発送計画では現場 1 と現場 2 で掘削されたすべての泥を使うわけではないので，余った泥を廃棄する手配が必要となるであろう．

表計算ソフトウエアの最適化プログラムによって自動的に生成される報告を調べることにより感度分析を行なおう．図 3.24 は本問題の制約に対する感度報告である．現場 1 と現場 2 の制約では等式が成り立っておらず，各々 25 と 225 のスラックがある．現場 1 では 25 立方ヤード，現場 2 では 225 立方ヤードの掘削された泥が，最適運送計画のもとで発送されないことがわかる．図 3.24 にある双対価格 (Dual

Cell	Value	Constraint	Binding?	Slack	Dual Value	Increment	Decrement
site 1	125	<=150	No	25	0	Infinite	25
site 2	175	<=400	No	225	0	Infinite	225
site 3	325	<=325	Yes	0	−1	350	100
site A	175	>=175	Yes	0	8	225	175
site B	125	>=125	Yes	0	4	25	125
site C	225	>=225	Yes	0	9	100	225
site D	450	>=450	Yes	0	9	Infinite	350

図 3.24 泥運搬の問題において，利用可能な泥量と必要泥量の変化に対する感度を示す表計算ソフトウエアの感度報告．

Value) はシャドウ・プライスである．現場 1 と現場 2 のシャドウ・プライスは，制約で等号が成立していないので 0 である．現場 3 のシャドウ・プライスは −1 ドルで，この制約で泥量を 1 立方ヤード増加させたとき総経費が −1 ドル上昇することを意味している．表計算ソフトウエアのインプリメンテーションを利用することによる主な利点は，感度分析を容易に実行できることである．単にセル F11 を 325 から 326 に変えて最適化するだけで済む．得られる結果報告（本書には載せていない）によれば，最適値で E11 が 101，E12 が 349，B15 が 7649 に変化する．他のすべての決定変数は不変である．言い換えると，現場 3 から現場 D に 1 立方ヤード多くの泥を発送すれば，1 日あたり 1 ドル節約できる．

現場 A, B, C, D の双対価格はすべて正，たとえば現場 C の双対価格は 9 ドルである．現場 C で 10 立方ヤード多くの泥を要求すると，90 ドル多くの経費がかかる．これを確認するためにセル D14 を 225 から 235 に変化させ，再度最適化を実行する．得られた最適解が図 3.25 に与えられている．総経費が 7,650 ドルから 7,740 ドルに 90 ドル増加していることに注意しよう．現場 C は現場 3 から 235 立方ヤードの泥を受け取り，現場 D は現場 3 から 90 立方ヤードと現場 4 から 360 立方ヤードの泥を受け取ることになる．そのほかの発送は以前と同じである．

"増加"(Increment) と "減少"(Decrement) と書かれた欄は，双対価格が変化しない範囲の制約量の増加や減少を示している．現場 C の要求泥量を 225 から 325 以下（増加量が 100 以内）に増加した場合，総経費は 1 立方ヤード当たり 9 ドル増加する．増加量が 100 の限度を超えると，解の性質が変化する．現場 C で 1 日あたりの必要な泥量が 325 立方ヤードを超えると，解の性質が変化することは次のように容易に理解できる．現在現場 C はすべての泥を現場 3 から得ているが，現場 C での必要な泥量が 325 立方ヤードを超えると，他の現場からより高い経費で泥を運搬しなくてはならないことに注意しよう．

図 3.26 は目的関数の係数に関する感度についての表計算ソフトウエアの報告で

	A	B	C	D	E	F	G
1	costs						
2	site	A	B	C	D		
3	1	10	4	12	20		
4	2	8	10	14	10		
5	3	14	12	8	8		
6	4	23	25	17	9		
7	solution						
8	site	A	B	C	D	shipped	available
9	1	0	125	0	0	125	150
10	2	175	0	0	0	175	400
11	3	0	0	235	90	325	325
12	4	0	0	0	360	360	
13	received	175	125	235	450		
14	needed	175	125	235	450		
15	total cost	7740					

図 3.25 現場 C で必要な泥量を 10 立方ヤード追加した泥運搬の問題に対する表計算ソフトウエアの解．

Variable Cells	Starting	Final	Gradient	Increment	Decrement
x1A	0	0	10	Infinite	2
x2A	0	175	8	2	8
x3A	0	0	14	Infinite	7
x4A	0	0	23	Infinite	15
x1B	0	125	4	6	4
x2B	0	0	10	Infinite	6
x3B	0	0	12	Infinite	9
x4B	0	0	25	Infinite	21
x1C	0	0	12	Infinite	3
x2C	0	0	14	Infinite	5
x3C	0	225	8	3	9
x4C	0	0	17	Infinite	8
x1D	0	0	20	Infinite	11
x2D	0	0	10	Infinite	1
x3D	0	100	8	1	3
x4D	0	350	9	1	1

図 3.26 泥運搬の問題において運搬費用の変化に対する感度を表す表計算ソフトウエアの感度報告．

ある．図で与えられた増加量と減少量は，最適解を変更することがない，(1 マイルあたりの) 運搬経費の増減量を表す．たとえば，現在の現場 1 から現場 B への運搬経費は 4 ドルである．この経費を 4 ドル以内で下げても，また 6 ドル以内で上げても最適運搬計画は変わらない．現場 1 から現場 B へ 1 日あたり 125 立方ヤード運搬するので，総費用はもちろん変化する．シンプレックス法の幾何学について考えよう．目的関数の係数を変化させても，実行可能領域はまったく変化しない．現在の端点が最適な解でなくなるまで目的関数を変更した場合に限り，最適解は変化す

	A	B	C	D	E	F	G
1	costs						
2	site	A	B	C	D		
3	1	10	4	12	20		
4	2	8	10	14	10		
5	3	14	12	8	8		
6	4	23	25	17	9		
7	solution						
8	site	A	B	C	D	shipped	available
9	1	25	125	0	0	150	150
10	2	150	0	0	250	400	400
11	3	0	0	225	100	325	325
12	4	0	0	0	100	100	
13	received	175	125	225	450		
14	needed	175	125	225	450		
15	total cost	7950					

図 3.27 すべての掘削した泥を運搬する場合における泥運搬の問題に対する表計算ソフトウエアの解．

るであろう．このような場合，最適解は他の端点にジャンプする．このことはセル C3 の値を変化させ，再最適化すると確認できる．C3 に 0 から 10 までの任意の値を入れても，図 3.23 と同じ運搬計画が得られる．C3 に 11 を入れると，現場 B が現場 2 から 1 日当たり 125 立方ヤードの泥を受け取り，現場 1 からは受け取らないという運搬計画に変更される．

最後にモデルのロバスト性を考察しよう．図 3.23 の最適解は，掘削した泥の一部は建設現場に運搬すべきではないと主張している．このため会社には問題が残る．余分な泥をどこに置いたらよいか？ 会社は余分な泥をどこかに置かなければならないが，これには追加の経費が必要となるであろう．この経費に関する情報を我々はもっていないが，なにか選択肢を提案しなければならない．埋め立てに使う泥として別の建設現場に掘削した泥のすべてを運搬すると仮定しよう．これは最適解でないのは当然であるが，どの程度の経費が必要であろうか？ モデルを少し変更しよう．ステップ 1 で $s_1 \leq 150, s_2 \leq 400, s_3 \leq 325$ と仮定した．今回は $s_1 = 150, s_2 = 400, s_3 = 325$ とする．方程式 (3.31) の初めの 3 つの不等式は

$$x_{1A} + x_{1B} + x_{1C} + x_{1D} = 150$$
$$x_{2A} + x_{2B} + x_{2C} + x_{2D} = 400 \qquad (3.32)$$
$$x_{3A} + x_{3B} + x_{3C} + x_{3D} = 325$$

に置き換えられ，線形計画問題の残りの部分はそのままにしておく．表計算ソフトウエアでこのような 3 つの制約を変更したのち，再最適化すると図 3.27 に示され

た結果が得られる．現場 B と現場 C は以前と同量の泥を受け取るが，現場 A は現場 1 から一日あたり 25 立方ヤードの埋め立て用の泥を受け取り，現場 D は現場 2 から一日あたり 250 立方ヤードの埋め立て用の泥を受け取る．この運搬計画に従えば，現場 4 から 100 立方ヤードの泥を購入する必要があるだけである．新しい計画は余分な 250 立方ヤードの泥を取り除くだけであり，追加経費は 1 日あたり 300 ドルにすぎない（1 立方ヤードあたり 1 ドル少々である）．2 つの計画のうちどちらが最善であるか我々は判断できない．会社が掘削した泥をすべて現場から運搬する必要があると判断すれば，後者の代替計画を好むであろう．発掘現場やその周辺で使うことができるのであれば，もとの計画を採用するだろう．我々のすべきことは会社の経営陣に 2 つの計画を提示し，経営陣に選択を任せることである．

3.4 離散最適化

　本書で今まで考察したすべてのモデルにおいて，変数は連続であった．多くの現実問題においては，整数のような離散変数を取り扱わなければならない．離散数学は，具体的応用例がまったくない，少数の人にしか理解されない分野であると，かつては考えられていた．ディジタル計算機の発明で，離散数学は極めて重要な分野になった．離散最適化は，日程計画，在庫管理問題，輸送問題，製造問題，生態学の問題，計算機科学の諸問題で用いられる．離散モデルは本書の残りの部分で重要な役割を果たし，連続変数と離散変数の関係はモデルを構築するうえで主要な問題の核心のひとつである．

　離散最適化問題には，すべての可能性を数え上げて簡単に解くことができる場合がある．また，連続変数で取り扱い，解を整数で近似することもある．非線形計画問題は通常，連続決定変数が離散変数に置き換えられると解を求めることが大変難しくなる．連続性が失われると，実行可能領域はより複雑になり，グラフや木構造で表現される．問題のクラスによっては，効果的に解を求めるアルゴリズムが開発されておらず，アルゴリズムの改良は現在盛んに研究されている分野である．しかし，連続の場合と異なり離散最適化問題を解く効果的な一般的手法は存在しない．

　本節では，離散最適化問題のひとつである**整数計画法**を集中して調べよう．整数計画法は，前節で考察された線形計画法の離散版である．多くの場合に用いられる離散最適化アルゴリズムを別にすれば，線形計画法を用いると離散モデルと連続モデルを比較することができる．さらに多くの線形計画法インプリメンテーションは整数計画問題を解くことができるので，新しいソフトウエアパッケージを学ぶのではなく，モデルそのものに注目しよう．

変数： $x_1 =$ トウモロコシを栽培する 120 エーカーの区画数
$x_2 =$ 小麦を栽培する 120 エーカーの区画数
$x_3 =$ オート麦を栽培する 120 エーカーの区画数
$x_4 =$ トウモロコシを栽培する 25 エーカーの区画数
$x_5 =$ 小麦を栽培する 25 エーカーの区画数
$x_6 =$ オート麦を栽培する 25 エーカーの区画数
$w =$ 必要灌漑用水（エーカーフート）
$l =$ 必要労働力（人時／週）
$t =$ 総栽培面積
$y =$ 総収益（ドル）

仮定： $w = 120(3.0x_1 + 1.0x_2 + 1.5x_3)$
$\quad\quad + 25(3.0x_4 + 1.0x_5 + 1.5x_6)$
$l = 120(0.8x_1 + 0.2x_2 + 0.3x_3)$
$\quad\quad + 25(0.8x_4 + 0.2x_5 + 0.3x_6)$
$t = 120(x_1 + x_2 + x_3) + 25(x_4 + x_5 + x_6)$
$y = 120(400x_1 + 200x_2 + 250x_3)$
$\quad\quad + 25(400x_4 + 200x_5 + 250x_6)$
$w \leq 1,000$
$l \leq 300$
$t \leq 625$
$x_1 + x_2 + x_3 \leq 5$
$x_4 + x_5 + x_6 \leq 1$
$x_1, \ldots, x_6$：非負整数

目的： y を最大化する

図 3.28 農場経営の問題の改訂版に対するステップ 1 の結果．

例 3.6 例 3.4 の家族農場経営の問題を再び考えよう．家族は植え付け可能な 120 エーカーの 5 区画と 25 エーカーの 1 区画の計 625 エーカーの農地をもっている．各区画ごとに，トウモロコシか小麦，オート麦のいずれかを栽培したいと考えている．以前と同様に灌漑用水が 1,000 エーカーフート利用可能であり，1 週間あたり 300 時間の労働力があるとしよう．そのほかのデータは表 3.2 に与えられている．最大利益が得られるように各区画に植え付ける作物を決定せよ．

ファイブ・ステップ法を使おう．ステップ 1 の結果が図 3.28 に示されている．ステップ 2 はモデル法の選択である．この問題を整数計画問題としてモデル化しよう．

線形計画 (LP) 問題で決定変数が整数値をとるように制約されたものを，整数計画 (IP) 問題と呼ぶ．目的関数と制約はともに線形でなければならない．IP を解く手法として最もよく用いられるものは分枝限定法である．これは IP の解に限定していくように選ばれた LP の解を繰り返し分枝する方法である．与えられた IP で，決定変数が整数値だけであるという制約を除いた問題を LP 緩和と呼ぶ．LP 緩和の実行可能領域は対応する IP の実行可能領域より広いので，LP 緩和の最適解ですべての決定変数が整数値となる解が，IP の最適解でもある．いくつかの決定変数が整数値でない場合，分枝して 2 つの LP 緩和を作る．たとえば，LP 緩和の最適解が $x_1 = 11/3$ である場合，もとの問題に制約 $x \leq 3$ を付加した問題と制約 $x \geq 4$ を付加した問題を考える．任意の整数解はこの 2 つの付加制約のいずれかをみたす．分数で表された最適解を見つけたときにはいつもこのような分枝を行なえば，LP 緩和の二分枝が得られる．新しい LP ですべての決定変数が整数値の最適解をもてば，この解はもとの IP の解の候補者となる．新しい LP はもとの問題と比べて狭い実行可能領域をもつので，この整数解はもとの IP に対する最適解の下限も与える有用なものである．二分枝と上述の解の限定を系統的に実行すれば，最終的にはもとの IP を解くことができるであろう．分枝限定法はシンプレックス法を多数回繰り返す必要があるので，整数計画問題は，一般的に同じサイズの線形計画問題を解く場合と比較してずっと長い時間がかかる．

ステップ 3 は問題の定式化である．例 3.6 において決定変数は，トウモロコシ，小麦，オート麦を栽培する，120 エーカー区画と 25 エーカー区画の個数である．変数 x_4, x_5, x_6 は 2 進決定変数であり，0 か 1 の値しかとらないことに注意しよう．標準形で我々の整数計画問題は，総収益 $y = 48000x_1 + 24000x_2 + 30000x_3 + 10000x_4 + 5000x_5 + 6250x_6$ を集合

$$\begin{aligned}
360x_1 + 120x_2 + 180x_3 + 75x_4 + 25x_5 + 37.5x_6 &\leq 1000 \\
96x_1 + 24x_2 + 36x_3 + 20x_4 + 5x_5 + 7.5x_6 &\leq 300 \\
x_1 + x_2 + x_3 &\leq 5 \\
x_4 + x_5 + x_6 &\leq 1
\end{aligned} \quad (3.33)$$

上で最大化することである．ここで，$x_1, \ldots, x_6$ は非負の整数である．

ステップ 4 は問題を解くことである．図 3.29 は線形計画法の有名なパッケージ LINDO を用いた整数計画問題の解を示している．GIN 6 コマンドは，初めの 6 つ

```
MAX    48000 X1 + 24000 X2 + 30000 X3 + 10000 X4 + 5000 X5 + 6250 X6
SUBJECT TO
  2)    360 X1 + 120 X2 + 180 X3 + 75 X4 + 25 X5 + 37.5 X6 <= 1000
  3)    96 X1 + 24 X2 + 36 X3 + 20 X4 + 5 X5 + 7.5 X6 <= 300
  4)    X1 + X2 + X3 <= 5
  5)    X4 + X5 + X6 <= 1
END
GIN        6

        目的関数値

        1)        162250.0

        変数       変数値           減少経費
        X1       1.000000        -48000.000000
        X2       2.000000        -24000.000000
        X3       2.000000        -30000.000000
        X4       0.000000        -10000.000000
        X5       0.000000         -5000.000000
        X6       1.000000         -6250.000000

        行     スラックまたは過剰    双対価格
        2)       2.500000          0.000000
        3)      76.500000          0.000000
        4)       0.000000          0.000000
        5)       0.000000          0.000000

反復回数=      95
```

図 3.29 線形計画法のパッケージ LINDO を用いた農場経営の問題の改訂版に対する最適解.

の決定変数が非負の整数であることを条件指定している.そのほかの条件指定は IP と LP で同一である.最適解は $y = 162{,}250$ で,$x_1 = 1$,$x_2 = 2$,$x_3 = 2$,$x_6 = 1$ のときに得られ,ほかの決定変数はすべて 0 である.最適解において,初めの 2 つの制約では等号が成り立たず,あとの 2 つの制約では等号が成立している.

ステップ 5 は解答を与えることである.家族が農地の各区画を分割することを望まなければ(計画 B),最善計画は 120 エーカー 1 区画のトウモロコシ,120 エーカー 2 区画の小麦,120 エーカー 2 区画と 25 エーカー 1 区画のオート麦を栽培することである.これにより,1 シーズンの期待総収益は 162,250 ドルである.この

結果は，区画に複数の作物を栽培できるとき（計画 A）に得られる総収益 162,500 ドルより，約 0.2％少ないものとなる．計画 A では，すべての利用可能な農地と灌漑用水を用い，1 週あたり利用可能な労働力 300 人時のうち 62.5 人時を残した．計画 B ではすべての利用可能な農地を用いたが，利用可能な 1000 エーカーフートの灌漑用水のうち 997.5 エーカーフートを使い，1 週あたり可能な労働力 300 人時のうち 223.5 人時しか利用しない．どちらの計画を選択するかは家族の判断による．

　LP と比較して IP を解くために必要な時間は非常に長いので，整数計画問題の感度分析は時間浪費となることが多い．制約を変化させたとき最適解における目的関数の値が滑らかに変化しないので，LP のようなシャドウ・プライスが存在しない．整数解は通常制約境界上に存在しないので，最適値は等式が成立していない制約における微小変化にも大きな影響を受ける可能性がある．利用可能な灌漑用水量に対する感度分析から始めよう．100 エーカーフートの追加用水が利用可能であるとしよう．これにより IP は，方程式 (3.33) の最初の制約で 1000 が 1100 に置き換えられる．図 3.30 はこの IP 問題に対する LINDO 解を与えている．今回は 120 エーカーと 25 エーカーそれぞれ 1 区画にトウモロコシ，120 エーカー 1 区画に小麦，120 エーカー 3 区画にオート麦を栽培することになる．このように最適解は，制約（利用可能な灌漑用水量）がもとの IP 問題で等式が成り立っていなくても，利用可能な灌漑用水量に非常に敏感に反応する．新しい計画によって，期待総収入は 9,750 ドル増加する．

　図 3.29 の最適解では 2.5 エーカーフートの灌漑用水が未使用である．利用可能用水量を 997.5 エーカーフートまで減少させても最適解は変化しないであろう．用水をこの範囲で減少させて実行可能領域を縮めても，最適解の実行可能性が保証されているからである．図 3.31 は利用可能用水が 950 エーカーフートしかない場合にどのようになるか示している．最適 IP 解は，625 エーカーすべてでオート麦を栽培することである．すべての農地と 12.5 エーカーフート残して用水を使うが，1 週間あたりの労働力は 112.5 人時余る．期待総収入は 156,250 ドルであり，以前と比べて 6,000 ドル減少する．この結果は IP 解が予想不可能であるという本質を示している．以前は 360 エーカーでトウモロコシと小麦を栽培するという最適解が，利用可能な灌漑用水量を 5％減少させると，すべての区画でオート麦を栽培する計画が最適解となった．

　ロバスト性に関する主な論点は離散最適化と連続最適化の関係についてである．大きな農地区画を単一の作物栽培に制限すると，最適栽培計画が劇的に変化することはすでに見てきた．もとの農場経営の問題に戻り，最小区画の大きさを変化させたときの影響を調べよう．表 3.4 は異なる最小区画サイズに対する LINDO 実行結

```
MAX    48000 X1 + 24000 X2 + 30000 X3 + 10000 X4 + 5000 X5 + 6250 X6
SUBJECT TO
   2)   360 X1 + 120 X2 + 180 X3 + 75 X4 + 25 X5 + 37.5 X6 <= 1100
   3)   96 X1 + 24 X2 + 36 X3 + 20 X4 + 5 X5 + 7.5 X6 <= 300
   4)   X1 + X2 + X3 <= 5
   5)   X4 + X5 + X6 <= 1
END
GIN        6

        目的関数値

        1)        172000.0

        変数          変数値          減少経費
        X1          1.000000       -48000.000000
        X2          1.000000       -24000.000000
        X3          3.000000       -30000.000000
        X4          1.000000       -10000.000000
        X5          0.000000        -5000.000000
        X6          0.000000        -6250.000000

        行      スラックまたは過剰     双対価格
        2)          5.000000          0.000000
        3)         52.000000          0.000000
        4)          0.000000          0.000000
        5)          0.000000          0.000000

反復回数=       97
```

図 3.30 100エーカーフートの追加灌漑用水を考慮した農場経営の問題の改訂版に対する最適解.

果を示している．たとえば最小区画が2エーカーの場合，集合

$$6.0x_1 + 2.0x_2 + 3.0x_3 \leq 1000$$
$$1.6x_1 + 0.4x_2 + 0.6x_3 \leq 300 \quad (3.34)$$
$$x_1 + x_2 + x_3 \leq 312$$

上と非負の整数値 x_1, x_2, x_3 という制約のもとで総収益 $y = 800x_1 + 400x_2 + 500x_3$ を最大化する問題となる．ここで，x_1, x_2, x_3 はトウモロコシ，小麦，オート麦を栽培する2エーカーの小区画の個数を表す．図3.32はLINDOを用いて得られた2エー

```
MAX   48000 X1 + 24000 X2 + 30000 X3 + 10000 X4 + 5000 X5 + 6250 X6
SUBJECT TO
  2)   360 X1 + 120 X2 + 180 X3 + 75 X4 + 25 X5 + 37.5 X6 <= 950
  3)   96 X1 + 24 X2 + 36 X3 + 20 X4 + 5 X5 + 7.5 X6 <= 300
  4)   X1 + X2 + X3 <= 5
  5)   X4 + X5 + X6 <= 1
END GIN      6
```

目的関数値

  1)   156250.0

変数	変数値	減少経費
X1	0.000000	-48000.000000
X2	0.000000	-24000.000000
X3	5.000000	-30000.000000
X4	0.000000	-10000.000000
X5	0.000000	-5000.000000
X6	1.000000	-6250.000000

行	スラックまたは過剰	双対価格
2)	12.500000	0.000000
3)	112.500000	0.000000
4)	0.000000	0.000000
5)	0.000000	0.000000

反復回数=   980

図 3.31 利用可能灌漑用水量を 50 エーカーフート減少させた農場経営の問題の改訂版に対する最適解.

カーの最小区画サイズに対する最適解を表す．最適解は 94 区画（合計 $2 \times 94 = 188$ エーカー）にトウモロコシ，218 区画（436 エーカー）に小麦を栽培し，オート麦は栽培しないことである．このモデルでは最小区画が 2 エーカーであるので，1 エーカーの未栽培地が残る．表 3.4 に与えられているように最適解は最小区画サイズが増加するに従って大きく変化する．連続最適化問題 (LP) では，2 つの最適端点解 $(x_1, x_2, x_3) = (187.5, 437.5, 0)$ と $(x_1, x_2, x_3) = (41.6\bar{6}, 0, 583.3\bar{3})$ があり，最適収益 $y = 162{,}500$ が得られたことを思い出そう．最小区画サイズを変更すると，最適栽培計画がこのような 2 つの解に対応する離散近似値をジャンプしている．最小

表 3.4 異なる最小区画サイズをもつ農場経営の問題に対する最適栽培計画の比較.

最小区画サイズ （エーカー）	トウモロコシ （エーカー）	小麦 （エーカー）	オート麦 （エーカー）	収益 （ドル）
0	187.5	437.5	0	162,500
1	42	1	582	162,500
2	188	436	0	162,400
5	45	10	570	162,500
10	190	430	0	162,000
20	60	40	520	162,000
50	200	400	0	160,000
100	200	400	0	160,000
125	125	250	250	162,500
150	150	300	150	157,000
200	200	400	0	160,000
250	250	250	0	150,000
300	0	0	600	150,000
500	0	0	500	125,000

区画が 2, 10, 50 エーカーである場合，解はもとのトウモロコシ・小麦栽培計画に対する前者の計画に似ている．最小区画が 1, 5, 20 エーカーである場合，解は別のトウモロコシ・オート麦栽培計画に対する後者の計画に似ている．最小区画サイズが大きくなると，最適栽培計画と期待総収益はともに大きく変化する．大きな最小区画サイズでは，より高い収益が得られる場合と少ない収益になってしまう場合がある．たとえば最小区画サイズが 125 エーカーの場合，もとの期待総収益 162,500 ドルと同じ栽培計画が得られる．625 エーカーは 125 エーカーの小区画で等分できることに注意し，その最適解 $(x_1, x_2, x_3) = (125, 250, 250)$ はもとの LP に対する最適解を与える方程式 (3.29) の線分上にあることに注意しよう．最大の区画サイズでは非常に少ない期待収益となり，栽培計画が大きく変化する．

LP と対応する種々の IP 近似の幾何学を考えよう．最小の区画サイズは実行可能領域を整数点の格子に制限することになる．区画サイズが小さければ，そのような点は数多く存在するので，すべての実行可能点の近傍に格子点が存在するという意味で，そのような点は実行可能領域のほとんどを覆うであろう．目的関数は連続であるため，もとの LP に対する最適値に近い値を与える IP に対する格子最適解を見つけることができる．しかし，格子点の間隔が大きく，格子点が広がっている場合，LP 最適値の近傍に格子点が存在しないかもしれないので，離散化によって最適解はしばしば大きく変化してしまう．一般的に格子点間のジャンプ（我々の例で

```
MAX     800 X1 + 400 X2 + 500 X3
SUBJECT TO
    2)  6 X1 + 2 X2 + 3 X3 <=    1000
    3)  1.6 X1 + 0.4 X2 + 0.6 X3 <=    300
    4)  X1 + X2 + X3 <=    312
END
GIN     3
```

目的関数値

    1)   162400.0

変数	変数値	減少経費
X1	94.000000	-800.000000
X2	218.000000	-400.000000
X3	0.000000	-500.000000

行	スラックまたは過剰	双対価格
2)	0.000000	0.000000
3)	62.399998	0.000000
4)	0.000000	0.000000

反復回数=   2

図 3.32　2エーカーの最小区画サイズに対する農場経営の問題に対する最適解.

は最小区画サイズ）が決定変数に数％程度の変化をもたらす大きさであれば，離散化はそれほど大きな差をもたらさない．そうでない場合，IP解は対応するLP緩和に対する解と非常に異なるものになる可能性がある．

例 3.7　例 3.5 の泥運搬の問題を再度考えよう．会社は，10 立方ヤード積載可能なダンプカーを使用する前提で，最適運搬計画をすでに決定している．会社が大型で 20 立方ヤード積載可能な3台のダンプカーも所有しているとしよう．これらのトラックを使えば運搬経費を節約できるかもしれない．10 立方ヤード積載可能なダンプカーは積載に 25 分，荷卸しに 5 分かかり，平均時速が 20 マイルである．トラックを稼働させるための経費は積荷あたり 1 マイル 20 ドルである．大型の 20 立方ヤード積載可能なダンプカーは積載に 35 分，荷卸しに 5 分かかり，平均時速が 20 マイルである．トラックを稼働させるための経費は積荷あたり 1 マイル 30 ドルで

表 3.5　例 3.7 のトラック割り当ての問題に対する運送路データ．

運送路	出発地	到達地	距離（マイル）	運搬泥量（立方ヤード）
1	1	B	2	125
2	2	A	4	175
3	3	C	4	225
4	3	D	4	100
5	4	D	4	350

ある．運搬費用の節約を最大にするためにどのようにトラックを割り当てればよいであろうか？

　ファイブ・ステップ法を用いよう．問題はどのトラックをどの運送路に割り当てるかである．例 3.5 で発見された最適運搬ルートが表 3.5 に示されている．5 つの運送路の距離と運搬泥量は異なっている．各運送路では 10 立方ヤード積載可能なダンプカーか 20 立方ヤード積載可能なダンプカーのいずれかが使われる（両方を同一運送路では用いない）と仮定しよう．大型トラックは 2 倍の泥積載量を 2 倍以下の経費で運搬するので，経費を節約するために大型トラックを割り当てたい．必要なトラック台数，各運送路での各トラックに対する運搬総経費を計算し，各運送路で大型トラックを割り当てた場合に運搬経費がどの程度節約できるかを計算する．もとの最適運搬計画では，2 マイルの距離を現場 1 から現場 B へ 125 立方ヤードの泥を運ぶ．小型トラックは積載に 20 分，荷卸しに 5 分，時速 20 マイルで 6 分の移動時間がかかるので，合計 31 分が積荷ごとに必要である．8 時間労働を仮定すると，1 日あたり各トラックには 480 分まで割り当てることができる．125 立方ヤードの泥は 13 回分の積荷となるから，合計 $13 \times 31 = 403$ 分の労働が必要である．したがって，運送路 1 には 1 台の小型トラックの割り当てで十分である．1 台の小型トラックの運行経費は次のように計算される．

$$13 \text{ （積荷数）} \times 2 \text{ （マイル／積荷数）} \times 20 \text{ （ドル／マイル）} = 520 \text{ ドル}.$$

大型トラックは積載に 30 分，荷卸しに 5 分，運送路 1 の移動時間 6 分で合計 41 分が 1 積荷ごとに必要である．125 立方ヤードの泥は 7 回分の積荷となるから，合計 $7 \times 41 = 287$ 分の労働が必要である．したがって，運送路 1 には 1 台の大型トラックの割り当てで十分である．1 台の大型トラックの運行経費は次のように計算される．

$$7 \text{ （積荷数）} \times 2 \text{ （マイル／積荷数）} \times 30 \text{ （ドル／マイル）} = 420 \text{ ドル}.$$

運送路 1 の節約可能な経費は 100 ドルである．残りの運送路に対する節約可能経費

変数： $x_i = 1$：運送路 i で大型トラックが使われる場合
$x_i = 0$：運送路 i で小型トラックが使われる場合
$T =$ 使われる大型トラック台数の合計
$y =$ 合計節約経費（ドル）

仮定： $T = 1x_1 + 1x_2 + 2x_3 + 1x_4 + 2x_5$
$y = 100x_1 + 360x_2 + 400x_3 + 200x_4 + 640x_5$
$T \leq 3$

目的： y を最大化する

図 3.33 トラック割り当ての問題に対するステップ 1 の結果．

	A	B	C	D	E	F
1		possible			actual	
2	route	trucks	savings	decision	trucks	savings
3	1	1	100	0	0	0
4	2	1	360	0	0	0
5	3	2	400	0	0	0
6	4	1	200	0	0	0
7	5	2	640	0	0	0
8	available	3		totals	0	0

図 3.34 トラック割り当ての問題に対する表計算ソフトウエアの定式化．

と必要なトラック台数も同様に計算できる．ステップ 1 の結果が図 3.33 にまとめられている．

ステップ 2 はモデル法の選択である．本問題を 2 進整数計画問題 (BIP) としてモデル化しよう．BIP は決定変数が 0 か 1 だけの整数値となる IP である．イエスかノーの決定を表現するために BIP はよく用いられる．割り当て問題，日程計画，施設配置，投資リスト作成などが典型的な応用例である．通常の IP アルゴリズムと比較して BIP に特化した高速なアルゴリズムが利用できる．本書のような小規模な BIP 問題については，通常の IP ソルバや BIP ソルバでも十分である．

ステップ 3 は問題の定式化である．図 3.34 は本問題に対する表計算ソフトウエアの定式化である．D 列は 2 進決定変数 x_i であり，小型トラックが使われる場合は 0，大型ならば 1 となる．E 列は使われる大型トラックの台数を表し，F 列は節約経費を記録する．たとえば，E3=B3*D3, F3=C3*D3, E8=E3+⋯+E7 である．表計算ソフトウエアのソルバを用いて，制約 E8≤B8, D3 から D7 は 2 進整数という条件のもとで総計 F8=F3+⋯+F7 を最大化する．

ステップ 4 は問題を解くことである．図 3.35 は，表計算ソフトウエアの最適化

	A	B	C	D	E	F
1		possible			actual	
2	route	trucks	savings	decision	trucks	savings
3	1	1	100	0	0	0
4	2	1	360	1	1	360
5	3	2	400	0	0	0
6	4	1	200	0	0	0
7	5	2	640	1	2	640
8	available	3		totals	3	1000

図 3.35 トラック割り当ての問題に対する表計算ソフトウエアの解.

表 3.6 トラック割り当ての問題における利用可能な大型トラックの台数に対する感度.

運行トラック台数	運送路	節約額（ドル）	限界貯蓄（ドル）
1	2	360	360
2	5	640	280
3	2,5	1000	360
4	2,4,5	1200	200
5	2,3,5	1400	200
6	2,3,4,5	1600	200
7	すべて	1700	100

ユーティリティーを用いて得られた，運送路ごとの最適トラック割り当てを示している．$x_2=1, x_5=1, x_i=0$ $(i=1,3,4)$ で最適値 $y=1000$ が得られる．

ステップ 5 は解答を与えることである．問題は，運送経費を節約するために，大型の 20 立方ヤード積載トラックをどのように割り当てるかであった．1 台の大型トラックを運送路 2，他の 2 台の大型トラックを運送路 5 に割り当てることで，1 日あたり 1,000 ドル節約可能である．

最初の感度分析として，経費節約金額が利用可能な大型トラックの台数にどのように依存するか調べよう．会社は再配置可能な別の大型トラックを所有しているかもしれないし，追加のトラックをリースできるかもしれない．また会社は所有のトラックの別の使い道を考えているかもしれないので，利用可能な大型トラック台数を増減することの影響を調べよう．表 3.6 は感度分析の実行結果である．セル B8 の制約を変更して再最適化を実行した．

期待節約経費額とともに（大型トラックを運行させる運送路に関する）最適決定が記録されている．限界貯蓄も表示されている．たとえば，会社は 3 台の大型トラックを運行させて 1000 ドル節約でき，4 台の大型トラックでは 1200 ドル節約できるので，会社は 4 台目のトラックで 1 日あたり 200 ドル節約できる．会社が 1 日あたり 1 台から 3 台のトラックを 200 ドル以下で運行できるならば，経費を節約でき

る．大型トラックで1日あたり360ドル以上節約できる別の仕事があるならば，そちらにトラックを回した方がよい．限界貯蓄は，制約を1単位変更することによってもたらされる影響を表しているので，シャドウ・プライスと似ている．

次に，運送路の経費節約可能性への影響を考えよう．現在2台の大型トラックが運送路5に割り当てられ，1日あたり640ドル節約できている．見方を変えると，運送路5の各トラックは1日あたり320ドル会社経費を節約している．運送路3と4の大型トラックは1日あたり200ドルの経費を節約し，運送路1の大型トラックによる節約は1日あたり100ドルである．運送路5における経費節約額の小さな変更によって，運送路2と5に大型トラックを割り当てることが最適計画であることに変わりはないだろうと予想される．これを確かめるために，セルC7の値を変更して再最適化を実行する．400以上の値に対しては，同じ最適決定が得られる．400以下の値に対しては，運送路2と3に大型トラックを割り当てるという最適決定が得られる．

ロバスト性を解析することで，2進制約を追加することで可能な決定を制限できることを説明しよう．経営者が，大型トラックは運送路2の近隣地域にトラック運行反対運動を引き起こすため，大型トラックを運送路2では用いないと決断したとしよう．このような運行計画を除いて問題を再定式化もできるが，現在の定式化で $x_2 = 0$ という制約を付け加えたほうが簡単である．最適解は運送路4と5で大型トラックを運行させるものとなり，総節約額は840ドルとなる．この政治的譲歩は会社に1日あたり160ドルの経費増をもたらす．同様に何らかの政治的理由で，運送路4で大型トラックを運行する場合は運送路3でも大型トラックを運行するということを，経営者が決断したと仮定しよう．この政策を表現するためには，線形制約 $x_3 \geq x_4$ または $x_3 - x_4 \geq 0$ を付け加えればよい．この制約だけを付加しても，もとの最適解がすでにこの制約を満足している（最適解では運送路3と4では大型トラックを運行しない）ので，最適解は変化しない．両方の制約をつけると，最適解は変化して運送路3と4で大型トラックを運行することになり，1日あたりの節約額は600ドルとなる．

3.5 練習問題

1. t 日後の豚の価格が $p = 0.65 e^{-(0.01/0.65)t}$ （ドル／ポンド）と仮定して，例1.1の養豚の問題を再考しよう．

    (a) 豚の価格が時刻 $t = 0$ で1（セント／日）下がることを示せ．t が増加するとどうなるか？

(b) 豚を売る最適時刻を求めよ．ファイブ・ステップ法を用い，1 変数最適化問題としてモデル化せよ．

(c) パラメータ 0.01 は時刻 $t = 0$ で価格が減少する速度を表している．このパラメータに対して感度分析を実行せよ．販売最適時刻と得られる純利益の両方を考察せよ．

(d) 1.1 節の結果と (b) の結果を比較し，モデルのロバスト性について考察せよ．

2. 例 1.1 の養豚の問題を再考しよう．今回は t 日後の豚の体重が $w = 800/(1 + 3e^{-t/30})$ ポンドであると仮定せよ．

(a) $t = 0$ で豚の体重増加率は約 5（ポンド／日）であることを示せ．t が増加するとどうなるか？

(b) 豚を売る最適日を求めよ．ファイブ・ステップ法を用い，1 変数最適化問題としてモデル化せよ．

(c) パラメータ 800 は豚の最終的な体重を表す．このパラメータに対して感度分析を実行せよ．販売最適日と得られる純利益の両方を考察せよ．

(d) 1.1 節と 3.1 節で得られた結果と (b) の結果を比較せよ．モデルのロバスト性について考察せよ．どのような一般的な結論が得られるか？

3. 二者択一の治療法に関して，その有効性における差を決定する統計学的アルゴリズムは，関数

$$\sum_{(k_1, k_2) \in E} \binom{n_1}{k_1} p_1^{k_1} (1-p_1)^{n_1-k_1} \binom{n_2}{k_2} p_2^{k_2} (1-p_2)^{n_2-k_2}$$

を次の集合 S 上で最大化して得られる．

$$S = \{(p_1, p_2) : p_1 - p_2 = \Delta; p_1, p_2 \in [0, 1]\}.$$

ここで，E は集合

$$E_0 = \{(k_1, k_2) : k_1 = 0, 1, 2, \ldots, n_1; k_2 = 0, 1, 2, \ldots, n_2\}$$

の部分集合で $\Delta \in [-1, 1]$ である．$n_1 = n_2 = 4$, $\Delta = -0.1$,

$$E = \{(0, 4), (0, 3), (0, 2), (0, 1), (1, 4), (1, 3), (2, 4)\}$$

の場合の最大値を求めよ．(Santner and Snell (1980)).

4. 外傷および熱傷の治療効果を評価する規格化された手法の一部として，関数

$$f(p_1,\ldots,p_n) = \frac{\left(A - \sum_{i=1}^{n} p_i\right)}{\sqrt{B + \sum_{i=1}^{n} p_i(1-p_i)}}$$

を集合

$$\{(p_1,\ldots,p_n) : a_i \leq p_i \leq b_i \ (i=1,\ldots,n)\}$$

上で最大化する必要がある．$n=2$, $A=-5.92$, $B=1.58$, $a_1=0.01$, $b_1=0.33$, $a_2=0.75$, $b_2=0.85$ の場合について，f を最大化せよ．(Falk, J. et al., (1992)).

5. 第 2 章の練習問題 3 の競争種モデルを再考せよ．漁獲努力が E 船日レベルで，1 年間にシロナガスクジラが qEx，ナガスクジラが qEy 捕獲できると仮定せよ．ここで，パラメータ q（漁獲係数）は約 10^{-5} であると仮定する．一定の漁獲努力が与えられた場合，個体数レベルは成長率が捕獲率と等しくなる点で安定化されると仮定せよ．

(a) 捕鯨遠征には 1 船日あたり 250 ドルの経費がかかると仮定し，長期間での企業利益を最大化する漁獲努力を求めよ．ファイブ・ステップ法を用い，1 変数最適化問題としてモデル化せよ．

(b) 漁獲係数に関して感度分析を実行せよ．利益，漁獲努力，クジラの最終的な安定個体数レベルを考察せよ．

(c) 技術の向上によって確かにクジラ漁獲係数を向上させることができる．これはクジラ個体群と捕鯨企業に対して長期的にどのような影響を与えるか？

6. 例 3.2 の施設配置の問題を再考せよ．今回は，地点 (x_0, y_0) から地点 (x_1, y_1) への応答時間が走行道路距離 $|x_1 - x_0| + |y_1 - y_0|$ に比例すると仮定する．

(a) 平均応答時間を最小化する地点を求めよ．ファイブ・ステップ法を用い，制約なしの多変数最適化問題としてモデル化せよ．

(b) 各 2×2 マイル地区の推定緊急出動電話回数に対する最適地点の感度分析を実行せよ．一般的な結論を引き出すことができるか？

(c) モデルのロバスト性を論ぜよ．3.2 節の解析で求められた最適地点と今回の最適地点を比較せよ．応答時間が $r = \sqrt{(x_1-x_0)^2 + (y_1-y_0)^2}$ で与

えられる直線距離に比例すると仮定した場合，最適地点はどのように変化すると考えられるか？

7. 例 2.1 のテレビ製造の問題を再考せよ．今回は第 2 章で用いた解析的手法ではなく，数値手法を用いよ．

   (a) 第 2 章の式 (2.2) で与えられる目的関数 $y = f(x_1, x_2)$ を最大化する製造レベル x_1, x_2 を求めよ．ニュートン法の 2 変数版を用いよ．
   (b) 2.1 節のように，a を 19 インチセットの価格弾力性とする．(a) では $a = 0.01$ と仮定した．a を 10％増加し，$a = 0.011$ とし，(a) の最適化を繰り返せ．得られた結果を用いて，感度 $S(x_1, a), S(x_2, a), S(y, a)$ の推定数値を求めよ．2.1 節で解析的に求めた結果と比較せよ．
   (c) b を 21 インチセットの価格弾力性とする．現在は $b = 0.01$ である．(b) のように数値手法を用いて，パラメータ b に対する x_1, x_2, y の感度を推定せよ．
   (d) 2.1 節の解析手法と本問題で実行した数値手法を比較せよ．読者はどちらの手法が好きか？　理由も述べよ．

8. 第 2 章の練習問題 6 を再考せよ．今回は宣伝経費の最高限度額を設定しない経営を考えよう．販売量が宣伝経費の線形関数で増加するという仮定は，高額の宣伝経費まで考慮する今回の我々の問題では多分妥当ではないであろう．線形ではなく，宣伝経費を倍増するたびに販売量が 1,000 台増加すると仮定しよう．

   (a) 利益を最大にする価格と宣伝経費を求めよ．ファイブ・ステップ法を用い，制約なしの最適化問題としてモデル化せよ．
   (b) 価格弾力性 (50％) に対する決定変数（価格と宣伝経費）の感度を求めよ．
   (c) 宣伝経費を倍増するたびに販売量が 1,000 台増加するという広告会社の推定に対する決定変数の感度を求めよ．
   (d) 宣伝経費と販売量が線形関係であるという仮定をすると，(a) では何が失敗してしまうのか？　第 2 章の練習問題 6 ではなぜこのことは問題とならなかったのか？

9. （練習問題 8 の続き）練習問題 8 を考えよう．今回は宣伝経費と販売量の関係を別の仮定に置き換える．宣伝経費を倍増すると販売量が 1,000 台増加するが，さらに宣伝経費を倍増すると販売量は 500 台しか増加しない等々．練習問題 8 の (a) から (c) を繰り返せ．(c) では，宣伝経費を初めて倍加したときに販売量

が 1,000 台増加するという仮定の感度を求めよ．得られた結果と練習問題 8 の結果を比較し，モデルのロバスト性を議論せよ．

10. 第 2 章練習問題 7 の新聞社の問題を再考しよう．今回は利益幅（収入に占める利益の割合）を最大化しよう．営業経費は 1 週間あたり 200,000 ドルに固定されていると仮定する．

    (a) 利益幅を最大にする予約金と宣伝広告費を求めよ．ファイブ・ステップ法を用い，制約なしの最適化問題をモデル化せよ．ランダム検索法で近似解を求めよ．
    (b) (a) で求めた目的関数を $z = f(x, y)$ と記す．数式処理ソフトウエアを利用して，$F = \partial f / \partial x$ と $G = \partial f / \partial y$ を求めよ．さらに $\partial F / \partial x, \partial F / \partial y,$ $\partial G / \partial x$ と $\partial G / \partial y$ を求めよ．
    (c) 2 変数ニュートン法を用いて，(a) の問題に対する正確な答えを求めよ．(a) の近似解を初期推定として用いよ．必要な導関数は (b) で計算されている．
    (d) 以前に第 2 章練習問題 7 に解答していない場合，どのような手法でもよいので解答せよ．(c) の結果と比較せよ．利益を最大化することと利益幅を最大化することで違いはあるか説明せよ．

11. 例 3.3 のガーデンチェア製造の問題を再考しよう．x または y が 0 に漸近すると目的関数 $f(x, y)$ は無限大に発散し，実行可能領域の境界である直線 $x = 0$ と $y = 0$ 上で $f(x, y)$ は定義されていないことに注意しよう．$x = 0$ または $y = 0$ への価格弾力性の補外は正確ではないであろう．

    (a) 実行可能領域を変更してこのモデルの上述した欠陥を修正せよ．
    (b) (a) の変更のロバスト性について議論せよ．
    (c) 修正モデルで最適解が実行可能領域の内部にあることを示せ．境界における $f(x, y)$ の局所的最大値を与える点を求め，そのような点における ∇f が内部を向いていることを示せ．

12. 第 2 章の練習問題 9 の新聞社の問題を再考しよう．線形計画問題をコンピュータを用いて解け．もとの問題 (a), (b), (c) に解答せよ．

13. 貨物輸送の問題を再考せよ（第 2 章練習問題 10）．線形計画問題をコンピュータを用いて解け．もとの問題 (a), (b), (c) に解答せよ．

14. 例 2.2 のテレビ製造の問題を再考せよ．今回は簡単化のために，会社には 19

表 3.7 練習問題 15 の運送問題に対するデータ．トラック 1 台あたりの運送経費（ドル）．

		ミシガン	ニューヨーク	カリフォルニア	ジョージア	出荷量
	1	430	550	680	700	105
繊維工場	2	510	590	890	685	160
	3	395	425	910	450	85
割り当て量		70	100	105	75	

インチテレビ 1 セットあたり 80 ドル，21 インチテレビ 1 セットあたり 100 ドルの利益があると仮定する．

(a) 最適製造レベルを求めよ．ファイブ・ステップ法を用い，コンピュータを用いて線形計画問題として解け．

(b) 各制約に対するシャドウ・プライスを決定し，その意味を説明せよ．最適解に対して等号が成立しているのはどの制約か？

(c) 目的関数の係数（各セットの利益）に対する感度を求めよ．利益と最適製造レベルの両方を考慮せよ．

(d) 実行可能領域のグラフを描き（図 2.10 を見よ），最適値を与える点での ∇f を描け．目的関数の係数を変更するとベクトル ∇f にどのような影響が出るか幾何学的に描け．この幾何学的な考察を用いて，目的関数の各係数の変更が現在の最適解をどの程度変更するか決定せよ．

15. バーニンガム繊維社はアメリカ南部に 3 つの繊維工場とミシガン，ニューヨーク，カリフォルニア，ジョージアに 4 か所の配送センターをもっている．各工場からの年間出荷推定量，各配送センターへの割り当て量，運送経費が表 3.7 に与えられている．

    (a) 運送経費を最小化する運送計画を求めよ．ファイブ・ステップ法を用い，コンピュータを用いて線形計画問題として解け．

    (b) 各々の出荷量に関する制約について，そのシャドウ・プライスを求めよ．生産能力を工場間で移動させることで利益は向上するか？ 会社は移動を実現するためにどの程度の経費を見込むべきであるか？

16. パソコン製造業者が 3 種類のデスクトップモデルを販売している．モデル A は製造費 850 ドルで販売価格が 1,250 ドル，モデル B は製造費 950 ドルで販売価格が 1,400 ドル，モデル C は製造費 1,500 ドルで販売価格が 2,500 ドルである．会社は毎月 10,000 個のデスクトップケースを購入する．コンピュータ

1台に1ケースが必要である．モデルAとBは15インチのモニターを用い，会社はこのモニターを毎月5,000台入手できる．モデルCは17インチのモニターを用い，会社はこのモニターを毎月7,500台入手できる．このほかの部品は自由に入手可能である．会社は毎月20,000時間の生産能力を持ち，モデルA, B, Cを各1組生産するためには1, 1.25, 1.75時間が必要である．

(a) 3種類のコンピュータを会社はそれぞれ何台製造すべきであるか？ ファイブ・ステップ法を用い，線形計画問題として解け．

(b) 各制約についてシャドウ・プライスを求めよ．この問題において各シャドウ・プライスがもっている意味を説明せよ．

(c) 会社は来月モデルCを2,199ドルで販売するセールを計画している．このセールを行なうと(a), (b)の結果はどのように変化するか？

(d) 会社は新しいデスクトップモデルDの販売を考えている．モデルDは製造費1,250ドルで販売予定価格が1,895ドルである．モデルDを生産するためには1個のデスクトップケース，17インチのモニター1台，生産時間1.5時間が必要である．モデルDの生産で，(a), (b)の結果はどのように変化するか？ この新しいモデルの生産を進めるべきであろうか？

17. 退職した技術者が250,000ドルの投資資金をもっていて，1週間に5時間だけ投資の運用に費やしたいと考えている．地方債は毎年6％の利益を生み出し，運用時間は必要ない．不動産投資は毎年推定8％の利益を生み出すことが期待され，100,000ドルの投資資金について1時間の運用時間が必要である．一流株は毎年10％の利益を生み出し，2.5時間の運用時間が必要である．ジャンクボンドは12％の利益を生み出し2.5時間の運用時間，穀物先物取引は15％の利益を生み出し100,000ドルの投資資金について5時間の運用時間が必要である．

(a) この退職者は期待利益を最大化するために資金をどのように運用したらよいであろうか？ ファイブ・ステップ法を用い，線形計画問題として解け．

(b) 各制約のシャドウ・プライスを求め，本問題の内容に沿って各シャドウ・プライスを解釈せよ．

(c) 退職者は，穀物先物取引を効果的に運用するために，ソフトウエアをインターネットからダウンロードした．経費は1週間あたり100,000ドル必要である．このことにより(a), (b)の結果はどのように変化するか？

(d) 先物取引市場で失敗したのち，技術者はリスクが投資戦略において配慮すべき重要な因子であると判断した．投資ハンドブックによると，地方債，不

動産，一流株，ジャンクボンド，穀物先物取引のリスクレベルは，それぞれ 1, 4, 3, 6, 10 である．技術者は投資目録の平均リスクレベルを 4 より大きくないようにしようと決断した．これにより，(a), (b) の結果はどのように変化するか？

18. グリーンサプライ社はプラスチック製の食料雑貨袋と牛乳容器を製造している．会社は 1 週間に，5,000 ポンドの使用済み袋と 18,000 ポンドの使用済み牛乳容器，40,000 ポンドの産業プラスチック片を，それぞれ 100 ポンドあたり 18 ドル，12 ドル，10 ドルの経費で入手できる．会社は 1 週間あたり，プラスチック製の食料雑貨袋 4,000 箱と牛乳容器 80,000 個の注文を受けている．プラスチック製の食料雑貨袋 1 箱を生産するにはプラスチック 6 ポンドと 5 ドルの経費が必要で，14 ドルで販売する．100 個の牛乳容器を生産するためには 9 ドルの経費と 14 ポンドのプラスチックが必要で，20 ドルで販売する．食料雑貨袋の原料は，消費者の好みで，使用済みでリサイクルされたプラスチック（使用済みの食料雑貨袋または牛乳容器）を少なくとも 25％使用しなければならない．牛乳容器の原料は，強度を保つため，使用済みでリサイクルされたプラスチックの使用を 50％以下としなければならない．

(a) 各製品のプラスチックの最適混合割合を求めよ．ファイブ・ステップ法を用い，線形計画問題としてモデル化せよ．

(b) 各制約のシャドウ・プライスを求め，本問題の内容に沿って各シャドウ・プライスを解釈せよ．

(c) 新しい納入業者が 100 ポンドあたり 8 ドルで産業プラスチック片を供給できるとしよう．このことで (a), (b) の結果はどのように変更されるか？

(d) 新しい取引先が，環境にやさしい 40,000 個の牛乳容器を，100 容器あたり 30 ドルで購入することを申し出た．牛乳容器は少なくとも 35％の使用済みでリサイクルされたプラスチックを含まないといけない．このことで (a), (b) の結果はどのように変更されるか？ 会社はこの新しい取引先を受け入れるべきであろうか？

19. 例 3.5 の泥運搬の問題を再考しよう．今回は，会社が泥を満載したトラックだけを運行すると仮定する．

(a) 会社は積載量が 10 立方ヤードのダンプカーを利用するとして，最適運行計画を求めよ．ファイブ・ステップ法を用い，整数計画問題として解け．

(b) トラックの積載量を 5 立方ヤードであると仮定して (a) を解け．

(c) トラックの積載量を 20 立方ヤードであると仮定して (a) を繰り返せ．

(d) (a), (b), (c) で得られた結果を比較し，もとの線形計画モデルのロバスト性を求めよ．例 3.5 のもとの最適運行計画は，任意の大きさのトラックに対して最適に近い計画であるか？

20. (練習問題 14 の変形) 例 2.2 のテレビ製造の問題を再考しよう．今回は簡単化して，会社は 19 インチのテレビで 80 ドル，21 インチのテレビで 100 ドルの利益を得ると仮定しよう．この問題では，最適解に対する離散化の影響を調べよう．

(a) 最適生産レベルを求めよ．ファイブ・ステップ法を用い，コンピュータを利用して線形計画問題として解け．

(b) 大量生産のため，テレビは 30 台を一括して（30 台で 1 バッチ）製造されている．利益を最大にする最適なバッチ数を求めよ．コンピュータを利用して整数計画問題として解け．

(c) バッチの大きさを 10, 20, 50, 100, 200, 300 と仮定して，(b) を繰り返せ．2 つのタイプのテレビに対して，各ケースで最適バッチ数を計算するために整数計画法を利用せよ．

(d) (a), (b), (c) で得られた結果を比較し，(a) で求めたもとの線形計画問題の解のロバスト性を議論せよ．実行可能領域の離散化が最適解にどのような影響を与えるか？ 生産量の最適レベルと最適利益に対する影響を考察せよ．

21. (練習問題 15 の変形) バーニンガム繊維社はアメリカ南部に 3 つの繊維工場とミシガン，ニューヨーク，カリフォルニア，ジョージアに 4 か所の配送センターを持っている．各工場からの年間出荷推定量，各配送センターへの割り当て量，運送経費が表 3.7 に与えられている．

(a) 運送経費を最小化する運送計画を求めよ．ファイブ・ステップ法を用い，コンピュータを用いて線形計画問題として解け．

(b) 会社は運送用に 3 台の新しいトラックを購入した．新しいトラックは燃費が良いので，運送経費を 50 % 減少させることが期待される．1 台のトラックは 1 週間あたり 1 回（年間 52 回）運行させることができ，各ルートは新型か旧型のいずれかのトラックに限って運行されると仮定する．経費節減を最大化するために会社は新型トラックをどのように運用したらよいか？

ファイブ・ステップ法を用い，コンピュータを用いて整数計画問題として解け．

(c) 新型トラックの台数に関して感度分析を実行せよ．$n = 4, 5, 6, 7$ 台の新型トラックを用いた場合の，最適運送計画と期待経費節減額を求めよ．新型トラックの経費が車両の期待耐用年数の間，毎年 12,000 ドル償却される場合，会社は何台の追加トラックを購入すべきか？

(d) カリフォルニア州はトラックに関する新公害防止法を制定したので，会社はカリフォルニアへの運送に関しては新型トラックを使用しなければならない．このことにより，(b), (c) の結果はどのように変更されるか？カリフォルニアの新公害防止法による会社の経費増はいくらか？

22. 練習問題 21 の繊維運送の問題を再考しよう．今回は同一ルートで新型と旧型のトラックを併用できると仮定しよう．この仮定の下で前問に解答せよ．[ヒント：ルート i で新型トラックを利用するかどうかを表す決定変数を導入し，別の決定変数で 2 台目の新型トラックを利用するかどうかを表現し，同様に決定変数を定義せよ．]

23. コンピュータオペレーティングシステムはハードディスクにファイルを格納している．サイズが 18, 23, 12, 125, 45 MB の 5 つの大型ファイルが格納される．利用可能な隣接する記憶ブロックのサイズは，25, 73, 38, 156 MB であり，各ファイルは隣接するブロックに記憶されなければならない．各ファイルを記憶ブロックに割り当てる整数計画アルゴリズムを用いて，本問題を考察しよう．

(a) 将来の利用に備えて大型の隣接ブロックを確保するため，収容できる十分な大きさをもつ最小のブロックに各ファイルを記憶させたい．ファイル i をブロック j に記憶させる経費はブロック j のサイズであると定義し，総経費を最小化するファイルのブロック割り当て法を求めよ．ファイブ・ステップ法を用い，整数計画問題としてモデル化せよ．

(b) 12 MB ファイルが 19 MB に拡張されると仮定しよう．このことにより，(a) で求められた最適解はどのように変更されるか？ 12 MB ファイルがどのようなサイズまでの拡張であれば，最適解が変更されないか？

(c) 同じプログラムで用いられるため，18 MB ファイルと 23 MB ファイルが同一のブロックに記憶させる必要があるとしよう．(a) で求められた最適解はどのような影響を受けるか？

(d) ファイルをブロックに割り当てる"貪欲な"アルゴリズムは，十分な大きさをもった利用可能なブロックにまず各ファイルを配置する．このアルゴリズムを（手計算で）用いた場合の結果を (a) の結果と比較せよ．(a) で求められた IP 解は，この"貪欲な"アルゴリズムの結果より十分に良い結果であるか？

(e) 残された最大の隣接記憶ブロックのサイズを最大化するとどうなるか？ この最適化問題は IP として解けるか？

24. 技術管理者が将来のいくつかの企画に対して技術者を配置する日程計画を立てようとしている．企画 A, B, C は完成までに 18, 12, 30 人月が必要である．技術者 1, 2, 3, 4 を企画に投入可能であり，月給はそれぞれ 3000 ドル，3500 ドル，3200 ドル，3900 ドルである．

(a) すべての企画を終了させるための総経費を最小化する日程計画（各企画への技術者の配置）を求めよ．技術者は 6 か月単位で 1 つの企画にのみ割り当てられ，すべての企画は 18 か月以内に完了しなければならないと仮定せよ．[ヒント：技術者 i を企画 j に期間 k の間配置するかどうかを決定する変数を x_{ijk} とせよ．]

(b) 技術者 1 は以前の仕事の関係で，期間 2 ではどの企画にも参加できないと仮定して (a) を繰り返せ．この変更で最適解は影響を受けるか？ 技術者 1 が期間 2 で企画に配置できることは，技術管理者にとってどの程度の価値があるか？

(c) 個人的な対立で技術者 2 と 3 は同じ企画では働けないと仮定して (a) を繰り返せ．2 人の対立はどの程度の不利益を会社にもたらすか？

(d) 会社は企画 A を 6 か月以内に完成させれば 10,000 ドルの達成ボーナスを与えると申し出た．このことは最適日程計画に変更をもたらすか？

さらに進んだ文献

1. Beltrami, E. (1977) *Models for Public Systems Analysis.* Academic Press, New York.
2. Dantzig, G. (1963) *Linear Programming and Extensions.* Princeton University Press, Princeton, New Jersey.
3. Falk, J., Palocsay, S., Sacco, W., Copes, W. and Champion, H. (1992) Bounds on the Trauma Outcome Function via Optimization. *Operations Research* 40, Supp. No. 1, S86–S95.

4. Gearhart, W. and Pierce, J. *Fire Control and Land Management in the Chaparral.* UMAP module 687.
5. Hillier, F. and Lieberman, J. (1990) *Introduction to Operations Research.* McGraw–Hill, New York.
6. Maynard, J. *A Linear Programming Model for Scheduling Prison Guards.* UMAP module 272.
7. Press, W., Flannery, B., Teukolsky, S. and Vetterling, W. (2002) *Numerical Recipes in C++: The Art of Scientific Computing.* 2nd Ed., Cambridge University Press, New York. www.numerical-recipes.com も参考にせよ.
8. Polack, E. (1971) *Computational Methods in Optimization.* Academic Press, New York.
9. Santner, T. and Snell, M. (1980) Small–sample confidence intervals for $\rho_1 - \rho_2$ and ρ_1/ρ_2 in 2×2 contingency tables. *Journal of the American Statistical Association* 75, 386–394.
10. Straffin, P. *Newton's Method and Fractal Patterns.* UMAP module 716.

第 II 部
動的モデル

第4章 動的モデル入門

　実際上の興味の対象である多くの問題は，時間とともに発展する過程に関係している．動的モデルは，これらのシステムの変化する様子を表すために用いられている．宇宙飛行，電気回路，化学反応，個体群の増加，投資や年金，軍事的な戦争，病気の伝播，汚染の制御などは動的モデルの広範囲にわたる利用が行なわれる多くの領域におけるわずかな例にすぎない．

　ファイブ・ステップ法，感度分析とロバスト性の基本原理は，最適化モデルの場合と同じように，動的モデルに対しても用いられ，適切であり有用である．最もよく知られていて一般的に応用可能な動的モデルの技法のいくつかを調べるときに，それらに依拠し続ける．この研究の過程において，また状態空間，平衡点，そして安定性などの重要なモデリング概念についても紹介するであろう．これらのすべてはこの本の後半の部分においても有用である．そこでは，確率モデルを調べる．

　一般的な法則として，動的モデルは定式化が易しく，解くのは難しい．正確な解析解は線形系のようなわずかな特別な場合にしか得られない．数値的な方法は，通常，系の挙動のよい定性的理解を与えてはくれない．したがって，グラフ的な技法の応用が，動的モデルの解析の，少なくともある部分として採用される．グラフ的技法が本来もっている単純性により，それが幾何学的な性格をもっていることと併せて，この章は，動的モデルのための最も深遠かつ基本的なモデリング概念を紹介するための理想的な機会も提供している．

4.1 平衡状態の解析

　この節では，最も簡単なタイプの動的モデルを考える．必要な数学は，実に初等的なものである．それにも関わらず，このモデルの実用的な応用は非常に多く，また洗練されすぎたテクニックを必要としないことにより，動的モデルの最も基本的な理念に集中することができる．

例 4.1 森林における管理されていない地域において，硬材の木と軟材の木は利用

可能な土地と水をめぐって競争する．より望ましい硬材の木はよりゆっくりと成長し，長く生存し，より価値のある木材を生産する．軟材の木は，素早く成長して利用可能な水や土地の栄養を消費することによって，硬材の木と競争する．硬材の木は，軟材の木よりも高く成長して新しい苗の上に日影を作ることによって競争する．硬材の木は，また病気に対してより抵抗力がある．これらの2つの木の型は森林のある地域にずっと共存できるだろうか．またどちらかの型が他方を絶滅させてしまうだろうか．

ファイブ・ステップ法を用いる．HとSで，硬材の木と軟材の木の個体数をそれぞれ表す．最も都合の良い単位として，生物学者によりバイオマス（木の生育領域あたりのトン数）がしばしば用いられる．これらの2つの個体群の動態についていくつかの仮定を行なう必要がある．最初に，問題の最も基本的な特徴を無視することなしに，仮定を可能な限り単純なものにしたい．あとで，必要ならば我々のモデルを改良することも価値を高めることもできる．増加が制限されない場合（場所，日光，水，栄養分などが十分にある）において，増加率は大まかにそれぞれの種の数に比例すると考えるのは妥当である．木が2倍あれば，2倍の小さい木を生み出す．個体群が大きくなるにつれて，同じ種は資源を求めて競争しなければならず，その結果増加は抑制される．したがって，増加率は，個体群の大きさが小さいときには荒っぽく言えば線形であり，個体群が増加するに従って下がると仮定することが妥当である．この性質をもつ最も単純な増加率は，

$$g(P) = rP - aP^2$$

である．ここで，rは内的自然増加率であり，$a << r$は資源の制約の強さの尺度である．もしaが小さければ増加のためにより多くの場所がある．

競争の効果は，また資源の制約にもよっている．硬材の木の存在は，軟材の木が得られる日光，水などに制限を与えており，逆の影響もある．競争による増加率の減少は，両個体群の大きさに依存している．簡単な仮定は，この損失が二つの個体群の数の積に比例することである．増加率と競争についてのこれらの仮定が与えられた場合，ある種が時間が経ったときに絶滅するのかどうかを決定したい．図4.1はステップ1の結果を要約している．

ステップ2は，モデリングアプローチの選択である．我々はこの問題を，定常状態における動的モデルとしてモデル化する．

$\mathbb{R}^n$の部分集合S上で定義された関数

変数： $H =$ 硬材の木の個体数（トン／エーカー）
$S =$ 軟材の木の個体数（トン／エーカー）

$g_H =$ 硬材の木の増加率（トン／エーカー／年）
$g_S =$ 軟材の木の増加率（トン／エーカー／年）
$c_H =$ 硬材の木に対する競争による損失（トン／エーカー／年）
$c_S =$ 軟材の木に対する競争による損失（トン／エーカー／年）

仮定： $g_H = r_1 H - a_1 H^2$
$g_S = r_2 S - a_2 S^2$
$c_H = b_1 SH$
$c_S = b_2 SH$
$H \geq 0, S \geq 0$
$r_1, r_2, a_1, a_2, b_1, b_2$ 正の実数

目的： $H \to 0$ となるかそれとも $S \to 0$ となるかを決定せよ

図 4.1　木の問題へのステップ 1 の結果.

$$f_1(x_1, \ldots, x_n)$$
$$\vdots$$
$$f_n(x_1, \ldots, x_n)$$

が与えられているとしよう．関数 $f_1, \ldots, f_n$ は，各変数 $x_1, \ldots, x_n$ の変化率をそれぞれ表している．集合 S のある点 $(x_1, \ldots, x_n)$ はその点において

$$\begin{aligned} f_1(x_1, \ldots, x_n) &= 0 \\ &\vdots \\ f_n(x_1, \ldots, x_n) &= 0 \end{aligned} \tag{4.1}$$

となるときに**平衡点**と呼ばれる．各変数 $x_1, \ldots, x_n$ の変化率がゼロになり，系は休止状態となる．

変数 $x_1, \ldots, x_n$ は**状態変数**と呼ばれ，S は**状態空間**と呼ばれる．関数 $f_1, \ldots, f_n$ は系の現在の状態 $(x_1, \ldots, x_n)$ のみに依存しているので，現在の状態についての知識は未来の系の全体を決定するために十分である．過去において何が起こったかは問題ではない．我々は今どこにいるのかのみを知る必要があり，どのようにしてやってきたかを知る必要はない．式

(4.1)によって定義される平衡点にいるとき,系は**定常状態**に存在するという.この点において,すべての変化率は0に等しい.システムにかかっているすべての力はバランスしている.この理由により式(4.1)中のひとつひとつの方程式は,**バランス方程式**と呼ばれる.動的システムが平衡状態にいるとき,それは永久にそこにとどまる.すべての変化率が0に等しいため,任意の未来の時間において,現在いる場所と正確に同じ場所にいるだろう.

動的システムの平衡状態を見つけるため,式(4.1)で与えられるn個の未知数の方程式を解く必要がある.とても易しい場合には,手で解くことが可能である.ときどき,数式処理ソフトウエアを用いて解くことができる.練習問題を含め,この章のすべての問題はこれらの方法によって解くことができる.もちろん,多くの現実の問題からは,解析的に解けない方程式が発生する.そのような問題を第6章で扱う.そこではダイナミカルシステムの計算的な手法について議論する.(代わりに,第3章においては,ニュートン法の多変数版を使うことができた.)

ステップ3は,モデルを定式化することである.$x_1 = H$および$x_2 = S$は2つの状態変数とする.これらは状態空間

$$\{(x_1, x_2) : x_1 \geq 0, x_2 \geq 0\}$$

の上で定義されている.定常状態方程式は,

$$\begin{aligned} r_1 x_1 - a_1 x_1^2 - b_1 x_1 x_2 &= 0 \\ r_2 x_2 - a_2 x_2^2 - b_2 x_1 x_2 &= 0 \end{aligned} \quad (4.2)$$

である.状態空間の中にあるこの方程式系の複数の解に興味がある.これらの解は,動的モデルの複数の平衡点を表している.

ステップ4は,モデルを解くことである.第一の方程式からx_1を,第二の方程式からx_2を割り算して,4つの解を得る.そのうち3つは次の座標

$$(0, 0)$$
$$(0, r_2/a_2)$$
$$(r_1/a_1, 0)$$

に存在し,4つ目は次の2つの直線

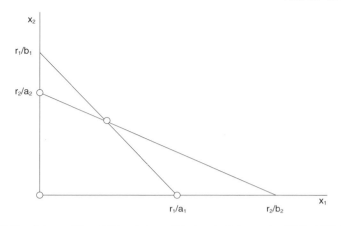

図 4.2 軟材の木を x_2 軸に，硬材の木を x_1 軸にとったグラフ．木の問題の平衡点を表す．

$$a_1 x_1 + b_1 x_2 = r_1$$
$$b_2 x_1 + a_2 x_2 = r_2$$

の交点に存在する．説明は図 4.2 を見よ．

クラメールの法則により，

$$x_1 = \frac{r_1 a_2 - r_2 b_1}{a_1 a_2 - b_1 b_2}$$
$$x_2 = \frac{a_1 r_2 - b_2 r_1}{a_1 a_2 - b_1 b_2}$$

を得る．2 つの直線が状態空間の内部で交わらなければ，3 つの平衡点のみ存在する．この場合には，2 種の木は平和的な平衡点で共存することはできない．

我々は $x_1 > 0$ かつ $x_2 > 0$ となるような条件を知ることに興味がある．同じ種の個体間の競争効果のほうが異なる種の間の個体間の競争効果よりも強いはずなので，$a_i > b_i$ と仮定することは妥当である．増加率は

$$r_i x_i - a_i x_i x_i - b_i x_i x_j$$

である．ここで，第 1 項は制限されない増加を，第 2 項は個体群内の競争効果を，第 3 項は異なる個体群間の競争効果をそれぞれ表している．2 つのタイプの木が正確に同じ生態学的ニッチを占めることはないので，$x_i = x_j$ の場合，個体群内の競争効果はより強いと仮定できるだろう．よって，$a_i > b_i$ であり，

$$a_1 a_2 - b_1 b_2 > 0$$

となる．それゆえに共存の条件は，

$$r_1 a_2 - r_2 b_1 > 0$$
$$a_1 r_2 - b_2 r_1 > 0$$

である．別の言葉では，図 4.2 に示されているように，

$$\frac{r_2}{a_2} < \frac{r_1}{b_1} \quad かつ \quad \frac{r_1}{a_1} < \frac{r_2}{b_2}$$

である．

ステップ 5 は，モデルから得られた結果を普通の言葉で報告することである．この場合には難しい．なぜなら，解答は定性化されており，定性化においては未知のパラメータが関係しているからである．結果をより明確に伝達するため，共存のための条件のより具体的な解釈を見つけたい．そこで，比 r_i/a_i かつ r_i/b_i を何らかの直接的なやり方で解釈できるかどうかを見るために，モデルの定式化を再検証しよう．

複数のパラメータ r_i は増加の傾向を測るものであり，パラメータ a_i および b_i はそれぞれ種内および種間の競争効果の強さを測っている．したがって，比 r_i/a_i および r_i/b_i は，競争に対する増加の相対的な強さを測っているに違いない．さらに先に進もう．種間の競争がなければ，増加率は，

$$r_i x_i - a_i x_i^2 = x_i(r_i - a_i x_i)$$

である．比 r_i/a_i は種間の競争がない場合の平衡個体群の水準，または各個体群が自身の調和により増加を止める水準を表している．同様に，もし個体群内の競争因子を無視すれば，正味の増加率は，

$$r_i x_i - b_i x_i x_j = x_i(r_i - b_i x_j)$$

である．比 r_i/b_i は個体群 i の増加を止めるために十分な個体群 j の水準を表す．これらにより，以下の具体的な解釈を与える解析結果を得ることができる．

木の各タイプ（硬材の木と軟材の木）に対して，2 種類の増加限界が存在する．最初のものは，他のタイプの木との競争から来るものであり，2 つ目は，混み合っている状況のもとで，同じタイプの木の間の競争から来るものである．したがって，それぞれのタイプの木に対して，増加が混みあいによって停止する点，およびあるタイプの木が競争によって他のタイプの木の増加を止めるもうひとつの点が存在する．

両タイプの共存の条件は，それぞれのタイプが，他のタイプの増加を止める点に達する前に自身の増加を制限する点に到達することである．

この節における定常状態解析は，ひとつの重要な問題に触れていない．動的モデルが平衡解をもつときに，ずっとそこにとどまるだろうか？　答えはモデルの動態に依存する．平衡状態

$$x_0 = (x_1^0, \ldots, x_n^0)$$

は状態変数

$$(x_1(t), \ldots, x_n(t))$$

が x_0 の十分近くを通るとき，その平衡状態に近づくならば，**漸近安定**（または単に**安定**）と呼ばれる．言い換えると，

$$(x_1(t), \ldots, x_n(t)) \to x_0$$

となる．定常状態解析は安定性の問題に対して答えることはできない．したがって，次節におけるこの話題のさらなる議論に委ねなければならない．

4.2　ダイナミカルシステム

ダイナミカルシステムモデルは，動的モデルにおいて最も共通に使われているモデルである．ダイナミカルシステムモデルにおいて，変化の力は微分方程式によって表される．この節では，ダイナミカルシステムについての定性的な情報を得るためのグラフ的な手法に集中する．重点は安定性についての問題に置かれるだろう．

例 4.2　シロナガスクジラとナガスクジラは，同じ地域に住む 2 つのよく似た種である．したがって，彼らは競争していると考えられている．それぞれの種の内的自然増加率は，それぞれ年あたりでシロナガスクジラは 5％，ナガスクジラは 8％と見積もられている．環境収容力（環境が支えることができるクジラの最大頭数）は，シロナガスクジラでは 150,000 頭であり，ナガスクジラでは 400,000 頭である．両クジラがどの程度競争しているかについては知られていない．過去 100 年の間，強力な漁獲が，クジラの個体数を，シロナガスクジラは 5,000 頭に，ナガスクジラは 70,000 頭に引き下げた．シロナガスクジラは絶滅するだろうか？

ファイブ・ステップ法を用いる．この問題は，例 4.1 ととてもよく似ていることに注意しよう．ステップ 1 は質問を行なうことである．シロナガスクジラとナガスクジラの頭数を状態変数として用い，増加と競争については最も簡単な仮定を採用する．始めるにあたっての質問は次の通りである．クジラの 2 つの個体群は，現在の

126   第 4 章　動的モデル入門

変数：　$B = $ シロナガスクジラの頭数
　　　　$F = $ ナガスクジラの頭数
　　　　$g_B = $ シロナガスクジラの（年あたりの）増加率
　　　　$g_F = $ ナガスクジラの（年あたりの）増加率
　　　　$c_B = $ シロナガスクジラへの競争効果（年あたりのクジラの数）
　　　　$c_F = $ ナガスクジラへの競争効果（年あたりのクジラの数）

仮定：　$g_B = 0.05B(1 - B/150{,}000)$
　　　　$g_F = 0.08F(1 - F/400{,}000)$
　　　　$c_B = c_F = \alpha BF$
　　　　$B \geq 0, F \geq 0$
　　　　α は正の実定数である．

目的：　$B = 5{,}000$, $F = 70{,}000$ から出発して，ダイナミカルシステムが安定な平衡状態に到達することができるかどうかを決定する．

図 4.3　クジラの問題へのステップ 1 の結果．

水準からスタートして安定な平衡状態まで増加して達することができるだろうか？ステップ 1 の結果は，図 4.3 にまとめられている．

　ステップ 2 は，モデル化の手法の選択である．この問題をダイナミカルシステムとしてモデル化する．

　ダイナミカルシステムは，n 個の状態変数 $(x_1, \ldots, x_n)$ と，状態空間 $S \ni (x_1, \ldots, x_n)$ 上の微分方程式系

$$
\begin{aligned}
\frac{dx_1}{dt} &= f_1(x_1, \ldots, x_n) \\
&\vdots \qquad \vdots \\
\frac{dx_n}{dt} &= f_n(x_1, \ldots, x_n)
\end{aligned}
\qquad (4.3)
$$

からなる．ただし，S は $\mathbb{R}^n$ の部分集合である．微分方程式の存在と一意性定理によれば，もし $f_1, \ldots, f_n$ がある点

$$x_0 = (x_1^0, \ldots, x_n^0)$$

のある近傍において連続な 1 階偏導関数をもてば，この初期条件を通るただひとつの解が存在する．詳細については，微分方程式についての入門的な教科書（たとえば Hirsch, et al. (1974) p.162）を参照してほしい．他

の多くの微分方程式モデルは式 (4.3) の形に帰着される．もし動態が時間に依存するなら，時間をもうひとつの状態変数として導入することができる．もし 2 階導関数が関係していれば，1 階導関数を状態変数に含めることができ，以下同様である．

ダイナミカルシステムの 1 つの解を，状態空間の中を横切っているパスと考えることが最も具合が良い．微分可能性の仮定が満たされている限り，任意の点を通るパスが存在し，パスは平衡点以外で交わることはない．そこで

$$x = (x_1, \ldots, x_n)$$
$$F(x) = (f_1(x), \ldots, f_n(x))$$

とする．このときダイナミカルシステムの方程式は

$$\frac{dx}{dt} = F(x) \tag{4.4}$$

となる．パス $x(t)$ に対して，導関数 dx/dt は速度ベクトルを表す．したがって，任意の解曲線 $x(t)$ に対して，$F(x(t))$ は各点の速度ベクトルである．ベクトル場 $F(x)$ は，状態空間の中で，どの方向に，またどのような速さで進んでいるかを教えてくれる．通常，2 変数ダイナミカルシステムの挙動を調べる良い方法は，選択した複数の点におけるベクトル場を描くことによって得られる．$F(x) = 0$ となる点は平衡点で，これらの点の回りのベクトル場には，特別な注意を払う．

ステップ 3 は，モデルを定式化することである．$x_1 = B$ かつ $x_2 = F$ として

$$x_1' = f_1(x_1, x_2)$$
$$x_2' = f_2(x_1, x_2).$$

ただし

$$\begin{aligned} f_1(x_1, x_2) &= 0.05 x_1 \left(1 - \frac{x_1}{150,000}\right) - \alpha x_1 x_2 \\ f_2(x_1, x_2) &= 0.08 x_2 \left(1 - \frac{x_2}{400,000}\right) - \alpha x_1 x_2 \end{aligned} \tag{4.5}$$

と書く．状態空間は，

$$S = \{(x_1, x_2) : x_1 \geq 0, x_2 \geq 0\}$$

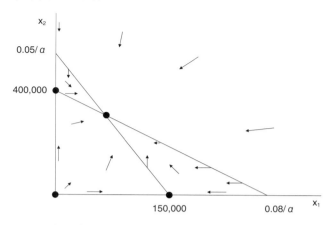

図 4.4 ナガスクジラを x_2 軸，シロナガスクジラを x_1 軸とし，クジラの問題のベクトル場を表示しているグラフ．

である．

　ステップ4はモデルを解くことである．この問題に対応するベクトル場のグラフをスケッチしたい．等位集合 $f_1 = 0$ かつ $f_2 = 0$ をスケッチすることで始めよう．平衡点はこれら2つの集合の交点に存在する．さらに，速度ベクトルは，$f_1 = 0$ $(x_1' = 0)$ においては垂直であり，$f_2 = 0$ $(x_2' = 0)$ においては水平である．これらの2つの曲線に沿って，速度ベクトルを描こう．そしてそれらの間に，速度ベクトルを補充しよう．ベクトルの長さと向きが（$F(x)$ が，通常そうであるように，連続である限り）連続的に変化することを思い起こすと，助けになるだろう．実際のところ，このような種類の解析において，速度ベクトルの長さはそれほど重要ではない．完成されたグラフについては，図4.4を見てほしい．

　4つの平衡解が存在する．3つは

$$(0, 0)$$
$$(150{,}000, 0) \tag{4.6}$$
$$(0, 400{,}000)$$

に存在し，もう1つは座標が α に依存する点に存在する．我々のグラフにおいて，

$$400{,}000 < (0.05/\alpha)$$

と仮定している．この場合には，内部に存在する平衡点がただひとつの安定な平衡点であることを見るのはたやすい．実際，内部の任意の点を通るいかなる解も，こ

の平衡点に収束する．特に，初期条件が $x_1(0) = 5,000$ かつ $x_2(0) = 70,000$ である解は，$t \to \infty$ でこの平衡点に収束する．

ステップ5は，モデルから得られた結果を，非数学的な用語でまとめることである．モデルに基づくと，将来的に漁獲がなければ，クジラの個体数は，それらの自然な水準に回帰し，生態系は安定な平衡状態にとどまるであろう．

もちろん，結論は，かなり大雑把な仮定に基づいたものである．たとえば，競争の効果は相対的に小さいと仮定した．もし競争の効果がより大きいとしたならば，（すなわち，もし $(0.05/\alpha) < 400,000$ ならば），2つの種は共存できないであろう．我々は2つの種が捕鯨が始まる以前から長い間共存してきたことを知っているので，α が小さいと仮定することは妥当と思われる．我々はまた，増加のプロセスについてもいくつかの単純化された仮定を行なう．その中でも最も重要な点は，非常に小さい個体数のレベルでも，個体数が内的自然増加率で増加し続けることである．ある種に対しては（**最小生存可能個体数水準**と呼ばれる）最小個体数が存在し，個体数がそれより下になると，増加率が負になり，究極的にその種は確実に絶滅してしまう．この仮定は，もちろん，ダイナミカルシステムの挙動を変えてしまうだろう．この章の練習問題5を見よ．

最後に，感度とロバスト性の問題に取り組むことにする．最初に，パラメータ α に対する感度を考える．α に対してはあまり情報がない．$\alpha < 1.25 \times 10^{-7}$ に対しては，

$$\begin{aligned} x_1 &= \frac{150,000\,(8,000,000\,\alpha - 1)}{D} \\ x_2 &= \frac{400,000\,(1,875,000\,\alpha - 1)}{D}. \end{aligned} \quad (4.7)$$

ただし，

$$D = 15,000,000,000,000\,\alpha^2 - 1$$

となるような安定な平衡点 $x_1 > 0, x_2 > 0$ が存在する．これはクラメールの方法によって見つけられた．たとえば，$\alpha = 10^{-7}$ なら，

$$\begin{aligned} x_1 &= \frac{600,000}{17} \approx 35,294 \\ x_2 &= \frac{6,500,000}{17} \approx 382,353 \end{aligned} \quad (4.8)$$

となる．この点における感度は，

$$S(x_1, \alpha) = -\frac{21,882,352,927}{6,000,000,000} \approx -3.6$$

130　第4章　動的モデル入門

```
> e1:=(5/100)*(1-x1/150000)-alpha*x2;
```
$$e1 := \frac{1}{20} - \frac{1}{3000000}x1 - \alpha\, x2$$

```
> e2:=(8/100)*(1-x2/400000)-alpha*x1;
```
$$e2 := \frac{2}{25} - \frac{1}{5000000}x2 - \alpha\, x1$$

```
> s:=solve({e1=0,e2=0},{x1,x2});
```
$$s := \left\{ x2 = \frac{400000\,(-1 + 1875000\,\alpha)}{-1 + 15000000000000\,\alpha^2},\ x1 = \frac{150000\,(-1 + 8000000\,\alpha)}{-1 + 15000000000000\,\alpha^2} \right\}$$

```
> assign(s);
> dx1dalpha:=diff(x1,alpha);
```
$$dx1dalpha := \frac{1200000000000}{-1 + 15000000000000\,\alpha^2} - \frac{4500000000000000000\,(-1 + 8000000\,\alpha)\,\alpha}{(-1 + 15000000000000\,\alpha^2)^2}$$

```
> assign(alpha=10^(-7));
> sx1alpha:=dx1dalpha*(alpha/x1);
```
$$sx1alpha := \frac{-62}{17}$$

```
> evalf(sx1alpha);
```
$$-3.647058824$$

図 4.5　数式処理ソフトウエア Maple を用いた，クジラの問題への感度 $S(x_1, \alpha)$ の計算．

および

$$S(x_2, \alpha) = \frac{27}{221} \approx 0.122$$

である．上の計算は，手で行なうことも，コンピューターの数式処理ソフトウエアによって行なうこともできる．図 4.5 は，数式処理ソフトウエア Maple を用いた $S(x_1, \alpha)$ の感度分析を説明している．

ナガスクジラの個体群は α に対してより敏感である．$\alpha = 10^{-8}$ のとき

$$x_1 = \frac{276{,}000{,}000}{1{,}997} \approx 138{,}207$$

$$x_2 = \frac{785{,}000{,}000}{1{,}997} \approx 393{,}090$$

である．もちろん，図 4.4 のグラフから明らかなように $x_1 < 150{,}000$ かつ $x_2 < 400{,}000$ となっている．しかし，この平衡点についても最も重要なことはその座標の値ではなく，平衡点が $x_1 > 0, x_2 > 0$ のところに存在し安定になることである．この結論は，$\alpha < 1.25 \times 10^{-7}$ の全範囲において正しく，またこの α の範囲は妥当であると思われる．したがって，結論は，α に対して全く鋭敏ではないと

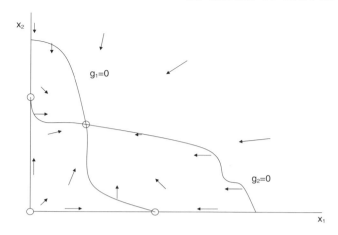

図 4.6 一般化したクジラの問題へのベクトル場を表すシロナガスクジラ x_1 対ナガスクジラ x_2 のグラフ．

いうべきである．同様に，結論は，内的自然増加率，環境収容力，さらには現状のクジラの個体数に全く鋭敏ではない．

ロバスト性についてのより深い疑問は，関数 f_1 および f_2 の仮定された形に関係している．x_1'/x_1 および x_2'/x_2 は x_1 および x_2 のそれぞれ線形な関数であると仮定した．これらの直線[1]は，ある種かもう一方の種が増加を停止する点を表している．これらの線形性の仮定を緩めることにしよう．

$$x_1' = x_1 \, g_1(x_1, x_2)$$
$$x_2' = x_2 \, g_2(x_1, x_2)$$

とする．もし，g_1 および g_2 が線形でなくてもベクトル場が同様の一般的な性質を保持していれば，結果は確実に正しいと思われる．解説として，図 4.6 を見よ．

4.3 離散時間ダイナミカルシステム

ある種の問題に対しては，時間変数を離散としてモデル化することが自然である．この場合，通常の微分方程式はその離散時間類似：差分方程式で置き換えられる．離散ダイナミクスと連続ダイナミクスの関係は，$\Delta x/\Delta t$ と dx/dt の関係であり，時間を連続と仮定しても離散と仮定してもダイナミカルシステムの挙動は荒っぽく言えば同じであるとしばしば仮定される．しかしながら，この種の論理は，重要な点

---

[1] $\frac{x_1'}{x_1} = 0,\ \frac{x_2'}{x_2} = 0$ すなわち $0.05\left(1 - \frac{x_1}{150{,}000}\right) - \alpha x_2 = 0,\ 0.08\left(1 - \frac{x_2}{400{,}000}\right) - \alpha x_1 = 0$ によって表される直線のこと．

を見過ごしている．あらゆる離散時間ダイナミカルシステムには，時間遅れが埋め込まれている．それは時間ステップの長さ Δt である．動的な力が非常に強い系において，この時間遅れは予想しない結果を招き得る．

例 4.3 訓練中の宇宙飛行士は，手動制御でドッキング操作を行なうことが要求される．この操作の一部として，周回している宇宙船を，他の宇宙船に対して静止させることが求められる．手動のコントロールによって，加速と減速が提供され，2つの船体の間の接近の割合をはかる装置がボードの上に存在する．次の戦略が，宇宙船を静止させるために提案されている．最初に，閉鎖速度を見る．もしそれが0であれば終了である．そうでなければ，閉鎖速度を覚えておき，加速制御装置を見る．加速制御装置を動かして閉鎖速度の逆になるようにする（すなわち，閉鎖速度が正なら速度を下げ，もし負なら速度を上げる）．また大きさに比例させる（すなわち，閉鎖速度が2倍であれば，2倍強くブレーキをかける）．しばらくして，閉鎖速度を再び見て，この操作を繰り返す．このような状況において，この戦略が効果的だろうか．

ファイブ・ステップ法を用いる．v_n で時刻 t_n，すなわち n 回目の観測時間において観測された閉鎖速度とする．

$$\Delta v_n = v_{n+1} - v_n$$

で速度補正の結果として得られる閉鎖速度の変化を表す．また，速度計の観察の間の時間を，

$$\Delta t_n = t_{n+1} - t_n$$

と表す．この時間間隔は，自然に2つの部分に分割される．1つは速度のコントロールにかかる時間であり，もう1つは，補正と次の速度計の観察の間の時間である．そこで

$$\Delta t_n = c_n + w_n$$

と書くことにしよう．ここで，c_n はコントロールを補正する時間であり，w_n は次の観測までの待ち時間である．パラメータ c_n は宇宙飛行士の反応時間であり，w_n は自由に選ぶことができる．

a_n は n 回目の補正後の加速の設定を表す．初等物理学によれば，

$$\Delta v_n = a_{n-1} c_n + a_n w_n$$

である．制御の法則は，$(-v_n)$ に比例した加速を設定するといっており，

4.3 離散時間ダイナミカルシステム

変数: $t_n = n$ 番目に速度を観察する時刻(秒)
$v_n = t_n$ における速度(m/秒)
$c_n = n$ 回目の速度補正にかかる時間(秒)
$a_n = n$ 回目の補正の後の加速(m/秒^2)
$w_n = (n+1)$ 回目の観測までの待ち時間(秒)

仮定: $t_{n+1} = t_n + c_n + w_n$
$v_{n+1} = v_n + a_{n-1}c_n + a_n w_n$
$a_n = -kv_n$
$c_n > 0$
$w_n \geq 0$

目的: $v_n \to 0$ となるかどうか決定せよ.

図 4.7 ドッキングの問題のステップ 1 の結果

$$a_n = -kv_n$$

である.ステップ 1 の結果は図 4.7 にまとめられている.

ステップ 2 は,モデリングのアプローチの選択である.この問題を離散時間ダイナミカルシステムとしてモデル化する.

離散時間ダイナミカルシステムは,状態空間 $S \subseteq \mathbb{R}^n$ 上に定義されたいくつかの状態変数 $(x_1, \ldots, x_n)$ と差分方程式系

$$\begin{aligned} \Delta x_1 &= f_1(x_1, \ldots, x_n) \\ &\vdots \qquad \vdots \\ \Delta x_n &= f_n(x_1, \ldots, x_n) \end{aligned} \tag{4.9}$$

からなる.ここで,Δx_n は 1 つの時間ステップの間の x_n の変化を表す.時間ステップは長さ 1 とすることが普遍的である.それは適切な時間単位を選ぶことに対応している.時間ステップが可変の長さであるか,系のダイナミクスが時間とともに変化するのであれば,状態変数に時間変数を加えることになる.もし

$$\begin{aligned} x &= (x_1, \ldots, x_n) \\ F &= (f_1, \ldots, f_n) \end{aligned}$$

のようにおくならば,運動の方程式は,

$$\Delta x = F(x)$$

という形に書かれる．この差分方程式モデルの解は，状態空間における点列

$$x(0), x(1), x(2), \ldots$$

で，任意の n に対して

$$\Delta x(n) = x(n+1) - x(n)$$
$$= F(x(n))$$

となるものである．平衡点 x_0 は

$$F(x_0) = 0$$

で特徴づけられ，平衡点は，$x(0)$ が x_0 に十分近いときに必ず

$$x(n) \to x_0$$

となるとき，安定である．連続時間の場合のように，多くの他の差分方程式モデルが状態変数の追加によって，式 (4.9) の形に還元する．

解を状態空間における点の列と考えよう．ベクトル $F(x(n))$ は点 $x(n)$ を点 $x(n+1)$ に結びつける．ベクトル場 $F(x)$ のグラフは，離散時間ダイナミカルシステムの性質の多くを表している．

例 4.4 $x = (x_1, x_2)$ とし，差分方程式

$$\Delta x = -\lambda x \tag{4.10}$$

を考えよう．ここで $\lambda > 0$ である．平衡点 $x_0 = (0, 0)$ の近くにおける解の挙動はどうだろうか．

図 4.8 は，$0 < \lambda < 1$ の場合におけるベクトル場 $F(x) = -\lambda x$ のグラフを示している．$x_0 = (0, 0)$ が安定な平衡点であることは明らかである．あらゆるステップは，x_0 に近づくように動く．λ が大きくなったら何が起こるかを考えよう．図 4.8 の任意のベクトルは，λ が増加するにつれて伸びる．$\lambda > 1$ に対して，ベクトルは非常に長くて原点を行き過ぎてしまう．$\lambda > 2$ のとき非常に長く，ベクトルの終点 $x(n+1)$ は実際 $x(n)$ よりも

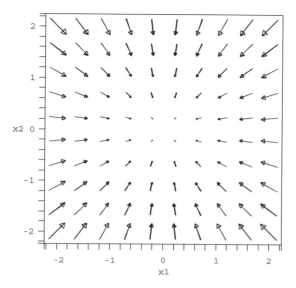

図 4.8　例 4.4 のベクトル場

$(0,0)$ から遠くに行ってしまう．この場合 x_0 は不安定な平衡点である．

　この単純な例は，離散時間のダイナミカルシステムは，いつでもその連続時間の類似物のように振る舞うわけではないということを明確に図示している．微分方程式

$$\frac{dx}{dt} = -\lambda x \tag{4.11}$$

の解はすべて

$$x(t) = x(0)e^{-\lambda t}$$

の形であり，原点は $\lambda > 0$ の値に関わらず安定な平衡点である．式 (4.10) における同様の方程式に対する挙動の違いは，システムに内在している時間遅れに由来する．近似

$$\frac{dx}{dt} \approx \frac{\Delta x}{\Delta t}$$

は小さい Δt に対してのみ正当である．**小さい**という用語は，x の t への感度に依存している．Δx が x について小さい変化を表す場合にのみ，信頼されるべきである．これがあてはまらない場合には，離散時間と連続時間の系の挙動の違いは劇的になりうる．

　例 4.3 のドッキングの問題に戻る．ファイブ・ステップ法のステップ 3 は，モデ

ルを定式化することである．我々はドッキングの問題を離散時間ダイナミカルシステムとしてモデル化しようとしている．図 4.7 から，

$$(v_{n+1} - v_n) = -k\,v_{n-1}c_n - k\,v_n w_n$$

を得る．したがって，n 回目の時間ステップにおける速度の変化は v_n と v_{n-1} の両方に依存している．解析を単純化するために，すべての n に対して $c_n = c$ および $w_n = w$ としよう．このとき各時間ステップの長さは

$$\Delta t = c + w$$

秒であり，状態変数に時間を含める必要はない．しかしながら，v_n および v_{n-1} を含める必要がある．そこで

$$x_1(n) = v_n$$
$$x_2(n) = v_{n-1}$$

とする．次の式

$$\begin{aligned}\Delta x_1 &= -kwx_1 - kcx_2 \\ \Delta x_2 &= x_1 - x_2\end{aligned} \quad (4.12)$$

を計算せよ．状態空間は $\mathbb{R}^2 \ni (x_1, x_2)$ である．

ステップ 4 はモデルを解くことである．2 つの直線

$$kwx_1 + kcx_2 = 0$$
$$x_1 - x_2 = 0$$

の交点に 1 つの平衡点がある．$\Delta x_1 = 0$ かつ $\Delta x_2 = 0$ と置くことにより，定常状態方程式が得られる．

図 4.9 は，ベクトル場

$$F(x) = (-kwx_1 - kcx_2, x_1 - x_2)$$

のグラフである．解は平衡点に向かっているようだが，確信をもつことは困難である．k, c および w が大きいときには平衡点はおそらく不安定だが，それについても語るのは難しい．

数学において，しばしば解けない問題に出くわす．通常このような場合において

4.3 離散時間ダイナミカルシステム 137

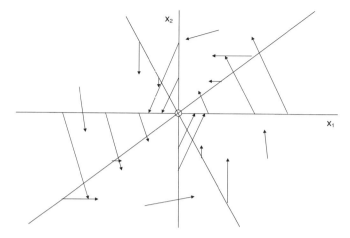

図 4.9 ドッキングの問題のベクトル場を示している以前の速度 x_2 対現在の速度 x_1 のグラフ.

最も良い方法は，仮定を見直し，仮定をさらに簡単化することによって，取り扱っている問題を解くことができる問題に還元できるかどうかを考えることである．もちろん，単純化された問題が現実の意義をもたないならば，無意味で自明な練習問題となってしまうであろう．

ドッキングの問題において，速度の変化 Δv_n を 2 つの成分の和で表した．1 つは我々が速度計を見た時間の間に起こる速度の変化であり，もう 1 つは，加速制御装置を調整する時間である．後者を非常に速く行なうことができると仮定しよう．特に，c が w よりもとても小さいと仮定しよう．もし v_n と v_{n-1} がそれほど異なっていないならば，近似

$$\Delta v_n \approx -kwv_n$$

はそれなりに正確であるはずだ．差分方程式

$$\Delta x_1 = -kwx_1$$

は例 4.4 でなじみのあるものであり，$kw < 2$ のときには安定な平衡点を得ることを知っている．$kw < 1$ のときには行き過ぎることなく，平衡点に到達することができる．

ステップ 5 は，解析の質問に普通の言葉で答えることである．おそらく，普通の言葉では，答えを知らないというべきであろう．しかしながら，おそらくもっとましなことができるだろう．初等的なグラフの方法では，完全な満足できる解は得られないと報告しよう．別の言い方をすれば，提案されているコントロールの戦略が

うまくいくかどうかの正確な条件を決めるためには，より洗練された方法を用いてさらに作業する必要がある．この戦略は，コントロール補正の間の時間があまり長すぎず，また補正の大きさがあまり大きくない限り，多くの場合でうまくいくようである．この問題は，速度計を読む時刻とコントロールの補正を行なう時刻の間に時間遅れがあることにより，複雑になっている．実際の閉鎖速度はこの間隔の間に変化するかもしれないのに，古くて不正確な情報に基づいて行動している．これが計算に不確実性を追加している．もしこの時間遅れの効果を無視するならば（この時間遅れが小さいならば許されるかもしれない），次のような一般的な結論を述べることができるだろう．

コントロールの戦略は，コントロールの補正があまり荒っぽくない限りうまくいく．さらに，補正の間隔が長くなればなるほど，補正は小さくしなければならない．さらに，関係は比例計算である．もし補正の間隔を 2 倍に長くするならば，半分のコントロールしかできない．詳しく言えば，もし 10 秒に 1 回コントロールを行なうならば，目的の速度 0 を行き過ぎることを避けるためには，設定された速度の 1/10 だけしかコントロールを行なうことができない．人間の，および機械のエラーを許容するならば，実際にはもっと低く，速度の 1/15, 1/20 のコントロールにするべきである．より頻繁な補正を行なうためには閉鎖速度計を頻繁に観察する必要があり，速度計をよりしばしば見ることが必要となり，操作係がさらに集中的に関与する必要がある．しかし，それによってより大きな推進力を制御することに成功するだろう．おそらくそれが望ましいことである．

通常では，この問題の包括的な感度分析を行なうところである．しかしこの問題をまだ解くに至っていないということから，議論をあとの章に遅らせる．

4.4 練習問題

1. 例 4.1 の木の問題を再考察しなさい．

$$\frac{r_2}{a_2} < \frac{r_1}{b_1} \quad \text{かつ} \quad \frac{r_1}{a_1} < \frac{r_2}{b_2}$$

を仮定する．このときの状況は図 4.2 に描かれている．

(a) このモデルのベクトル場を描きなさい．
(b) 4 つのすべての平衡点を，安定か不安定かで類別しなさい．
(c) 木の 2 つの種は安定な平衡点で共存できるだろうか？
(d) 木材の切り出しによりこの林分の価値のある硬材の木を除いてすべて取り除かれるものとする．このモデルは木の 2 種の未来について何を予測する

2. 例 4.1 の木の問題を再考察しなさい．ただし，今回は

$$\frac{r_2}{a_2} < \frac{r_1}{b_1} \text{ かつ } \frac{r_1}{a_1} \geq \frac{r_2}{b_2}$$

を仮定する．

   (a) 平衡点 (x_1, x_2) のそれぞれを状態空間 $x_1 \geq 0, x_2 \geq 0$ に配置する．
   (b) この場合のベクトル場を描きなさい．
   (c) 各平衡点を安定と不安定で分類しなさい．
   (d) 同量の硬材の木と軟材の木から出発すると仮定しなさい．このモデルは，2つの種の将来について何を予測するだろうか．

3. 練習問題 2 を繰り返しなさい．ただし，今度は

$$\frac{r_2}{a_2} \geq \frac{r_1}{b_1} \text{ かつ } \frac{r_1}{a_1} < \frac{r_2}{b_2}$$

を仮定する．

4. 例 4.2 のクジラの問題において，我々は個体群増加のロジスティックモデルを用いた．このモデルでは，集団 P の個体数の増加率は，種間の競争がなければ

$$g(P) = rP\left(1 - \frac{P}{K}\right)$$

であった．この練習問題においては，より単純な増加モデル

$$g(P) = rP$$

を用いる．

   (a) 両方のクジラの種は共存できるか？ ファイブ・ステップ法を用い，平衡状態におけるダイナミカルシステムとしてモデル化しなさい．
   (b) このモデルに対してベクトル場を描きなさい．
   (c) 各平衡点を，安定か不安定かで類別しなさい．
   (d) 現在 5,000 頭のシロナガスクジラ，70,000 頭のナガスクジラがいると仮定する．2 つの種についてモデルは何を予測するだろうか．

5. 例 4.2 のクジラの問題において，個体群の増加については，ロジスティックモ

デルを用いた．そこでは，種間競争がなければ個体群 P の増加率は

$$g(P) = rP\left(1 - \frac{P}{K}\right)$$

であった．この練習問題において，我々はさらに複雑なモデル

$$g(P) = rP\left(\frac{P-c}{P+c}\right)\left(1 - \frac{P}{K}\right)$$

を用いよう．そこでパラメータ c は，その数より個体数が小さいと増加率が負になってしまう最小の生存可能な個体数を表す．$\alpha = 10^{-8}$ であり最小の生存可能な個体数の水準をシロナガスクジラでは 3,000 頭，ナガスクジラでは 15,000 頭と仮定しよう．

- (a) 2 つのクジラ種は共存できるだろうか．ファイブ・ステップ法を用い，定常状態におけるダイナミカルシステムとしてモデル化しなさい．
- (b) このモデルのベクトル場をスケッチしなさい．各平衡点を，安定か不安定かで類別しなさい．
- (c) 現在 5,000 頭のシロナガスクジラ，70,000 頭のナガスクジラがいるとする．2 つの個体群の将来についてこのモデルは何を予測するだろうか？
- (d) シロナガスクジラの最小の生存可能数を低く見積もり過ぎ，実際には 10,000 頭に近いものとする．そのとき 2 種に何が起こるだろうか？

6. 例 4.2 のクジラの問題を再考察せよ．$\alpha = 10^{-8}$ を仮定する．この練習問題において，2 種のクジラに対する漁獲の影響を調べる．1 日あたり E 槽の漁獲努力の水準が，年あたり qEx_1 頭のシロナガスクジラの，また qEx_2 頭のナガスクジラの漁獲に相当すると仮定する．ここで，パラメータ q（漁獲可能率）は，おおよそ 10^{-5} に等しいと仮定する．

- (a) どのような条件のもとで，両種は捕獲がある状態で共存できるだろうか？ファイブ・ステップ法を用い，定常状態におけるダイナミカルシステムとしてモデル化しなさい．
- (b) この問題のベクトル場を描きなさい．(a) で特定された条件は満たされていると仮定する．
- (c) ナガスクジラの個体群を現状の約 70,000 頭に落とすために必要な捕獲努力の最小水準を求めなさい．人類が捕鯨を始める以前，シロナガスクジラ 150,000 頭，ナガスクジラ 400,000 頭から始めたと仮定する．

(d) 捕獲が (c) で特定された水準であり続けることが許されるならば，2 つの個体群に何が起こるかを記述しなさい．この場合のベクトル場を描きなさい．これは，IWC に国際的な捕鯨禁止を呼びかけさせる状況である．

7. シロナガスクジラの好物のひとつはオキアミと呼ばれる．この小さい海老のような生物は巨大なクジラの主たる食糧として，大量に食べられる．オキアミの最大維持可能個体数は 1 エーカーあたり 500 トンである．捕食者不在で混み合っていないとき，オキアミは年 25 ％の割合で増加する．オキアミの 1 エーカーあたり 500 トンの存在は，シロナガスクジラの個体群を年 2 ％の割合で増加させ，150,000 頭のシロナガスクジラの存在は，オキアミを年 10 ％の割合で減少させる．

   (a) クジラとオキアミが平衡状態で共存できるかどうか決定しなさい．ファイブ・ステップ法を用い，平衡状態におけるダイナミカルシステムでモデル化しなさい．
   (b) この問題のベクトル場を描きなさい．各平衡点を，安定か不安定かで類別しなさい．
   (c) 2 つの個体群に対して時間の経過とともに何が起こるかを記述しなさい．5,000 頭のシロナガスクジラと 1 エーカーあたり 750 トンのオキアミから出発すると仮定する．
   (d) (c) における結論は，オキアミの年あたり 25 ％という増加率の仮定に対してどのように敏感であるか？

8. 2 つの軍隊が交戦している．赤軍は，数が 3 対 1 で多いとする．しかし青軍は，よりよく訓練されていて装備も良いとする．R と B で赤軍と青軍の戦力の水準とする．戦争のランチェスターモデルは

$$R' = -aB - bRB$$
$$B' = -cR - dRB$$

である．ここで，最初の項は（特定の対象に向けられた）直接の砲撃を算入し，2 番目の項は，地域への砲撃（たとえば大砲）による減少を算入している．武器の有効性については，青軍の方が赤軍よりも高い，すなわち $a > c$ かつ $b > d$ と仮定している．しかし，3 対 1 の数の優勢を覆すためにどれくらいまで武器の有効性が必要だろうか．

   (a) ある $\lambda > 1$ に対して $a = \lambda c$ かつ $b = \lambda d$ となっているとする．青軍が戦

争に勝つための λ のおおよその下限を決定しなさい．ファイブ・ステップ法を用いて，ダイナミカルシステムとしてモデル化しなさい．

(b) (a) において，赤軍が数において n 対 1 の優勢であると仮定した．(a) における結果の $n \in (2, 5)$ におけるパラメータへの感度を議論しなさい．

9. 次の単純なモデルは，供給と需要のダイナミクスを表現するモデルを意図したものである．P はある商品の売価とし，Q はこの商品の生産量とする．供給曲線 $Q = f(P)$ は，価格が与えられたとき利益を最大にするためにどれくらい生産されるべきかを表す．需要曲線 $P = g(Q)$ は，生産の水準が与えられているとき，利益を最大にするために，買い手がどれくらいの価格を支払うべきかを表す．

(a) 特定の商品を選び，供給曲線 $Q = f(P)$ と需要曲線 $P = g(Q)$ の形について，熟慮した推測を行いなさい．
(b) (a) の結果を用いて，平衡点 P および Q の水準を決定しなさい．
(c) P が需要曲線によって指示される水準に向かい，Q は供給曲線によって与えられる水準に向かうという仮定に基づいて，動的モデルを定式化しなさい．
(d) そのモデルによって，平衡点 (P, Q) は安定だろうか？　離散時間か連続時間と仮定することは関係があるだろうか？（経済学者は，時間遅れの効果を表すため，通常離散時間モデルを仮定する．）
(e) (a) で行なった仮定に対する感度分析を実行しなさい．安定性の問題について考察しなさい．

10. 100,000 人の集団が，めったに致命的ではなく，患者に対して将来のこの病気に対して免疫をもたせるような病気の感染対象となっているとする．感受性者が感染者と直接接触したときにのみ感染が起こりうる．感染性期間はおおよそ 3 週間続く．先週，18 件の新規感染が報告された．今週，40 件の新規感染があった．集団の 30％ の人は過去の暴露によって免疫を得ているものと見積もられる．

(a) 最終的に感染する人の数はどれくらいになるか？　ファイブ・ステップ法を用いて，離散時間ダイナミカルシステムでモデル化しなさい．
(b) 1 週間における新規患者の最大数を見積もりなさい．
(c) (a) における十分なデータに支持されていない仮定の影響を調べるため，感度分析を行ないなさい．

(d) 先週報告された患者の数 (18) に対して感度分析を行ないなさい．早い週においては，流行は控えめに報告されるかもしれないと思われる．

11. 例 4.3 において考えられているドッキングの問題を再考察しなさい．今回は $c = 5$ 秒，$w = 10$ 秒，$k = 0.02$ と仮定する．

(a) 最初の閉鎖速度が毎秒 $50\,\mathrm{m}$ であるとし，モデルから予測される観測速度の列 $v_0, v_1, v_2, \ldots$ を計算しなさい．ドッキングの問題は成功裏に進んでいるだろうか．

(b) (a) の解を計算するより容易な方法は，$x(n+1) = G(x(n))$ となる反復関数 $G(x) = x + F(x)$ を用いることである．この問題に対して反復関数を計算し，(a) の計算を繰り返すために用いなさい．

(c) $x(0) = (1, 0)$ から出発して解 $x(1), x(2), x(3), \ldots$ を計算しなさい．$x(0) = (0, 1)$ から出発して同じことを繰り返しなさい．$n \to \infty$ とするとき何が起きるだろうか．これは平衡点 $(0, 0)$ の安定性について何を言っているだろうか．[ヒント：任意の可能な初期条件 $x(0) = (a, b)$ はベクトル $(1, 0)$ および $(0, 1)$ の線形結合で書け，$G(x)$ は x の線形関数である．]

(d) ある実数 λ に対して $G(x) = \lambda x$ となる状態 x は存在するだろうか？もしそうなら，この初期条件で出発するときに，何が起こるだろうか．

さらに進んだ文献

1. Bailey, N. (1975) *The Mathematical Theory of Infectious Disease.* Hafner Press, New York.
2. Casstevens, T. *Population Dynamics of Governmental Bureaus.* UMAP module 494.
3. Clark, C. (1976) *Mathematical Bioeconomics: The Optimal Management of Renewable Resources.* Wiley, New York.
4. Giordano, F. and Leja, S. *Competitive Hunter Models.* UMAP module 628.
5. Greenwell, R. *Whales and Krill: A Mathematical Model.* UMAP module 610.
6. Greenwell, R. and Ng, H. *The Ricker Salmon Model.* UMAP module 653.
7. Hirsch, M. and Smale, S. (1974) *Differential Equations, Dynamical Sys-*

tems, and Linear Algebra. Academic Press, New York.

8. Horelick, B., Koont, S. and Gottleib, S. *Population Growth and the Logistic Curve*. UMAP module 68.

9. Horelick, B. and Koont, S. *Epidemics*. UMAP module 73.

10. Lanchester, F. (1956) Mathematics in Warfare. *The World of Mathematics*. Vol. 4, pp. 1240–1253.

11. May, R. (1976) *Theoretical Ecology: Principles and Applications*. Saunders, Philadelphia.

12. Morrow, J. *The Lotka–Volterra Predator–Prey Model*. UMAP module 675.

13. Sherbert, D. *Difference Equations with Applications*. UMAP module 322.

14. Tuchinsky, P. *Management of a Buffalo Herd*. UMAP module 207.

第5章 動的モデルの解析

　この章では，離散および連続時間ダイナミカルシステムの解析に対する最も広く用いられている手法の中のあるものについて考察する．少数の特別な場合を除いて，これらの方法から正確な解析解は得られない．そのような正確な解析的な方法は，微分方程式の教程においてもっと適切に扱われている．多くの場合に，実際の問題において現れるほとんどのダイナミカルシステムモデルは，知られているいかなる知識によっても，正確な解にはなじまない．この章では，ほとんどいかなるダイナミカルシステムモデルに対しても適用可能な技法を提示する．これらの方法は，正確な解析解が得られない場合においてでも，ダイナミカルシステムの挙動について，重要な定性的な情報を与えてくれる．

5.1 固有値の方法

　動的モデルの方程式が線形であるとき，正確な解析解を得ることが可能である．実生活において線形ダイナミカルシステムはまれであるが，ダイナミカルシステムの大半は，少なくとも局所的には線形系で近似することができる．そのような線形近似の中でも，特に孤立している平衡点の近傍における線形近似は，動的モデリングに対して利用できる重要な解析的な技法の多くに対する基盤を提供している．

例 5.1 例 4.1 における木の問題を再び考察しよう．硬材の木は年あたり 10%，軟材の木は年あたり 25% の割合で増加すると仮定する．森のある地域が，硬材の木は 10,000 トン，軟材の木は 6,000 トンを維持できるとする．競争の度合いは，数値的に決定されてはいない．両方のタイプの木は，安定な平衡点で共存することができるだろうか？

　ファイブ・ステップ法のステップ1は，図4.1に示されている．この特別な場合において，

$$r_1 = 0.10$$
$$r_2 = 0.25$$
$$a_1 = \frac{0.10}{10{,}000}$$
$$a_2 = \frac{0.25}{6{,}000}$$

とした．ステップ2は，解析方法を含め，モデリングの方法を選択することである．この非線形ダイナミカルシステムを固有値の方法で解析する．

$x = (x_1, \ldots, x_n)$ は状態空間 $S \subseteq \mathbb{R}^n$ の元，$F = (f_1, \ldots, f_n)$ として，ダイナミカルシステム $x' = F(x)$ が与えられているとする．ある点 $x_0 \in S$ は，$F(x_0) = 0$ であるときに限り，平衡点または平衡状態と呼ばれる．ある平衡点 x_0 に対して，

$$A = \begin{pmatrix} \partial f_1/\partial x_1(x_0) & \cdots & \partial f_1/\partial x_n(x_0) \\ & \vdots & \vdots \\ \partial f_n/\partial x_1(x_0) & \cdots & \partial f_n/\partial x_n(x_0) \end{pmatrix} \quad (5.1)$$

がすべて実部が負の固有値をもつなら漸近安定であると述べている定理がある．もしある固有値が正の実部をもつならば不安定である．残された場合（純虚数固有値の場合）はこの判定法は決定的ではない．(Hirsch and Smale (1974) p.187 を見よ．)

固有値の方法は，線形近似に基づいている．$x' = F(x)$ が線形ではない場合でも，平衡点 x_0 の近傍において

$$F(x) \approx A(x - x_0)$$

となる．これは，F の微分が行列で表されるということを除けば，1変数解析において見たのと同じ種類の線形近似である．この行列を，1変数の導関数との類似で DF と呼ぶ著者もいる．この線形近似の方法は十分満足すべきものであり，もし原点が $x' = Ax$ の安定な平衡点であれば（すなわち x_0 が $x' = A(x - x_0)$ の安定な平衡点であれば），x_0 は同じく $x' = F(x)$ の安定な平衡点となる．したがって，線形系に対して固有値によるテストを理解すれば十分である．

疑う余地なく，微分方程式の入門課程で，線形微分方程式系を解いたであろうし，またおそらく解と固有値の関係についても学んだであろう．た

とえば，$Au = \lambda u$（すなわち u が A の固有値 λ に属する固有ベクトルである）ならば，$x(t) = ue^{\lambda t}$ は初期値問題

$$x' = Ax, \; x(0) = u$$

の解である．線形微分方程式の $n \times n$ 系の一般的な解を書き下すことは実際には可能であるが，大変面倒であり，多くの線形代数の計算を必要とする．しかしながら，それをしなくてすむ一つの良い方法は，解の挙動を一般的に記述することである．この定理は次のことを述べる．A が定数行列であるとして，微分方程式 $x' = Ax$ の任意の解 $x(t)$ に対して，その任意の座標は，

$$t^k e^{at} \cos(bt), \; t^k e^{at} \sin(bt)$$

のような項の線形結合である．ここで，$a \pm ib$ は A の固有値（もし固有値が実数なら $b = 0$）であり，k は n より小さい非負の整数である．この一般的な記述により，原点が系 $x' = Ax$ の漸近安定な平衡状態であるための必要十分条件が，任意の固有値 $a \pm ib$ に対して $a < 0$ となることが容易にわかる．(Hirsch and Smale (1974) p.135)

もちろん，固有値の方法をうまく応用するためには，固有値の計算が可能となる必要がある．単純な場合（たとえば $\mathbb{R}^2$ の場合）においては固有値を手で計算できるであろうし，数式処理ソフトウエアの助けを借りて可能であるかもしれない．それ以外の場合には，近似の方法に頼らなければならない．幸いなことに，$n \times n$ 行列の固有値を計算するための数値計算パッケージが存在し，多くの場合に有効である．(たとえば Press (1986))

例 5.1 に戻るにあたって，4.1 節において

$$x_1 = \frac{r_1 a_2 - r_2 b_1}{D}$$
$$x_2 = \frac{a_1 r_2 - b_2 r_1}{D}$$

で平衡点が存在したことを思い出そう．ただし，$D = a_1 a_2 - b_1 b_2$ である．我々はいま，a_1, a_2, r_1, r_2 に対して値を特定し，b_1, b_2 に対しては特定していないとする．しかしながら，$b_i < a_i$ と仮定することは続けよう．しばらくの間，$b_i = a_i/2$ とする．このとき，平衡点の値は

$$\begin{aligned}x_1^0 &= \frac{28000}{3} \approx 9333 \\ x_2^0 &= \frac{4000}{3} \approx 1333\end{aligned} \tag{5.2}$$

として，$x_0 = (x_1^0, x_2^0)$ である．ダイナミカルシステムの方程式は $F = (f_1, f_2)$，ただし

$$\begin{aligned} f_1(x_1, x_2) &= 0.10 x_1 - \frac{0.10}{10000} x_1^2 - \frac{0.05}{10000} x_1 x_2 \\ f_2(x_1, x_2) &= 0.25 x_2 - \frac{0.25}{6000} x_2^2 - \frac{0.125}{6000} x_1 x_2 \end{aligned} \quad (5.3)$$

として $x' = F(x)$ である．各関数の偏導関数は

$$\begin{aligned} \frac{\partial f_1}{\partial x_1} &= \frac{20000 - x_2}{200000} - \frac{x_1}{50000} \\ \frac{\partial f_1}{\partial x_2} &= \frac{-x_1}{200000} \\ \frac{\partial f_2}{\partial x_1} &= \frac{-x_2}{48000} \\ \frac{\partial f_2}{\partial x_2} &= \frac{-x_1}{48000} - \frac{x_2}{12000} + \frac{1}{4} \end{aligned} \quad (5.4)$$

である．偏導関数の平衡点 (5.2) における値を考え，方程式 (5.1) に代入することにより，

$$A = \begin{pmatrix} -7/75 & -7/150 \\ -1/36 & -1/18 \end{pmatrix} \quad (5.5)$$

を得る．この 2×2 行列の固有値は，次の方程式

$$\begin{vmatrix} \lambda + 7/75 & 7/150 \\ 1/36 & \lambda + 1/18 \end{vmatrix} = 0$$

の根として計算される．行列式を計算して方程式

$$\frac{1800 \lambda^2 + 268 \lambda + 7}{1800} = 0$$

を得，さらに

$$\lambda = \frac{-67 \pm \sqrt{1339}}{900}$$

を得る．両方の固有値が負の実部をもつことから，平衡状態は安定である．

連続時間ダイナミカルシステムの固有値判定法には，非常に多くの計算量が発生する．これは，数式処理ソフトウエアに対する適切な応用である．図 5.1 は，現在の問題に対するステップ 4 における計算を実行するための数式処理ソフトウエア Mathematica 利用の解説である．

5.1 固有値の方法

```
In[1]:= f1 = x1 / 10 − (x1^2 / 10) / 10000 − (5 x1 x2 / 100) / 10000
```
$$Out[1]= \frac{x1}{10} - \frac{x1^2}{100000} - \frac{x1\,x2}{200000}$$

```
In[2]:= f2 = 25 x2 / 100 − (25 x2^2 / 100) / 6000 − (125 x1 x2 / 1000) / 6000
```
$$Out[2]= \frac{x2}{4} - \frac{x1\,x2}{48000} - \frac{x2^2}{24000}$$

```
In[3]:= s = Solve[{f1 / x1 == 0, f2 / x2 == 0}, {x1, x2}]
```
$$Out[3]= \left\{\left\{x1 \to \frac{28000}{3},\ x2 \to \frac{4000}{3}\right\}\right\}$$

```
In[4]:= df = {{D[f1, x1], D[f1, x2]}, {D[f2, x1], D[f2, x2]}};
```

```
In[6]:= MatrixForm[df]
```
$$Out[6]//MatrixForm= \begin{pmatrix} \frac{1}{10} - \frac{x1}{50000} - \frac{x2}{200000} & -\frac{x1}{200000} \\ -\frac{x2}{48000} & \frac{1}{4} - \frac{x1}{48000} - \frac{x2}{12000} \end{pmatrix}$$

```
In[7]:= A = df /. s
```
$$Out[7]= \left\{\left\{\left\{-\frac{7}{75},\ -\frac{7}{150}\right\},\ \left\{-\frac{1}{36},\ -\frac{1}{18}\right\}\right\}\right\}$$

```
In[8]:= Eigenvalues[A]
```
$$Out[8]= \left\{\frac{1}{900}\left(-67-\sqrt{1339}\right),\ \frac{1}{900}\left(-67+\sqrt{1339}\right)\right\}$$

図 5.1 数式処理ソフトウエア Mathematica を用いた木の問題のステップ 4 の計算.

最後にステップ 5 に進む．我々は，硬材の木と軟材の木は，安定な平衡状態で共存し得ることをすでに発見した．増加し，安定な森林において，硬材の木は 1 エーカーあたりおおよそ 9,300 トン，軟材の木は 1 エーカーあたりおおよそ 1,300 トン存在する．これらの結論は，2 つのタイプの木の間における競争の度合いについて，いくつかのもっともな仮定に基づいている．

感度分析において，依然として $b_i = t\,a_i$ と仮定するが，$t = 1/2$ という仮定については緩めることにする．条件

$$b_i < a_i$$
$$(r_i/a_i) < (r_j/b_j)$$

は，$0 < t < 0.6$ を意味する．平衡点 (x_1^0, x_2^0) の座標は，それぞれ

$$\begin{aligned} x_1^0 &= \frac{10000 - 6000t}{1 - t^2} \\ x_2^0 &= \frac{6000 - 10000t}{1 - t^2} \end{aligned} \tag{5.6}$$

である．

このシステムの微分方程式は

$$f_1(x_1, x_2) = 0.10x_1 - \frac{0.10x_1^2}{10000} - \frac{0.10tx_1x_2}{10000}$$
$$f_2(x_1, x_2) = 0.25x_2 - \frac{0.25x_2^2}{6000} - \frac{0.25tx_1x_2}{6000} \quad (5.7)$$

として $x_i' = f_i(x_1, x_2)$ であり，偏導関数は

$$\frac{\partial f_1}{\partial x_1} = \frac{10000 - tx_2}{100000} - \frac{x_1}{50000}$$
$$\frac{\partial f_1}{\partial x_2} = \frac{-tx_1}{100000}$$
$$\frac{\partial f_2}{\partial x_1} = \frac{-tx_2}{24000}$$
$$\frac{\partial f_2}{\partial x_2} = \frac{-tx_1}{24000} - \frac{x_2}{12000} + \frac{1}{4} \quad (5.8)$$

である．偏導関数 (5.8) の平衡点 (5.6) における値を考え，式 (5.1) に代入することにより，

$$A = \begin{pmatrix} \dfrac{5 - 3t}{50(t^2 - 1)} & \dfrac{t(5 - 3t)}{50(t^2 - 1)} \\ \dfrac{t(3 - 5t)}{12(t^2 - 1)} & \dfrac{3 - 5t}{12(t^2 - 1)} \end{pmatrix} \quad (5.9)$$

を得る．固有値を見出すために解かなければならない特性方程式は，

$$\left[\lambda - \frac{5 - 3t}{50(t^2 - 1)}\right]\left[\lambda - \frac{3 - 5t}{12(t^2 - 1)}\right] - \left[\frac{t(3 - 5t)}{12(t^2 - 1)}\right]\left[\frac{t(5 - 3t)}{50(t^2 - 1)}\right] = 0 \quad (5.10)$$

である．方程式 (5.10) を λ について解けば，2 つの根：

$$\lambda_1 = \frac{143t - 105 + \sqrt{9000t^4 - 20400t^3 + 20449t^2 - 9630t + 2025}}{600(1 - t^2)}$$
$$\lambda_2 = \frac{143t - 105 - \sqrt{9000t^4 - 20400t^3 + 20449t^2 - 9630t + 2025}}{600(1 - t^2)} \quad (5.11)$$

を得る．

図 5.2 は，この問題で固有値を計算するための数式処理ソフトウエア Maple の利用を解説している．数式処理ソフトウエアはこのような問題に対して特に有用である．この場合，計算は複雑で，手計算ですべてを行なうと誤りを犯す危険が増大す

```
> with(linalg):
> f1:=x1/10-(x1^2/10)/10000-(t*x1*x2/10)/10000;
```
$$f1 := \frac{1}{10}x1 - \frac{1}{100000}x1^2 - \frac{1}{100000}t\,x1\,x2$$
```
> f2:=25*x2/100-(25*x2^2/100)/6000-(25*t*x1*x2/100)/6000;
```
$$f2 := \frac{1}{4}x2 - \frac{1}{24000}x2^2 - \frac{1}{24000}t\,x1\,x2$$
```
> df1dx1:=diff(f1,x1);
```
$$df1dx1 := \frac{1}{10} - \frac{1}{50000}x1 - \frac{1}{100000}t\,x2$$
```
> df1dx2:=diff(f1,x2);
```
$$df1dx2 := -\frac{1}{100000}t\,x1$$
```
> df2dx1:=diff(f2,x1);
```
$$df2dx1 := -\frac{1}{24000}t\,x2$$
```
> df2dx2:=diff(f2,x2);
```
$$df2dx2 := \frac{1}{4} - \frac{1}{12000}x2 - \frac{1}{24000}t\,x1$$
```
> s:=solve({f1/x1=0,f2/x2=0},{x1,x2});
```
$$s := \{x2 = 2000\,\frac{-3+5t}{-1+t^2}, x1 = 2000\,\frac{-5+3t}{-1+t^2}\}$$
```
> assign(s);
> A:=array([[df1dx1,df1dx2],[df2dx1,df2dx2]]);
```
$$A := \begin{bmatrix} \frac{1}{10} - \frac{1}{25}\frac{-5+3t}{-1+t^2} - \frac{1}{50}\frac{t(-3-5t)}{-1+t^2} & -\frac{1}{50}\frac{t(-5+3t)}{-1+t^2} \\ -\frac{1}{12}\frac{t(-3+5t)}{-1+t^2} & \frac{1}{4} - \frac{1}{6}\frac{-3+5t}{-1+t^2} - \frac{1}{12}\frac{t(-5+3t)}{-1+t^2} \end{bmatrix}$$
```
> eigenvals(A);
```
$$\frac{1}{2}\frac{-286t+210+2\sqrt{20449t^2-9630t+2025-20400t^3+9000t^4}}{600t^2-600},$$
$$\frac{1}{2}\frac{-286t+210-2\sqrt{20449t^2-9630t+2025-20400t^3+9000t^4}}{600t^2-600}$$

図 5.2 数式処理ソフトウエア Maple を用いた例 5.1 の木の問題の感度分析の計算.

る．ほとんどの数式処理ソフトウエアは，グラフを描くユーティリティもまた備えている．グラフと代数を結合して用いることは，今取り扱っているような問題において重要である．グラフを描くことは不等式を解くための最も容易な方法である．

図 5.3 は区間 $0 < t < 0.6$ にわたる t に対する λ_1 と λ_2 のグラフを示している．このグラフから，λ_1, λ_2 は常に負であり，したがって平衡点は競争の強さにかかわらず安定であることがわかる．（第 4 章の練習問題 1 を実行していれば，おそらくグラフ解析から同じ結論を引き出したであろう．）

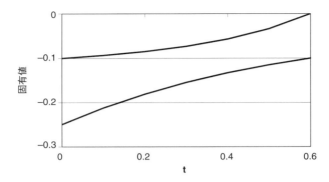

図 5.3 式 (5.11)からの固有値 λ_1 と λ_2 対木の問題のパラメータ t のグラフ．

5.2 離散系に対する固有値の方法

直前の節の方法は，連続時間ダイナミカルシステムに対してのみ適用できる．この節では，離散時間ダイナミカルシステムの安定解析のための類似の方法を提示する．連続時間ダイナミカルシステムの場合と同じく，我々の方法は線形近似に固有値解析を合わせたものである．

例 5.2 例 4.3 のドッキングの問題を再び考察しよう．また，今回は，制御補正を行なうために 5 秒かかり，他の仕事から再び速度計を観察できるようになるまでさらに 10 秒かかるとしよう．このような条件のもとで，速度を一致させるための我々の戦略は成功するだろうか？

ファイブ・ステップ法におけるステップ 1 は，図 4.7 に要約されている．いま，$c_n = 5, w_n = 10$ と仮定しよう．とりあえず $k = 0.02$ とし，あとで k についての感度分析を行なう．

ステップ 2 は，解を得る方法も含めて，モデル化のアプローチの選択である．固有値の方法を用いる．

$x = (x_1, \ldots, x_n), F = (f_1, \ldots, f_n)$ として，離散時間ダイナミカルシステム

$$\Delta x = F(x)$$

が与えられているとき，反復関数

$$G(x) = x + F(x)$$

を定義しよう．列 $x(0), x(1), x(2), \ldots$ がこの差分方程式系の解であるた

めの必要十分条件は，すべての n に対して

$$x(n+1) = G(x(n))$$

となることである．平衡点 x_0 は，x_0 が関数 $G(x)$ の不動点であること，すなわち $G(x_0) = x_0$ となることによって特徴づけられる．

平衡点 x_0 に対して，もし偏微分係数からなる行列

$$A = \begin{pmatrix} \partial g_1/\partial x_1(x_0) & \cdots \partial g_1/\partial x_n(x_0) \\ \vdots & \vdots \\ \partial g_n/\partial x_1(x_0) & \cdots \partial g_n/\partial x_n(x_0) \end{pmatrix} \qquad (5.12)$$

の任意の固有値がすべて 1 より小さい絶対値をもつならば（漸近）安定になるという定理がある．もし固有値が複素数 $a \pm ib$ であるならば，"絶対値"としては，複素絶対値 $\sqrt{a^2 + b^2}$ を意味する．この単純なテストは，直前の節で提示された連続時間ダイナミカルシステムに対する固有値テストと同様のものである．(Hirsch and Smale (1974) p.280)．

連続の場合のように，離散時間ダイナミカルシステムに対する固有値の方法は，線形近似に基づいている．反復関数 $G(x)$ が線形でないときでも，平衡点 x_0 の近傍において

$$G(x) \approx A(x - x_0)$$

を得る．言い換えれば，反復関数 G の平衡点 x_0 の近傍における挙動は，線形関数 Ax の原点の近くにおける挙動と近似的に同じである．したがって，もとの非線形系の x_0 の近傍における挙動は，原点の近傍において，反復関数

$$x(n+1) = Ax(n)$$

によって定義される線形離散時間ダイナミカルシステムの挙動と近似的に同じである．線形近似は十分にうまくいき，もし線形系の原点が安定な平衡点であれば，x_0 はもとの系の安定な平衡点となる．したがって，線形系の安定性の条件を議論することだけが残っている．

行列 A は，任意の x に対して $A^n x \to 0$ となるとき，**線形縮小写像**と呼ばれる．行列 A の任意の固有値の絶対値が 1 より小さいなら A が線形縮小写像であると述べる定理がある (Hirsch and Smale (1974) p.279)．こ

れより，A の固有値すべてが 1 より小さい絶対値をもつ限り，原点が，反復関数が A であるような離散時間ダイナミカルシステムの安定な平衡点であることが従う．この結果の簡単な場合における証明を述べよう．**すべての x に対して** $Ax = \lambda x$ とする．このとき λ は A の固有値であり，すべての 0 でないベクトル x は λ に属する固有ベクトルである．この簡単な場合において常に

$$x(n+1) = Ax(n) = \lambda x(n)$$

となり，原点が安定な平衡点であるための必要十分条件は $|\lambda| < 1$ である．

ドッキングの問題に戻る．ステップ 3 は，ステップ 2 において特定されたテクニックの応用に必要な程度にモデルを定式化することである．今の場合，我々はすでに平衡点が $x_0 = (0,0)$ であるような線形系を得ている．反復関数は，

$$g_1(x_1, x_2) = 0.8x_1 - 0.1x_2$$
$$g_2(x_1, x_2) = x_1$$

として，

$$G(x_1, x_2) = x + F(x_1, x_2) = (g_1, g_2)$$

である．

ステップ 4 に移り，

$$\begin{vmatrix} \lambda - 0.8 & 0.1 \\ -1 & \lambda - 0 \end{vmatrix} = 0$$

すなわち $\lambda^2 - 0.8\lambda + 0.1 = 0$ を計算して，

$$\lambda = \frac{4 \pm \sqrt{6}}{10}$$

を得る．$n = 2$ 個の異なる固有値が存在し，両方実数であって -1 と $+1$ の間に存在する．したがって，平衡点 $x_0 = 0$ は安定であり，任意の初期条件に対して $x(t) \to (0,0)$ となる．

ステップ 5 は我々の結果を普通の言葉で記述することである．コントロールの調節の間の時間を 15 秒と仮定し，調節を行う時間を 5 秒とし，不活発な時間を 10 秒とした．$1:50$ の修正因子を用いて，我々は，制御における比例の方法の成功を保証することができる．実際の用語では，修正因子が $1:50$ であることは，速度計が

$50\,\mathrm{m}\,/$秒となっていたら, $-1\,\mathrm{m}\,/$秒^2 加速制御を設定することを意味する. また速度計が $25\,\mathrm{m}\,/$秒 となっていたら, $-0.5\,\mathrm{m}\,/$秒^2 の加速制御というように行なう.

次に続くのは, パラメータ k に対する感度分析である. 一般的な k に対しては,

$$g_1(x_1, x_2) = (1-10k)x_1 - 5kx_2$$
$$g_2(x_1, x_2) = x_1$$

として反復関数は $G = (g_1, g_2)$ で与えられ, これから特性方程式

$$\lambda^2 - (1-10k)\lambda + 5k = 0$$

が得られる. 固有値は,

$$\begin{aligned}\lambda_1 &= \frac{(1-10k) + \sqrt{(1-10k)^2 - 20k}}{2} \\ \lambda_2 &= \frac{(1-10k) - \sqrt{(1-10k)^2 - 20k}}{2}\end{aligned} \tag{5.13}$$

である. 式 (5.13)における根号の中の量は,

$$k_1 = \frac{4 - \sqrt{12}}{20} \approx 0.027$$

と

$$k_2 = \frac{4 + \sqrt{12}}{20} \approx 0.373$$

の間において負になる.

図 5.4 は区間 $0 < k \leq k_1$ にわたっての λ_1 と λ_2 のグラフを示している. グラフから, 両方の固有値は 1 より小さい絶対値をもつことを見て取ることができ, 平衡状態 $(0,0)$ はこの k の全体の範囲で安定である. $k_1 < k < k_2$ に対して両方の固有値は複素数で, 安定性の条件は

$$\left[\frac{(1-10k)}{2}\right]^2 + \left[\frac{\sqrt{20k - (1-10k)^2}}{2}\right]^2 < 1 \tag{5.14}$$

である. これは $k < 1/5$ と簡単になる. 図 5.5 は, $k \geq k_2$ に対して λ_1 と λ_2 のグラフを示している. 小さい方の固有値 λ_2 はこの範囲のすべての k に対して 1 より大きな絶対値をもつことが容易に見て取れる. 要約すると, この方法は $k < 0.2$ す

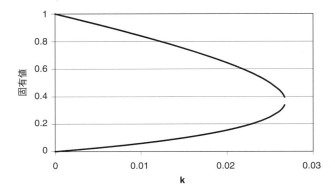

図 5.4 式 (5.13)から得られる固有値 λ_1, λ_2 対ドッキングの問題の制御パラメータ k のグラフ：$0 < k \leq k_1$ の場合．

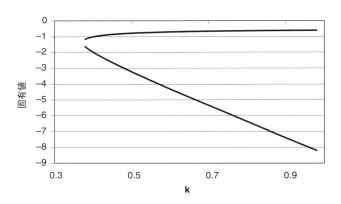

図 5.5 式 (5.13)から得られる固有値 λ_1, λ_2 対ドッキングの問題の制御パラメータ k のグラフ：$k \geq k_2$ の場合．

なわち少なくとも 1 : 5 の修正因子に対して適合した速度を達成するだろう．もちろん，k のどの値が最も効果的であるかを知ることに興味がある．この問題は練習問題としよう．

5.3 相図

5.1 節において，連続時間ダイナミカルシステムの安定性に対して固有値テストを導入した．このテストは，孤立している平衡点の近傍における線形近似のアイデアに基づいている．この節では，この単純なアイデアが，平衡点の近くにおけるダイナミカルシステムの挙動のグラフ的な記述を得るためにどのように用いられるかを示す．この情報は，それに沿ってベクトル場をスケッチすることにより，**相図**と

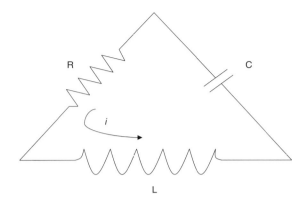

図 5.6 例 5.3 に対する RLC 回路図.

呼ばれる全状態空間にわたる動態のグラフ的な記述を得ることができる．相図は非線形ダイナミカルシステムに対して重要である．なぜなら，多くの場合，正確な解析解を得ることは可能でないからである．この節の最後において，離散時間ダイナミカルシステムに対する同様のテクニックについて簡単に議論する．そこでも再び線形近似の原理に基づくことになる．

例 5.3 図 5.6 の中の電気回路図を考えよう．この回路は，単純なループの中で，コンデンサ，抵抗，そしてコイルからなっている．回路の各要素の効果は，電流と電圧の相互作用によって，ループのブランチにおいて測られる．理想化されたモデルとして

$$C\frac{dv_C}{dt} = i_C \text{（コンデンサ）}$$

$$v_R = f(i_R) \text{（抵抗）}$$

$$L\frac{di_L}{dt} = v_L \text{（コイル）}$$

が与えられる．ここで，v_C はコンデンサにかかる電圧，i_R は抵抗を通る電流などを表す．関数 $f(x)$ は，抵抗の **v-i 特性関数** と呼ばれる．通常，$f(x)$ は x と同じ符号をもつ．これは受動的抵抗と呼ばれる．制御回路によっては能動的抵抗を用いることがある．その場合は小さい x に対して $f(x)$ と x は別の符号をもつ．例 5.4 を見よ．RLC 回路の古典的な線形モデルにおいては，$R > 0$ として $f(x) = Rx$ と仮定する．Kirchhoff の電流法則は，ある節点を通って流入する電流の和は出ていく電流の和に等しいと述べている．Kirchhoff の電圧法則は，閉回路を通って電圧は 0 に落ちなければならないと述べている．$L = 1$, $C = 1/3$ かつ $f(x) = x^3 + 4x$

変数： $v_C =$ コンデンサを通る電圧
$i_C =$ コンデンサを通る電流
$v_R =$ 抵抗を通る電圧
$i_R =$ 抵抗を通る電流
$v_L =$ コイルを通る電圧
$i_L =$ コイルを通る電流

仮定： $C\,dv_C/dt = i_C$
$v_R = f(i_R)$
$L\,di_L/dt = v_L$
$i_C = i_R = i_L$
$v_C + v_R + v_L = 0$
$L = 1$
$C = 1/3$
$f(x) = x^3 + 4x$

目的： 時間の経過に伴う 6 個すべての変数の挙動を決定すること

図 5.7　RLC 回路の問題のステップ 1.

の場合において，時間の経過に伴うこの閉回路の挙動を決定しよう．

ファイブ・ステップ法を用いる．ステップ 1 の結果は図 5.7 で要約されている．ステップ 2 はモデリング手法の選択である．我々はこの問題を連続時間ダイナミカルシステムを用いてモデル化し，完全な相図をスケッチすることによって解析する．

ダイナミカルシステム $x' = F(x)$ が与えられているとしよう．ここで $x = (x_1, \ldots, x_n)$ であり，F はある平衡点 x_0 の近傍において連続な 1 階偏導関数をもつとする．A は，式 (5.1) で定義されたように，1 階偏導関数に対して平衡点 x_0 で値をとらせることで得られる行列である．すでに，x_0 に近い x に対して，系 $x' = F(x)$ は線形系 $x' = A(x - x_0)$ のように振る舞うことを述べている．いま，もっと明確に述べよう．

連続時間ダイナミカルシステムの**相図**は，単純には，解曲線の代表元を示す状態空間のスケッチである．線形微分方程式系の正確な解を求めることが常に可能であることから，線形系（少なくとも $\mathbb{R}^2$ 上）については，相図を描くことは困難ではない．その際，相図を得るために，初期条件に対して解を描くことができる．線形の微分方程式系を解く方法の詳細については，何でも良いので微分方程式の教科書を参照してほしい．非線形系に

対しては，各孤立平衡点の近傍においては，線形近似を用いて近似的に相図を描くことができる．

同相写像とは，連続写像で連続な逆写像をもつものである．同相写像の考えは，形とその包括的な性質に関係している．たとえば，平面における円周を考えよう．同相写像

$$G : \mathbb{R}^2 \to \mathbb{R}^2$$

によるこの円周の像は，別の円周か，楕円か，長方形か，三角形になるかもしれない．しかし線分になることはできない．これは連続性を破壊する．また，8の字になることもできない．それはGが逆写像をもつ（したがって一対一でなければならない）ことを破壊するからである．Aのすべての固有値の実部が0でなければ，$x' = AX$の相図を$x' = F(x)$の相図に$G(0) = x_0$となるように全射にうつすような同相写像が存在することが定理 (Hirsch and Smale (1974) p.314) において述べられている．この定理は，点x_0の周りの$x' = F(x)$の相図は，いくらか歪んでいることを除き，線形系の相図のように見えるといっている．それは，好きなように伸ばすことはできるが破ることはできないラバーのシート上に線形系の相図を描くようなものである．これは非常に強力な結果である．各孤立した平衡点の近くにおける挙動の実際の（ほとんどすべての実際的な目的に対して十分な）図を，線形近似を解析することだけによって得ることを意味している．状態空間の残りの部分の相図を完成するために，平衡点の近くにおける解の挙動について学んだこととベクトル場のスケッチに含まれている情報を結びつける．

ステップ3は，モデルの定式化である．状態空間を考えることから始めよう．最初は6個の状態変数があるが，Kirchhoffの法則を用いることにより，自由度の数（独立な状態変数の数）を6から2に減らすことができる．$x_1 = i_R$とする．このとき同様に$x_1 = i_L = i_C$であることに注意しよう．$x_2 = v_C$とする．このとき

$$\frac{x_2'}{3} = x_1$$
$$v_R = x_1^3 + 4x_1$$
$$x_1' = v_L$$
$$x_2 + v_R + v_L = 0$$

160　第 5 章　動的モデルの解析

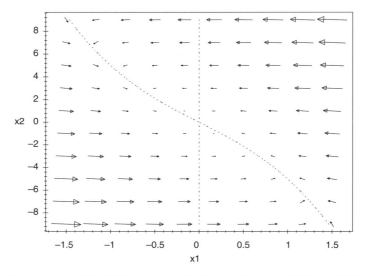

図 5.8　例 5.3 の RLC 回路の問題のベクトル場 (5.16)を示すための電圧 x_2 対電流 x_1 のグラフ．

となる．代入することにより

$$\frac{x_2'}{3} = x_1$$
$$x_2 + x_1^3 + 4x_1 + x_1' = 0$$

を得，整理することによって

$$\begin{aligned} x_1' &= -x_1^3 - 4x_1 - x_2 \\ x_2' &= 3x_1 \end{aligned} \tag{5.15}$$

を得る．$x = (x_1, x_2)$ とする．このとき方程式 (5.15)は，$F = (f_1, f_2)$,

$$\begin{aligned} f_1(x_1, x_2) &= -x_1^3 - 4x_1 - x_2 \\ f_2(x_1, x_2) &= 3x_1 \end{aligned} \tag{5.16}$$

として，$x' = F(x)$ の形に書くことができる．これでステップ 3 が完成する．

ステップ 4 は，モデルを解くことである．我々は，完全な相図をスケッチすることによってダイナミカルシステム (5.15)を解析する．図 5.8 は，このダイナミカルシステムのベクトル場の Maple によるグラフである．ベクトル場を手で書くことも，かなり簡単なことである．速度ベクトルは $x_2' = 0$ となるところ，すなわち曲線

$x_1 = 0$ において水平であり，$x_1' = 0$ となるところ，すなわち曲線 $x_2 = -x_1^3 - 4x_1$ において垂直である．これらの 2 つの曲線の交点に 1 つの平衡点 $(0,0)$ が存在する．ベクトル場からは，この平衡点が安定であるか不安定であるかをいうことは難しい．さらに情報を得るために，平衡点 $(0,0)$ の近くで式 (5.15) の挙動を近似する線形系を解析する．

式 (5.16) から偏導関数を計算することにより，

$$\begin{aligned}\frac{\partial f_1}{\partial x_1} &= -3x_1^2 - 4 \\ \frac{\partial f_1}{\partial x_2} &= -1 \\ \frac{\partial f_2}{\partial x_1} &= 3 \\ \frac{\partial f_2}{\partial x_2} &= 0\end{aligned} \quad (5.17)$$

を得る．式 (5.17) の偏導関数の平衡点 $(0,0)$ における値をとり，方程式 (5.1) に代入することによって

$$A = \begin{pmatrix} -4 & -1 \\ 3 & 0 \end{pmatrix}$$

を得る．この 2×2 行列の固有値は，方程式

$$\begin{vmatrix} \lambda + 4 & 1 \\ -3 & \lambda \end{vmatrix} = 0$$

の根として得られる．行列式を計算し，方程式

$$\lambda^2 + 4\lambda + 3 = 0$$

を得，それによって

$$\lambda = -3, -1$$

を得る．両方の固有値が負であるから，平衡点は安定である．

追加的な情報を得るために，線形系 $x' = Ax$ を解く．この場合，

$$\begin{pmatrix} x_1' \\ x_2' \end{pmatrix} = \begin{pmatrix} -4 & -1 \\ 3 & 0 \end{pmatrix} \begin{pmatrix} x_1 \\ x_2 \end{pmatrix} \quad (5.18)$$

である．我々は，線形系 (5.18) を，固有値と固有ベクトルの方法で解く．我々はす

でに固有値 $\lambda = -3, -1$ を計算している．この固有値 λ に対応する固有ベクトルを計算するためには，方程式

$$\begin{pmatrix} \lambda + 4 & 1 \\ -3 & \lambda \end{pmatrix} \begin{pmatrix} x_1 \\ x_2 \end{pmatrix} = \begin{pmatrix} 0 \\ 0 \end{pmatrix}$$

の 0 でない解を見つけなければならない．$\lambda = -3$ に対しては，

$$\begin{pmatrix} 1 & 1 \\ -3 & -3 \end{pmatrix} \begin{pmatrix} x_1 \\ x_2 \end{pmatrix} = \begin{pmatrix} 0 \\ 0 \end{pmatrix}$$

であり，これから

$$\begin{pmatrix} x_1 \\ x_2 \end{pmatrix} = \begin{pmatrix} -1 \\ 1 \end{pmatrix}$$

を得，

$$\begin{pmatrix} -1 \\ 1 \end{pmatrix} e^{-3t}$$

は線形系 (5.18) の 1 つの解である．$\lambda = -1$ に対しては，

$$\begin{pmatrix} 3 & 1 \\ -3 & -1 \end{pmatrix} \begin{pmatrix} x_1 \\ x_2 \end{pmatrix} = \begin{pmatrix} 0 \\ 0 \end{pmatrix}$$

であり，それから

$$\begin{pmatrix} x_1 \\ x_2 \end{pmatrix} = \begin{pmatrix} -1 \\ 3 \end{pmatrix}$$

を得，

$$\begin{pmatrix} -1 \\ 3 \end{pmatrix} e^{-t}$$

は線形系のもう 1 つの解である．したがって，式 (5.18) の一般解は

$$\begin{pmatrix} x_1 \\ x_2 \end{pmatrix} = c_1 \begin{pmatrix} -1 \\ 1 \end{pmatrix} e^{-3t} + c_2 \begin{pmatrix} -1 \\ 3 \end{pmatrix} e^{-t} \tag{5.19}$$

の形に書ける．ここで，c_1, c_2 は任意の実数の定数である．

図 5.9 は，線形系 (5.18) の相図を示している．このグラフは，いくつかの c_1, c_2 の選択された値に対して解曲線 (5.19) をプロットすることによって得られたものである．たとえば，$c_1 = 1, c_2 = 1$ に対しては，

$$x_1(t) = -e^{-3t} - e^{-t}$$
$$x_2(t) = e^{-3t} + 3e^{-t}$$

5.3 相図　163

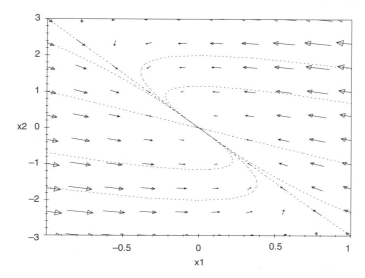

図 5.9　例 5.3 の RLC 回路の問題に対する $(0,0)$ の近くの相図に対する線形近似を示す電圧 x_2 対電流 x_1 のグラフ．

のパラメトリックグラフを描いた．我々は，解曲線の向きを示すために，線形ベクトル場のグラフを重ねて描いた．相図を描くときには，流れの向きを示すために，矢を付け加えるようにしよう．

図 5.10 はもとの非線形ダイナミカルシステム (5.15) の完全な相図を示している[1]．

---

[1] 訳注：原図はやや見にくかったために差し替えた．Mathematica の入力は以下の通り：

```
dx1[t_] := -x1[t]^3 - 4 x1[t] - x2[t];

dx2[t_] := 3 x1[t];

lastT:= 3;

graph[1] = StreamPlot[{dx1[t],dx2[t]},{x1[t],-3,3},{x2[t],-3,3},Axes -> True,AxesLabel
    -> {"x1","x2"}];

orbit[x01_, x02_] := NDSolve[{x1'[t] == dx1[t], x2'[t] == dx2[t], x1[0] == x01, x2[0] ==
    x02}, {x1[t], x2[t]}, {t, 0, lastT}];

graph[2] = ParametricPlot[ Evaluate[{x1[t],x2[t]} /. orbit[-3,2.95][[1]]],{t,0,lastT},
    PlotStyle -> Thickness[0.015]];

graph[3] = ParametricPlot[ Evaluate[{x1[t],x2[t]} /. orbit[-3,1.8][[1]]],{t,0,lastT},
    PlotStyle -> Thickness[0.015]];

graph[4] = ParametricPlot[ Evaluate[{x1[t],x2[t]} /. orbit[-3,0.22][[1]]],{t,0,lastT},
    PlotStyle -> Thickness[0.015]];
```

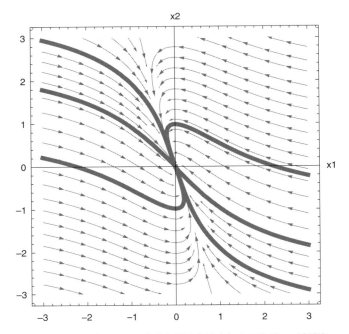

図 5.10 例 5.3 の RLC 回路の問題の完全な相図を示すための電圧 x_2 対電流 x_1 のグラフ．

この図は，図 5.8 および図 5.9 の情報を結合し，非線形系 (5.15) の相図は線形系 (5.18) の相図と同相であることを用いて得られた．この例においては線形系と非線形系の間には大きな定性的な違いは存在しない．

ステップ 5 は，質問に答えることである．質問とは，RLC 回路の挙動を記述することであった．全体的な挙動は 2 つの量によって記述される．それらは抵抗を通る電流と，コンデンサに沿った電圧の降下である．初期状態にかかわらず，両方の量は最終的には 0 に向かう．さらに，電圧が正で電流が負になるか，反対になるかが究極的に正しい．電流と電圧が時間が経過するときどうなるかの完全なグラフ的記

```
graph[5] = ParametricPlot[ Evaluate[{x1[t],x2[t]} /. orbit[3,-2.91][[1]]],{t,0,lastT},
    PlotStyle -> Thickness[0.015]];

graph[6] = ParametricPlot[ Evaluate[{x1[t],x2[t]} /. orbit[3,-1.85][[1]]],{t,0,lastT},
    PlotStyle -> Thickness[0.015]];

graph[7] = ParametricPlot[ Evaluate[{x1[t],x2[t]} /. orbit[3,-0.22][[1]]],{t,0,lastT},
    PlotStyle -> Thickness[0.015]];

Show[Table[graph[i], {i, 7}]]
```

述については，図 5.10 を見よ．そこでは x_1 は電流を，x_2 は電圧を表す．他の興味ある量の挙動については，これらの 2 つの変数（詳しくは図 5.7 を見よ）を用いて容易に記述することができる．たとえば，変数 x_1 は実際には，回路のどの分枝についてもそれを通る電流を表している．

次に，我々の仮定における小さな変化が及ぼす一般的な結論への影響を定めるため，感度分析を行なう．最初に，キャパシタンス C を考えよう．例においては，$C = 1/3$ と仮定した．いま，C を不定としておくことにより，我々のモデルを一般化しよう．この場合，ダイナミカルシステムは式 (5.15) の代わりに

$$\begin{aligned} x_1' &= -x_1^3 - 4x_1 - x_2 \\ x_2' &= \frac{x_1}{C} \end{aligned} \quad (5.20)$$

となる．さらに，

$$\begin{aligned} f_1(x_1, x_2) &= -x_1^3 - 4x_1 - x_2 \\ f_2(x_1, x_2) &= \frac{x_1}{C} \end{aligned} \quad (5.21)$$

を得る．C が $1/3$ に近い値をとるとき，ベクトル場 (5.21) は図 5.8 におけるものと本質的に同様である．速度ベクトルは依然として，曲線 $x_1 = 0$ 上で水平であり，$x_2 = -x_1^3 - 4x_1$ 上で垂直である．依然として 2 つの曲線の交点に 1 つの平衡点 $(0, 0)$ が存在している．

方程式 (5.21) から偏導関数を計算することにより，

$$\begin{aligned} \frac{\partial f_1}{\partial x_1} &= -3x_1^2 - 4 \\ \frac{\partial f_1}{\partial x_2} &= -1 \\ \frac{\partial f_2}{\partial x_1} &= \frac{1}{C} \\ \frac{\partial f_2}{\partial x_2} &= 0 \end{aligned} \quad (5.22)$$

を得る．偏導関数 (5.22) を平衡点 $(0, 0)$ で値をとらせ，式 (5.1) に代入することにより，

$$A = \begin{pmatrix} -4 & -1 \\ 1/C & 0 \end{pmatrix}$$

を得る．この行列の固有値は

$$\begin{vmatrix} \lambda + 4 & 1 \\ -1/C & \lambda \end{vmatrix} = 0$$

の根として計算することができる．行列式を計算することにより，方程式

$$\lambda^2 + 4\lambda + \frac{1}{C} = 0$$

を得る．複数の固有値は，

$$\lambda = -2 \pm \sqrt{4 - \frac{1}{C}}$$

である．$C > 1/4$ なら，2つの異なる負の固有値があり，平衡点は安定である．この場合，線形系の一般解は，

$$\begin{pmatrix} x_1 \\ x_2 \end{pmatrix} = c_1 \begin{pmatrix} -1 \\ 2+\alpha \end{pmatrix} e^{(-2+\alpha)t} + c_2 \begin{pmatrix} -1 \\ 2-\alpha \end{pmatrix} e^{(-2-\alpha)t} \tag{5.23}$$

である．ここで，$\alpha^2 = 4 - 1/C$ である．線形系の相図は，直線解の傾きが C によって変わることを除けば，図 5.9 とほぼ同じである．したがって，C が 1/4 より大きいとき，もとの非線形系の相図は図 5.10 に示されたものと非常によく似ている．そこで，我々の RLC 回路についての一般的な結論は，$C > 1/4$ である限り，C の正確な値に対して敏感ではないと結論することができる．同様な結果が，インダクタンス L に対しても期待できるだろう．一般的に言えば，解の重要な特徴（たとえば固有値）は，これらのパラメータに連続的に依存している．

次に，ロバスト性の問題について考える．RLC 回路は，v-i 特性式 $f(x) = x^3 + 4x$ をもつと仮定した．より一般的に，$f(0) = 0$ かつ f は狭義単調増加と仮定する．このとき，ダイナミカルシステムの方程式は

$$\begin{aligned} x_1' &= -f(x_1) - x_2 \\ x_2' &= 3x_1 \end{aligned} \tag{5.24}$$

となる．また

$$\begin{aligned} f_1(x_1, x_2) &= -f(x_1) - x_2 \\ f_2(x_1, x_2) &= 3x_1 \end{aligned} \tag{5.25}$$

である．$R = f'(0)$ とする．線形近似は

$$A = \begin{pmatrix} -R & -1 \\ 3 & 0 \end{pmatrix}$$

を用い，固有値は方程式

$$\begin{vmatrix} \lambda + R & 1 \\ 3 & \lambda \end{vmatrix} = 0$$

の根である．そこで

$$\lambda = \frac{-R \pm \sqrt{R^2 - 12}}{2}$$

を計算する．$R > \sqrt{12}$ である限り，2つの負の実数固有値があり，線形系の挙動は，図 5.9 に描かれている．さらに，もとの非線形系の挙動は，図 5.10 からそれほどかけ離れてはいない．RLC 回路についてのモデルは，v-i 特性式の形についての仮定に関してロバストであると結論することができる．

例 5.4 $L = 1, C = 1$ で v-i 特性式が $f(x) = x^3 - x$ のもとでの非線形 RLC 回路を考える．この回路の時間が経ったときの挙動を決定しなさい．

モデル化の過程は，もちろん以前の例と同じである．$x_1 = i_R, x_2 = v_C$ とおく．ダイナミカルシステム

$$\begin{aligned} x_1' &= x_1 - x_1^3 - x_2 \\ x_2' &= x_1 \end{aligned} \tag{5.26}$$

を得る．ベクトル場のプロットについては，図 5.11 を見よ．速度ベクトルは，曲線 $x_2 = x_1 - x_1^3$ の上では鉛直で，x_2 軸の上では水平である．ただひとつの平衡点は $(0, 0)$ である．ベクトル場から原点が安定な平衡状態であるかどうかを言うことは困難である．

偏導関数の行列は，

$$A = \begin{pmatrix} 1 - 3x_1^2 & -1 \\ 1 & 0 \end{pmatrix}$$

である．$x_1 = 0, x_2 = 0$ で値をとらせることにより，線形系

$$\begin{pmatrix} x_1' \\ x_2' \end{pmatrix} = \begin{pmatrix} 1 & -1 \\ 1 & 0 \end{pmatrix} \begin{pmatrix} x_1 \\ x_2 \end{pmatrix}$$

を得る．これは，非線形系の原点の近くの挙動を近似している．固有値を得るためには，

$$\begin{vmatrix} \lambda - 1 & 1 \\ -1 & \lambda - 0 \end{vmatrix} = 0$$

すなわち $\lambda^2 - \lambda + 1 = 0$ を解かなければならない．固有値は

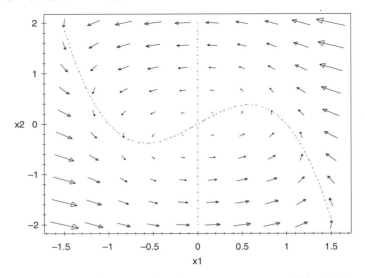

図 5.11 例 5.4 の RLC 回路の問題に対して式 (5.26) からのベクトル場を示すための電圧 x_2 対電流 x_1 のグラフ．

$$\lambda = 1/2 \pm i\sqrt{3}/2$$

である．各固有値の実部が正であることから，原点は不安定な平衡点である．

より多くの情報を得るため，線形系を解く．固有値

$$\lambda = 1/2 + i\sqrt{3}/2$$

に属する固有ベクトルを求めるため，

$$\begin{pmatrix} -1/2 + i\sqrt{3}/2 & 1 \\ -1 & 1/2 + i\sqrt{3}/2 \end{pmatrix} \begin{pmatrix} x_1 \\ x_2 \end{pmatrix} = \begin{pmatrix} 0 \\ 0 \end{pmatrix}$$

を解き，

$$x_1 = 2,\ x_2 = 1 - i\sqrt{3}$$

を得る．このとき複素解

$$\begin{pmatrix} x_1 \\ x_2 \end{pmatrix} = \begin{pmatrix} 2 \\ 1 - i\sqrt{3} \end{pmatrix} e^{(\frac{1}{2} + i\frac{\sqrt{3}}{2})t}$$

を得る．実部と虚部をとることにより，2 つの線形独立な実数解 $u = (x_1, x_2)$，ただし，

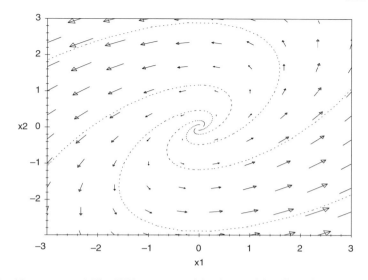

図 5.12 例 5.4 の RLC 回路の問題の (0,0) の近くの相図に対する線形近似を示すための電圧 x_2 対電流 x_1 のグラフ．

$$x_1(t) = 2e^{t/2}\cos(t\sqrt{3}/2)$$
$$x_2(t) = e^{t/2}\cos(t\sqrt{3}/2) + \sqrt{3}\,e^{t/2}\sin(t\sqrt{3}/2)$$

および $v = (x_1, x_2)$，ただし

$$x_1(t) = 2e^{t/2}\sin(t\sqrt{3}/2)$$
$$x_2(t) = e^{t/2}\sin(t\sqrt{3}/2) - \sqrt{3}\,e^{t/2}\cos(t\sqrt{3}/2)$$

を得る．一般解は $c_1 u(t) + c_2 v(t)$ である．この線形系の相図は，図 5.12 に示されている．このグラフはいくつかの c_1, c_2 の選択された値に対するパラメトリックプロットを示している．流れの向きを示すため，ベクトル場を重ねて描いている．

　この線形相図において原点のところを拡大または縮小したとしても，本質的に同じに見える．線形ベクトル場および線形相図の決定的な特徴のひとつは，どのようなスケールに対しても同じように見えることである．原点の近傍における非線形系の相図は，若干のゆがみはあるが，同じように見える．(0,0) の近くの解曲線は，時計の左回りの向きに外側に回転していく．非線形系のベクトル場または相図の原点のまわりの拡大を続けると，どんどん線形系のように見える．原点から離れると，非線形系の挙動は線形系の挙動から著しく離れていく．

　非線形系の完全な相図を得るため，図 5.11 と図 5.12 の情報を結びつける必要が

ある.図 5.11 のベクトル場から,原点から離れると解曲線の挙動は大きく変化することが明らかである.依然として一般的な反時計周りの流れが存在しているが,解曲線は,線形の相図のように回転しながら無限に行くわけではない.原点から離れ始めた解曲線は,反時計回りの流れを続けるとともに原点に向かっていくように見える.原点の近くの解曲線は外に向かって回転していき,原点から遠く離れた解曲線は原点に向かい,また我々は解曲線は交わらないことを知っているので,相図において何か興味深いことが起こっているに違いない.何が起こっているにせよ,それは線形系では起こり得ない何かである.もし線形系において解曲線が外に向かって回転すれば,ずっと無限に外に向かって回転しなければならない.6.3 節において,ダイナミカルシステム (5.26) の挙動を計算の方法によって調べる.完全な相図を描くのは,それまで待つことにする.

線形近似のテクニックから離れる前に,離散時間ダイナミカルシステムについて少しの事実を指摘すべきであろう.離散時間ダイナミカルシステム

$$\Delta x = F(x),$$

ただし,$x = (x_1, \ldots, x_n)$ を考える.ここで,$x = (x_1, \ldots, x_n)$ を反復関数とする.平衡点 x_0 において,$G(x_0) = x_0$ である.5.2 節において,我々は x_0 の近くの x に対する近似

$$G(x) \approx A(x - x_0)$$

を用いる.ここで,A は式 (5.12) で定義されたように,偏導関数行列に対して $x = x_0$ で値をとらせたものである.

反復関数 $G(x)$ のグラフ的な描画を得るひとつの方法は,様々な集合

$$S = \{x : |x - x_0| = r\}$$

に対して像集合

$$G(S) = \{G(x) : x \in S\}$$

を描くことである.次元 $n = 2$ の場合は集合 S は円周であり,次元 $n = 3$ においては球面である.行列 A が非退化である限り,点 x_0 のある近傍において,像集合 $A(S)$ から $G(S)$ の上への微分同相 $H(x)$ が存在する.もし点 x が S の内部にあるならば,$G(x)$ は $G(S)$ の内部にあるだろう.これは,ダイナミクスのグラフ的な解釈を可能にする.

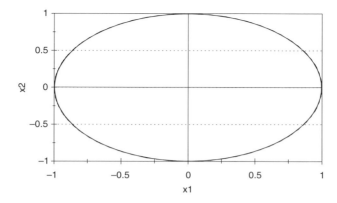

図 5.13 初期条件 $S = \{(x_1, x_2) : x_1^2 + x_2^2 = 1\}$ を示したドッキングの問題のダイナミクス．

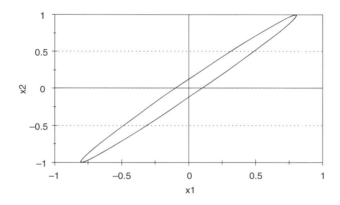

図 5.14 一回の反復後の $A(S)$ を示したドッキングの問題のダイナミクス．

図 5.13 から図 5.15 は，例 5.2 からのドッキングの問題のダイナミクスを図示したものである．この場合には G が線形なので，$G(S) = A(S)$ である．図 5.13 で示されているように集合 S 上（または内部）から出発し，次の状態は図 5.14 で示されているように集合 $A(S)$ の上（または内部）であり，さらに次の状態は図 5.15 で示されているように $A^2(S) = A(A(S))$ の上（または内部）である．$n \to \infty$ となるに従って $A^n(S)$ は次第に原点に向かって縮小していく．

5.4 練習問題

1. 第 4 章の練習問題 4 を再考察しなさい．

172　第 5 章　動的モデルの解析

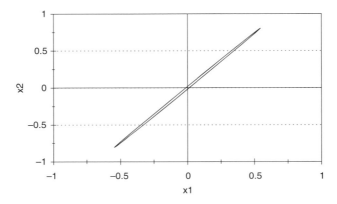

図 5.15　2 回の反復後の $A^2(S)$ を示したドッキングの問題のダイナミクス．

(a) このモデルのベクトル場を描きなさい．状態空間における各平衡点の場所を決定しなさい．ベクトル場から，どの平衡点が安定かについて述べることができるだろうか．

(b) 状態空間の任意の平衡状態の安定性を調べるため，固有値の方法を用いなさい．

(c) 各平衡点に対して，その平衡点の近傍におけるもとのダイナミカルシステムの挙動を近似する線形系を決定しなさい．その線形系に対して，一般的な解を書き下し，線形の相図をスケッチしなさい．

(d) (a) および (c) を用いて，このモデルの完全な相図を描きなさい．

(e) 現在シロナガスクジラが 5,000 頭，ナガスクジラが 70,000 頭という見積りが与えられるとき，このモデルは 2 種の将来について何を予測するだろうか．

2. 第 4 章の練習問題 5 を再考察しなさい．

(a) このモデルのベクトル場をスケッチしなさい．状態空間の中における各平衡点の位置を決めなさい．

(b) 状態空間の各平衡点の安定性を調べるために，固有値の手法を用いなさい．

(c) 各平衡点に対して，その平衡点の近傍におけるもとのダイナミカルシステムの挙動を近似する線形系を決定しなさい．その線形系の一般解を書き，線形の相図をスケッチしなさい．

(d) (a) と (c) の結果を用いて，このモデルの完全な相図をスケッチしなさい．

(e) 現在シロナガスクジラが 5,000 頭，ナガスクジラが 70,000 頭という見積りが与えられているとして，このモデルは 2 種の将来についてどのように予言するだろうか．

3. 第 4 章の練習問題 6 を再考察しなさい．捕獲可能性係数が $q = 10^{-5}$ であり，努力の水準が 1 日あたり $E = 3000$ 隻であると仮定しよう．

   (a) このモデルのベクトル場をスケッチしなさい．状態空間の中の各平衡点の場所を決定しなさい．
   (b) 状態空間の中の各平衡点の安定性を調べるために固有値の方法を用いなさい．
   (c) 各平衡点に対して，その平衡点の近傍においてもとのダイナミカルシステムの挙動を近似する線形系を決定し，その線形系の相図を描きなさい．
   (d) (a) および (c) の結果を用いて，このモデルの完全な相図をスケッチしなさい．
   (e) 現在シロナガスクジラが 5,000 頭，ナガスクジラが 70,000 頭という見積りが与えられているとき，このモデルは 2 種の将来について何を予言するだろうか．

4. 練習問題 3 を繰り返しなさい．ただし，努力水準を，年あたり $E = 6000$ 隻とする．

5. 第 4 章の練習問題 7 を再考察しなさい．

   (a) このモデルのベクトル場を描きなさい．状態空間の中の任意の平衡点の場所を決定しなさい．
   (b) 状態空間の中の各平衡点の安定性を調べるため，固有値の方法を用いなさい．
   (c) 各平衡点に対して，その平衡点の近傍においてもとのダイナミカルシステムの挙動を近似する線形系を決定しなさい．この線形系に対して一般解を書きなさい．そして線形の相図をスケッチしなさい．
   (d) (a) および (c) の結果を用いて，このモデルの完全な相図を描きなさい．
   (e) 生態学的な災害が突然その地域のオキアミの 80% を殺し，150,000 頭のシロナガスクジラとたったエーカーあたり 100 トンのオキアミが残されていたとしよう．モデルは，クジラとオキアミの将来について，何を予言するだろうか．

6. 第4章の練習問題9を再考察しなさい．

    (a) 連続モデルを仮定し，固有値の方法を用いて，平衡状態 (P,Q) の安定性を決定しなさい．

    (b) (a) を離散時間モデルを仮定して繰り返しなさい．結果における相違点は，何に起因するだろうか？

7. 例5.1の木の問題を再考察しなさい．$t=1/2$ と仮定する．

    (a) このモデルのベクトル場を描きなさい．状態空間における各平衡状態の場所を示しなさい．

    (b) 各平衡点に対して，その平衡点の近傍においてもとのダイナミカルシステムの挙動を近似する線形系を決定しなさい．この線形系の一般解を書き，線形の相図をスケッチしなさい．

    (c) (a) と (b) の結果を用いて，このモデルの完全な相図を描きなさい．

    (d) 軟材の木の成熟林に少数の硬材の木を導入したとしよう．モデルはこの森林の将来について何を予測するだろうか．

8. 例5.1の木の問題を再考察しなさい．しかし，今回は，硬材の木と軟材の木の共存にとっては競争因子が非常に大きすぎると仮定する．$t=3/4$ と仮定しよう．

    (a) このモデルのベクトル場を描きなさい．状態空間の中の各平衡点の場所を示しなさい．

    (b) 各平衡点に対して，その平衡点の近傍においてもとのダイナミカルシステムの挙動を近似する線形系を決定しなさい．この系の一般解を書き，線形の相図をスケッチしなさい．

    (c) (a) および (b) の結果を用いて，このモデルの完全な相図をスケッチしなさい．

    (d) 軟材の木の成熟林に少数の硬材の木を導入したとしよう．モデルはこの森林の将来について何を予測するだろうか．

9. 例5.3におけるRLC回路の問題を再考察し，このコンデンサのインダクタンスを与えるパラメータ L についての感度分析を行ないなさい．$L>0$ と仮定する．

    (a) 一般的な場合 $L>0$ に対してベクトル場を記述しなさい．

    (b) 平衡点 $(0,0)$ が依然として安定であるような L の範囲を決定しなさい．

(c) 2つの実数固有値が存在する場合に，線形系の相図を描きなさい．

(d) (a) と (c) の結果を用いて，完全な相図を描きなさい．5.3節における結論のパラメータ L の実際の値に対する感度分析についてコメントしなさい．

10. 例5.3のRLC回路の問題を再考察しなさい．ただし，今回はキャパシタンスが $C = 1/5$ となっているとする．

(a) このモデルのベクトル場を描きなさい．

(b) 平衡点である原点の安定性を調べるために固有値の方法を用いなさい．

(c) 原点の近傍においてもとのダイナミカルシステムの挙動を近似する線形系を決定しなさい．

(d) (a) と (c) を用いて，このモデルの完全な相図を描きなさい．キャパシタンス C が低くなったときにこのRLC回路の挙動はどのように変わるだろうか．

11. (練習問題10の続き) 例5.3のRLC回路の問題を再考察しなさい．今回はキャパシタンス C を $0 < C < \infty$ の全範囲にわたって変化させてみなさい．

(a) $0 < C < 1/4$ の場合において，原点におけるRLC回路の挙動を近似する線形系の相図をスケッチしなさい．本文ですでに行なった $C > 1/4$ の場合と比較しなさい．

(b) $0 < C < 1/4$ の場合に対して，RLC回路の完全な相図を描きなさい．$0 < C < 1/4$ と $C > 1/4$ の場合の間を移動するときに相図に何が起こるかを記述しなさい．

(c) ただひとつの固有値が存在する $C = 1/4$ の場合において，線形系の相図を描きなさい．この場合に，非線形系の相図を描きなさい．この場合の相図が，2つの互いに異なる固有値 ($C > 1/4$) の場合と複素共役な固有値のペアの場合 ($0 < C < 1/4$) の中間的な段階をどのように表しているかを説明しなさい．

(d) 本文の例5.3のステップ5で与えられている回路の挙動の記述を再考察しなさい．普通の日本語で，より一般的な場合 $C > 0$ におけるRLC回路の挙動を説明しなさい．

12. 例5.2の宇宙ドッキングの問題を再考察しなさい．

(a) この問題のベクトル場を描きなさい．

(b) テキストで計算された固有値

$$\lambda = \frac{4 \pm \sqrt{6}}{10}$$

に属する固有ベクトルを見つけなさい．(a) の図にこれらの固有ベクトルを描きなさい．これらの点におけるベクトル場について何か気がつくだろうか？

(c) 固有ベクトルからスタートした場合に，閉鎖速度が（分あたり）減少する割合を計算しなさい．

(d) 一般的に，任意の初期条件に対する閉鎖速度の減少率について，何を言うことができるだろうか．［ヒント：任意の初期条件 (x_1, x_2) は (b) で見つけられた 2 つの固有ベクトルの線形結合である．］

13. （練習問題 12 の続き）例 5.2 の宇宙ドッキングの問題を再考察しなさい．

(a) 練習問題 12 におけるように，制御パラメータである k が $0 < k \le 0.0268$ の範囲を動くとき閉鎖速度の減少率（％／分）を k の関数として計算しなさい．

(b) 閉鎖速度の減少率を最大にするような (a) の k の値を見つけなさい．

(c) 制御パラメータ k の有効性の観点から，(b) における結果の意義を説明しなさい．

(d) この問題の中で用いられたアプローチを拡張することで，すでに安定に制御できることがわかっている全区間 $0 < k < 0.2$ の中で最も有効な k の値を見出す問題を説明しなさい．

14. 例 5.2 における宇宙ドッキングの問題を再考察しなさい．しかし今回は離散時間ダイナミカルシステム

$$\Delta x_1 = -kwx_1 - kcx_2$$
$$\Delta x_2 = x_1 - x_2$$

をその連続時間の類似

$$\frac{dx_1}{dt} = -kwx_1 - kcx_2$$
$$\frac{dx_2}{dt} = x_1 - x_2$$

で近似しなさい．

(a) 連続時間モデルは $(0,0)$ で安定な平衡点をもつことを示しなさい．$w=10$, $c=5$, $k=0.02$ を仮定する．

(b) 連続時間モデルを，固有値と固有ベクトルの方法を用いて解きなさい．

(c) このモデルの完全な相図を描きなさい．

(d) 離散時間と連続時間のモデルの挙動の間の差についてコメントしなさい．

15. （練習問題 14 の続き）例 4.2 のドッキングの問題を再考察しなさい．練習問題 14 におけるように，離散時間モデルをその連続時間における類似に置き換える．

    (a) $w=10$, $c=5$ を仮定する．どのような k の値に対して連続時間モデルは $(0,0)$ において安定な平衡点をもつだろうか？

    (b) 連続モデルを固有ベクトルと固有値の方法で解きなさい．

    (c) このモデルに対して完全な相図を描きなさい．相図は k にどのように依存するだろうか？

    (d) 連続モデルと離散モデルのどのような違いについてもコメントしなさい．

16. 例 5.1 の木の問題について再考察しなさい．

    (a) 両方のタイプの木が平衡点で共存できるだろうか？　$b_i = a_i/2$ と仮定する．ファイブ・ステップ法を用いなさい．そして 1 年を時間ステップとして**離散時間**ダイナミカルシステムとしてモデル化しなさい．

    (b) (a) で見つけた平衡点の安定性を確認するために離散時間ダイナミカルシステムに固有値テストを用いなさい．

    (c) $b_i = ta_i$ とし，パラメータ t について感度分析を行ないなさい．(a) で見つけた平衡点が安定になるような $0 < t < 0.6$ の範囲を決定しなさい．

    (d) 離散時間と連続時間のモデルのいかなる違いでもコメントしなさい．実際問題として，我々が選ぶ違いがあるだろうか？

さらに進んだ文献

1. Beltrami, E. (1987) *Mathematics for Dynamic Modeling.* Academic Press, Orlando, Florida.
2. Frauenthal, J. (1979) *Introduction to Population Modeling.* UMAP Monograph.
3. Hirsch, M. and S. Smale (1974) *Differential Equations, Dynamical Systems, and Linear Algebra.* Academic Press, New York.
4. Keller, M., *Electrical Circuits and Applications of Matrix Methods:*

  Analysis of Linear Circuits. UMAP modules 108 and 112.

5. Rescigno, A. and I. Richardson, The Struggle for Life I, Two Species. *Bulletin of Mathematical Biophysics*, vol. 29, pp. 377-388.

6. Smale, S. (1972) On the Mathematical Foundations of Circuit Theory. *Journal of Differential Geometry*, vol. 7, pp. 193-210.

7. Wilde, C., *The Contraction Mapping Principle.* UMAP module 326.

第6章 動的モデルの
シミュレーション

　シミュレーション手法は，動的モデルの解析において，最も重要かつ頻繁に使われる手法となってきた．微分方程式の初歩的講義で教わるような，厳密解を求める方法は適用範囲が限られている．かなり多くの微分方程式に対して，我々はその解法を知らないのが現状である．直前の二つの章で紹介された定性的手法は，より広く適用可能であるが，いくつかの問題に対しては，定量的解答や高度な精密さが必要とされる．シミュレーション手法はこれら両方を与えることができる．実践的応用にあらわれるほとんどすべての動的モデルは，適度な精密さでシミュレーション可能である．さらに，シミュレーション手法は非常に柔軟性に富む．時間遅れや確率的要素といった，解析的に扱うのは困難であるような，より複雑な要因を容易に導入できる．

　感度分析の分野では，シミュレーションの主たる欠点が生ずる．解析的な式への手立てがない場合においては，特定のパラメータに対する感度を調べるための唯一の方法は，いくつかの値に対してシミュレーション全体を繰り返し，そしてその間を補間することである．このような作業は，調べたいパラメータが複数存在する場合には，多くの費用と時間がかかる．それにもかかわらず，シミュレーションは多くの問題に対して選りすぐりの方法である．もし，解析的に解くことができず，また，定量的な解が必要とされるなら，シミュレーションに代わる方法はない．

6.1　シミュレーション入門

　ダイナミカルシステムモデルの解析を行なうには，本質的に2つの方法がある．解析的手法は，さまざまな状況において，モデルから何が起こるかを予測することを意図している．シミュレーションによる手法は，モデルを構築し，それを用い，解明する．

例 6.1　2つの軍隊が戦争に従事している．これらの軍隊を赤軍 (R) と青軍 (B) と呼ぼう．この従来型の戦争では，摩耗は直接射撃（歩兵隊）と地域射撃（砲兵隊）に

変数: $R =$ 赤軍の部隊の数（部隊）
$B =$ 青軍の部隊の数（部隊）
$D_R =$ 直接射撃による赤軍の摩耗率（部隊／時）
$D_B =$ 直接射撃による青軍の摩耗率（部隊／時）
$I_R =$ 非直接（地域）射撃による赤軍の摩耗率（部隊／時）
$I_B =$ 非直接（地域）射撃による青軍の摩耗率（部隊／時）

仮定: $D_R = a_1 B$
$D_B = a_2 R$
$I_R = b_1 RB$
$I_B = b_2 RB$
$R \geq 0, \ B \geq 0$
$R(0) = 5, \ B(0) = 2$
a_1, a_2, b_1, b_2 は正の実数
$a_1 > a_2, b_1 > b_2$

目的: $B \to 0$ となる前に $R \to 0$ となる条件を決定せよ

図 6.1　戦争の問題のステップ 1 の結果.

よる．直接射撃による摩耗率は，敵の歩兵隊の数に比例すると仮定する．砲兵隊による摩耗率は，敵の砲兵隊と味方の部隊の密度に依存する．赤軍は，2 つの部隊からなる青軍を攻撃するために，5 つの部隊を保有している．青軍は防衛力が優勢であり，さらには武器による効力も優れている．青軍が戦いに勝つためには，どれだけ優位性が必要となるか？

ファイブ・ステップ法を用いよう．ステップ 1 の結果が図 6.1 にまとめられている．地域射撃による摩耗率は，敵の兵力水準と味方の兵力水準の積に直接的に比例すると仮定した．この局面において，兵力水準は兵力密度に比例すると仮定することは理にかなっているであろう．また，歩兵隊に対する砲兵隊の部隊数についての情報はないので，この解析においては，砲兵隊や歩兵隊の単位数はそれらの数に比例して減少すると単純に仮定する．したがって，それぞれの側において，残っている砲兵隊あるいは歩兵隊の部隊数は部隊の総数に比例して残ると仮定されている．

次はステップ 2 である．離散時間ダイナミカルシステムモデルを用いて，シミュレーションにより解こう．図 6.2 は，2 変数の離散時間ダイナミカルシステム：

$$\begin{aligned} \Delta x_1 &= f_1(x_1, x_2) \\ \Delta x_2 &= f_2(x_1, x_2) \end{aligned} \tag{6.1}$$

アルゴリズム： 離散時間シミュレーション

変数： $x_1(n) = $ 時刻 n における第1状態変数
$x_2(n) = $ 時刻 n における第2状態変数
$N = $ 時間刻み数

入力： $x_1(0), x_2(0), N$

過程： Begin
for $n = 1$ to N do
  Begin
  $x_1(n) \leftarrow x_1(n-1) + f_1(x_1(n-1), x_2(n-1))$
  $x_2(n) \leftarrow x_2(n-1) + f_2(x_1(n-1), x_2(n-1))$
  End
End

出力： $x_1(1), \ldots, x_1(N)$
$x_2(1), \ldots, x_2(N)$

図 6.2 離散時間シミュレーションのための擬似コード．

のシミュレーションを実行するためのアルゴリズムを与えている．

その次はステップ3である．戦争の問題を，2個の状態変数をもつ離散時間ダイナミカルシステムとしてモデル化しよう：$x_1 = R$ を赤軍の部隊数；$x_2 = B$ を青軍の部隊数とする．差分方程式は，以下の通り．

$$\begin{aligned}\Delta x_1 &= -a_1 x_2 - b_1 x_1 x_2 \\ \Delta x_2 &= -a_2 x_1 - b_2 x_1 x_2.\end{aligned} \quad (6.2)$$

部隊数を $x_1(0) = 5$ かつ $x_2(0) = 2$ で始めよう．時間刻み $\Delta t = 1$ 時間を用いよう．シミュレーションプログラムを実行するためには，a_i と b_i の数値も必要である．残念ながら，それらをどのように仮定すべきかという考えは与えられていない．経験に基づく推定を行なってみよう．典型的な従来型の戦争は約5日間続くことと，戦争に従事するのは1日につきおよそ12時間であると仮定する．これは，ひとつの兵力が60時間の戦争で使い尽くされることを意味している．もし，60時間に対して1時間あたり5%ずつ兵力が使い尽くされるとするなら，残っている割合は $(0.95)^{60} = 0.05$ であり，これはほぼ正当な値とみなせる．そこで，$a_2 = 0.05$ と仮定しよう．地域射撃は，直接射撃のようには必ずしも有効ではないので，$b_2 = 0.005$ と仮定する．（b_i は x_1 と x_2 の両方に乗じられていることを思い起こそう．このことは b_i をこのように小さな値とした理由である．）青軍は，赤軍よりも武器による

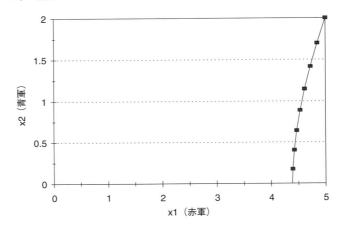

図 6.3 戦争の問題における赤軍 x_1 に対する青軍 x_2 のグラフ：$\lambda = 1.0$ の場合.

効力が大きいと仮定されているので，$a_1 > a_2$ かつ $b_1 > b_2$ とすべきである．ある $\lambda > 1$ に対して，$a_1 = \lambda a_2$ かつ $b_1 = \lambda b_2$ を仮定しよう．この解析の目的は，$x_2 \to 0$ となる前に $x_1 \to 0$ となる最小の λ を決定することである．なお，差分方程式は，

$$\Delta x_1 = -\lambda(0.05)x_2 - \lambda(0.005)x_1 x_2$$
$$\Delta x_2 = -0.05 x_1 - 0.005 x_1 x_2. \tag{6.3}$$

ステップ 4 では，λ のいくつかの値に対して，シミュレーションプログラムを実行することにより，問題を解く．まずはじめに，$\lambda = 1, 1.5, 2, 3, 5$ に対するモデルを試そう．これにより，λ がどれだけ大きくなければならないかという着想が与えられ，その結果，もともと持っているシミュレーションに対する直観に対して実際のシミュレーションを見直すことができる．たとえば，λ が大きいほど青軍に有利であるということを確かめるべきである．

以上，最初のモデルに対する結果は，図 6.3 から図 6.7 のとおりである．表 6.1 に結論を要約しておく．

各試行ごとに，λ の値，戦争時間，勝者，そして勝者側の残った部隊数を記録した．シミュレーションは，14 日間（あるいは $N = 168$ 時間）の戦いまで実行した．戦争時間は，変数 x_1 または x_2 が 0 あるいは負になるまでの実際の戦争時間数（1 日あたり 12 時間戦いがある）として定義されている．もし，両者が 168 時間の戦いに生き残る場合には，引き分けという．

青軍が有利であるとはいえない．たとえ，5 : 1 の武器による優位性があっても，

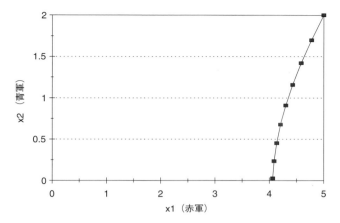

図 6.4 戦争の問題における赤軍 x_1 に対する青軍 x_2 のグラフ：$\lambda = 1.5$ の場合．

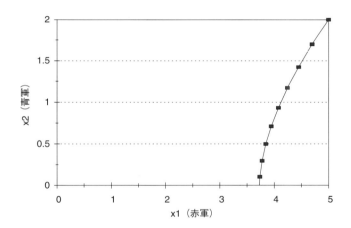

図 6.5 戦争の問題における赤軍 x_1 に対する青軍 x_2 のグラフ：$\lambda = 2.0$ の場合．

青軍は戦いに負けている．青軍が勝つために，どれだけ大きな λ が必要となるかを正確に見出すために，さらにいくつかのモデルを実行することとする．$\lambda = 6.0$ のとき，13 時間の戦争ののち余剰戦力を 0.6 部隊残して青軍側が勝利した（図 6.8 参照）．区間 $5.0 \leq \lambda \leq 6.0$ を分割しながら，さらにいくつかのモデルを実行し，その結果，青軍が勝利する下限 $\lambda = 5.4$ が得られた．$\lambda = 5.3$ では，赤軍が勝利する．

最後に，得られた結果をまとめておかなければならない．5 個の部隊を有する攻撃側の赤軍と 2 個の部隊を有する防御側の青軍との間の関係についてシミュレーションを実行した．その際，2 つの軍隊は明らかな勝者が出現するまで互いに戦い続ける

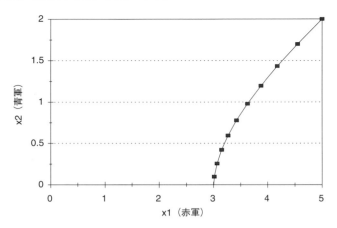

図 6.6 戦争の問題における赤軍 x_1 に対する青軍 x_2 のグラフ：$\lambda = 3.0$ の場合.

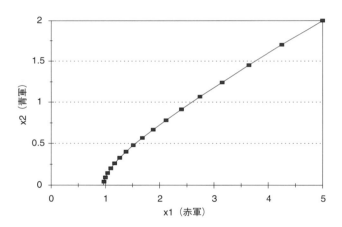

図 6.7 戦争の問題における赤軍 x_1 に対する青軍 x_2 のグラフ：$\lambda = 5.0$ の場合.

表 6.1 戦争の問題に対するシミュレーション結果の要約.

優位性 (λ)	戦争時間	勝者	余剰戦力
1.0	8	赤軍	4.4
1.5	9	赤軍	4.1
2.0	9	赤軍	3.7
3.0	10	赤軍	3.0
5.0	17	赤軍	1.0

と仮定している．そして，5：2の数的不利益を相殺できるような武器の優位性の度合い（殺傷率）を求めることを目的とした．武器の優位性に様々な比率を与え，多

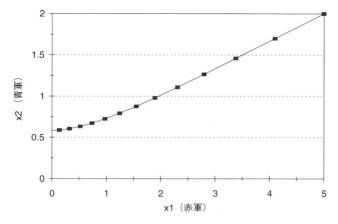

図 6.8 戦争の問題における赤軍 x_1 に対する青軍 x_2 のグラフ：$\lambda = 6.0$ の場合．

くのシミュレーションを実行した．その結果，5 部隊をもつ数的に優位な赤軍に対して，防御が成功するには，少なくとも 5.4：1 の武器の優位性が必要であろうことがわかった．

ファイブ・ステップ法を完結し，ステップ 1 で述べられた疑問に答えるために，感度分析を行なう必要がある．これは，このような問題，すなわち，ほとんどのデータが，まったくの当て推量からきているような問題において特に重要である．摩耗係数の大きさと戦争の出力との関係を調べることから始めよう．次のように仮定していた．$a_2 = 0.05$, $b_2 = a_2/10$, $a_1 = \lambda a_2$ および $b_1 = \lambda b_2$．ここでは，a_2 を変化させよう．この値と他の変数との相対的な関係は保ったままとする．

$\lambda_{\min}$ の a_2 に関する依存性を調べよう．ここで，$\lambda_{\min}$ は，青軍が勝利する最小の λ の値として定義する．これには，a_2 の各値に対して，多くのモデルを作成する必要がある．これらの結果を表にする必要がないことがわかる．なぜなら，($a_2 = 0.01$ から $a_2 = 0.10$ までで) 試行したすべての場合で，$\lambda_{\min} = 5.4$ となり，これは基本となる場合 ($a_2 = 0.05$) と同じであることがわかったからである．明らかに，摩耗率の大きさに対して感度はない．

さらに多様な感度分析が可能であり，それらのプロセスは，時間が許し，興味が持続し，かつ他の責務による圧力が入り込まない限り，続けられるべきであろう．$\lambda_{\min}$ と青軍に対する赤軍の数的優位性 (ここでは 5：2 と仮定した) との関係に興味を向けよう．このことを調べるために，基本となる場合 $a_2 = 0.05$ に戻り，初期の戦力 $x_2 = 2$ は固定したままで，いくつかの赤軍の初期戦力 x_1 に対する $\lambda_{\min}$ を決定するために，いくつかのモデルを実行する．このモデルの実行結果は表 6.2 に

表 6.2 戦争の問題に対する戦力比の影響を示すシミュレーション結果の要約.

戦力比 (赤軍:青軍)	必要な優位性 ($\lambda_{\min}$)
8 : 2	11.8
7 : 2	9.5
6 : 2	7.3
5 : 2	5.4
4 : 2	3.6
3 : 2	2.2
2 : 2	1.1

まとめられている.$x_1 = 2$の場合は,指標として実行されている.この場合には,$\lambda_{\min} = 1.1$であることがわかる.なぜなら,$\lambda = 1$の場合には引き分けとなるからである.

6.2　連続時間モデル

この節では,連続時間ダイナミカルシステムをシミュレーションするための基本について議論しよう.ここで紹介される手法は,単純でかつ広く有効なものである.基本的な考え方は,近似

$$\frac{dx}{dt} \approx \frac{\Delta x}{\Delta t}$$

を用いて,連続時間モデル(微分方程式)を離散時間モデル(差分方程式)に置き換えようというものである.そして,前節で紹介したシミュレーション手法を用いる.

例 6.2 例 4.2 のクジラの問題を再考しよう.現在の個体数の水準を $B = 5{,}000$ 頭,$F = 70{,}000$ 頭で開始し,競争係数を $\alpha < 1.25 \times 10^{-7}$ と仮定すると,クジラの個体数は両種とも,捕獲がまったく存在しない自然な水準にまで,終局的に回復することはわかっている.これにはどのくらいかかるか?

ファイブ・ステップ法を用いよう.ステップ 1 は目的が,$B = 5{,}000$ 頭,$F = 70{,}000$ 頭から出発して平衡点へ到達するまでにどれだけかかるかを決定するということを除いて,例 4.2 と同じである(図 4.3 参照).

ステップ 2 はモデル化の方法を選ぶことである.量的手法を必要とするような解析的な問題である.第 4 章の図形的手法は何が起こるかを教えてくれるが,どれくらいかかるかは教えてくれない.第 5 章で紹介された解析的手法は,実際には局所的である.ここでは,大域的な手法が必要である.最良の手段は微分方程式を解くことであるが,その方法はわからない.そこで,シミュレーションを用いよう.そ

れが，唯一の選択肢であろう．

離散時間あるいは連続時間モデルのどちらを採用したいかという問題がある．一般に，n 変数 $x = (x_1, \ldots, x_n)$ の動的モデルの場合を考えよう．ここで，各変数 $x_1, \ldots, x_n$ に対する変化率が $F = (f_1, \ldots, f_n)$ で与えられているとする．しかし，この時点でシステムを離散時間あるいは連続時間のどちらでモデル化するかは決定されていない．離散時間モデルは

$$\Delta x_1 = f_1(x_1, \ldots, x_n)$$
$$\vdots \qquad\qquad (6.4)$$
$$\Delta x_n = f_n(x_1, \ldots, x_n)$$

のように与えられる．ここで，Δx_i は x_i の 1 単位時間 ($\Delta t = 1$) にわたる変化を表している．時間の単位はあらかじめ特定されている．このようなシステムのシミュレーション手法は，前節で議論された．

もし，連続時間モデルを採用するなら，次式が得られるであろう．

$$\frac{dx_1}{dt} = f_1(x_1, \ldots, x_n)$$
$$\vdots \qquad\qquad (6.5)$$
$$\frac{dx_n}{dt} = f_n(x_1, \ldots, x_n).$$

これには，シミュレーションをどのように実行するかを明らかにする必要があろう．もちろん，t のすべての値に対して $x(t)$ を計算することは期待できない．それには，先の見えない無限に多くの時間を費やすことになるであろう．そのかわりに，有限個の時刻における $x(t)$ を計算しなければならない．言い換えると，連続時間モデルのシミュレーションを実行するために，そのモデルを離散時間モデルで置き換えなければならない．この連続時間モデルに対する離散時間近似はどのようなものか？もし，$\Delta t = 1$ 単位の時間刻み幅を用いるなら，直前に提示した離散時間モデルと全く同じになるであろう．したがって，$\Delta t = 1$ と選ぶことに特段の誤りがない限り，離散と連続の間で選択の必要はない．これにより，ステップ 2 が完了する．

ステップ 3 は，モデルの定式化である．第 4 章のように，$x_1 = B$ および $x_2 = F$ をそれぞれの種の個体数の水準を表すものとする．ダイナミカルシステム方程式は，状態空間 $x_1 \geq 0$, $x_2 \geq 0$ として，

$$\frac{dx_1}{dt} = 0.05 x_1 \left(1 - \frac{x_1}{150{,}000}\right) - \alpha x_1 x_2$$
$$\frac{dx_2}{dt} = 0.08 x_2 \left(1 - \frac{x_2}{400{,}000}\right) - \alpha x_1 x_2 \qquad (6.6)$$

で与えられる．このモデルのシミュレーションを実行するために，同じ状態空間上の連立の差分方程式に変換することから始めよう．

$$\Delta x_1 = 0.05 x_1 \left(1 - \frac{x_1}{150{,}000}\right) - \alpha x_1 x_2$$
$$\Delta x_2 = 0.08 x_2 \left(1 - \frac{x_2}{400{,}000}\right) - \alpha x_1 x_2. \tag{6.7}$$

ここで，Δx_i は $\Delta t = 1$ 年の期間における個体数の変化を表す．プログラムを実行するために，α の値を与えなければならない．まずは，$\alpha = 10^{-7}$ で始めると仮定しよう．後に，α に対する感度分析を行なうことになる．

ステップ4は，図6.2で与えられたアルゴリズムをコンピュータへ実装し，システム(6.7)のシミュレーションを実行することにより，問題を解くことである．まず，シミュレーション時間を $N = 20$ 年とし，次の値を初期値とする．

$$x_1(0) = 5{,}000$$
$$x_2(0) = 70{,}000.$$

図6.9と図6.10は，最初のモデルの実行結果を表している．シロナガスクジラもナガスクジラも個体数を着々と成長させているが，20年の間では，第4章での解析で予想された以下の平衡点の値に接近していない．

$$x_1 = 35{,}294$$
$$x_2 = 382{,}352.$$

図6.11と図6.12は，N の値を，この離散時間ダイナミカルシステムが平衡点に近づくのに十分な大きさで与えたときのシミュレーション結果である．

ステップ5は，得られた結果を文章に表すことである．クジラの個体数が回復するのに，長い時間を要する：ナガスクジラは約100年，大幅に減少してしまったシロナガスクジラは数世紀．

さて，これらの結果について，パラメータ α に関する感度について議論しよう．このパラメータは2種の間の競争の度合いを評価する値である．図6.13から図6.18は，いくつかの値の α に対するシミュレーションの実行結果を表している．もちろん，両種の平衡点の水準は α に応じて変化する．

しかし，平衡点へ収束するのに要する時間はほとんど変化しない．本モデルによる一般的結果として，競争の度合いに関わらず，以下の通り結論づけられる：クジラの個体数の回復には数世紀かかるであろう．

6.2 連続時間モデル　189

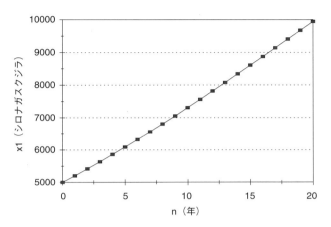

図 6.9 クジラの問題における時刻 n に対するシロナガスクジラ x_1 のグラフ：$\alpha = 10^{-7}, N = 20$ の場合．

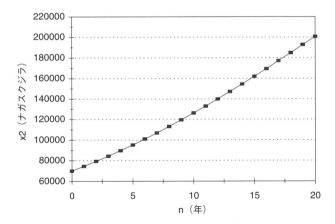

図 6.10 クジラの問題における時刻 n に対するナガスクジラ x_2 のグラフ：$\alpha = 10^{-7}, N = 20$ の場合．

190　第 6 章　動的モデルのシミュレーション

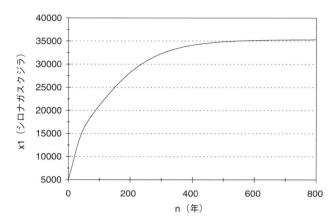

図 6.11　クジラの問題における時刻 n に対するシロナガスクジラ x_1 のグラフ：$\alpha = 10^{-7}, N = 800$ の場合.

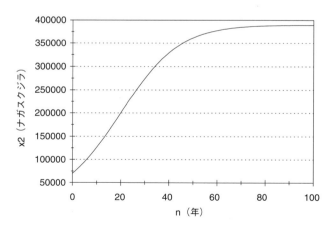

図 6.12　クジラの問題における時刻 n に対するナガスクジラ x_2 のグラフ：$\alpha = 10^{-7}, N = 100$ の場合.

6.2 連続時間モデル　　191

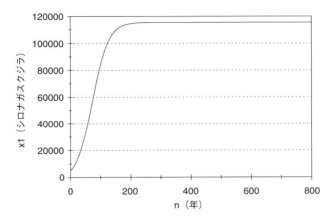

図 6.13　クジラの問題における時刻 n に対するシロナガスクジラ x_1 のグラフ：$\alpha = 3 \times 10^{-8}, N = 800$ の場合.

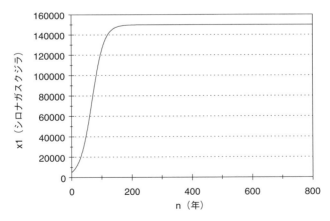

図 6.14　クジラの問題における時刻 n に対するシロナガスクジラ x_1 のグラフ：$\alpha = 10^{-8}, N = 800$ の場合.

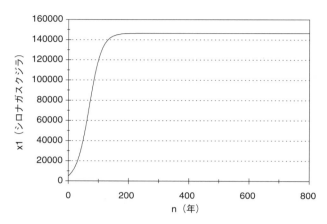

図 6.15 クジラの問題における時刻 n に対するシロナガスクジラ x_1 のグラフ：$\alpha = 10^{-9}, N = 800$ の場合．

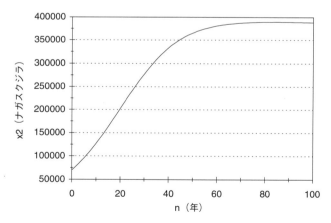

図 6.16 クジラの問題における時刻 n に対するナガスクジラ x_2 のグラフ：$\alpha = 3 \times 10^{-8}, N = 100$ の場合．

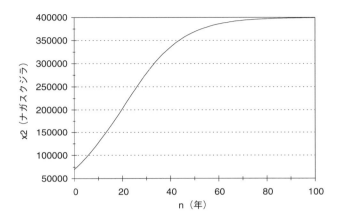

図 6.17 クジラの問題における時刻 n に対するナガスクジラ x_2 のグラフ：$\alpha = 10^{-8}, N = 100$ の場合．

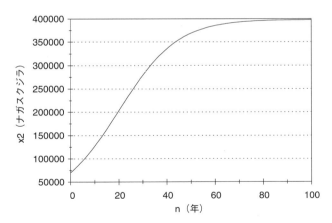

図 6.18 クジラの問題における時刻 n に対するナガスクジラ x_2 のグラフ：$\alpha = 10^{-9}, N = 100$ の場合．

6.3 オイラー法

動的モデルのシミュレーションを実行する理由のひとつは，システムの振る舞いの正確な量的情報を得るためである．いくつかの応用に対して，前節での単純なシミュレーション手法はあまりに不正確すぎる．より精密で，しかし，ほとんどすべての微分方程式モデルの初期値問題の正確な解を与えることが可能な数値解析手法が利用できる．この節では，微分方程式のシステムを，任意に与えられた精度で解くための最も簡単で一般に有用な方法を提示しよう．

例 6.3 例 5.4 の RLC 回路の問題を再考しよう．この回路の振る舞いを記述せよ．

5.3 節での解析は，ダイナミカルシステム

$$
\begin{aligned}
x_1' &= x_1 - x_1^3 - x_2 \\
x_2' &= x_1
\end{aligned}
\tag{6.8}
$$

の唯一の平衡点である $(0,0)$ の近傍における，局所的な振る舞いをうまく決定したにすぎない．平衡点は不安定であり，平衡点の近くの解は反時計回り，外側へとらせん状の曲線を描く．ベクトル場の略図（図 5.11 参照）からは，新しい情報はほとんど得られない．流れに沿った大雑把な反時計回りの回転はあるが，解が内側，外側，あるいはそれ以外のいずれへとらせんを描くのか，さらなる情報がなければ言い切ることは難しい．

ここで，式 (6.8) で与えられるダイナミカルシステムをシミュレーションするために，オイラー法を用いよう．図 6.19 にはオイラー法のアルゴリズムを示している．連続時間ダイナミカルシステム

$$x' = F(x)$$

を，初期条件 $x(t_0) = x_0$ のもとで考えよう．ただし，$x = (x_1, \ldots, x_n)$ および $F = (f_1, \ldots, f_n)$ とする．この初期条件から始めて，各反復においてオイラー法は，現在の推定値である $x(t)$ を用いて，$x(t+h)$ の推定値を与える．このとき，以下の関係を用いている．

$$x(t+h) - x(t) \approx h\, F(x(t)).$$

オイラー法の精度は，刻み幅 h が小さくなる，すなわち，刻み数 N が大きくなるに従って，増加する．小さな値 h に対して，状態変数 x の最終の値の推定値 $x(N)$ における誤差は，おおよそ h に比例する．換言すると，2 倍の刻み数を用いれば（す

アルゴリズム： オイラー法

変数：
$t(n) = n$ 刻み後の時刻
$x_1(n) =$ 時刻 $t(n)$ における第 1 状態変数
$x_2(n) =$ 時刻 $t(n)$ における第 2 状態変数
$N =$ 刻み数
$T =$ シミュレーションの終了時刻

入力： $t(0), x_1(0), x_2(0), N, T$

過程：
Begin
$h \leftarrow (T - t(0))/N$
for $n = 0$ to $N - 1$ do
Begin
 $x_1(n+1) \leftarrow x_1(n) + h f_1(x_1(n), x_2(n))$
 $x_2(n+1) \leftarrow x_2(n) + h f_2(x_1(n), x_2(n))$
 $t(n+1) \leftarrow t(n) + h$
 End
End

出力：
$t(1), \ldots, t(N)$
$x_1(1), \ldots, x_1(N)$
$x_2(1), \ldots, x_2(N)$

図 6.19　オイラー法の擬似コード

なわち，h を半分にすれば），2 倍正確な結果が得られる．

図 6.20 と図 6.21 は，オイラー法が実装されたコンピュータを，式 (6.8) に適用することで得られた結果を示している．図 6.20 と図 6.21 の各グラフは，いくつかのシミュレーションの実行結果である．各初期条件の組に対して，入力パラメータ T と N に関する感度分析を実行する必要がある．

最初に，これ以上大きくしても本質的には同じ図（解が数回多く回転する程度）が得られるようになるまで，T を大きくした．そして，精度を確かめるために N を大きくした（すなわち，刻み幅を小さくした）．もし，N を 2 倍にして以前のものと区別できないグラフが得られれば，N は十分に大きいと判断した．

図 6.20 では，$x_1(0) = -1, x_2(0) = -1.5$ から始めている．得られた解曲線は，原点に向かって反時計回りにらせんを描いている．しかし，解は原点に接近する前に，原点の周りを回る周期的挙動に落ち着く．図 6.21 のように，より原点に近いと

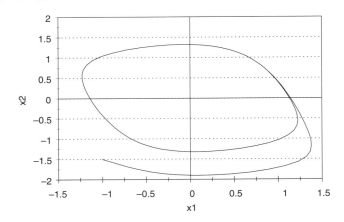

図 6.20 非線形 RLC 回路の問題に対して，電流 x_1 に対する電圧 x_2 のグラフ：$x_1(0) = -1.0$, $x_2(0) = -1.5$ の場合．

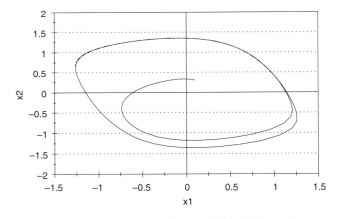

図 6.21 非線形 RLC 回路の問題に対して，電流 x_1 に対する電圧 x_2 のグラフ：$x_1(0) = 0.1$, $x_2(0) = 0.3$ の場合．

ころから始めたときには，解は外側へとらせんを描くことを除いて，同様の振る舞いが生ずる．いずれのケースにおいても，解は原点の周りの同一の閉曲線に近づく．この閉曲線は**リミットサイクル**と呼ばれている．図 6.22 はこのダイナミカルシステムに対する完全な相図を表している．$(x_1, x_2) = (0, 0)$ を除く任意の初期条件に対して，解は同一のリミットサイクルへと収束する．もし，閉曲線の内側から出発すれば，曲線は外側へとらせんを描き，閉曲線の外側から出発すれば，内側へと向かう．図 6.22 にみられる種類の振る舞いは，線形ダイナミカルシステムでは起こり

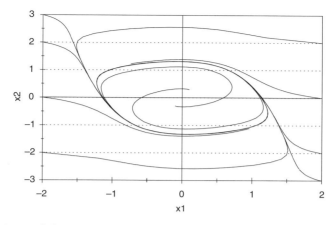

図 6.22 例 6.3 の非線形 RLC 回路の問題の完全な相図を示す電流 x_1 に対する電圧 x_2 のグラフ．

えない現象である．もし，線形ダイナミカルシステムの原点へとらせんを描く解であれば，それは必ず原点へらせん状に向かわなければならない．もし，外側へとらせんを描くのであれば，必ず無限遠へとらせんを描きながら向かわなければならない．この観察結果はもちろんモデリングへの含意を与えている．ダイナミカルシステムが，図 6.22 に表される種類の挙動を呈する場合には，線形微分方程式を用いた十分なモデル化はできない．

図 6.20–図 6.22 のグラフは，オイラー法が実装された表計算ソフトウエアを用いることで作成された．表計算ソフトウエアを適用することの利点は，計算とグラフが両方とも同じプラットフォームで実行でき，初期条件を変化させた際の結果が即座に観察できることである．このアルゴリズムを実装した簡単なコンピュータプログラムは効果的であるが，出力をグラフなしに説明することは困難である．多くのグラフ化計算機や数式処理ソフトウエアにも組み込みの微分方程式ソルバがついている．これらのほとんどは，オイラー法を何らかの形に改変したものを基礎としている．ルンゲ・クッタ法はそのひとつであり，$x(t)$ と $x(t+h)$ の間にいっそう精密な補間を用いている；本章の終わりにある練習問題 21 を参照せよ．微分方程式を解く際，どのような類の数値計算法を使うかに関わらず，精度をコントロールするパラメータについて感度分析を実行することで，得られた結果を確かめることを忘れてはならない．最も洗練されたアルゴリズムでさえ，注意せずに用いられると，重大なエラーを引き起こすことがある．

次に，問題の仮定に小さな変化が生じた場合に，一般的結論に与える影響を決定

するために，感度分析を実行しよう．ここでは，キャパシタンス C の感度について議論しよう．感度とロバスト性に関するさらなる疑問点については，本章の終わりの練習問題として残しておく．この問題では $C=1$ と仮定されていた．より一般的なケースでは，ダイナミカルシステムとして次式が得られる．

$$\begin{aligned} x_1' &= x_1 - x_1^3 - x_2 \\ x_2' &= \frac{x_1}{C}. \end{aligned} \tag{6.9}$$

任意の値 $C>0$ に対して，ベクトル場は図 5.11 と本質的に同じである．曲線 $x_2 = x_1 - x_1^3$ 上では，速度ベクトルは垂直方向を向いていて，x_2 軸上では水平方向を向く．唯一の平衡点は原点 $(0,0)$ である．ヤコビ行列は

$$A = \begin{pmatrix} 1 - 3x_1^2 & -1 \\ 1/C & 0 \end{pmatrix}.$$

線形化システムを得るために，$x_1=0$, $x_2=0$ とすると，

$$\begin{pmatrix} x_1' \\ x_2' \end{pmatrix} = \begin{pmatrix} 1 & -1 \\ 1/C & 0 \end{pmatrix} \begin{pmatrix} x_1 \\ x_2 \end{pmatrix} \tag{6.10}$$

が得られるが，この方程式は，原点近傍で非線形システムの振る舞いを近似する．固有値を求めるためには，次式を解かなければならない．

$$\begin{vmatrix} \lambda - 1 & 1 \\ -1/C & \lambda - 0 \end{vmatrix} = 0.$$

すなわち，$\lambda^2 - \lambda + 1/C = 0$. 固有値は，

$$\lambda = \frac{1 \pm \sqrt{1 - \dfrac{4}{C}}}{2}. \tag{6.11}$$

$0 < C < 4$ のとき，平方根の中身が負となり，正の実部をもつ複素共役な固有値が得られ，原点は不安定な平衡点となる．

次に線形システムの相図を考察する必要がある．式 (6.10) は一般に，固有値と固有ベクトルを用いて解くことができるが，いくぶん面倒な作業である．幸いに，現在のケースにおいては，式 (6.10) の相図を描くために，その解析解について正確に式を決定することは，実際には必要ない．すでに，このシステムの固有値が $\lambda = a \pm ib$ の形をしていて，a が正であることがわかっている．このことは，以前 (5.1 節，例

5.1 のステップ 2 の議論の途中）に述べたように，任意の解曲線の座標は 2 つの項 $e^{at}\cos(bt)$ と $e^{at}\sin(bt)$ の線形結合であることを示している．言い換えれば，すべての解曲線が外側へとらせんを描く．また，式 (6.10) のベクトル場を大雑把にとらえると，そのらせんは反時計回りでなければならない．したがって，$0 < C < 4$ をみたす任意の C に対して，線形システム (6.10) の相図は，図 5.12 と似たようなものであることがわかる．

　線形システム (6.10) に対する考察から，非線形システムの原点近傍における振る舞いは，基本的な設定である $C = 1$ の近傍の任意の C に対して，本質的に図 6.22 と同じでなければならない．原点から離れたところで何が起こるか見るために，シミュレーションを行なう必要がある．図 6.23 から図 6.26 は，ダイナミカルシステム (6.9) について 1 に近いいくつかの異なる C の値に対して，オイラー法を用いてシミュレーションした結果である．各シミュレーションにおいて，図 6.21 と同じ初期条件から出発している．

　各ケースにおいて，解曲線は外側へとらせんを描き，次第にリミットサイクルに引きつけられていく．C が増加するに従い，リミットサイクルは小さくなっている．各 C の値に対して，いくつかの異なる初期条件も実際には試している（それらのシミュレーション結果は掲載していない）．いずれのケースにおいても，明らかに，単一のリミットサイクルが原点を除くすべての解を引きつけている．例 6.3 における RLC 回路は，キャパシタンス C の値の正確さに関係なく，C が 1 に近いという仮定のもとで，図 6.22 にみられる挙動を呈すると結論づけられる．

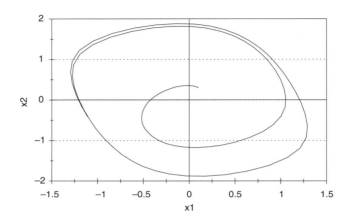

図 6.23 非線形 RLC 回路の問題に対して，電流 x_1 に対する電圧 x_2 のグラフ：$x_1(0) = 0.1, x_2(0) = 0.3, C = 0.5$ の場合．

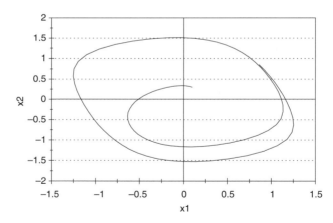

図 6.24 非線形 RLC 回路の問題に対して，電流 x_1 に対する電圧 x_2 のグラフ：$x_1(0) = 0.1, x_2(0) = 0.3, C = 0.75$ の場合．

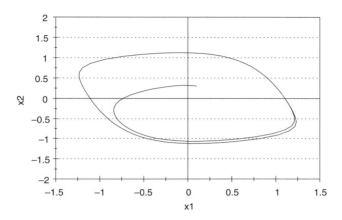

図 6.25 非線形 RLC 回路の問題に対して,電流 x_1 に対する電圧 x_2 のグラフ:$x_1(0) = 0.1, x_2(0) = 0.3, C = 1.5$ の場合.

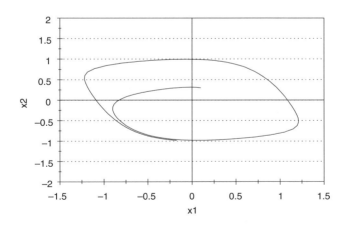

図 6.26 非線形 RLC 回路の問題に対して,電流 x_1 に対する電圧 x_2 のグラフ:$x_1(0) = 0.1, x_2(0) = 0.3, C = 2.0$ の場合.

6.4 カオスとフラクタル

20世紀における最も刺激的な数学的発見のひとつは，いくつかの動的モデルのカオス的な振る舞いである．**カオス**は，解が初期条件に対する鋭敏性をもつとともに，見た目にランダムな振る舞いをすることとして特徴づけられる．カオス的なダイナミカルシステムによるモデルは，**フラクタル**と呼ばれる奇妙な極限集合を発生させる．カオス的なダイナミカルシステムは，乱流，不規則な個体数ゆらぎをもつ生態系，心不整脈，地球の磁極の入れ替わり，複合化学反応，レーザーそして，株式市場の問題を扱うために用いられてきた．これらの応用の多くは，論争の的となっており，そこから導かれる意味についてはいまだ探究の途中である．カオスについて最も驚くべき事柄のひとつは，それが単純な非線形動的モデルからあらわれるという点である．

例 6.4 例 4.2 のクジラの問題を再考しよう．しかし，ここでは数年間の時間刻みで個体数の成長を見積もるために，離散モデルを用いよう．1年間の時間刻みに対しては，離散時間モデルと連続時間モデルの振る舞いは本質的に同じであることがわかっている．連続時間モデルと定性的に同じ振る舞いを維持するには，どの程度大きな時間刻みまで許されるか？　さらに大きな時間刻みを用いるとモデルにどのようなことが起こるのか？

ファイブ・ステップ法を用いよう．ステップ1の結果は図4.3と同じである．ステップ2において，連続時間ダイナミカルシステムモデルを決定し，オイラー法を用いて解くことになる．

次の連続時間ダイナミカルシステムモデル

$$\frac{dx}{dt} = F(x) \tag{6.12}$$

を初期条件 $x(t_0) = x_0$ のもとで考えよう．ここで，$x = (x_1, \ldots, x_n)$，$F = (f_1, \ldots, f_n)$ とする．オイラー法は，連続時間システムの挙動を近似するために，次の離散時間ダイナミカルシステムを用いる．

$$\frac{\Delta x}{\Delta t} = F(x). \tag{6.13}$$

大きな刻み幅を用いるひとつの理由は，長期の予測を行なうためである．たとえば，時刻 t が年単位で測られるなら，$\Delta x = F(x)\Delta t$ は，現在の状態からの情報をもとにして得られる，次の Δt 年間にわたって状態変数 x

が変化する量の簡単な予測である．もし，相対的変化量 $\Delta x/x$ が小さいままであるように，刻み幅 Δt を小さくとると，離散時間システム (6.13)は，もとの連続システム (6.12)と似たものとなる．刻み幅が大きすぎれば，離散時間システムは全く異なる振る舞いを呈する可能性がある．

例 6.5 次の簡単な線形微分方程式を考えよう．

$$\frac{dx}{dt} = -x. \tag{6.14}$$

式 (6.14)の解と，その離散化方程式

$$\frac{\Delta x}{\Delta t} = -x \tag{6.15}$$

の解を比較しよう．

方程式 (6.14)の解はすべて次の式で与えられる．

$$x(t) = x(0)e^{-t}. \tag{6.16}$$

原点は安定な平衡点であり，式 (6.15)に対しては，反復関数が次のように与えられる．

$$\begin{aligned} G(x) &= x + \Delta x \\ &= x - x\Delta t \\ &= (1 - \Delta t)x. \end{aligned}$$

式 (6.15)の解はすべて次の式で与えられる．

$$x(n) = (1 - \Delta t)^n x(0).$$

$0 < \Delta t < 1$ のとき，指数的速さで $x(n) \to 0$ となり，これは，連続時間微分方程式の挙動と同様である．$1 < \Delta t < 2$ のときも，$x(n) \to 0$ であるが，$x(n)$ の符号は正負に振動する．最後に，$\Delta t > 2$ のとき，$x(n)$ は符号を正負に振動させながら無限大に発散する．要約すると，時間刻み Δt が，相対的変化 $\Delta x/x$ が小さくなるようにとられている限り，式 (6.15)の解は式 (6.14)の解と同様の振る舞いをする．もし，時間刻み Δt が大きすぎると，式 (6.15)は類似の連続時間方程式 (6.14)とは完全に異なる振る舞いを呈する．

線形ダイナミカルシステムに対して，離散近似による時間遅延は，意外な挙動を導きうる．安定平衡点は不安定になる可能性があり，新たに振動が生じることもある．線形システムに対しては，これが，離散近似による挙動がもとの連続システムと異なりうる場合に起こる，およそただひとつの可能性である．しかし，非線形連続時間ダイナミカルシステムに対しては，離散近似はカオス的挙動も引き起こしうる．カオス的ダイナミカルシステムにおいては，個々の解の明らかにランダムな振る舞いとともに，初期条件に対する鋭敏性が存在する．カオスは通常，いかなる近傍の解もひとつの解には収束しないが，全体的には有界のままであるようなシステムとして構成される．様々な要素によるこの組み合わせは，非線形システムにおいてのみ起こりうる．

離散時間システムにおけるカオスの研究は，ひとつの活発な研究分野である．いくつかの反復関数が，**フラクタル**を含めてきわめて複雑な見本道を作り出す．典型的なフラクタルは，自己相似的でその**次元**が整数ではないような相空間内の点の集合である．**自己相似的**とは，それ自身を精密に縮小したレプリカを含むものを意味している．次元を測るひとつの簡単な方法は，自身を覆うのに必要な箱の数を数えることである．1 次元とは，自身が $1/n$ 倍のサイズのレプリカの箱 n 個必要である；2 次元とは，n^2 個必要，等々．フラクタル次元 d をもつ場合，箱のサイズ $1/n$ が 0 へ近づくとき，対象物を覆うのに必要な箱の数は n^d で増加する．

ステップ 3 はモデルの定式化である．次の連続時間ダイナミカルシステムモデルから始める．

$$\begin{aligned}\frac{dx_1}{dt} &= f_1(x_1, x_2) = 0.05x_1\left(1 - \frac{x_1}{150,000}\right) - \alpha x_1 x_2 \\ \frac{dx_2}{dt} &= f_2(x_1, x_2) = 0.08x_2\left(1 - \frac{x_2}{400,000}\right) - \alpha x_1 x_2.\end{aligned} \quad (6.17)$$

状態空間は $x_1 \geq 0, x_2 \geq 0$ とし，x_1 はシロナガスクジラの個体数を表し，x_2 はナガスクジラの個体数を表す．このモデルのシミュレーションを実行するために，連立差分方程式に変換しよう．

$$\begin{aligned}\Delta x_1 &= f_1(x_1, x_2)\Delta t \\ \Delta x_2 &= f_2(x_1, x_2)\Delta t.\end{aligned} \quad (6.18)$$

状態空間は連続モデルと同じである．このとき，たとえば Δx_1 は，次の Δt 年間で

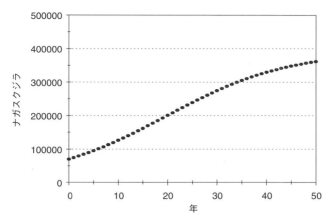

図 6.27 クジラの問題における離散時間シミュレーション．時間刻み $h=1$ の場合の時刻 t に対するナガスクジラ x_2 のグラフ．

のシロナガスクジラの個体数の変化を表している．初めに $\alpha = 10^{-8}$ と仮定し，後に α についての感度分析を行なおう．ここでの目的は，離散時間システム (6.18) の解の振る舞いを決定し，連続時間システム (6.17) に対する解について知っていることと比較することである．

ステップ 4 では，$h = \Delta t$ の値をいくつか変えて，オイラー法を実装したコンピュータを用いてシステム (6.17) をシミュレーションし，問題を解く．例 6.2 と同様に，$x_1(0) = 5{,}000$ かつ $x_2(0) = 70{,}000$ を仮定する．図 6.27 は，反復回数 $N = 50$，時間刻み $h = 1$ 年の場合のシミュレーション結果を表している．50 年間でナガスクジラの数は着実に回復成長するが，その終局的な均衡状態には達しない．図 6.28 では $h = 2$ に刻み幅を増加させる．$N = 50$ の反復によるシミュネーションから，ナガスクジラの個体数はその均衡値へ近づくことがわかる．より大きな時間刻み h を用いることは，さらなる未来を投影するための効果的な方法であるが，同時に何らかの興味深いことを発生させる．

図 6.29 は，時間刻み $h = 24$ 年を用いた結果である．解は依然としてその均衡値へと近づくが，振動が現れている．図 6.30 には時間刻み $h = 27$ を用いたときに何が起こるかが示されている．もはや個体数は均衡値から離れ，周期 2 の離散的リミットサイクルへと次第に落ち着いている．

$h = 32$ のとき，解は周期 4 のリミットサイクルに落ち着く（図 6.31 参照）．図 6.32 は $h = 37$ のときを示していて，解はカオス的振る舞いを呈している．その結果は乱数生成器と類似している．$h = 40$（結果は提示されていない）のとき，解は

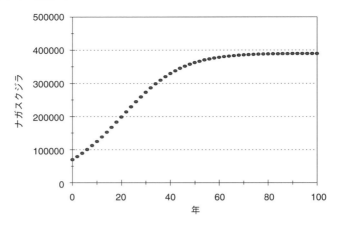

図 6.28 クジラの問題における離散時間シミュレーション．時間刻み $h = 2$ の場合の時刻 t に対するナガスクジラ x_2 のグラフ．

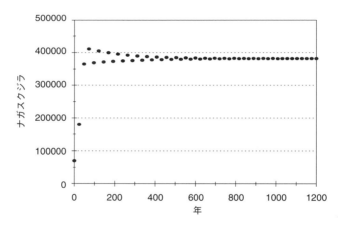

図 6.29 クジラの問題における離散時間シミュレーション．時間刻み $h = 24$ の場合の時刻 t に対するナガスクジラ x_2 のグラフ．

直ちに無限遠へ発散する．シロナガスクジラの個体数の振る舞いも同様である．異なる初期条件と異なる α の値についても同様の結果が得られる．いずれのケースにおいても，刻み幅 h が増加するとき安定から不安定への遷移が生ずる．平衡点が不安定となるとき，まず振動が，その次に離散リミットサイクル，そしてカオスが現れる．最終的に，h が大きすぎれば解は単純に発散する．

ステップ 5 は問題への解答である．連続時間モデルに対する離散化による近似は，各時間刻みにおける状態変数の相対的変化が小さいままであるように，十分に時間

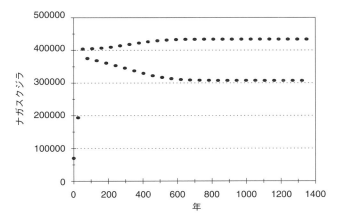

図 6.30 クジラの問題における離散時間シミュレーション．時間刻み $h = 27$ の場合の時刻 t に対するナガスクジラ x_2 のグラフ．

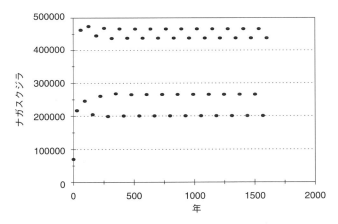

図 6.31 クジラの問題における離散時間シミュレーション．時間刻み $h = 32$ の場合の時刻 t に対するナガスクジラ x_2 のグラフ．

刻みを小さくとる限り有効である．より大きな時間刻みを用いることで，さらなる未来を予測することが可能となるが，しかし時間刻みを大きくとりすぎると，離散時間システムの振る舞いはもはやもとの連続時間モデルとは異なるものとなる．この振る舞いは，モデル化したい現実世界の状況と見かけ上関連性はない．

多くの個体群モデルはロジスティックモデル $x' = rx(1 - x/K)$ を改変したものに基づいている．これらのモデルの多くは離散化による近似でカオスを呈する．時間刻みが増加するに従って，安定平衡点からリミットサイクル，カオス（そして不

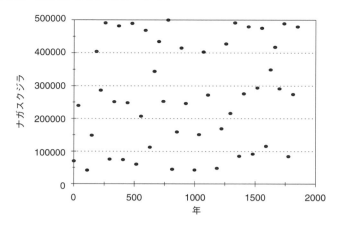

図 6.32 クジラの問題における離散時間シミュレーション．時間刻み $h = 37$ の場合の時刻 t に対するナガスクジラ x_2 のグラフ．

安定な発散）へ動的挙動が遷移することは典型的事実である．リミットサイクルからカオスへの遷移において，極限集合は一般にフラクタルとなる．ひとつの例としてこの章の終わりの練習問題 25 を参照せよ．カオスやフラクタルについての興味深い書籍や論文がたくさん存在する．Strogatz (1994) は学部高学年から大学院低学年レベルまでにちょうど良い参考書である．

クジラの問題における離散化による近似で，カオスが出現することは興味深い．しかし，現実世界と何ら関係をもたないようにみえる．良く言えば数学的興味，悪く言えば数値的に厄介なものである．次の例は，しかし，物理学的見地で現実的なモデルから自然に出現するカオスとフラクタルを示している．

例 6.6 底面から熱せられた空気の層を考えよう．ある特定の状況で，上昇する暖かい空気が下降する冷たい空気と反応し，乱流対流ロールを形成する．この運動のダイナミクスから得られる完全なモデルは，偏微分方程式系を含んでおり，これはフーリエ変換法によって解くことができる（Lorentz(1963) を参照）．それによって単純化されたモデルは，3 つの状態変数を含んでいる．変数 x_1 は対流ロールの回転率を表し，x_2 は上昇気流と下降気流の温度差，そして x_3 は垂直方向の温度分布の線形化からの偏差を表し，正の値は温度が境界の近傍でより速く変化することを示している．このシステムの運動方程式は次式の通り．

$$x_1' = f_1(x_1, x_2, x_3) = -\sigma x_1 + \sigma x_2$$
$$x_2' = f_2(x_1, x_2, x_3) = -x_2 + r x_1 - x_1 x_3 \qquad (6.19)$$
$$x_3' = f_3(x_1, x_2, x_3) = -b x_3 + x_1 x_2.$$

現実的なケースとして $\sigma = 10$ かつ $b = 8/3$ の場合を考えよう．残りのパラメータ r は空気層の上部と下部の間の温度差を表す．r の増加はシステムにさらなるエネルギーを注入し，より活発なダイナミクスを作り出す．ダイナミカルシステム (6.19) は，このシステムを解析した気象学者 E. Lorentz に因んで，**Lorentz 方程式**と呼ばれている．

式 (6.19) の平衡点を求めるために，次の 3 つの状態変数についての連立方程式を解く．

$$-\sigma x_1 + \sigma x_2 = 0$$
$$-x_2 + r x_1 - x_1 x_3 = 0$$
$$-b x_3 + x_1 x_2 = 0.$$

明らかに，$(0, 0, 0)$ は 1 つの解である．第 1 式から，$x_1 = x_2$ である．これを第 2 式に代入すると，

$$-x_1 + r x_1 - x_1 x_3 = 0$$
$$x_1(-1 + r - x_3) = 0$$

が得られ，その結果 $x_1 \neq 0$ のとき $x_3 = r - 1$ となる．そして，第 3 式から，$x_1^2 = b x_3 = b(r-1)$ を得る．もし $0 < r < 1$ であれば，この方程式には実数根が存在せず，原点が唯一の平衡点である．もし $r = 1$ であれば，$x_3 = 0$ であり，このときも原点が唯一の平衡点である．もし $r > 1$ であれば，次の 3 つの平衡点が存在する

$$E_0 = (0, 0, 0)$$
$$E^+ = (\sqrt{b(r-1)}, \sqrt{b(r-1)}, r-1)$$
$$E^- = (-\sqrt{b(r-1)}, -\sqrt{b(r-1)}, r-1).$$

3 次元なので，ベクトル場の幾何的解析は困難である．その代わりに，これら 3 つの平衡点の安定性を調べるために固有値解析を行なおう．ヤコビ行列は

$$DF = \begin{pmatrix} -\sigma & \sigma & 0 \\ r - x_3 & -1 & -x_1 \\ x_2 & x_1 & -b \end{pmatrix}.$$

パラメータ値が $\sigma = 10$ かつ $b = 8/3$ のとき，平衡点 $E_0 = (0, 0, 0)$ におけるヤコビ行列は

$$A = \begin{pmatrix} -10 & 10 & 0 \\ r & -1 & 0 \\ 0 & 0 & -8/3 \end{pmatrix}$$

となり，任意の $r > 0$ に対して次の3つの実固有値をもつ．

$$\lambda_1 = \frac{-11 - \sqrt{81 + 40r}}{2}$$
$$\lambda_2 = \frac{-11 + \sqrt{81 + 40r}}{2}$$
$$\lambda_3 = \frac{-8}{3}.$$

もし $0 < r < 1$ ならば，これらの固有値はすべて負であり，原点は安定平衡点である．もし $r > 1$ ならば，$\lambda_2 > 0$ となり，原点は不安定平衡点である．

残りの2つの平衡点における固有値の解析はいくぶん煩雑である．幸いにも，E^+ と E^- における固有値は等しい．$1 < r < r_1 \approx 1.35$ に対して，これらすべての固有値は実数でかつ負である．任意の $r > r_1$ に対して，1つの固有値 $\lambda_1 < 0$ と複素共役な対 $\lambda_2 = \alpha + i\beta$, $\lambda_3 = \alpha - i\beta$ が存在する．実部 α は $r_1 < r < r_0$ に対して負であり，$r > r_0$ に対して正である．ここで，$r_0 \approx 24.8$ である．したがって，$1 < r < r_0$ に対して2つの安定平衡点 E^+ と E^- が存在し，$r > r_0$ に対しては，すべての平衡点が不安定である．これら2つの平衡点の近傍の解は線形システム $x' = Ax$ の解とよく似た振る舞いをするであろう．ここで，A はヤコビ行列 DF を平衡点で評価した行列である．すべての線形解の成分はすべて，$e^{\lambda_1 t}$, $e^{\alpha t} \cos(\beta t)$, そして $e^{\alpha t} \sin(\beta t)$ の線形結合で書ける．$r_1 < r < r_0$ のとき，近傍の解曲線は0でない平衡点へとらせんを描き，$r > r_0$ のとき，外側へらせんを描く．$r > r_0$ のとき，解が無限遠へ発散しないこともわかる．この種の振る舞いは，例5.4の非線形RLC回路ですでに見ている．そのときは，解曲線がリミットサイクルへと落ち着くことをコンピュータシミュレーションが示した．以下では，ダイナミカルシステム(6.19)の解の長時間にわたる振る舞いを決定するために，シミュレーションを実行しよう．

3つの状態変数に対するオイラー法も，さらなる状態変数を加えることを除けば図6.19と全く同じアルゴリズムを使用する．$\sigma = 10$ かつ $b = 8/3$ の場合に，式(6.19)の解をシミュレーションするために，そのアルゴリズムを実装したコンピュータを用いた．図6.33は，$r = 8$ かつ初期条件 $(x_1, x_2, x_3) = (1, 1, 1)$ の場合のシ

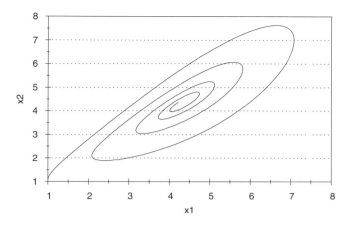

図 6.33 気象の問題における対流率 x_1 に対する温度差 x_2 のグラフ．$r = 8$ かつ初期条件 $(x_1, x_2, x_3) = (1, 1, 1)$ の場合．

ミュレーション結果を示している．x_1 に対する x_2 をグラフ化している．というのも，これらの変数は解釈がしやすいからである．$N = 500$ かつ $T = 5$ を用いたので，刻み幅は $h = 0.01$ である．シミュレーション時間 T の増加あるいは刻み幅 h の減少から本質的に同じグラフが得られるかを確かめるために，さらなる感度分析を実行した．事前の解析から期待された通り，解曲線は $x_1 = x_2 = 4.32$ $(x_3 = 7)$ における平衡点へとらせんを描きながら向かった．x_1 が対流ロールの回転率を表すことと，x_2 が上昇気流と下降気流の温度差を表すことを思い起こそう．$r = 8$ のとき，これらの値はともに安定な平衡点へと終局的に落ち着く．図 6.34 は $r = 8$ かつ初期条件 $(x_1, x_2, x_3) = (7, 1, 2)$ の場合のシミュレーションを示している．このグラフは実際には 3 次元の図の射影であることに注意しよう．もちろん，実際の解曲線は自分自身と交わらない．もし交わるとすると，解の一意性に矛盾する．この場合にも，解曲線は平衡点へとらせんを描いて向かっている．

r の値を増加させると，シミュレーションは離散化にきわめて敏感になる．図 6.35 は，$r = 18$ かつ初期条件 $(x_1, x_2, x_3) = (6.7, 6.7, 17)$ の場合のシミュレーション結果である．$N = 500$ かつ $T = 2.5$ を採用したので，刻み幅は $h = 0.005$ である．解曲線は平衡点 $E^+ = (6.733, 6.733, 17)$ の周りを速い速度で回転するが，巻き付く速度は非常にゆっくりである．図 6.36 は同じ状況で，若干大きな刻み幅 $h = 0.01$ となる $N = 500$ かつ $T = 5$ を用いている．この場合には，解は外側へとらせんを巻き，平衡点から遠ざかる．もちろん，こういったことは連続時間モデルでは実際には起こりえず，シミュレーション手法における人為的結果にすぎない．システム

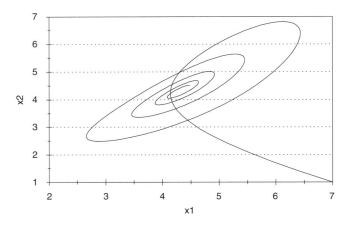

図 6.34 気象の問題における対流率 x_1 に対する温度差 x_2 のグラフ．$r=8$ かつ初期条件 $(x_1, x_2, x_3) = (7, 1, 2)$ の場合．

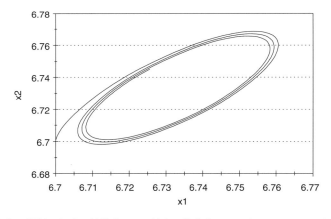

図 6.35 気象の問題における対流率 x_1 に対する温度差 x_2 のグラフ．$r=18$ かつ初期条件 $(x_1, x_2, x_3) = (6.7, 6.7, 17)$ の場合．刻み幅 $h=0.005$ を用いている．

が安定性と不安定性の境界に非常に近いので，連続時間モデルで起こることを離散時間システムの振る舞いが実際に反映しているかを確かめるために，パラメータ N と T の感度分析を慎重に実行しなければならない．

最後に $r>r_0$ の場合を考えよう．この場合には，平衡点がすべて不安定であることがわかっている．図 6.37 は，$r=28$ と初期条件 $(x_1, x_2, x_3)=(9, 8, 27)$ の場合のシミュレーション結果を示している．$N=500$ かつ $T=10$ としたので，刻み幅は $h=0.02$ である．この解曲線が連続時間モデルの振る舞いを実際に表現しているか

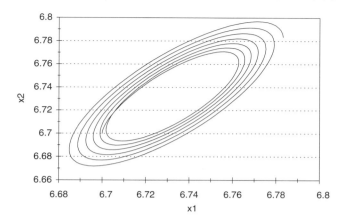

図 6.36 気象の問題における対流率 x_1 に対する温度差 x_2 のグラフ．$r = 18$ かつ初期条件 $(x_1, x_2, x_3) = (6.7, 6.7, 17)$ の場合．刻み幅 $h = 0.01$ を用いている．

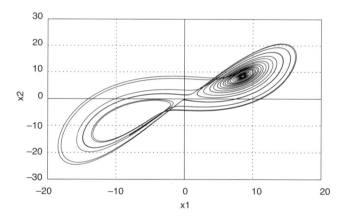

図 6.37 気象の問題における対流率 x_1 に対する温度差 x_2 のグラフ．$r = 28$ かつ初期条件 $(x_1, x_2, x_3) = (9, 8, 27)$ の場合．

を検証するために，N と T について注意深く感度分析を実行した．まず初めに，解曲線は平衡点 $E^+ = (8.485, 8.485, 27)$ の周りを速い速度で回転するが，らせんは非常にゆっくりと外側へと広がる．その後，解曲線は平衡点 $E^- = (-8.485, -8.485, 27)$ へと向かい，その周りをしばらく回った後，終局的に E^+ へと向きを戻す．N と T をより大きな値でシミュレーションすると，解は決してそれ自身を繰り返すことはないが，有界のままである．E^+ の周りの領域と E^- の周りの領域の間を渡り歩き続ける．

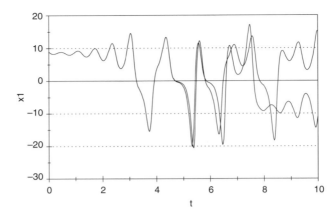

図 6.38 気象の問題における時刻 t に対する対流率 x_1 のグラフ．$r = 28$ として，2 つの初期条件 $(x_1, x_2, x_3) = (9, 8, 27)$ と $(x_1, x_2, x_3) = (9.01, 8, 27)$ の比較．

初期条件の近傍の他の解は本質的に同じ振る舞いを示す．初期条件に対する鋭敏性も存在する．非常に接近したところから出発した解は，終局的には離れていく．図 6.37 は，時刻 $t = 0$ で $(x_1, x_2, x_3) = (9, 8, 27)$ を出発し，時刻 $t = 10$ までに，E^- の周りでらせんを描く．その近傍の解として，$t = 0$ で $(x_1, x_2, x_3) = (9.01, 8, 27)$ を出発すると，時刻 $t = 10$ までに E^+ の周りでらせんを描くことになる．図 6.38 は，2 つの解曲線に対する x_1 座標の道を比較する．時刻 $t = 10$ までで，これら 2 つの解がほとんど同じ初期条件から出発したということを推測するのは不可能であろう．にもかかわらず，シミュレーション時間 T をさらに大きくすると，2 つの解曲線はともに相空間においてほとんど同一の形状を映し出すことがわかる．この極限集合は**ストレンジアトラクタ**と呼ばれている．これは，有界であるが，長さは無限大であり，横断面（たとえば，平面 $x_3 = 0$ と解曲線が交差するすべての点の集合）は一般にフラクタルである．実際，ストレンジアトラクタを扱う，ひとつの理にかなった解析的アプローチは，与えられた交差点が次の交差点へと写す写像を考えることである．この反復写像が，個体群成長におけるロジスティックモデルに対して，例 6.4 で解析したものと同じように作用する．このどちらかというと意外な方法で，離散時間ダイナミカルシステムと連続時間ダイナミカルシステムの解析は新しい関連性を見出すのである．

6.5 練習問題

1. 例 6.1 の戦争の問題を再考しよう．この問題では戦争への気象の影響について

調べる．天候が悪く視界の悪い状態は，両軍とも直接射撃の効率が減少する．間接射撃の効率は，比較的天候の影響を受けない．次のように，悪天候の影響をモデルに表現することができる．気象条件の悪さによって引き起こされる武器効果の減少を w で表し，ダイナミカルシステム (6.3) を次式で置き換えよう．

$$\Delta x_1 = -w\lambda(0.05)x_2 - \lambda(0.005)x_1 x_2 \\ \Delta x_2 = -w(0.05)x_1 - 0.005 x_1 x_2. \tag{6.20}$$

ここで，パラメータ $0 \leq w \leq 1$ は，気象条件の範囲を表し，$w = 1$ は最も良い天候，そして $w = 0$ は最も悪い天候を表している．

(a) 離散時間ダイナミカルシステム (6.20) を $\lambda = 3$ の場合にシミュレーションするために，図 6.2 のアルゴリズムを実装したコンピュータを用いよ．気象条件の悪さが，両軍の武器による効率を 75％減少させると仮定する ($w = 0.25$)．どちらが戦いを制するか，そしてどれくらいの時間がかかるか？勝者側にはどれだけの部隊が残るか？

(b) $w = 0.1, 0.2, 0.5, 0.75, 0.9$ のケースについて解析し，結果を表にまとめよ．(a) と同じ質問に答えよ．

(c) 気象条件が悪いときには，どちらの軍が戦争により利益を得るか？得られた結果から，青軍の指揮官であれば，赤軍は晴れの日と雨の日のどちらに攻撃をしてくると予想するか？

(d) (a), (b) および (c) の結果において，赤軍に対する青軍の武器優位性についての感度分析を実行せよ．$\lambda = 1.5, 2.0, 4.0, 5.0$ のケースについて (a) と (b) のシミュレーションを繰り返し，結果を表にまとめよ．(c) での結論を再考せよ．それらは，依然として正しいか？

2. 例 6.1 の戦争の問題を再考しよう．この問題では，戦術の戦争結果に対する影響を考えよう．赤軍指揮官は 5 つの部隊のうち 2 つを戦争 2 日目あるいは 3 日目まで温存するという選択肢を考えている．シミュレーションを 2 つの場面に分けて実行することで，基本ケースからの偏差としてそれぞれの可能性をシミュレーションすることができる．最初に，1 日ないしは 2 日間の戦争をシミュレーションし，2 つの青軍の部隊を 3 つの赤軍の部隊と戦わせる．そして，この場面のシミュレーションの最終結果に，赤軍側についてはさらに 2 つの部隊を加えたものを，次の場面の戦争の初期条件として用いる．

(a) 2 つの青軍部隊と，3 つの赤軍部隊が戦う最初の場面をシミュレーションす

るために，図 6.2 のアルゴリズムを実装したコンピュータを用いよ．$\lambda = 2$ を仮定し，2 つのケース（12 あるいは 24 時間の戦争）について，最終的な戦力水準を表にまとめよ．

(b) 次の戦争場面をシミュレーションするために，(a) の結果を用いよ．赤軍の最終戦力水準に 2 部隊を加え，シミュレーションを続けよ．それぞれのケースでどちらの軍が戦争を制するか，勝者側にいくつの部隊が残っているか，また，戦争がどれだけの期間（戦争の両場面に要する合計時間）続くかについて答えよ．

(c) 赤軍の指揮官は，初日からすべての戦力を投入することを選択するかもしれないし，あるいは，1 日ないし 2 日の間 2 つの部隊を予備として温存しておくかもしれない．これら 3 つの戦略のうちどれが良いか？ 失われた兵力に対して，コストが最小で勝利を得るということを基準に，最適化せよ．

(d) 青軍の武力の優勢さを表すパラメータ λ について感度分析を実行せよ．$\lambda = 1.0, 1.5, 3.0, 5.0, 6.0$ に対して，(a) と (b) を繰り返し実行し，それぞれの λ に対して，最適な戦略を決定せよ．赤軍にとって最適な戦略について，一般的な結論を述べよ．

3. 例 6.1 の戦争の問題を再考しよう．この問題では，戦争における戦術的核兵器の影響について調べよう．絶望的な状況では，青軍の指揮官は戦術的核兵器攻撃を命ずることを考える．それによる攻撃は，赤軍の武力を 70 ％，青軍の武力も同様に 35 ％消失あるいは無能化する．

(a) 青軍指揮官が直ちに核兵器攻撃を命ずると仮定して，離散時間ダイナミカルシステム (6.3) をシミュレーションするために，図 6.2 のアルゴリズムを実装したコンピュータを用いよ．初期条件 $x_1 = 0.30 \times 5.0, x_2 = 0.65 \times 2.0$ で始め，$\lambda = 3$ と仮定せよ．どちらが戦争を制するか，そしてどれくらいの時間を要するか？ 勝者側にはどれだけの部隊が生き残っているか？ この場合に核兵器攻撃を命ずることで，青軍はどれだけの利益を得るか？

(b) 青軍指揮官は 6 時間待ってから核兵器攻撃を命ずる場合について，シミュレーションせよ．$x_1 = 5$ の部隊と $x_2 = 2$ の部隊から始めて，6 時間の戦争をシミュレーションせよ．核兵器攻撃の影響を表すため，両軍の残っている部隊を減らしたうえで，シミュレーションを続けよ．(a) と同じ質問に解答せよ．

(c) (a) と (b) の結果を，本章で要約された通常の戦争の場合と比較せよ．青軍による戦術的核兵器攻撃の利点を議論せよ．そのような行動は効果的であ

り得るか，また，効果的であるなら，指揮官はいつ攻撃を命ずるべきか？

(d) 青軍が武力優勢となる λ で，パラメータ λ について (c) で得られた結果の感度分析を実行せよ．$\lambda = 1.0, 1.5, 3.0, 5.0, 6.0$ に対して，(a) と (b) のシミュレーションを繰り返し実行し，上述の質問に答えよ．

4. 例 5.2 のドッキングの問題を再考しよう．加速度ゼロのもとで，初期の接近速度が $50\,\mathrm{m}/$ 秒であると仮定する．

   (a) 制御パラメータ $k = 0.02$ を仮定して，ドッキングに要する時間を決定せよ．図 6.2 に記述された離散時間ダイナミカルシステムに対するアルゴリズムが実装されたコンピュータを用いよ．閉鎖速度がその後のすべての時刻において，絶対値が $0.1\,\mathrm{m}/$ 秒より小さくなったときに，ドッキングが完了すると仮定せよ．
   (b) $k = 0.01, 0.02, 0.03, \ldots, 0.20$ の各ケースに対して，(a) のシミュレーションを繰り返し，各ケースにおいてドッキングに要する時間を決定せよ．最も速くドッキングするのは，k がどの値のときか？
   (c) 初期の接近速度を $25\,\mathrm{m}/$ 秒と仮定して，(b) を繰り返せ．
   (d) 初期の接近速度を $100\,\mathrm{m}/$ 秒と仮定して，(b) を繰り返せ．このドッキング過程に対して，最適な k の値について，どのような結論を導くことができるか？

5. 第 4 章の練習問題 10 で導入した感染症の問題を再考しよう．この離散時間ダイナミカルシステムモデルをシミュレーションするために，図 6.2 のアルゴリズムを実装したコンピュータを用いよ．そして第 4 章の練習問題 10 の (a) から (d) の質問に答えよ．

6. 第 4 章の練習問題 4 で，クジラの問題における個体群成長の旦純化モデルを導入した．

   (a) 現時点で，5,000 頭のシロナガスクジラと 70,000 頭のナガスクジラがいると仮定して，このモデルをシミュレーションせよ．6.2 節の簡単なシミュレーション手法を用いよ．また，$\alpha = 10^{-7}$ を仮定せよ．このモデルに従うと，長期間経過すると，2 種のクジラに何が起こるか？
   (b) 現在 5,000 頭のシロナガスクジラがいることに対する，(a) の結論の感度分析を実行せよ．もともと，シロナガスクジラが 3,000, 4,000, 6,000, 7,000 頭いたと仮定して，(a) のシミュレーションを繰り返せ．現時点で海洋にい

るシロナガスクジラの正確な数に対して，結論はどの程度感度があるか？

(c) シロナガスクジラの内的自然増加率が1年あたり5％であるという仮定に対して，(a)での結論の感度分析を実行せよ．内的自然増加率を1年あたり3, 4, 6, 7％と仮定して，(a)のシミュレーションを繰り返せ．シロナガスクジラの実際の内的自然増加率に対して，結論はどの程度感度があるか？

(d) 競争係数 α に対する (a) の結論の感度分析を実行せよ．$\alpha = 10^{-9}, 10^{-8}, 10^{-6}, 10^{-5}$ の各ケースに対して，(a) のシミュレーションを繰り返し，結果を表にまとめよ．2種間の競争の程度に対して，結論はどの程度感度があるか？

7. 第4章の練習問題5で，クジラの問題について，より精密な個体群成長モデルを導入した．

(a) 現時点で，5,000頭のシロナガスクジラと70,000頭のナガスクジラがいるとして，このモデルをシミュレーションせよ．6.2節の簡単なシミュレーション手法を用いよ．また，$\alpha = 10^{-8}$ を仮定せよ．このモデルに従うと，長期間経過すると，2種のクジラに何が起こるか？　両方のクジラがともに回復成長するのか，あるいは1種ないしは両種とも絶滅するのか？　それまでにどれだけの時間がかかるか？

(b) 現在5,000頭のシロナガスクジラがいるという仮定に対する，(a)の結論の感度分析を実行せよ．もともと，シロナガスクジラが2,000, 3,000, 4,000, 6,000, 8,000頭いたと仮定して，(a)のシミュレーションを繰り返せ．現時点で海洋にいるシロナガスクジラの正確な数に対して，結論はどの程度感度があるか？

(c) シロナガスクジラの内的自然増加率が1年あたり5％であると仮定して，(a)での結論の感度分析を実行せよ．内的自然増加率を1年あたり2, 3, 4, 6, 7％と仮定して，(a)のシミュレーションを繰り返せ．シロナガスクジラの実際の内的自然増加率に対して，結論はどの程度感度があるか？

(d) シロナガスクジラの最小生存可能個体数の水準は，3,000であるという仮定に対して，(a)の結論の感度分析を実行せよ．実際の水準を1,000, 2,000, 4,000, 5,000, 6,000として，(a)のシミュレーションを繰り返せ．シロナガスクジラの最小生存可能個体数の水準に対して，結論はどの程度感度があるか？

8. 第4章の練習問題6を再考しよう．ここで，$\alpha = 10^{-8}$ を仮定する．現在の個

体数の水準を $B = 5{,}000$ かつ $F = 70{,}000$ とする.

(a) 捕獲の影響を決定するために，6.2 節で用いた簡単なアルゴリズムを実装したコンピュータを用いよ．1 日あたり $E = 3{,}000$ 隻と仮定する．このモデルに従うと，長期間経過すると，2 種のクジラに何が起こるか？ 両方のクジラがともに回復成長するのか，あるいは 1 種ないしは両種とも絶滅するのか？ それまでにどれだけの時間がかかるか？

(b) 1 日あたり $E = 6{,}000$ 隻と仮定して，(a) を繰り返せ．

(c) 0 でない平衡点へ両種のクジラの数が漸近するための E の範囲は？

(d) $\alpha = 10^{-9}, 10^{-8}, 10^{-6}, 10^{-5}$ の各ケースに対して (a) を繰り返し，結果を表にまとめよ．種間競争の程度に対する結論の感度について議論せよ．

9. 第 4 章 練習問題 6 のクジラの捕獲問題を再考しよう．この問題で，捕鯨が 1 種のクジラの絶滅を引き起こす，経済的誘因を調べよう．現在 5,000 頭のシロナガスクジラと 70,000 頭のナガスクジラがいると仮定する．

(a) 1 日あたり $E = 3{,}000$ 隻と仮定して，このモデルをシミュレーションせよ．6.2 節の簡単なシミュレーション手法を用いよ．なお，$\alpha = 10^{-7}$ を仮定する．長期間にわたる捕獲率を 1 年あたりのシロナガスクジラの単位数（ナガスクジラ 2 頭＝シロナガスクジラ 1 頭を 1 単位）として決定せよ．

(b) シロナガスクジラの長期間にわたる捕獲率を最大化するような，捕獲努力の水準を決定せよ．1 年あたり $E = 500, 1{,}000, 1{,}500, \ldots, 7{,}500$ 隻のそれぞれの場合でシミュレーションせよ．どの場合が，最も高い維持収穫量をもたらすか？

(c) 長期間維持収穫量を最大化する率でクジラを捕獲すると仮定する．このモデルに従うと，長期間経過すると両種のクジラに何が起こるか？ 両方のクジラがともに回復成長するのか，あるいは 1 種ないしは両種とも絶滅するのか？ それまでにどれだけの時間がかかるか？

(d) 捕鯨は，捕鯨産業全体のために長期間にわたって維持収穫量を最大化するように行なわれると，何人かの経済学者は論じている．もしそうであるなら，捕獲を続けることは，1 種ないしは両種とも絶滅の原因となるのであろうか？

10. （練習問題 9 の続き）捕鯨産業全体で，割引後の収益の合計を最大化するよう捕鯨は実施されると，何人かの経済学者は論じている．捕獲によってシロナガスクジラ 1 単位当たり 10,000 ドルの収益をもたらすと仮定し，割引率 10％と仮

定する．i 年に得られる収益が R_i ならば，割引後の収益の合計は次式で定義される．

$$R_0 + \lambda R_1 + \lambda^2 R_2 + \lambda^3 R_3 + \cdots.$$

ここで，$1 - \lambda$ は割引率を表す（この問題では $\lambda = 0.9$ とする）．

(a) 1 日あたり $E = 3{,}000$ 隻として，このモデルをシミュレーションせよ．6.2 節の簡単なシミュレーション手法を用いよ．なお，$\alpha = 10^{-7}$ を仮定する．この場合の割引後の収益の合計を決定せよ．

(b) 割引後の収益の合計を最大化する，捕獲努力の水準を決定せよ．1 日あたり $E = 500, 1{,}000, 1{,}500, \ldots, 7{,}500$ 隻のそれぞれのケースをシミュレーションせよ．最も高い収量をもたらすのはどのケースか？

(c) 割引後の収益の合計を最大化する率でクジラを捕獲すると仮定する．このモデルに従うと，長期間経過すると両種のクジラに何が起こるか？ 両方のクジラがともに回復成長するのか，あるいは 1 種ないしは両種とも絶滅するのか？ それまでにどれだけの時間がかかるか？

(d) 種内競争の度合いを測るパラメータ α について，感度分析を実施せよ．$\alpha = 10^{-9}, 10^{-7}, 10^{-6}, 10^{-5}$ の各ケースについて考察し，結果を表にまとめよ．種内競争の度合いに対する結論の感度について議論せよ．

11. 第 4 章の練習問題 7 の捕食者—被食者のモデルを再考しよう．

(a) シミュレーションによって，クジラとオキアミの平衡点を決定せよ．6.2 節で議論した簡単なシミュレーション手法を用いよ．いくつかの初期条件から始めて，両者の個体数の水準がともに定常状態に落ち着くまで，シミュレーションを続けよ．

(b) 両種とも個体数の水準が定常状態に落ち着いたのち，何らかの生態学的惨事により 20% のクジラと 80% のオキアミが死ぬと仮定する．このとき，これら 2 種に何が起こるか，またそれにはどれくらいの時間がかかるかを答えよ．

(c) 捕獲により，クジラが平衡点での個体数水準の 5% まで搾取される一方で，オキアミは平衡点の水準のままであると仮定する．捕獲が中止された途端，何が起きるか答えよ．クジラが個体数を回復するのにどのくらいかかるか？ オキアミの個体群に何が起こるか？

(d) (c) において，クジラが 5% 残るという仮定に対する感度分析を実施せよ．クジラが 1, 3, 7, 10% 残るという各ケースに対してシミュレーションし，

結果を表にまとめよ．クジラが個体数を回復するのに要する時間は，個体数の搾取の程度に対してどのくらい感度があるか？

12. 例5.1の木の問題を再考しよう．

    (a) 硬材と軟材の両方の個体数が，平衡点の水準の90％にまで成長するのにどれだけ時間がかかるか決定せよ．初期の個体数が軟材が1,500トン／エーカー，硬材が100トン／エーカーであると仮定せよ．この仮定は，既存の生態系に，新しいタイプのより貴重な木の植林を試みる状況を表している．$b_i = a_i/2$ を仮定し，6.2節で導入された簡単なシミュレーション手法を用いよ．

    (b) 硬材の木の現存量が最も速い率で増加する点を決定せよ．

    (c) 硬材が軟材の4倍の価値（ドル／トン）をもつと仮定し，森林の価値（ドル／エーカー）が最も速い率で増加している点を決定せよ．

13. (練習問題12の続き) 皆伐とは，森林の木すべてが一度に収穫され，そして次に植え直されるという手続きである．

    (a) この森に対する最適な収穫方針を決定せよ；すなわち，伐採と植え直しを行なうまでに待つべき年数を決定せよ．植え直しには，100トン／エーカーの硬材と100トン／エーカーの軟材が必要であると仮定する．得られた結果は，1年あたりの数（ドル／エーカー）で解答せよ．

    (b) 硬材だけが植え直される（200トン／エーカー）と仮定して，最適な収穫方針を決定せよ

    (c) 今度は，軟材だけが植え直される（200トン／エーカー）と仮定して，(b)を繰り返せ．

    (d) この森林地区の管理にとって，最適な皆伐策を述べよ．どういう点で，再植林するより，土地を売ることを考えるか？

14. 第4章の練習問題5の，より精巧にした種間競争モデルを再考しよう．$\alpha = 10^{-8}$ を仮定する．

    (a) このモデルの振る舞いをシミュレーションするために，オイラー法を実装したコンピュータを用いよ．ただし，初期条件 $x_1 = 5,000$ 頭のシロナガスクジラと $x_2 = 70,000$ 頭のナガスクジラで始める．得られた結果の妥当性を保証するために，本文に従って T と N の両方の感度分析を実行せよ．長期間経過すると，2種のクジラに何が起こるか？ クジラ両種とも個体

数を回復するか，それとも一種あるいは両種とも絶滅するか？　それには，どれだけの時間がかかるか？

(b) ある範囲内のシロナガスクジラとナガスクジラの初期条件に対して，(a) を繰り返せ．シミュレーション結果を表にまとめ，各ケースについて (a) の質問に答えよ．

(c) このシステムの完全なる相図を描くために，(a) と (b) の結果を用いよ．

(d) 一方ないしは両方のクジラが絶滅へと向かう相図上の領域を示せ．

15. 例 6.3 の RLC 回路の問題を再考し，インダクタンスを表すパラメータ L についての感度分析を実施せよ．

(a) ダイナミカルシステムモデル (6.8) を，$L > 0$ のケースを記述できるよう一般化せよ．このモデルのベクトル場は L の変化とともにどのようになるか？

(b) 原点近傍で，非線形 RLC 回路モデルの振る舞いを近似するための線形システムを決定せよ．線形システムの固有値を L の関数として求めよ．$L = 1$ の基本ケースと同様に，両方の固有値が正の実部をもつ複素数となるような L の範囲を決定せよ．

(c) $L = 0.5, 0.75, 1.5, 2.0$ の各ケースに対して，RLC 回路の振る舞いをシミュレーションするために，オイラー法が実装されたコンピュータを用いよ．図 6.21 と同じ初期条件 $x_1 = 0.1, x_2 = 0.3$ を用いよ．各ケースに対して，得られた結果の妥当性を保証するために，本文にならって，T と N の両方に関して感度分析を実施せよ．

(d) (c) で与えられた L の各値に対して，他のいくつかの初期条件でシミュレーションせよ．各ケースの完全な相図を描け．インダクタンス L の変化に応じて，相図がどのように変化するか記述せよ．

16. 例 6.3 の RLC 回路の問題を再考し，大きなキャパシタンス ($C > 4$) の場合にどのようなことが起こるかを考えよう．

(a) $C > 4$ の場合に，線形システム (6.10) の解を固有値と固有ベクトルによる手法を用いて求めよ．

(b) この線形システムの相図を描け．相図は C の関数としてどのように変化するか？

(c) $C = 5, 6, 8, 10$ の各ケースに対する RLC 回路をシミュレーションするために，オイラー法を実装したコンピュータを用いよ．図 6.21 と同じ初期

6.5 練習問題   223

条件 $x_1 = 0.1, x_2 = 0.3$ を用いよ．各ケースに対して，得られた結果の妥当性を保証するために，本文にならって，T と N の両方に関して感度分析を実施せよ．

(d) (c) で与えた C の各値に対して，他のいくつかの初期条件でシミュレーションせよ．各ケースに対する完全な相図を描け．本文で議論された $0 < C < 4$ のケースと比較せよ．2 つのケースの間を遷り変わるとき，相図にどのような変化が起こるか？

17. 例 6.3 の RLC 回路の問題を再考し，この RLC 回路の抵抗が，v–i 特性 $f(x) = x^3 - x$ をもつという仮定に関して，得られた一般的結論のロバスト性を考察しよう．この問題では，$f(x) = x^3 - ax$ とする．ただし，パラメータ a は任意の正の実数を表すものとする．（$a = -4$ は例 5.3 で取り扱った．）

(a) ダイナミカルシステムモデル (6.8) を，$a > 0$ の一般的ケースを記述できるよう一般化せよ．このモデルのベクトル場は，a とともにどのように変化するか？

(b) 原点近傍で，非線形 RLC 回路モデルの振る舞いを近似するための線形システムを決定せよ．線形システムの固有値を a の関数として求めよ．

(c) この線形システムの相図を描け．相図は a の関数としてどのように変化するか？

(d) $a = 0.5, 0.75, 1.5, 2.0$ の各ケースに対して，RLC 回路をシミュレーションするために，オイラー法を実装したコンピュータを用いよ．また，各ケースの相図を描け．a を変化させたとき，相図にどのような変化が起こるか？このモデルのロバスト性について，どのように結論づけられるか？

18. 例 6.3 の RLC 回路の問題を再考し，この RLC 回路の抵抗が，v–i 特性 $f(x) = x^3 - x$ をもつという仮定に関して，得られた一般的結論のロバスト性を考察しよう．この問題では，$f(x) = x|x|^{1+b} - x \ (b > 0)$ と仮定する．

(a) ダイナミカルシステムモデル (6.8) を，$b > 0$ の一般的ケースを記述できるよう一般化せよ．このモデルのベクトル場は，b とともにどのように変化するか？

(b) 原点近傍で，非線形 RLC 回路モデルの振る舞いを近似するための線形システムを決定せよ．線形システムの固有値を b の関数として求めよ．

(c) この線形システムの相図を描け．相図は b の関数としてどのように変化するか？

(d) $b = 0.5, 0.75, 1.25, 1.5$ の各ケースに対して，RLC 回路をシミュレーションするために，オイラー法を実装したコンピュータを用いよ．また，各ケースの相図を描け．b を変化させたとき，相図にどのような変化が起こるか？このモデルのロバスト性について，どのように結論づけられるか？

19. 長さ 120 cm の軽量の棒の先に 120 g のおもりを付けた振り子を考える．棒のもう一方の先端は，固定されているが自由に回転できる．運動を続ける振り子には，おおよそ角速度に比例した摩擦力がはたらく．

    (a) 振り子は，棒が鉛直方向に対して 45° の角度をなすよう，手で持ち上げられる．そして，振り子が放たれる．振り子のその後の運動を決定せよ．ファイブ・ステップ法を用い，連続時間ダイナミカルシステムをモデル化せよ．オイラー法を用いてシミュレーションせよ．摩擦による力は $k\theta'$ の大きさをもつと仮定する．ここで，θ' は角速度（ラジアン／秒）であり，摩擦係数は $k = 0.05$（g／秒）である．
    (b) 平衡点の近傍でのシステムの近似的な振る舞いを決定するために，線形近似を用いよ．摩擦力の大きさは $k\theta'$ であると仮定する．局所的ふるまいは，k にどのように依存するか？
    (c) 振り子の周期を決定せよ．周期は k とともにどのように変化するか？
    (d) このサイズの振り子は，大きな古時計の装置の一部として使われるであろう．ある振幅を維持するために，周期的に力が与えられている．$\pm 30°$ の振幅を作り出すために，どれだけの，あるいはどれくらい頻繁に力が与えられるべきか？ その答えは，目標とする振幅にどのように依存するか？
    [ヒント：振り子の振動の一周期分をシミュレーションせよ．目標とする周期的振る舞いが得られるよう，初期の角速度 $\theta'(0)$ を変化させよ．]

20. （カオス）この問題は，単純なモデルで起こりうる，連続時間と離散時間ダイナミカルシステムの振る舞いの顕著な違いを説明する．

    (a) 連続時間ダイナミカルシステム
    $$x_1' = (a-1)x_1 - ax_1^2$$
    $$x_2' = x_1 - x_2$$
    が，任意の $a > 1$ に対して，安定な平衡点 $x_1 = x_2 = (a-1)/a$ をもつことを示せ．
    (b) 類似の離散時間ダイナミカルシステム

$$\Delta x_1 = (a-1)x_1 - ax_1^2$$
$$\Delta x_2 = x_1 - x_2$$

もまた，任意の $a > 1$ に対して，安定な平衡点 $x_1 = x_2 = (a-1)/a$ をもつことを示せ．

(c) 離散時間ダイナミカルシステムに対して，平衡点 $x_1 = x_2 = (a-1)/a$ の安定性とその近傍の解の振る舞いを調べるために，シミュレーションを用いよ．$a = 1.5, 2.0, 2.5, 3.0, 3.5, 4.0$ の各ケースに対して，平衡点近傍のいくつかの初期条件を試し，その結果観察されたことを報告せよ．（$a = 4.0$ のケースは，単純なカオスモデルを表している．）

21. （プログラミング演習）ダイナミカルシステムをシミュレーションするために使われる別の方法は，ルンゲ・クッタ法である．

    図 6.39 は，2 変数ダイナミカルシステム

$$\frac{dx_1}{dt} = f_1(x_1, x_2)$$
$$\frac{dx_2}{dt} = f_1(x_1, x_2)$$

をシミュレーションするための，ルンゲ・クッタ法のアルゴリズムを与えている．十分に小さな刻み幅 h に対して，ルンゲ・クッタ法は，2 倍の刻み数（半分の h）がおよそ 16 倍正確な結果を生成するという性質をもっている．

(a) ルンゲ・クッタ法をコンピュータに実装せよ．
(b) 第 5 章の式 (5.18) で与えられた線形システムを解くのに用いることで，コンピュータへの実装を確かめよ．$c_1 = 1, c_2 = 0$ のケースに対して，得られた結果を式 (5.19) の解析解と比較せよ．
(c) 例 6.3 の RLC 回路の問題に対して，図 6.20 と図 6.21 で得られた結果を確かめよ．

22. 例 6.4 のクジラの問題を再考しよう．この問題では，シロナガスクジラの振る舞いを調べよう．$\alpha = 10^{-8}$ と仮定し，$x_1 = 5{,}000$ 頭のシロナガスクジラと $x_2 = 70{,}000$ 頭のナガスクジラで開始せよ．

    (a) 時間刻み幅 $h = \Delta t = 1$ 年で，オイラー法を用いよ．刻み数 $N = 50$ でシミュレーションし，長時間でのシロナガスクジラの個体数の振る舞いを記述せよ．

アルゴリズム： ルンゲ・クッタ法

変数：
$t(n) = n$ 刻み後の時刻
$x_1(n) =$ 時刻 $t(n)$ における第 1 状態変数
$x_2(n) =$ 時刻 $t(n)$ における第 2 状態変数
$N =$ 刻み数
$T =$ シミュレーションの終了時刻

入力： $t(0), x_1(0), x_2(0), N, T$

過程：
Begin
$h \leftarrow (T - t(0))/N$
for $n = 0$ to $N - 1$ do
    Begin
    $r_1 \leftarrow f_1(x_1(n), x_2(n))$
    $s_1 \leftarrow f_2(x_1(n), x_2(n))$
    $r_2 \leftarrow f_1(x_1(n) + (h/2)r_1, x_2(n) + (h/2)s_1)$
    $s_2 \leftarrow f_2(x_1(n) + (h/2)r_1, x_2(n) + (h/2)s_1)$
    $r_3 \leftarrow f_1(x_1(n) + (h/2)r_2, x_2(n) + (h/2)s_2)$
    $s_3 \leftarrow f_2(x_1(n) + (h/2)r_2, x_2(n) + (h/2)s_2)$
    $r_4 \leftarrow f_1(x_1(n) + hr_3, x_2(n) + hs_3)$
    $s_4 \leftarrow f_2(x_1(n) + hr_3, x_2(n) + hs_3)$
    $x_1(n+1) \leftarrow x_1(n) + (h/6)(r_1 + 2r_2 + 2r_3 + r_4)$
    $x_2(n+1) \leftarrow x_2(n) + (h/6)(s_1 + 2s_2 + 2s_3 + s_4)$
    $t(n+1) \leftarrow t(n) + h$
    End
End

出力： $t(1), \ldots, t(N); x_1(1), \ldots, x_1(N); x_2(1), \ldots, x_2(N)$

図 6.39 ルンゲ・クッタ法の擬似コード．

(b) $h = 5, 10, 20, 30, 35, 40$ の各ケースに対して，(a) での刻み数 $N = 50$ のシミュレーションを繰り返せ．時間刻み幅 h が増加するとき，シロナガスクジラの個体数の挙動はどのように変化するか？

(c) $\alpha = 10^{-7}$ と $\alpha = 10^{-9}$ に対して，(b) を繰り返せ．$\alpha = 10^{-8}$ という仮定に対して，(b) で得られた結果はどの程度感度があるか？

(d) $x_1 = 150{,}000$ 頭のシロナガスクジラと $x_2 = 400{,}000$ 頭のナガスクジラを初期条件として，(b) を繰り返せ．なお，$\alpha = 10^{-8}$ を仮定せよ．$x_1 = 5{,}000$

頭のシロナガスクジラと $x_2 = 70{,}000$ 頭のナガスクジラを初期値とする仮定に対して，(b) で得られた結果はどの程度感度があるか？

23. 例 6.4 のクジラの問題を再考しよう．この問題では，カオス的ダイナミカルシステムに対する初期値鋭敏性を調べよう．$\alpha = 10^{-8}$ と，ナガスクジラの初期値 $x_2(0) = 70{,}000$ 頭を仮定しよう．

    (a) 時間刻み幅 $h = \Delta t = 35$ 年でオイラー法を用いよ．シロナガスクジラの初期値 $x_1(0) = 5{,}000$ 頭を用いて，$T = 1750$ 年後（$N = 50$ 刻み）に残っているシロナガスクジラの数 $x_1(T)$ を決定するために，シミュレーションせよ．

    (b) 初期条件 $x_1(0) = 5{,}050$ 頭を用いて (a) のシミュレーションを繰り返し，$T = 1750$ 年後のシロナガスクジラの個体数 $x_1(T)$ を決定せよ．(a) の結果と比較し，終局的な個体数の水準の初期条件に対する感度を計算せよ．初期条件の相対的変化が $\Delta x_1(0)/x_1(0) = 0.01$ であり，終局的な個体数水準の相対的変化が $\Delta x_1(T)/x_1(T)$ であることに注意せよ．

    (c) $x_1 = 5005, 5000.5, 5000.05, 5000.005$ の各初期条件に対して，(b) を繰り返し，感度と初期条件における差 $\Delta x_1(0)$ との関係についてコメントせよ．

    (d) 初期条件における微小な変化に対して，このカオス的ダイナミカルシステムはどの程度感度があるか？ そのようなシステムで現在の状態を見積もれば，未来を確実に予測可能か？

24. 例 6.4 のクジラの問題を再考しよう．この問題では，離散近似 (6.18) において，刻み幅 $h = \Delta t$ が増加するとき，安定から不安定への遷移が起こることを調べよう．$\alpha = 10^{-8}$ と仮定する．

    (a) 連続時間ダイナミカルシステム (6.17) に対する第一象限内（正）の平衡点の座標を計算せよ．この平衡点の安定性を示すために，連続時間ダイナミカルシステムに対する固有値テストを用いよ．

    (b) 離散時間近似に対する繰り返し関数が $G(x) = x + hF(x)$ ($h = \Delta t$) で与えられることを説明せよ．離散時間ダイナミカルシステム (6.18) に対する繰り返し関数を書け．

    (c) (a) で求めた平衡点で評価した，ヤコビ行列 $A = DG$ を書け．また，この行列の固有値を刻み幅 h の関数として求めよ．

    (d) (a) で求めた平衡点が，離散近似しても安定のままであるような最大の刻

み幅 h を決定するために，離散時間ダイナミカルシステムに対する固有値テストを用いよ．本文の結果と比較せよ．

25. 例 6.4 のクジラの問題を再考しよう．この問題では，異なる刻み幅 $h = \Delta t$ に対して，離散近似 (6.18) のフラクタル極限集合を調べるためにシミュレーションを用いよう．

    (a) 本文の図 6.31 で示された結果を再生するために，オイラー法が実装されたコンピュータを用いよ．$\alpha = 10^{-8}$ を仮定し，刻み幅は $h = \Delta t = 32$ 年，初期条件は $x_1(0) = 5{,}000$ 頭のシロナガスクジラと $x_2(0) = 70{,}000$ 頭のナガスクジラを用いる．

    (b) $n = 100, \ldots, 1000$ に対して，シロナガスクジラ $x_1(n)$ に対するナガスクジラ $x_2(n)$ をプロットせよ．得られたグラフは，4 つの点からなる極限集合を示しているはずである．

    (c) 刻み幅 $h = 33, 34, \ldots, 37$ に対して，(a) のシミュレーションを繰り返せ．各ケースについて，(b) と同じように極限集合をプロットせよ．刻み幅が増加すると，極限集合はどのように変化するか？

    (d) $x_1(0) = 150{,}000$ 頭のシロナガスクジラと $x_2(0) = 400{,}000$ 頭のナガスクジラという初期条件に対して，(c) を繰り返せ．極限集合は初期条件に依存するか？

    (e) $\alpha = 3 \times 10^{-8}$ に対して，(c) を繰り返せ．極限集合は競争パラメータ α に依存するか？

26. 例 6.6 の気象の問題を再考しよう．

    (a) 本文の図 6.33 の結果を再現するために，オイラー法が実装されたコンピュータを用いよ．$\sigma = 10$, $b = 8/3$, $r = 8$ を仮定し，初期条件 $(x_1, x_2, x_3) = (1, 1, 1)$ を用いよ．

    (b) 対流ロールの回転率 x_1 に対する，温度分布の線形化からの偏差 x_3 をプロットするために，(a) の結果を用いよ．得られた図が，連続時間ダイナミカルシステムの真の挙動を表すことを確かめるために，刻み幅 h に対する感度分析を実施せよ．

    (c) 初期条件 $(x_1, x_2, x_3) = (7, 1, 2)$ に対して，(b) を繰り返せ．解曲線は，本文で求めた平衡点に近づくか？

    (d) $r=18$ と $r=28$ に対して，(b) を繰り返せ．r が増加するとき，解の挙動はどのように変化するか？

27. 例 6.6 の気象の問題を再考しよう．

  (a) 本文の図 6.35 の結果を再現するために，$N = 500$ かつ $T = 2.5$（刻み幅 $h = 0.005$）のオイラー法が実装されたコンピュータを用いよ．$\sigma = 10$，$b = 8/3$，$r = 18$ と仮定し，初期条件 $(x_1, x_2, x_3) = (6.7, 6.7, 17)$ を用いよ．

  (b) さらに大きな刻み幅 $h = 0.01, 0.015, \ldots, 0.03$ に対して，(a) を繰り返せ．$N = 500$ のままで，$T = 5, 7.5, 10, 12.5, 15$ と増加させればよい．刻み幅が増加するとき，シミュレーションによって得られた解曲線はどのように変化するか？

  (c) $\sigma = 10$，$b = 8/3$，$r = 24$ のとき，平衡点 E^+ の座標を求めよ．シミュレーションにより確かめよ．初期条件 E^+ でのシミュレーションで，解がこの点にとどまり続けることを確かめればよい．

  (d) (c) で求めた平衡点 E^+ は安定か？ シミュレーションで確かめよ．初期条件 $E^+ + (0.1, 0.1, 0)$ でのシミュレーションで，解が平衡点 E^+ へ収束するかどうかを決定すればよい．連続時間ダイナミカルシステムの真の振る舞いを表すシミュレーション結果を得るために，用いられるべき刻み幅はどれだけ小さいか？

さらに進んだ文献

1. Acton, F. (1970) *Numerical Methods That Work.* Harper and Row, New York.
2. Brams, S., Davis, M. and Straffin, P. *The Geometry of the Arms Race.* UMAP module 311.
3. Dahlquist, G. and Bjorck, A. *Numerical Methods.* Prentice-Hall, Englewood Cliffs, New Jersey.
4. Gearhart, W. and Martelli, M. *A Blood Cell Population Model, Dynamical Diseases, and Chaos.* UMAP module 709.
5. Gleick, J. (1987) *Chaos: Making a New Science.* R. R. Donnelley, Harrisonburg, Virginia.
6. Press, W., Flannery, B., Teukolsky, S. and Vetterling, W. (1987). *Numerical Recipies.* Cambridge University Press, New York.
7. Smith, H. *Nuclear Deterrence.* UMAP module 327.
8. Strogatz, S. (1994) *Nonlinear Dynamics and Chaos: With Applica-*

tions to Physics, Biology, Chemistry, and Engineering. Addison Wesley, Reading, Massachusetts.

9. Zinnes, D., Gillespie, J. and Tahim, G. *The Richardson Arms Race Model.* UMAP module 308.

第 III 部
確率モデル

第7章　確率モデル入門

　現実の生命現象のほとんどの問題には不確定性がある．あるモデルでは，人間の行動の不確定性を表現するためにランダムな要素を導入する．また別のモデルにおいては，物理パラメータの厳密な値がわからない，もしくはダイナミクスを支配する厳密な物理法則がわからない．（たとえば量子力学でのように）物理パラメータまたは物理法則が本質的にランダムな場合もあることもわかっている．便利だから確率がモデルに導入されることもあるし，必要だからそうすることもある．このどちらの場合でも確率を考慮することで，数理モデルはより興味深く役立つものになる．
　確率は，しばしば日常でも見られる直感的な概念である．この章では確率モデルの取扱い法を示したい．ここでは形式的な確率理論についての前提知識を要求しない．確率についての基本的な概念を自然な形で導入して，現実の問題の研究に応用できるようにする．

7.1　離散的確率モデル

　最も単純で直感的な確率モデルは，可能な出力が有限な集合からなり，時間的に変動する要素がないものである．このようなモデルはしばしば実際の世界でも見られる．

例 7.1　ダイオードを製造する電子部品工場を考えよう．品質管理の担当者には，ダイオードを搬出する前に不良品を見つけ出しておく責任がある．製造したダイオードの 0.3％が不良品であると概算されている．このとき各ダイオードを別々に検査することも可能であり，2つ以上のダイオードをグループにまとめて検査することも可能であるとする．もし，グループでの検査に通らなかったなら，グループの中の1つ以上のダイオードが不良品であるといえる．1つのダイオードの検査にかかるコストは5セントであり，$n(>1)$ 個をまとめて検査するのにかかるコストは $4+n$ セントであるとする．グループにして検査した場合には，グループ内のどのダイオードが不良品かを知るためにもう一度個別に検査する必要がある．不良品を

変数： $n =$ グループ検査を行なう際のダイオードの個数
$C =$ 各グループ検査に要する検査コスト（セント）
$A =$ ダイオード 1 個あたりの平均検査コスト（セント／ダイオード）

仮定： $n = 1$ の場合は $A = 5$ セント．
それ以外の場合 $(n > 1)$ は
グループ検査の結果すべてのダイオードが正常ならば $C = 4 + n$
グループ検査で不良品があれば $C = (4 + n) + 5n$
$A = (C\text{ の平均値})/n$

目的： A が最小となるような n を見つける

図 7.1　ダイオードの問題のステップ 1 の結果．

見つけ出す最も低コストな品質管理の方法を見つけなさい．

　ファイブ・ステップ法を用いる．ステップ 1 の結果を図 7.1 にまとめた．変数 n は意志決定変数であり，$n = 1, 2, 3, \ldots$ と自由に選べる．しかし，変数 C は我々が選んだ品質管理法に対するランダムな出力である．つまり C は確率変数である．一方，A は確率変数ではなく，確率変数 C/n の平均値または期待値である．

　ステップ 2 はモデリング手法を選択する．ここでは離散的確率モデルを用いる．

　　ここで値が離散的な集合

$$X \in \{x_1, x_2, x_3, \ldots\}$$

のいずれかをとる確率変数 X を考えよう．$X = x_i$ となる確率は p_i であるとする．このとき

$$\Pr\{X = x_i\} = p_i$$

と書く．もちろん

$$\Sigma p_i = 1$$

をみたす．X は確率 p_i で x_i となるので，X の平均値または期待値は起こりうる値 x_i をその相対的な見込み p_i で重み付けした重み付き平均となる．すなわち

$$EX = \Sigma x_i p_i \tag{7.1}$$

と書ける．確率 p_i は X の確率分布と呼ばれるものを表現している．

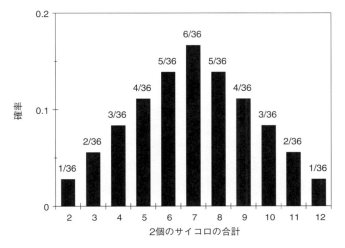

図 7.2 2 個のサイコロの合計を横軸にした確率のヒストグラム.

例 7.2 2 個のサイコロを転がして出た目の合計数だけのドルの賞金が得られる単純な賭けゲームを考えよう. この賭けゲームの参加料はいくらになるだろうか.

出るサイコロの目を X とおく. $6 \times 6 = 36$ 通りの結果があり, それぞれ同様に確からしい. 2 になるパターンは 1 通りしかないので

$$\Pr\{X = 2\} = 1/36.$$

3 になるパターンは 2 通り (1 と 2 または 2 と 1) なので

$$\Pr\{X = 3\} = 2/36.$$

確率分布全体を図 7.2 に表示した. X の期待値は

$$EX = 2(1/36) + 3(2/36) + \cdots + 12(1/36)$$

すなわち $EX = 7$ である. このゲームを何度も繰り返していけば 1 回あたりおよそ 7 ドル勝つことが期待できる. それゆえに参加料が 7 ドル未満であれば, このゲームに参加する価値がある.

何度もゲームを繰り返す状況を詳細にみてみよう. n 回目のゲームでの賞金を X_n とする. 各 X_n は同じ分布に従い, 互いに独立である. 1 回の

ゲームで得られる賞金はそれより前のゲームの結果に依存しない．このとき「大数の強法則」と呼ばれる定理が成り立つ．すなわち，期待値 EX が有限で独立で同一の確率分布に従う確率変数 X からなる系列 $X_1, X_2, X_3, \ldots$ は $n \to \infty$ に対して確率 1 で

$$\frac{X_1 + \cdots + X_n}{n} \to EX \tag{7.2}$$

となる．つまり，長い間ゲームをやり続ければ，実質的に1回あたりおよそ7ドルの賞金が得られると断言できる．(Ross (1985) p.70)

独立であることの正式な定義は，以下の通りである．確率変数の列 Y と Z を考える．

$$Y \in \{y_1, y_2, y_3, \ldots\}$$
$$Z \in \{z_1, z_2, z_3, \ldots\}$$

もし，一般的に

$$\Pr\{Y = y_i \text{ かつ } Z = z_j\} = \Pr\{Y = y_i\}\Pr\{Z = z_j\} \tag{7.3}$$

ならば Y と Z は独立である．たとえば，Y と Z を1個目と2個目のサイコロの目とおくと

$$\Pr\{Y = 2, Z = 1\} = \Pr\{Y = 2\}\Pr\{Z = 1\} = (1/6)(1/6) = (1/36)$$

となり，確率は積で書ける．このとき Y と Z は独立である．2個目のサイコロの目は，1個目のサイコロに何が起きようとも無関係なのである．

例 7.1 のダイオードの問題に戻ろう．$n > 1$ を決めてやれば確率変数 C が2通りの値のどちらかになる．つまり，すべてのダイオードが正常ならば

$$C = 4 + n$$

となり，そうでなければ

$$C = (4 + n) + 5n$$

となる．ここで $5n$ を足しているのは再検査の必要性による．ダイオードがすべて正常である確率を p とおくと，それ以外の（つまり1個以上の不良品が含まれる）確率は $1 - p$ となる．ゆえに C の平均値または期待値は

$$EC = (4+n)p + [(4+n) + 5n](1-p) \tag{7.4}$$

となる．

ステップ 4 に進もう．不良品である確率が 0.003 の n 個のダイオードがある．言い換えれば，ダイオードが正常である確率は 0.997 である．独立性を仮定するとグループ検査で n 個のダイオードすべてが正常である確率は $p = 0.997^n$ である．確率変数 C の期待値は

$$\begin{aligned} EC &= (4+n)0.997^n + [(4+n) + 5n](1-0.997^n) \\ &= (4+n) + 5n(1-0.997^n) \\ &= 4 + 6n - 5n(0.997)^n \end{aligned}$$

となる．したがって，ダイオード 1 個あたりの平均検査コストは

$$A = \frac{4}{n} + 6 - 5(0.997)^n \tag{7.5}$$

となる．大数の強法則によれば，この式はゲームをやり続けた場合の平均コストを与える．n はグループ検査のサイズであり，A を n の関数として最小化する必要がある．この計算の詳細は，演習として残しておこう（練習問題 1）．結果は $n = 17$ で最小値 $A = 1.48$ セント／ダイオードが実現する．

ステップ 5 で締めくくろう．不良品を見つけ出す品質管理の手続きは，グループ検査によりかなり経済的に優れたものになる．個別検査でのコストは，5 セント／ダイオードであった．不良品は珍しく，1000 個に 3 個の割合でしか存在しない．17 個ずつのグループ検査を導入すると検査の質を下げることなくコストをおよそ 1/3 に（1.5 セント／ダイオード）削減できる．

この種の問題では感度分析が重要である．品質管理の手続きを実装することは，現モデルの範囲の外にある要素の影響を受けるだろう．たとえば 10 個や 20 個のような切りの良い数での検査が簡単な場合があるかもしれないし，n が 4 や 5 の倍数であったほうが良いかもしれない．このようなことは生産工程の詳細に依存する．幸運なことに平均コスト A は $n = 10$ から $n = 35$ までの間でそれほど変化しない．この計算も演習問題として残しておこう．生産工程における不良品率を示すパラメータ $q = 0.003$ も考察すべきだろう．たとえば，この値は工場内の環境によって変化するかもしれない．上記のモデルを一般化すると

$$A = \frac{4}{n} + 6 - 5(1-q)^n \tag{7.6}$$

が得られる．$n=17$ のとき，

$$S(A,q) = \frac{dA}{dq} \cdot \frac{q}{A} = 0.16$$

となり，q を少し変化させたときのコストの変動はそれほど大きくはならない．

　より一般的なロバスト性分析は，独立性の仮定について考察する．生産工程において続けて作られた製品の不良率に相関がないと仮定した．実際には，不良品が固まって生産される傾向がある．なぜなら，不良品は振動や電圧の変動のような生産工程に生じる環境異常によって引き起こされることが多いからである．本書では独立でない確率変数を扱う数理解析法全体を扱うことはできない．次の章で紹介する確率過程モデルを使えばある種の依存性については表現できるが，解析的な定式化が可能でない依存性も存在する．このロバスト性の問題は，現在の確率論の興味深く活気のある研究分野となっている．実際，シミュレーションの結果によれば独立性を仮定したモデルによって計算した平均コストは，高いロバスト性をもっている．ほとんどの場合についてこのモデルは正確で役に立つ近似を与えることがシミュレーションで確かめられる．

7.2　連続的確率モデル

　この節では，連続的な値をとる確率変数に基づく確率モデルを扱う．このようなモデルは，特にランダム性をもつ時間を表現するのに役に立つ．必要となる数学的理論は，和が積分に置き換わることを除けば離散的な場合から完全に類推できるものである．

例 7.3　「タイプ I カウンター」は核分裂物質の放射性崩壊を測るために使われる．放射性崩壊は，未知の崩壊率でランダムに生じるとする．カウンターの目的は，崩壊率を測定することである．放射性崩壊を 1 回計測すると 3×10^{-9} 秒間カウンターはロックしてしまい，その間は計測できないとする．失われた情報を考慮してカウンターから受け取ったデータを調整するにはどうしたらよいか．

　ファイブ・ステップ法を用いる．ステップ 1 の結果を図 7.3 にまとめた．ステップ 2 は，モデリング手法を選択する．ここでは連続的確率モデルを用いる．

　X を実軸上の値をとる確率変数であるとする．X の確率を表現するために以下のような関数を考えればよい．

$$F(x) = \Pr\{X \leq x\}$$

変数：	$\lambda =$ 崩壊率（1秒あたり）
	$T_n = n$ 回目の崩壊が観測された時間

仮定： 放射性崩壊は崩壊率 λ でランダムに生じる

すべての n に対して $T_{n+1} - T_n \geq 3 \times 10^{-9}$ である

目的： ある観測値 $T_1, \ldots, T_n$ が得られたとき，λ を求めなさい

図 7.3 放射性崩壊の問題のステップ 1 の結果．

この関数は X の**分布関数**と呼ばれる．もし $F(x)$ が微分可能なら関数

$$f(x) = F'(x)$$

を X の**密度関数**と呼ぶ．このとき，実数 a と b に対して

$$\Pr\{a < X \leq b\} = F(b) - F(a) = \int_a^b f(x)\,dx \qquad (7.7)$$

となる．言い換えれば，密度関数の下の領域の面積が確率を表している．X の平均値または期待値は，

$$EX = \int_{-\infty}^{\infty} xf(x)\,dx \qquad (7.8)$$

のように定義される．積分のリーマン和のことを考えれば，上の式は離散的な場合から直接的に類推できる（詳細については練習問題 13 を見よ）．この表記法や用語が物理学の重心を調べる問題に由来していることに着目しておきたい．もし x に針金か竿のようなものが置かれていて $f(x)$ が位置 x の密度 (g/cm) を表しているとすると，$f(x)$ の積分は質量を表しており，$xf(x)$ の積分は重心を示す（ただし，ここで確率の場合のように質量の合計を 1 として規格化した）．

ある特有のランダム到着は，応用分野で頻繁に見られる．（たとえば客，電話，放射性崩壊などの）到着が率 λ でランダムに生じると仮定し，連続する到着の間隔を X とする．このとき確率変数 X の分布関数を

$$F(t) = 1 - e^{-\lambda t} \qquad (7.9)$$

と仮定するのが一般的である．したがって X の密度関数は，

$$f(t) = \lambda e^{-\lambda t} \tag{7.10}$$

となる.この分布をレートパラメータ λ の**指数分布**と呼ぶ.

指数分布の最も重要な性質は,無記憶性である.すべての $t > 0$ と $s > 0$ に対して

$$\begin{aligned}
\Pr\{X > s+t | X > s\} &= \frac{\Pr\{X > s+t\}}{\Pr\{X > s\}} \\
&= \frac{e^{-\lambda(s+t)}}{e^{-\lambda s}} = e^{-\lambda t} \\
&= \Pr\{X > t\}
\end{aligned} \tag{7.11}$$

となる.言い換えれば,すでに待った時間 s は,その後の到着に対する待ち時間の(条件付き)確率分布に影響を与えない.つまり,指数分布はすでに待った時間のことを忘れてしまうのである.式 (7.11) は,**条件付き確率**と呼ばれる.その正式な定義は,事象 B が生じたときに事象 A が生じる確率

$$\Pr\{A|B\} = \frac{\Pr\{A \text{ かつ } B\}}{\Pr\{B\}} \tag{7.12}$$

で与えられる.言い換えれば,$\Pr\{A|B\}$ は B が生じた場合のすべての可能な事象の中での A の相対的な見込みである.

ステップ 3 に進もう.放射性崩壊は,未知の率 λ でランダムに生じると仮定した.連続して生じる放射性崩壊の時間間隔が独立で同一のレートパラメータ λ の指数分布に従うと仮定して,この過程をモデル化する.引き続き観測された放射性崩壊の間隔を

$$X_n = T_n - T_{n-1}$$

と表記しよう.もちろん,ロックしている時間があるので X_n は観測された放射性崩壊の間隔と同じ分布に従っているわけではない.実際は,確率 1 で $X_n \geq 3 \times 10^{-9}$ であるが,指数分布ではそうはならない.

ランダムな時間 X_n は,2 つの部分からなる.まず,カウンターがロックされている間の $a = 3 \times 10^{-9}$ 秒待つ必要がある.そして次の崩壊まで Y_n 秒待つこととなる.Y_n は連続した崩壊の時間間隔ではなく,ロックが回復してからの崩壊までの時間である.しかし,指数分布の無記憶性によって Y_n もレートパラメータ λ の指数分布に従うことが保証される.

ステップ 4 ではこのモデルを解く.$X_n = a + Y_n$ なので $EX_n = a + EY_n$ とな

る．ここで
$$EY_n = \int_0^\infty t\lambda e^{-\lambda t}\, dt$$
である．積分を解くと $EY_n = 1/\lambda$ が得られる．したがって，$EX_n = a + 1/\lambda$ である．大数の強法則により確率 1 で
$$\lim_{n\to\infty} \frac{X_1 + \cdots + X_n}{n} = a + \frac{1}{\lambda}$$
である．言い換えれば $(T_n/n) \to a + 1/\lambda$ である．大きな n に対して近似的に
$$\frac{T_n}{n} = a + \frac{1}{\lambda} \tag{7.13}$$
が得られる．λ について解くと
$$\lambda = \frac{n}{T_n - na} \tag{7.14}$$
となる．

ステップ 5 で締めくくろう．カウンターのロックによって失われた崩壊の情報を調整して崩壊率を予想する公式が得られている．ここで必要となるのは観測時間と崩壊の観測回数だけである．観測された時間間隔の分布は λ を決定するのに必要ではない．

ロック時間 a についての感度分析をしておこう．a の値は実験的に決める必要がある．a の精度は λ の精度に影響を与える．式 (7.14) から計算すると
$$\frac{d\lambda}{da} = \lambda^2$$
である．そして λ の a に関する感度は
$$S(\lambda, a) = \lambda^2 (a/\lambda) = \lambda a$$
となる．

これは，ロック時間の間に崩壊した回数の期待値でもある．それゆえに放射性が弱いほうが比較的良い λ の概算値を得ることができる[1]．これを達成するためにはサンプルとして少量の放射性物質を使えば良い．考えうる誤差の他の要因として重要なものは，仮定
$$(X_1 + \cdots + X_n)/n = a + 1/\lambda$$

---
[1] 訳注：この結論は n を一定とした場合であることに注意．

である．この式はもちろん厳密には正しくない．$n \to \infty$ にすればこの平均に収束するが，有限の実験でランダムなゆらぎのため得られた値は平均からずれる．このようなランダムなゆらぎに関する研究について次の節で紹介する．

最後にロバスト性の問題を考える．崩壊過程について特殊な仮定をしたように思えるかもしれない．ここでは崩壊間の時間間隔が独立で特殊な分布（レートパラメータ λ の指数分布）に従うと仮定した．このような到着過程は，**ポアソン過程**と呼ばれる．ポアソン過程は，ランダム到着を表現するために一般的に使用されている．現実の世界の到着過程の時間間隔は少なくとも近似的には指数関数となるという事実によって指数分布の使用は支持されている．これは到着時間のデータを収集することで調査できる．しかし，この調査だけでは指数分布になる**理由**を説明できない．

実のところ，到着がポアソン過程になると期待できる数学的な理由がある．互いに独立な多数の到着を考えよう．到着間隔の分布について独立で同一の分布であること以外は何も仮定をしない．この一般的な条件のもとで独立な到着のすべてを重ね合わせることで得られる到着過程がポアソン過程に見えることを理論的に示せる（重ね合わせる到着の数を無限大にするとポアソン過程になる）．これが指数分布に基づくポアソン過程がロバストなモデルになる理由である．(Feller (1971) p.370 を見よ．)

7.3 統計学入門

モデリングのあらゆる状況でモデルの良さを表現する量的指標が必要である．システムの挙動を決めるこのようなパラメータを導出することは，確率モデルにおいていっそう複雑になる．確率モデルの特徴であるシステムに内在するランダムなゆらぎを扱う方法が必要となる．統計学とは，ランダムなゆらぎが存在する場合の測定に関する学問のことである．統計学の手法を適切に使うことは，確率モデルの分析の一端を担う．

例 7.4 昨年，ある地域の消防・救急サービス 911 では，月に平均 171 回の火事の通報を受けた．このデータに基づいて火事の通報の割合は，月に 171 回であると評価できる．翌月には 153 回の通報があった．このことから火事の発生率が減っているといえるだろうか．それとも単なるランダムなゆらぎだろうか．

ファイブ・ステップ法を用いる．ステップ 1 の結果を図 7.4 にまとめた．火事の通報の時間間隔を指数分布に従っていると仮定する．ステップ 2 は，モデリング手法を決定する．統計学的推論の問題としてモデル化する．

変数： $\lambda =$ 火事の通報の発生率（ひと月あたり）
$X_n = (n-1)$ 回目の通報と n 回目の通報との時間間隔（月）

仮定： 火事は発生率 λ でランダムに発生する；
すなわち $X_1, X_2, \ldots$ は独立で X_n はレートパラメータ λ の指数分布に従う

目的： $\lambda = 171$ としたとき 1 か月の通報が 153 回以下である確率を求める

図 7.4 火事の通報の問題のステップ 1 の結果．

$X, X_1, X_2, X_3, \ldots$ を同一分布に従う独立な確率変数とする．もし X が離散的な確率変数ならば平均値または期待値は

$$EX = \Sigma\, x_k \Pr\{X = x_k\}$$

であり，X が密度関数 $f(x)$ の連続的な確率変数ならば

$$EX = \int x f(x)\, dx$$

である．**分散**と呼ばれる別の分布パラメータは，X が平均値 EX からどれくらいずれる傾向があるかを示す．一般に

$$VX = E(X - EX)^2 \tag{7.15}$$

のように定義される．X が離散的ならば，

$$VX = \Sigma (x_k - EX)^2 \Pr\{X = x_k\} \tag{7.16}$$

となり，X が連続的で密度関数が $f(x)$ ならば，

$$VX = \int (x - EX)^2 f(x)\, dx \tag{7.17}$$

となる．**中心極限定理**と呼ばれる定理によれば，$n \to \infty$ で総和 $X_1 + \cdots + X_n$ は**正規分布**と呼ばれる分布に近づく．特に $\mu = EX$, $\sigma^2 = VX$ とおけば，すべての実数 t に対して

$$\lim_{n \to \infty} \Pr\left\{ \frac{X_1 + \cdots + X_n - n\mu}{\sigma \sqrt{n}} \le t \right\} \to \Phi(t) \tag{7.18}$$

となる．ここで $\Phi(t)$ は，**標準正規分布**と呼ばれる特別な分布関数である．

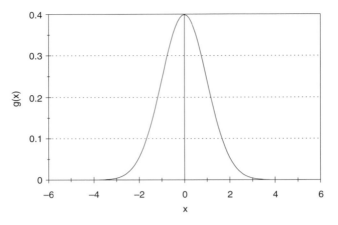

図 7.5　標準正規分布の密度関数 (7.19) のグラフ．

標準正規分布の密度関数は，

$$g(x) = \frac{1}{\sqrt{2\pi}} e^{-x^2/2} \tag{7.19}$$

のように定義され，したがって

$$\Phi(t) = \int_{-\infty}^{t} \frac{1}{\sqrt{2\pi}} e^{-x^2/2} \, dx \tag{7.20}$$

となる．

図 7.5 は，標準正規分布の密度関数のグラフである．数値積分によれば $-1 \leq x \leq 1$ の間に入る確率はおよそ 0.68 であり，$-2 \leq x \leq 2$ に入る確率はおよそ 0.95 である．したがって，十分大きいすべての n に対しておよそ 68 % が

$$-1 \leq \frac{X_1 + \cdots + X_n - n\mu}{\sigma \sqrt{n}} \leq 1$$

であり，およそ 95 % が

$$-2 \leq \frac{X_1 + \cdots + X_n - n\mu}{\sigma \sqrt{n}} \leq 2 \tag{7.21}$$

である．言い換えれば，68 % の確からしさで

$$n\mu - \sigma\sqrt{n} \leq X_1 + \cdots + X_n \leq n\mu + \sigma\sqrt{n}$$

であり，95 % の確からしさで

$$n\mu - 2\sigma\sqrt{n} \leq X_1 + \cdots + X_n \leq n\mu + 2\sigma\sqrt{n} \qquad (7.22)$$

である．ランダムサンプルの中の正規変動幅として式 (7.22) の 95％区間が実際よく使われる．総和 $X_1 + \cdots + X_n$ が式 (7.22) で与えられる区間の外にある場合，95％のレベルで**統計的に有意**な差があったという．

ステップ 3 のモデルの定式化に移ろう．通報の時間間隔 X_n は密度関数が $x \geq 0$ で

$$f(x) = \lambda e^{-\lambda x}$$

になる指数分布に従うと仮定した．前に計算したように

$$\mu = EX_n = 1/\lambda$$

になる．分散

$$\sigma^2 = VX_n$$

は，

$$\sigma^2 = \int_0^\infty (x - 1/\lambda)^2 \lambda e^{-\lambda x}\, dx$$

で与えられる．中心極限定理を使えば，

$$(X_1 + \cdots + X_n)$$

がその平均 n/λ からずれる度合いの確率が得られる．特に，式 (7.22) が成り立つ確率は 0.95 である．

ステップ 4 に移る．部分積分を使うと

$$\sigma^2 = 1/\lambda^2$$

となる．$\mu = 1/\lambda$ と $\sigma = 1/\lambda$ を式 (7.22) に代入すると

$$\frac{n}{\lambda} - \frac{2\sqrt{n}}{\lambda} \leq X_1 + \cdots + X_n \leq \frac{n}{\lambda} + \frac{2\sqrt{n}}{\lambda} \qquad (7.23)$$

が 0.95 の確率で成り立つ．$\lambda = 171$ と $n = 153$ を式 (7.23) に代入すると 95％の確からしさで

$$\frac{153}{171} - \frac{2\sqrt{153}}{171} \leq X_1 + \cdots + X_{153} \leq \frac{153}{171} + \frac{2\sqrt{153}}{171}$$

である.つまり,
$$0.75 \leq X_1 + \cdots + X_{153} \leq 1.04$$
となる.したがって,観察された
$$X_1 + \cdots + X_{153} \approx 1$$
は正規変動の範囲の中に入っている.

最後はステップ5である.火事の発生率が減っていると結論づけるには,不十分な証拠しかないということがわかった.通報の観測回数に見られた変動は,ランダムな正規変動の結果であると考えるとよい.もちろん,さらに観測を続けて回数が少ないままのときは,再検討すべきである.

いくつかの要因について感度分析を行なっておく.まず,1か月に153回の通報は正規変動の範囲内であると判断した.より一般的に1か月に n 回の通報があったと仮定する.式 (7.23) に $\lambda = 171$ を代入すると確率 0.95 で
$$\frac{n}{171} - \frac{2\sqrt{n}}{171} \leq X_1 + \cdots + X_n \leq \frac{n}{171} + \frac{2\sqrt{n}}{171} \tag{7.24}$$
となる.$n \in [147, 199]$ をみたすとき,区間
$$\frac{n}{171} \pm \frac{2\sqrt{n}}{171}$$
の範囲に1が含まれるので,一般的に95％の確からしさで1か月の通報数は147と198の間にあると結論づけられる[2].言い換えれば,この地域の1か月あたりの火事の通報数の正規変動は147から198である.

消防への通報が1か月に平均171回あるという仮定に対する我々の結論の感度を調べておこう.1か月に平均 λ の通報があると一般化してみる.ある月に $n = 153$ 回通報があったとすると,式 (7.23) に代入すると確率 0.95 で
$$\frac{153}{\lambda} - \frac{2\sqrt{153}}{\lambda} \leq X_1 + \cdots + X_{153} \leq \frac{153}{\lambda} + \frac{2\sqrt{153}}{\lambda} \tag{7.25}$$
となる.λ が128と178の間にあれば区間

---

[2] 訳注:ここで198でなく199ではないかと思うかもしれないが,本文の結論は正しい.区間 $[147, 199]$ は n 回目の通報が厳密に1か月の最終の時間であった場合に対応し,区間 $[147, 198]$ は n 回目の通報が1か月より前でかつ $n+1$ 回目の通報が1か月より後であった場合に対応していることに注意するとよい.同様に考えると,後述の λ の正規変動は129と178の間である.

$$\frac{153}{\lambda} \pm \frac{2\sqrt{153}}{\lambda}$$

が1を含むので，1か月の平均通報数が128と178の間にある地域であれば153回の通報がある月は正規変動の範囲に入る．

最後にロバスト性に関してコメントしておくべき問題がある．通報間の時間 X_n が指数分布に従うと仮定した．しかし，μ と σ が有限な分布に対しては中心極限定理は常に正しい．したがって，我々の結論は指数分布という仮定を外しても成り立つ．必要なのは σ が μ よりも小さすぎないことである（指数分布では $\mu = \sigma$）．7.2節の最後に指摘したように，これが正しいと期待できる良い理由がある．もちろん，データから μ と σ を求めて確かめることはいつでも可能である．

7.4 拡散

7.3節で導入された正規密度関数は，別の側面でも重要である．ブラウン運動とは，粒子の微小で独立なランダム変動の累積である．これらの独立なランダム変動の和で粒子の位置を表す．中心極限定理によれば，このような和の分布は正規分布で近似できる．したがって，正規分布は粒子の拡散に対するモデルとなる．この節では，粒子の伝播に対する偏微分方程式である拡散方程式を導出する．決定論的なモデルとそれに対応する確率モデルの間の密接な関係について強調する．

例 7.5 小さな町の風上10 kmの位置にある工場で事故が生じ，浮遊性の汚染物質が流出したとする．流出してから1時間後，有毒な煙の範囲は2000 mの範囲に及び，風速毎時3 kmの速さで町に向かう．汚染物質の最大濃度は，安全レベルの20倍である．町で観測されると予想される最大濃度は，どれくらいでいつ観測されるか．また汚染物質の濃度が安全レベル以下になるまでどのくらいかかるか．

ファイブ・ステップ法を用いる．最初のステップは，問題提示である．町での汚染物質濃度とその時間変化が知りたい．汚染物質の煙は，一定速度で町に向かって移動すると仮定しよう．拡散のため移動に伴い汚染物質の範囲は広がっていき，濃度の最大値は下がっていく．したがって，濃度は徐々に減少する．風速は毎時3 kmであり，町と煙の中心の距離はこの速度で減っていくと仮定する．最初の1時間に煙が2000 mの長さに広がったという事実を用いて拡散率を求めることができる．ここでの目的は，汚染物質の煙が町を通り過ぎるまでその濃度がどのように変化していくかを予想することである．ステップ1の結果を図7.6にまとめた．

ステップ2はモデリング手法を決定する．拡散モデルを使う．

変数： $t=$ 汚染物質の流出が起きてからの時間（時間）
$\mu=$ 工場から測った煙の中心の位置 (km)
$x=$ 町から測った煙の中心の位置 (km)
$s=t$ の煙の幅 (km)
$P=$ 町における汚染物質の濃度（安全レベルを 1 として）

仮定： $\mu = 3t$
$x = 10 - \mu$
$t=1$ 時間でのピークでの濃度が $P = 20$
$t=1$ 時間での煙の幅が $s = 2000\,\mathrm{m}$

目的： 町での汚染物質の最大濃度を求める
汚染物質の濃度が安全レベルになるまでの時間を求める

図 7.6 汚染の問題のステップ 1 の結果．

拡散とは，微小なランダム変動により粒子が広がっていくことである．位置 x，時間 t での汚染の問題の**相対的な濃度**を $C(x,t)$ とおくと，その時間変化は**拡散方程式**と呼ばれる偏微分方程式で書き表せる．相対的な濃度という用語は，粒子の総量を $\int C(x,t)\,dx = 1$ となるように濃度を規格化していることを示す．この規格化は，確率理論との関連を強調するのに役立つ．拡散方程式は 2 つの要素を併せた結果から得られる．まず質量保存の法則によると

$$\frac{\partial C}{\partial t} = -\frac{\partial q}{\partial x} \tag{7.26}$$

である．ここで $q(x,t)$ は**流束**であり，点 x を通り抜ける粒子の単位時間あたりの数である．位置 x にある幅 Δx の小さな箱の中の濃度の変化は，箱の左側から入る粒子の流束 $q(x,t)$ と箱の右側から出ていく粒子の流束 $q(x+\Delta x,t) \approx q(x,t) + \Delta x\,\partial q/\partial x(x,t)$ の差で表せる．もし $\partial q/\partial x > 0$ ならば，右側から出ていく速さが左側から入る速さより大きく，その濃度は減少する．時間間隔 Δt の間の減少量の総和は $\Delta M \approx -\Delta x\,\partial q/\partial x\,\Delta t$ であり，したがって濃度 $C = M/\Delta x$ は $\Delta C = \Delta M/\Delta x \approx -\partial q/\partial x\,\Delta t$ だけ変わるので $\Delta C/\Delta t \approx -\partial q/\partial x$ が導かれる．$\Delta t \to 0$ の極限をとると質量保存の式 (7.26) が得られる．もうひとつの要素は**フィックの法則**であり，この法則によれば拡散する粒子の流束は濃度勾配に比例する（つまり，粒子は高濃度の領域から低濃度の領域に拡散しやすい）．言い換えれば，**拡散定数**と呼ばれる定数 $D > 0$ に対して

$$q = -\frac{D}{2}\frac{\partial C}{\partial x} \tag{7.27}$$

が成り立つ．式(7.26)と式(7.27)を統合すると拡散方程式

$$\frac{\partial C}{\partial t} = \frac{D}{2}\frac{\partial^2 C}{\partial x^2} \tag{7.28}$$

が得られる．この式を解けば汚染物質の蔓延を予測できる．

拡散方程式を解く最も簡単な方法は，**フーリエ変換**を用いることである．関数 $f(x)$ のフーリエ変換は，積分

$$\hat{f}(k) = \int_{-\infty}^{\infty} e^{-ikx} f(x) dx \tag{7.29}$$

で与えられる．部分積分を行なえば微分 $f'(x)$ のフーリエ変換が $(ik)\hat{f}(k)$ であることが簡単に確かめられる．フーリエ変換の公式集は広く手に入るし，Maple や Mathematica のような数式処理ソフトウエアを用いてパソコンでフーリエ変換や逆フーリエ変換（つまり，$\hat{f}(k)$ が与えられたときの $f(x)$）を計算することもできる．公式集や数式処理ソフトウエアを用いて標準正規分布の密度関数(7.19)のフーリエ変換が

$$\hat{g}(k) = \int_{-\infty}^{\infty} e^{-ikx} \frac{1}{\sqrt{2\pi}} e^{-x^2/2} dx = e^{-k^2/2} \tag{7.30}$$

であるという公式が得られる．独立な粒子の運動の合計が漸近的に正規分布に従うので，標準正規分布と拡散モデルとの間には強い関連がある．ここで蔓延していく粒子の分布の様子に興味があるので，正規分布のスケーリングの性質を理解する必要がある．Z が平均 0 で分散 1 の標準正規分布に従うとすると，$X = \sigma Z$ は平均 0 で分散 $E(X^2) = E(\sigma^2 Z^2) = \sigma^2$ となる．X の分布関数は，

$$F(x) = P(X \leq x) = P(\sigma Z \leq x) = P(Z \leq x/\sigma) = \int_{-\infty}^{x/\sigma} g(t) dt$$

のようになる．$u = \sigma t$ を代入すると

$$F(x) = \int_{-\infty}^{x} g(\sigma^{-1} u) \sigma^{-1} du$$

となり，確率変数 $X = \sigma Z$ の密度関数は

$$f(x) = \frac{1}{\sqrt{2\pi\sigma^2}} \, e^{-x^2/(2\sigma^2)}$$

となることがわかる．式 (7.30) の x を $t = \sigma x$ で置き換えると，この密度関数のフーリエ変換は

$$\hat{f}(k) = e^{-(\sigma^2 k^2)/2}$$

になることがわかる．極限 $\sigma \downarrow 0$ をとると，フーリエ変換は 1 に等しくなる．これは確率変数が原点に集中して，広がり幅が 0 であることに対応する．

拡散方程式を解くのにフーリエ変換がどのように使われるかを見てみよう．拡散方程式 (7.28) のフーリエ変換

$$\hat{C}(k,t) = \int_{-\infty}^{\infty} e^{-ikx} C(x,t) dx$$

をとると得られるのは

$$\frac{d\hat{C}}{dt} = \frac{D}{2}(ik)^2 \hat{C} = -\frac{D}{2} k^2 \hat{C} \tag{7.31}$$

であり，濃度のフーリエ変換に対する単純な常微分方程式 ($u' = au$) となる．初期条件をすべての k に対して $\hat{C}(k,0) = 1$ としたとき，この微分方程式の解は $\hat{C}(k,t) = e^{-Dtk^2/2}$ となる．この初期条件は $t = 0$ で汚染物質が $x = 0$ の地点に集中していることを意味している（つまり極限 $\sigma \downarrow 0$ に対応）．逆フーリエ変換をとると

$$C(x,t) = \frac{1}{\sqrt{2\pi Dt}} \, e^{-x^2/(2Dt)} \tag{7.32}$$

が得られる．これは，汚染源が点である場合の式 (7.28) の解である．

拡散方程式 (7.28) と 7.3 節の中心極限定理との関係は，いまや明らかになった．短い時間間隔 Δt の間に汚染物質の粒子は微小なランダム変動 X_i を行ない，この微小変動はすべて互いに独立であるとする．このとき $n\Delta t$ 後の粒子の位置は，これらの微小変動の総和 $X_1 + \cdots + X_n$ で与えられる．微小変動の平均は $E(X_i) = 0$，分散は $\sigma^2 = E(X_i^2)$ と仮定すると，中心極限定理 (7.18) より

$$\frac{X_1 + \cdots + X_n}{\sigma\sqrt{n}} \approx Z$$

は標準正規分布に従い，その結果 $X_1 + \cdots + X_n \approx \sigma\sqrt{n}Z$ は近似的に正規分布となる．したがって，$t = n\Delta t$ での粒子の位置の確率分布は近似的に分散 $n\sigma^2 = (t/\Delta t)\sigma^2$ のガウシアンになる．

$D = \sigma^2/\Delta t$ とおくと $n\sigma^2 = Dt$ となり，極限をとると時間 t で粒子の位置は $\sqrt{Dt}Z$ で与えられ，その確率分布は式(7.32)の $C(x, t)$ となる．たとえば，汚染物質は $\sqrt{t}$ に比例して蔓延することがわかる．拡散方程式の正規分布による解は汚染物質の相対的な濃度を表しており，積分すると 1 となる．濃度を表現するには，汚染物質の全質量を掛けてやればよい．

汚染の問題に戻ってステップ3を続けよう．汚染物質の濃度 P は，$t = 1$ 時間の段階で安全レベルの20倍で $s = 2000\,\mathrm{m}$ の幅をもっていた．汚染物質の流出地点を0，町の場所を10 km とした座標系で考えよう．さらに煙の中心が t 時間後に $\mu = 3t$ になるように移動していくと仮定する．拡散モデルを用いると $t = 1$ 時間後の汚染物質の煙は，中心つまり平均が $\mu = 3\,\mathrm{km}$ で標準偏差が $\sigma = 0.500\,\mathrm{km}$ の正規分布で表現できる，というのもこの幅 $\mu \pm 2\sigma$ は汚染物質の大部分（95％くらい）を含む．言い換えれば，$s = 4\sigma$ と仮定するのである．煙の中心から x km 離れた場所における t 時間後の汚染物質の相対的な濃度は，式(7.32)になる（ここで $D = \sigma^2 = 0.25$）．したがって，煙の中心から x km 離れた場所における t 時間後の汚染物質の相対的な濃度は

$$C(x, t) = \frac{1}{\sqrt{0.5\pi t}}\, e^{-x^2/(0.5t)} \tag{7.33}$$

となる．次に，汚染物質の濃度 P は相対的な濃度 C に比例している．安全レベルを1とすると $t = 1$ かつ $x = 0$ で $P = 20$ になる．したがって，

$$P = 20 = P_0 \frac{1}{\sqrt{0.5\pi}}\, e^{-0^2/0.5}$$

を解けば良く，$P_0 = 20\sqrt{0.5\pi}$ を得る．結果を総合すると，時間 t における町での汚染レベルは煙の中心から距離 $x = 10 - \mu = 10 - 3t\,\mathrm{km}$ なので

$$P = \frac{20}{\sqrt{t}}\, e^{-(10-3t)^2/(0.5t)} \tag{7.34}$$

となる．これで以下の問題に答えることができる．P の最大値はいくつでいつ生じるか．P が安全レベル $P = 1$ を下回るのはいつか．

ステップ4に移ろう．$t > 0$ の領域で式(7.34)の最大値を求めたい．さらに方程式 $P = 1$ を解いて $t > 0$ の大きいほうの解を見つけたい．計算の詳細は，演習問題

表 7.1 汚染の問題の感度分析.

風速 (km／時)	最大 濃度	最大レベルになる 時間 (時間)	安全レベルに達するまで かかる時間 (時間)
1.0	6.3	9.9	13.4
2.0	9.0	5.0	6.3
3.0	11.0	3.3	4.1
4.0	12.7	2.5	3.0
5.0	14.2	2.0	2.3

として残しておく（練習問題 15）．$t_0 \approx 3.3$ で最大値 $P = 10.97$ をもつ．$t > 0$ の領域で $P = 1$ には 2 つの解があり，およそ $t = 2.7$ と $t = 4.1$ である．

最後にステップ 5 に移ろう．汚染物質の煙は，町で危険なレベル（安全レベルのほぼ 11 倍）で蔓延する．リスクのピークは，流出してからおよそ 3 時間 20 分後に生じる．およそ 4 時間後，汚染レベルは安全レベルまで下がる．さらに町の汚染レベルが最初に危険なレベルまで上がるのは事故の 2 時間 40 分後であることもわかる．

感度分析では，不確定要素を含むモデルのパラメータに着目する．最も大きい不確定要素は風速 v であろう．なぜなら，風速は時間により時々刻々と変化するからである．我々のモデルでは，時速 $v = 3.0$ km であると仮定した．モデルを一般化すると

$$P = \frac{20}{\sqrt{t}} e^{-(10-vt)^2/(0.5t)} \tag{7.35}$$

となり，異なる v の値に対して分析を行なえる．表 7.1 は，この分析の結果を示したものである．風速は町へのリスクに重大な影響を与えることがわかる．風速が速くなればなるほど，汚染にさらされる時間は短くなるが，汚染のレベルは高くなる．風速が遅ければ，反対のことが生じ，汚染にさらされる時間は長いが汚染のレベルは低くなる．$v = 3.03$（1%の増加）を代入して解けば，最大濃度 M は 0.5%増加することがわかる．つまり $S(M, v) = 0.5$ となる．また最大濃度 M になる時間 T は 1.0%減少し，$S(T, v) = -1$ となる．濃度が安全レベルにまで下がるまでにかかる時間 L も 1%減少し，$S(L, v) = -1$ である．もちろん，これらの感度を表 7.1 から計算することも可能で，ほぼ同じ結果を得る．風速が変化していくような場合には，パラメータの境界を与えることで感度分析の結果を拡張できる．たとえば，この数時間に風速が時速 3〜4 km の間で変動するとしよう．このとき慎重な見積もりは，町での最大の汚染濃度は安全レベルの 12.7 倍であり，安全なレベルに達するまで 4.1 時間かかる．

最後にロバスト性の問題に触れておこう．拡散方程式の正規分布による解は中心

極限定理と関係があるので，ロバスト性は非常に高いと期待できる．とにかく独立なランダム粒子の運動は，その個別のジャンプが従う分布によらず正規分布に収束する．我々のモデルの別の限界は，風速を場所によらずに一定と仮定したことである．風速が変わることは事実だが，風速を $v(t)$ というように時間変化するようにすれば考慮することも容易にできる．もし風速に関して正確なデータあるいは予測があれば計算に利用できる．いずれにしても拡散モデルによれば，粒子の煙は中心から時間の平方根に比例して広がっていく．これは，粒子の密度の標準偏差（つまり広がり）が $\sqrt{Dt}$ の正規確率変数 $\sqrt{Dt}Z$ になるからである．多くの応用に関して，拡散粒子の煙が古典的な拡散モデルによる予測より速い割合で広がっていく現象が見られる．この現象は**異常拡散**と呼ばれ，活発な研究分野である．例として練習問題18を見よ．

7.5 練習問題

1. 例7.1のダイオードの問題について考えよう．平均コスト関数を

$$A(x) = \frac{4}{x} + 6 - 5(0.997)^x$$

とおく．

(a) $x > 0$ において $A(x)$ が $A'(x) = 0$ をみたす点で唯一の最小値をもつことを示せ．

(b) 数値的な方法により0.1の精度で最小値を計算せよ．

(c) 集合 $x = 1, 2, 3, \ldots$ に対して $A(x)$ の最小値を見つけよ．

(d) $10 \leq x \leq 35$ の範囲で $A(x)$ の最大値を見つけよ．

2. 例7.1のダイオードの問題についてさらに考えよう．この演習では，不良品率 q を見積もる問題について考える．例7.1では，$q = 0.003$ と仮定した．言い換えると，1,000個のダイオードのうち3個が故障している．

(a) 1,000個を検査したところ3つの故障が見つかったとしよう．これをもとに $q = 3/1{,}000$ と見積もる．この見積りは，どれくらい正しいか．ファイブ・ステップ法を使い，統計的推論問題としてモデル化しなさい．［ヒント：n 番目のダイオードの状態を表す確率変数 X_n を定義する．n 番目のダイオードが正常なら $X_n = 0$ とし，不良なら $X_n = 1$ とする．これらの合計

$$\frac{X_1 + \cdots + X_n}{n}$$

は不良品の割合を示し，中心極限定理を使えば，この値が真の平均 q からどれくらいずれるのかを評価することができる．]

(b) 10,000 個のうち 30 個が故障していた場合について (a) を繰り返しなさい．

(c) 95％の確からしさで真の値の 10％の精度で不良品率を決定するには，どれくらいのダイオードを検査する必要があるか．ただし，真の値は最初の予測の $q = 0.003$ に近いものとする．

(d) 95％の確からしさで真の値の 1％の精度で不良品率を決定するには，どれくらいのダイオードを検査する必要があるか．ただし，真の値は最初の予測の $q = 0.003$ に近いものとする．

3. 例題 7.3 の放射性崩壊の問題を考えよう．30 秒計測したところカウンターが平均毎秒 10^7 回の崩壊を記録したとする．

(a) 式 (7.14) を用いて実際の崩壊率 λ を見積もりなさい．

(b) 中心極限定理を用いて式 (7.13) を一般化しなさい．真の崩壊率 λ の任意の値に対して観測された崩壊率 T_n/n の正規変動の幅（95％区間）を計算しなさい．

(c) 観測された崩壊率 $T_n/n = 10^7$ が正規変動（95％区間）の中に入る λ の範囲を求めなさい．(a) の見積りは，どれくらい正確か．

(d) 95％の確からしさで真の崩壊率 λ を有効数字 6 桁（つまり 0.5×10^{-6} の精度）で予測するには，どれくらい観測を続けないといけないか．

4. 標準正規分布 (7.19) のグラフで $-3 \leq x \leq 3$ の範囲の面積は，0.997 である．言い換えると，大きな n に対して 99.7％の確からしさで

$$n\mu - 3\sigma\sqrt{n} \leq X_1 + \cdots + X_n \leq n\mu + 3\sigma\sqrt{n}$$

であるといえる．この事実を使って練習問題 3 の計算をやり直すこともできる．ただし 99.7％信頼区間になる．信頼レベルに対する (d) の答えの感度について考えなさい．

5. 例 7.4 の火事の通報の問題を再考しよう．この演習で火事の通報の発生率 λ を見積もる問題を扱う．

(a) 1 年間で 2,050 回，火事の通報があったとしよう．1 か月あたりの発生率 λ を求めなさい．

(b) 真の発生率が 1 か月あたり 171 回であると仮定して 1 年間での火事の通報回数の正規変動の幅を計算しなさい．

(c) 1年間で 2,050 回の通報が正規変動の内部になるような λ の値の範囲を求めなさい．(a) で求めた真の値 λ の推測値は，どれくらい正確か．

(d) 整数のオーダーで（エラーの大きさが ± 0.5）正確な λ の推測値を得るには，何年分のデータが必要か．

6. 例 7.4 の火事の通報の問題を再考しよう．ここで基礎となるランダム過程は，ポアソン過程である．なぜなら，長さ t の時間間隔の間に到着（通報）する数 N_t は，ポアソン分布になるからである．すべての $n = 0, 1, 2, \ldots$ に対して

$$\Pr\{N_t = n\} = \frac{e^{-\lambda t}(\lambda t)^n}{n!}$$

である．

(a) 以下の式を示しなさい．
$$EN_t = \lambda t$$
$$VN_t = \lambda t.$$

(b) ポアソン分布を使って，ある月の通報回数が平均値 171 回から 18 回以上ずれる確率を計算しなさい．

(c) (b) のポアソン分布を使って，1 か月の通報回数に関して（95％のレベルでの）正規変動の幅を求めなさい．

(d) (c) における正確な方法で計算した正規変動の幅と本文の例 7.4 の感度分析で近似計算した結果を比較しなさい．1 日あたりの通報回数に対する正規変動の幅を求めるとき，どちらの方法がより正確か．1 年あたりならどうか．

7. ミシガン州の宝くじは，1 枚 1 ドルで 3 桁の数字を自分で決めることができる．その日の終わりにその数字が当たりならば 500 ドルもらえる．

(a) 1 年間，毎週 1 枚この宝くじを買うとしよう．その 1 年で当たりを引く確率はどれくらいか．［ヒント：はずれ続ける確率から計算するとよい．］

(b) 毎週 1 枚より多くの宝くじを買うことで 1 年間に当たる確率を増やすことができるか．毎週 $n = 1, 2, 3, \ldots, 9$ 枚買う場合の当たりを引く確率を計算しなさい．

(c) 今週 1,000,000 枚の宝くじが販売されたとしよう．州が今週手に入れるお金の合計の変量はどのようになるか．州がお金を失うことはどれくらいあ

りうることなのか．中心極限定理を使って計算しなさい．

(d) (a) と (b) の問題に答えるときに中心極限定理を使うと何が良くないのか．

8. (マーフィーの法則．その 1) あなたは，繁華街のホテルに泊まっている．ホテルの正面にはタクシー乗り場がある．タクシーは，平均 5 分に 1 台の率でランダムに到着する．

(a) あなたがホテルを出たときにタクシーが 1 台も待機していない場合，タクシーを待つ時間はどれくらいだろうか．

(b) 次のタクシーが来るまでの時間を**前向きの再帰時間**と呼ぶ．最後にタクシーが来てからの時間を**後向きの再帰時間**と呼ぶ．ポアソン過程の場合は，前向きの再帰時間と後向きの再帰時間は同じ分布に従う（つまり時間を逆向きにしても過程の確率的な挙動は同じ）．この事実を用いて，あなたがホテルを出たときに最後にタクシーが来てどれくらい経っていたか平均を求めなさい．

(c) タクシーの到着間隔は平均 5 分である．あなたが乗り損なったタクシーと待っているタクシーとの到着時間の差の平均を求めなさい．

9. (マーフィーの法則．その 2) あなたは，スーパーマーケットのレジで買い物を済ませた．支払いに非常に長い時間かかったように思えたので，科学的な実験を行なうことにした．客が待たないといけない時間を個々に計測する．あなたより長い時間待つ客が来るまで観測を続けることにする．

(a) あなたが待った時間を X とし，n 番目の客が待つ時間を X_n としよう，N は $X_n \geq X$ を初めてみたす客の番号である．すべての客は平等で $X, X_1, X_2, \ldots$ は同一の分布に従っていると仮定する．$N \geq n$ となる（つまり，あなたと最初の $n-1$ 人を含んだグループの中で一番時間がかかったのがあなたである）確率が $1/n$ になる理由を説明しなさい．

(b) 確率変数 N の確率分布を計算しなさい．

(c) 期待値 EN を計算しなさい．これは，あなたが自分より待たされた客を見つけるまでに観測する客数の平均値である．

10. (マーフィーの法則．その 3) 多忙な業務を抱える内科医がいて，平均 2 週に 1 度，重度の心臓発作に対応するため病院から呼び出しを受ける．この内科医が担当している集団において心臓発作は，この率でランダムに生じるとする．1 回の緊急呼び出しでも難題であり，1 日に 2 回あれば大惨事である．

(a) この内科医は 1 年に何件の心臓発作の診療をするか．

(b) 1 年間に n 回の心臓発作が別々の日に生じる確率が

$$\frac{365}{365} \cdot \frac{364}{365} \cdot \frac{363}{365} \cdots \frac{365-n+1}{365}$$

であることを説明しなさい．

(c) 1 年間に 1 日 2 人以上の心臓発作の患者を診る確率はどれくらいか．

11. 16 機の爆撃機からなる小隊は，ターゲットに到達するため防空網を突破する必要がある．低空飛行して高射砲に自らをさらすか，高空飛行して地対空ミサイルの標的となるかを選ばないといけない．どちらの場合も防空システムは 3 つの段階を経る．まず，標的を発見する．次に，標的を捕捉する（ロックオンする）．最後に，標的に攻撃を加える．これらが成功する確率は以下のとおりである．

飛行のタイプ	P_{detect}	P_{acquire}	P_{hit}
低空	0.90	0.80	0.05
高空	0.75	0.95	0.70

高射砲は 1 分間に 20 発射撃できる．ミサイルは 1 分間に 3 回発射できる．提案された飛行コースで爆撃機は，低空ならば 1 分間，高空ならば 5 分間攻撃にさらされる．

(a) 最適な飛行コース（低空か高空か）を決定しなさい．ここで，ターゲットに攻撃するまで残存する爆撃機の数を最大にすることを目的とする．

(b) 個々の爆撃機がターゲットを破壊する確率は 70 ％である．(a) の結果を用いてこのミッション（ターゲットの破壊）の成功する確率を求めなさい．

(c) ミッションを 95 ％の確率で成功させるのに必要な爆撃機の機数を求めなさい．

(d) 個々の爆撃機がターゲットを破壊する確率 $p = 0.7$ に関する感度分析を行ないなさい．ミッションを 95 ％の確率で成功させるのに必要な爆撃機の機数を考えること．

(e) 悪天候は P_{detect} と p を下げる．もしこれらの確率が同じ割合で下がるなら，悪天候はどちらの側に有利に働くだろうか．

12. 無線の発信を検波し，その位置を正確に予測する無線通信検出器を考える．この装置は，4,096 個の周波数帯を検出できる．1 つの信号を検出するのに 0.1 秒

かかる．もし検出できる信号がなければ，次の周波数に移る．信号が検出されたら，さらに 5 秒かけて発信位置を探る．およそ 100 個の周波数帯以外は通信に使われていないが，どの周波数帯が使われているかわからないので，すべてを調べる必要がある．使われている周波数帯での通信率（信号が流れている時間の割合）は 30% から 70% である．加えて問題を複雑にしているのは，異なる発信源から同じ周波数の発信があるので，検出器は発信源の位置を確定したあともすべての周波数を調べ続けないといけないことである．

(a) このシステムの検出率を概算しなさい．すべての周波数を順番に検出するものとする．

(b) この検出器は 25 個の優先周波数帯（他の周波数帯より 10 倍多く調べる）を記憶しておくことができるとする．検出器は最終的に 25 個の使用されている周波数帯を割り出し，優先的に調べることができると仮定する．このとき検出率はどのように変化するか．

(c) このような有用な情報を得るために 3 分に 1 分の割合で特殊な周波数での発信の検出を行なわないといけないとする．このとき優先周波数帯の最適な個数を求めなさい．

(d) (c) に関して使われている周波数帯の通信率の感度分析をしなさい．

13. この問題では，離散的と連続的確率変数を平行して調べてみよう．X は連続的確率変数で分布関数は $F(x)$ で密度関数は $f(x) = F'(x)$ である．各々の n に対して離散的な確率変数 X_n があり，X の分布と近似的に同じ分布をもつとしよう．実数軸を長さ $\Delta x = n^{-1}$ の幅の区間に分割し，I_i は i 番目の区間である．各々の i に対して区間 I_i の中に点 x_i を選んで，

$$p_i = \Pr\{X_n = x_i\} = f(x_i)\Delta x$$

と定義しよう．

(a) すべての i に対して
$$p_i = \Pr\{X \in I_i\}$$
となるように点 x_i を選べる理由を説明しなさい[3]．これは，規格化条件 $\sum p_i = 1$ をみたす．

(b) 密度関数 f を用いて任意の 2 つの実数 a と b に対して $a < X_n \le b$ とな

---

[3] 訳注：ここで密度関数 f が連続であると仮定している．

る確率を書き表しなさい．
(c) 密度関数 f を用いて，平均 EX_n を書き表しなさい．
(d) (b) の結果を用いて，任意の 2 つの実数 a と b に対して $n \to \infty$（つまり $\Delta x \to 0$）の極限で

$$\Pr\{a < X_n \le b\} \to \Pr\{a < X \le b\}$$

となることを示しなさい．これを X_n が X に **分布収束** するという．

(e) (c) の結果を用いて，$n \to \infty$（つまり $\Delta x \to 0$）の極限で

$$EX_n \to EX$$

を示しなさい．これを X_n が X に **平均収束** するという．

14. （幾何分布）この問題では，指数分布を離散化したものを調べる．到着が時間 $i = 1, 2, 3, \ldots$ にランダムに生じる．引き続いて生じる 2 回の到着の間の時間 X は，幾何分布

$$\Pr\{X = i\} = p(1-p)^{i-1}$$

になる．ここで，p は時間 i で到着が生じる確率である．

(a) $\Pr\{X > i\} = (1-p)^i$ を示しなさい．[ヒント：幾何級数（等比級数）の公式 $1 + x + x^2 + x^3 + \cdots = (1-x)^{-1}$ を用いると良い．]
(b) (a) を用いて，X が無記憶性 $\Pr\{X > i+j | X > j\} = \Pr\{X > i\}$ をもつことを示しなさい．
(c) $EX = 1/p$ を計算しなさい．[ヒント：幾何級数の公式を微分すると $1 + 2x + 3x^2 + \cdots = (1-x)^{-2}$ が得られる．] p が離散過程の到着率になる理由を説明しなさい．
(d) ある公衆電話は，10 分に 1 人の率で利用者がいる．Y を最初の午後の利用者が来た時間とおいて，指数分布モデルを用いて $\Pr\{Y > 5\}$ を計算しなさい．X が次の利用までに経った分の数であるとし（Y は普通の時間，X は時間を切り上げで整数として数えたもの），$\Pr\{X > 5\}$ を幾何分布モデルを用いて計算しなさい．

15. 例 7.5 の汚染の問題を考える．ここで，時間 t における町の汚染物質濃度が

$$P(t) = \frac{20}{\sqrt{t}} \, e^{-(10-3t)^2/(0.5t)}$$

と与えられるとする．

(a) 関数 $P(t)$ のグラフを描いて，その重要な特徴を述べなさい．
(b) $P(t)$ が $P'(t) = 0$ をみたす t で，$t > 0$ での範囲での唯一の最大値をもつことを示しなさい．
(c) 数値的な方法を用いて，最大値を小数点第 1 位までの精度で計算しなさい．
(d) $P(t) = 1$ が 2 つの正の解をもつことを示しなさい．
(e) 数値的な方法を用いて，$P(t) = 1$ の正の解を小数点第 1 位までの精度で計算しなさい．

16. 公共の井戸の近くの地下水に化学物質流失が起きた．混入後 1 年，汚染の塊は 500 m 下流に流され，その幅は 200 m に及んだ．汚染の中心の濃度は 3.6 ppm であった．

(a) 最大濃度をもつ部分が 1800 m 下流にある井戸に到達するまでどれくらいかかるか．そのとき濃度はいくらか．例 7.5 のように等速の 1 次元の拡散モデルを仮定しなさい．
(b) 井戸での濃度が安全レベルの 0.001 ppm まで下がるまでどれくらいかかるか．
(c) (a) と (b) の解答の地下水の速度に関する感度を計算しなさい．
(d) (a) と (b) の解答の観測したときの汚染範囲の幅に関する感度を計算しなさい．

17. (2 次元の拡散問題) この問題では，例 7.5 の汚染の問題を 2 次元の拡散モデルで考える．時間 t，位置 (x, y) での相対的な濃度 $C(x, y, t)$ は，2 変数の正規分布

$$C(x, y, t) = \frac{1}{\sqrt{2\pi Dt}} e^{-x^2/(2Dt)} \cdot \frac{1}{\sqrt{2\pi Dt}} e^{-y^2/(2Dt)}$$

に従う．この式で汚染物質の中心は，$x = 0, y = 0$ の位置にあると仮定した．この 2 変数の密度関数は 2 次元拡散方程式

$$\frac{\partial C}{\partial t} = \frac{D}{2} \frac{\partial^2 C}{\partial x^2} + \frac{D}{2} \frac{\partial^2 C}{\partial y^2}$$

の解である．確率モデルとの対応は，y 方向へも微小なランダム変動をもつことを除けば前の場合と同じである．例 7.5 と同じように，町から 10 km 風上にある工場での事故が汚染物質を空気中に流出させたとしよう．流出から 1 時間後に汚染物質の煙は 2000 m の幅をもち，町に時速 3 km で向かってきている．

汚染の中心部分の濃度は，安全レベルの 10 倍であった．x 軸の正の方向を風向となるようにとると汚染物質の中心の場所は $t=1$ で $(3,0)$ の位置にあり，町は $(10,0)$ に位置する．

(a) $t=1$ での汚染物質の濃度を 3 次元プロットしなさい．そして重要な特徴を述べなさい．

(b) 10 km 離れた町での汚染が最大濃度になるのはいつか．その濃度はどれくらいか．

(c) 町での汚染物質の濃度が安全レベル以下になるのはいつか．

(d) 風が町に向かって吹いていない場合について (b) と (c) を計算しなさい．ここで $t=1$ で煙の中心が $(2.95, 0.5)$ にあるとする．風の向きはどれくらいの影響を与えるのだろうか．

(e) (b) および (c) の結果を本文の結果と比較しなさい．1 次元拡散モデルを使った場合と 2 次元拡散モデルを使った場合で意味のある違いが存在するか．

18. (異常拡散) この演習では，異常拡散のモデルを検証しよう．このとき汚染物質は，古典的な拡散方程式より速く広がる．例 7.5 の汚染の問題を再考する．ここでは，$D(t)$ は時間が経つと大きくなると仮定し，式 (7.32) に $D(t) = 0.25 t^{0.4}$ を代入する．

(a) この場合，例 7.5 の計算を繰り返しなさい．町での汚染が最大濃度になるのはいつか．その濃度はどれくらいか．

(b) 町での汚染物質の濃度が安全レベル以下になるのはいつか．

(c) (a) と (b) のスケーリングパラメータ $p = 0.4$ に対して感度分析をしよう．$p = 0.2, 0.3, 0.5, 0.6$ に対して (a) と (b) を繰り返し行ない，議論しなさい．

(d) (b) と (c) の結果を本文の結果と比較しなさい．異常拡散は，本文の結論をどう変えるだろうか．

さらに進んだ文献

1. Barnier, W. *Expected Loss in Keno*. UMAP module 574.
2. Berresford, G. *Random Walks and Fluctuations*. UMAP module 538.
3. Billingsley, P. (1979) *Probability and Measure*. Wiley, New York.
4. Carlson, R. *Conditional Probability and Ambiguous Information*. UMAP module 391.

5. Feller, W. (1971) *An Introduction to Probability Theory and Its Applications.* Vol. 2, 2nd ed., Wiley, New York.
6. Moore, P. and McCabe, G. (1989) *Introduction to the Practice of Statistics.* W.H. Freeman, New York.
7. Ross, S. (1985) *Introduction to Probability Models.* 3rd ed., Academic Press, New York.
8. Watkins, S. *Expected Value at Jai Alai and Pari-Mutuel Gambling.* UMAP module 631.
9. Wheatcraft, S. and Tyler, S. (1988) An explanation of scale-dependent dispersivity in heterogeneous aquifers using concepts of fractal geometry. *Water Resources Research* **24**, 566–578.
10. Wilde, C. *The Poisson Random Process.* UMAP module 340.

第8章 確率モデル

本書の第 II 部で扱った決定論的力学モデルは，不確定性を直接的に記述することができなかった．ランダムな効果を考慮に入れるとき，必要となるのは**確率モデル**である．現在，様々な種類の確率モデルが広く用いられている．この章では，最も重要で広く用いられている確率モデルを紹介する．

8.1 マルコフ連鎖

マルコフ連鎖は，離散時間の確率モデルである．それは，4.3節で紹介した離散時間の力学モデルを一般化したものである．このモデルは単純だが，その応用範囲は驚くほど広い．本節では一般的なマルコフ連鎖モデルを紹介する．そして確率モデルに特有の定常状態という概念を導入する．

例 8.1 あるペット屋は，20 ガロン[1]の水槽を販売している．週末になると店の経営者は，在庫を確認して仕入れ注文を出す．ここでの運営方針は，すべての水槽が売り切れてしまった週末に 3 個注文することである．在庫として水槽がまだ 1 個以上残っているときは，新たに注文しない．この運営方針は，週に平均 1 個しか売れないという観測にもとづいている．在庫のないときに顧客が水槽を買いにくるという販売機会の損失を防ぐ必要があるが，この方針でよいだろうか．

ファイブ・ステップ法を用いる．ステップ 1 は，問題提示である．この店は，各週の初めに 1 個から 3 個の水槽を在庫している．1 週間の販売数は，需要と供給のどちらにも依存する．1 週間の需要は平均 1 個だが，ランダムなゆらぎの影響を受ける．たとえ週の初めに最大在庫の 3 個の水槽があったとしても，需要が供給を超えてしまうかもしれない．そこで，需要が供給を超える確率を計算したい．この問題に答えるためには，需要の確率的な特性について何か仮定をおかないといけない．1 週間に決まった到着率で顧客がランダムに来ると仮定するのが妥当だろう．ゆえ

---

[1] 訳注：およそ 76 リットル．

変数： $S_n = n$ 週目の初めにある水槽の数（供給）
$D_n = n$ 週目に売れた水槽の数（需要）

仮定： If $D_{n-1} < S_{n-1}$, then $S_n = S_{n-1} - D_{n-1}$
If $D_{n-1} \geq S_{n-1}$, then $S_n = 3$
$\Pr\{D_n = k\} = e^{-1}/k!$

目的： $\Pr\{D_n > S_n\}$ を計算する

図 8.1 在庫の問題のステップ 1.

に 1 週間の顧客の数は，平均 1 のポアソン分布に従っている（ポアソン分布については，第 7 章の練習問題 6 で紹介した）．図 8.1 は，ステップ 1 の結果をまとめたものである．ステップ 2 は，モデリング手法を決定する．マルコフ連鎖を用いることにする．

マルコフ連鎖は，繰り返されるランダムなジャンプを表現する良い方法である．この本の目的を達成するために，これらのジャンプが位置あるいは状態からなる有限な離散集合上で生じると仮定する．確率変数 X_n は，有限な離散集合内のいずれかの値をとるとしよう．次のように仮定するのも悪くない．

$$X_n \in \{1, 2, 3, \ldots, m\}.$$

$X_{n+1} = j$ となる確率が X_n のみに依存する場合，系列 $\{X_n\}$ をマルコフ連鎖と呼ぶ．

$$p_{ij} = \Pr\{X_{n+1} = j | X_n = i\} \tag{8.1}$$

と定義すると，過程 $\{X_n\}$ の未来の履歴は p_{ij} と初期値 X_0 の確率分布によって決定される．もちろん，ここで「決定される」の意味は，$\Pr\{X_n = i\}$ の確率が決まるということである．X_n の実際の値は，ランダムな要因に依存する．

例 8.2 以下のマルコフ連鎖の振る舞いを表現してみよう．状態変数を

$$X_n \in \{1, 2, 3\}$$

とする．もし $X_n = 1$ ならば，等しい確率で $X_{n+1} = 1, 2$ または 3 であるとする．もし $X_n = 2$ ならば，確率 0.7 で $X_{n+1} = 1$，確率 0.3 で $X_{n+1} = 2$ だとする．もし $X_n = 3$ ならば，確率 1 で $X_{n+1} = 1$ である

とする．

状態遷移確率 p_{ij} は，

$$p_{11} = \frac{1}{3}$$
$$p_{12} = \frac{1}{3}$$
$$p_{13} = \frac{1}{3}$$
$$p_{21} = 0.7$$
$$p_{22} = 0.3$$
$$p_{31} = 1$$

であり，その他は 0 となる．p_{ij} を行列の形で書くと

$$P = (p_{ij}) = \begin{pmatrix} p_{11} & \cdots & p_{1m} \\ \vdots & & \vdots \\ p_{m1} & \cdots & p_{mm} \end{pmatrix} \tag{8.2}$$

となり，今の場合は，

$$P = \begin{pmatrix} 1/3 & 1/3 & 1/3 \\ 0.7 & 0.3 & 0 \\ 1 & 0 & 0 \end{pmatrix}$$

となる．

別の便利な表現方法として**状態遷移図**と呼ばれる方法もある (図 8.2)．この方法によって繰り返されるランダムなジャンプとしてのマルコフ連鎖を視覚化できる．初期値を $X_0 = 1$ としよう．このとき確率 $1/3$ で $X_1 = 1, 2$ または 3 のいずれかになる．$X_2 = 1$ となる確率は，状態 1 から状態 1 へ 2 ステップで遷移する道筋に対応する確率を計算することによって得られる．このようにして

$$\Pr\{X_2 = 1\} = \left(\frac{1}{3}\right)\left(\frac{1}{3}\right) + \left(\frac{1}{3}\right)(0.7) + \left(\frac{1}{3}\right)(1) = 0.67\overline{7}$$

が得られ，同様にして

$$\Pr\{X_2 = 2\} = \left(\frac{1}{3}\right)\left(\frac{1}{3}\right) + \left(\frac{1}{3}\right)(0.3) = 0.21\overline{1}$$

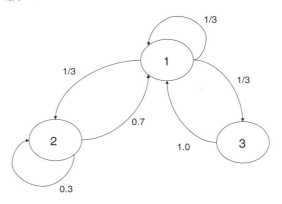

図 8.2 例 8.2 の状態遷移図.

と

$$\Pr\{X_2 = 3\} = \left(\frac{1}{3}\right)\left(\frac{1}{3}\right) = \frac{1}{9}$$

が得られる.より大きい n に対して $\Pr\{X_n = j\}$ を計算するためには

$$\Pr\{X_{n+1} = j\} = \sum_i p_{ij} \Pr\{X_n = i\} \tag{8.3}$$

となることに気づくと良い.

時間 $n+1$ に状態 j にたどり着くには,時間 n にどれか状態 i にいて i から j に遷移するしかない.ゆえに,

$$\Pr\{X_2 = 1\} = p_{11}\Pr\{X_1 = 1\} + p_{21}\Pr\{X_1 = 2\} + p_{31}\Pr\{X_1 = 3\}$$

と計算でき,その他の場合も同様に得られる.これを見やすく行列で書き表すと式 (8.3) が得られる.

もし

$$\pi_n(i) = \Pr\{X_n = i\}$$

とおくと,式 (8.3) は

$$\pi_{n+1}(j) = \sum_i p_{ij}\,\pi_n(i) \tag{8.4}$$

と書ける.

$\pi_n(1), \pi_n(2), \ldots$ を要素とするベクトルを π_n とし,式 (8.2) の行列を P

と書くと，π_{n+1} と π_n を関連づける式は，さらにコンパクトに

$$\pi_{n+1} = \pi_n P \tag{8.5}$$

と書ける．

たとえば，$\pi_2 = \pi_1 P$ であり，

$$(0.67\overline{7}, 0.21\overline{1}, \frac{1}{9}) = \left(\frac{1}{3}, \frac{1}{3}, \frac{1}{3}\right) \begin{pmatrix} 1/3 & 1/3 & 1/3 \\ 0.7 & 0.3 & 0 \\ 1 & 0 & 0 \end{pmatrix}$$

となる．

さらに $\pi_3 = \pi_2 P$ を小数点第 3 位まで計算すると

$$\pi_3 = (0.485, 0.289, 0.226)$$

が得られる．計算を続けていくと

$$\pi_4 = (0.590, 0.248, 0.162)$$
$$\pi_5 = (0.532, 0.271, 0.197)$$
$$\pi_6 = (0.564, 0.259, 0.177)$$
$$\pi_7 = (0.546, 0.266, 0.188)$$
$$\pi_8 = (0.556, 0.262, 0.182)$$
$$\pi_9 = (0.551, 0.264, 0.185)$$
$$\pi_{10} = (0.553, 0.263, 0.184)$$
$$\pi_{11} = (0.553, 0.263, 0.184)$$
$$\pi_{12} = (0.553, 0.263, 0.184)$$

となる．

n を増加させたとき，$\pi_n(i) = \Pr\{X_n = i\}$ がある極限値に近づいていくことがわかる．これを確率過程が定常状態に近づくという．ここでの定常状態あるいは平衡状態の概念は，決定論的力学モデルのものとは異なっている．システムが平衡状態のときでも，ランダムなゆらぎのため状態変数は 1 つの値に決まらない．期待できるのは，状態変数の確率分布がある極限分布に近づくことだけである．これを**定常状態分布**と呼ぶ．例 8.2 では

$$\pi_n \to \pi$$

となり，定常状態分布ベクトルは小数点第 3 位まで計算すると

$$\pi = (0.553, 0.263, 0.184) \tag{8.6}$$

となる．

次のようにすれば定常状態ベクトル π をより早く計算できる．

$$\pi_n \to \pi$$

を仮定する．このとき

$$\pi_{n+1} \to \pi$$

となり，式 (8.5) の両辺で $n \to \infty$ の極限をとると，

$$\pi = \pi P \tag{8.7}$$

が得られる．単にこの線形の方程式を解くことで π を計算できる．例 8.2 の場合は

$$(\pi_1, \pi_2, \pi_3) = (\pi_1, \pi_2, \pi_3) \begin{pmatrix} 1/3 & 1/3 & 1/3 \\ 0.7 & 0.3 & 0 \\ 1 & 0 & 0 \end{pmatrix}$$

となり，式 (8.6) が

$$\sum \pi_i = 1$$

をみたす唯一の解であることは，容易に導出できる[2]．

すべてのマルコフ連鎖が定常状態をもつわけではない．たとえば 2 状態のマルコフ連鎖

$$\Pr\{X_{n+1} = 2 | X_n = 1\} = 1$$

$$\Pr\{X_{n+1} = 1 | X_n = 2\} = 1$$

を考えてみよう．状態変数は 1 と 2 の間を交互に行ったり来たりする．このため π_n は，1 つ極限ベクトルに近づくことはない．このようなマルコフ連

---

[2] 訳注：ここから，n 以外の添字が付いている π はベクトルではなくて，ベクトルの要素を表すスカラーになっていることに注意．たとえば，π_i はベクトル π の i 番目の要素を表すスカラーである．

鎖を周期 2 で**周期的**という．状態 i を周期 δ で周期的であるとは，$X_n = i$ で開始したときに時間 $n + k\delta$ でしか i に戻ってこない場合をいう．もし，$\{X_n\}$ が**非周期的**（すべての状態 i が周期 $\delta = 1$）で，すべての対 i と j に対して i から j へ有限ステップで遷移できるならば，X_n を**エルゴード的**と呼ぶ．エルゴード的マルコフ連鎖が初期条件によらず定常状態をもつことを保証する定理が存在する（たとえば Çinlar (1975) p.152 を見よ）．それゆえに，例 8.2 では $X_0 = 2$ や $X_0 = 3$ のいずれで始めようとも，π_n は式 (8.6) で与えた同じ定常状態分布 π に収束する．定常状態分布ベクトルを計算する問題は，状態空間が $\pi \in \mathbb{R}^m$, $0 \le \pi_j \le 1$,

$$\sum \pi_i = 1$$

と反復方程式

$$\pi_{n+1} = \pi_n P$$

で与えられる離散的力学系の平衡を求める問題と数学的に等価である．上記の定理によれば，P がエルゴード的マルコフ連鎖であれば，このシステムには漸近安定な平衡 π がただ 1 つ存在する．

例 8.1 の在庫の問題に戻ろう．この問題をマルコフ連鎖を用いてモデル化する．ステップ 3 はモデルを定式化することである．まず状態空間を設定することから始める．ここで状態の概念は，決定論的力学系の場合とほぼ同じである．その過程の未来を（確率的に）予測するのに必要な情報をすべて含んだものを状態という．状態変数として週初めに在庫にある水槽の数 $X_n = S_n$ を用いる．需要 D_n はモデルの時間変動に関わっており，遷移行列 P を構成するのに使われる．状態空間は

$$X_n \in \{1, 2, 3\}$$

である．初期状態がわからないが，$X_0 = 3$ としておくのが妥当だろう．遷移行列 P を決めるために状態遷移図を書くことから始める（図 8.3）．需要 D_n の分布は

$$\begin{aligned} \Pr\{D_n = 0\} &= 0.368 \\ \Pr\{D_n = 1\} &= 0.368 \\ \Pr\{D_n = 2\} &= 0.184 \\ \Pr\{D_n = 3\} &= 0.061 \\ \Pr\{D_n > 3\} &= 0.019 \end{aligned} \quad (8.8)$$

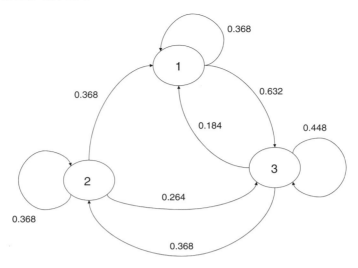

図 8.3 在庫の問題の状態遷移図.

であるため,もし $X_n = 3$ ならば

$$\Pr\{X_{n+1} = 1\} = \Pr\{D_n = 2\} = 0.184$$
$$\Pr\{X_{n+1} = 2\} = \Pr\{D_n = 1\} = 0.368$$
$$\Pr\{X_{n+1} = 3\} = 1 - (0.184 + 0.368) = 0.448$$

であり,残りの遷移確率も同様に計算できる.したがって,遷移行列は

$$P = \begin{pmatrix} 0.368 & 0 & 0.632 \\ 0.368 & 0.368 & 0.264 \\ 0.184 & 0.368 & 0.448 \end{pmatrix} \tag{8.9}$$

となる.

ステップ 4 に移ろう.ここでの解析の目的は,需要が供給を超える確率

$$\Pr\{D_n > S_n\}$$

を計算することである.一般に,この確率は n に依存する.さらに特定していうと X_n に依存する.$X_n = 3$ の場合は

$$\Pr\{D_n > S_n\} = \Pr\{D_n > 3\} = 0.019$$

であり，他の場合も同様に計算できる．したがって，需要が供給を超える頻度がどれくらいであるかを知るためには，X_n についてもっと知る必要がある．

$\{X_n\}$ はエルゴード的なマルコフ連鎖なので，唯一の定常解 π が存在し，定常状態方程式を解くことで計算できる．式 (8.9) を式 (8.7) に代入すると

$$\begin{aligned}\pi_1 &= 0.368\pi_1 + 0.368\pi_2 + 0.184\pi_3 \\ \pi_2 &= 0.368\pi_2 + 0.368\pi_3 \\ \pi_3 &= 0.632\pi_1 + 0.264\pi_2 + 0.448\pi_3\end{aligned} \tag{8.10}$$

が得られ，これを条件

$$\pi_1 + \pi_2 + \pi_3 = 1$$

のもとで解けば定常状態の分布 X_n が求まる．3 つの変数に対して 4 つの方程式があるので，式 (8.10) から 1 つ取り除いて計算するとよい．その結果，

$$\pi = (\pi_1, \pi_2, \pi_3) = (0.285, 0.263, 0.452)$$

が得られる．すべての大きな n に対して近似的に

$$\begin{aligned}\Pr\{X_n = 1\} &= 0.285 \\ \Pr\{X_n = 2\} &= 0.263 \\ \Pr\{X_n = 3\} &= 0.452\end{aligned}$$

である．これと D_n についての知識を併せると

$$\begin{aligned}\Pr\{D_n > S_n\} &= \sum_{i=1}^{3} \Pr\{D_n > S_n | X_n = i\} \Pr\{X_n = i\} \\ &= (0.264)(0.285) + (0.080)(0.263) + (0.019)(0.452) = 0.105\end{aligned}$$

が大きい n に対して成り立つ．長く運用すれば，その期間のおよそ 10％ で需要が供給を超える．

定常状態確率を計算するのに数式処理ソフトウエアを用いると簡単である．図 8.4 には，数式処理ソフトウエア Maple を用いて式 (8.10) の連立方程式を解く方法を示した．

このような問題を解くとき，特に感度分析するとき，数式処理ソフトウエアはとても便利である．数式処理ソフトウエアをもっているなら，章末の練習問題を解くのに使ってほしい．たとえ手で解くほうが好きだという場合も，確かめ算に役立つ

```
> s:={pi1=.368*pi1+.368*pi2+.184*pi3,
>     pi2=.368*pi2+.368*pi3,
>     pi1+pi2+pi3=1};
```
$$s := \{\pi 1 = 0.368\,\pi 1 + 0.368\,\pi 2 + 0.184\,\pi 3,\ \pi 2 = 0.368\,\pi 2 + 0.368\,\pi 3,\ \pi 1 + \pi 2 + \pi 3 = 1\}$$

```
> solve(s,{pi1,pi2,pi3});
```
$$\{\pi 2 = 0.2631807648,\ \pi 1 = 0.2848348783,\ \pi 3 = 0.4519843569\}$$

図 8.4 週初めに在庫になっている水槽の数の定常状態分布の計算．数式処理ソフトウエア Maple を用いて計算する方法．

だろう．

最後は，ステップ 5 である．現在の在庫方針では，およそ 10％の期間で販売機会の損失が生じる．このほとんどは，在庫に 1 個しか残っていないときにも注文しないという事実から生じる．1 週間に平均 1 個しか売れないとしても，実際に 1 週間に来る注文の数（需要）は，1 からずれる可能性がある．したがって，週初めに在庫に 1 個しか水槽がないとき，在庫切れによって潜在顧客を失ってしまう看過できないリスク（およそ 4 回のうち 1 回）が存在する．3 つ以上注文すると割り引くといったような別の要因がなければ，週の初めに在庫に 1 個しか水槽がない状態を避けるという方針は試してみる価値があるだろう．

感度分析とロバスト性について考えよう．主な感度分析の対象は，需要が供給を超える確率に対する潜在顧客の到着率 λ の影響である．現状では週あたり $\lambda = 1$ である．D_n がポアソン分布であるという事実を用いると，任意の λ に対して X_n の状態遷移行列は

$$P = \begin{pmatrix} e^{-\lambda} & 0 & 1-e^{-\lambda} \\ \lambda e^{-\lambda} & e^{-\lambda} & 1-(1+\lambda)e^{-\lambda} \\ \lambda^2 e^{-\lambda}/2 & \lambda e^{-\lambda} & 1-(\lambda+\lambda^2/2)e^{-\lambda} \end{pmatrix} \qquad (8.11)$$

となる．これを用いて $p = \Pr\{D_n > S_n\}$ を計算することもできるが，非常に煩雑な式となる．1 に近いいくつかの値を λ に代入してステップ 4 の計算を繰り返すほうが簡単である．その結果は図 8.5 に示した．基本的な結論は，λ の正確な値にそれほど過敏ではないことがわかる．感度 $S(p, \lambda)$ はおよそ 1.5 である．（他の感度分析の煩雑な計算も数式処理ソフトウエアを用いると計算できる．章末の練習問題 2 を見よ．）

最後に我々のモデルのロバスト性について考えよう．我々のモデルは，到着過程をポアソン過程にしたマルコフ連鎖モデルであった．一般的な到着過程の代表モデ

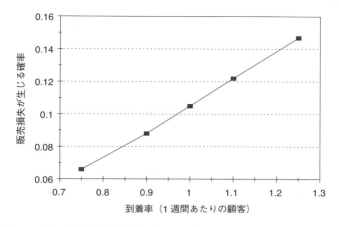

図 8.5 在庫の問題で販売損失が生じる確率に対する顧客の到着率の影響.

ルとしてのポアソン過程のロバスト性については，7.2 節の最後に短く議論した．到着が正確にポアソン的でないとしても，結果が本質的に変わらないと結論づけてよいだろう．ここでの基本的な仮定は，到着過程が独立な到着によって表現されるということである．多くの種類の顧客が時々水槽を買いに店にやってくるだけなので，客同士の到着に何の関係もないと仮定してよいだろう．もちろん，安売りセールのような店側の特別な営業行為があれば，この仮定は正しくなくなり，このモデルによる結論も再調査する必要が出てくるだろう．また水槽の需要には季節的な変動もあるかもしれない．

もうひとつの基本的な仮定は，在庫レベル S_n がこのシステムの状態を表現しているということである．売上の長期的なゆらぎに経営者が反応することを考慮した精巧なモデルも考えられる．このようなモデルの数学的解析は，複雑になり，ここで考えたものとは本質的に異なるものになる．状態空間に過去の売上の情報（たとえば $S_n, S_{n-1}, S_{n-2}, S_{n-3}$）を含むように拡張するとよい．もちろん，このとき遷移行列 P は，3×3 ではなく 81×81 になる．

他にも多くの在庫方針が考えられる．これらのいくつかは，章末の練習問題で取り上げる．どの在庫方針が一番いいだろうか．この問題に答えるひとつの方法は，我々のマルコフ連鎖モデルを一般化することで最適化モデルを定式化することである．在庫方針を 1 個以上の決定変数で表現し，目的変数を定常状態確率によって与える．このようなモデルによる研究は，**マルコフ決定理論**と呼ばれる．詳細はオペレーションズリサーチの入門書を当たればよいだろう（たとえば Hillier et al. (1990)）．

8.2 マルコフ過程

マルコフ過程モデルとは，前節で紹介したマルコフ連鎖モデルを連続時間に拡張したものである．連続時間の力学系モデルを確率モデルに拡張したものだと考えることもできる．

例 8.3 ある機械修理工場で働く整備士は，フォークリフトの修理と整備についての責任者である．フォークリフトが故障すると修理工場に送られ，到着順に修理される．修理工場には 27 台分のスペースがあり，昨年は 54 台の修理を行なった．1 台のフォークリフトの修理にかかる平均時間は約 3 日である．数か月前，この運用法の有効性と効率性についての問題が提起された．着目すべき 2 つの論点は，修理にかかる時間とフォークリフトが作業に使われている時間の割合である．

修理工場に関して数理モデルを用いて，この状況を分析する．フォークリフトは，ひと月あたり $54/12 = 4.5$ 台の頻度で修理のために修理工場に運ばれてくる．休日を除いた 1 か月の平均稼働日数を 22 日であるとして，ひと月あたり最大で $22/3 \approx 7.3$ 台修理することができるといえる．時間 t に修理工場にあるフォークリフトの台数を X_t とおく．修理中のフォークリフトの平均台数 EX_t と修理用の機械が稼働している時間の割合 $(\Pr\{X_t > 0\})$ に着目する．図 8.6 はステップ 1 をまとめたものである．

マルコフ過程を用いて修理工場のモデルを作ろう．

マルコフ過程とは，前節で導入したマルコフ連鎖を連続時間に拡張したものである．前と同じように状態空間は有限であると仮定しよう．つまり

$$X_t \in \{1, 2, 3, \ldots, m\}.$$

もし現在の状態 X_t がシステムの状態を確かに表現している，つまり，その過程の未来が確率的に決定しているならば，確率過程 $\{X_t\}$ はマルコフ過程である．この条件を形式的に書き表すと

$$\Pr\{X_{t+s} = j | X_u : u \leq t\} = \Pr\{X_{t+s} = j | X_t\} \quad (8.12)$$

となる．

マルコフ性 (8.12) には，2 つの重要な意味がある．1 つ目は，次の遷移までの時間が今の状態がどれくらい続いたかに依存しないことである．言い換えると，ある状態が継続する時間の分布は，無記憶性をもつ．T_i を状

変数： $X_t = $ 時間 t（月）の修理中のフォークリフトの台数

仮定： ひと月あたりの故障車の平均到着台数は 4.5 台
ひと月あたりに修理できる最大台数は 7.3 台

目的： EX_t と $\Pr\{X_t > 0\}$ を計算する

図 8.6　フォークリフトの問題のステップ 1 の結果．

態 i が継続する時間であるとする．このときマルコフ性から

$$\Pr\{T_i > t+s | T_i > s\} = \Pr\{T_i > t\} \tag{8.13}$$

がいえる．7.2 節で示したように，指数分布は無記憶性をもち，その場合は T_i の分布関数は

$$F_i(t) = \lambda_i e^{-\lambda_i t} \tag{8.14}$$

となる．実際，指数分布は連続分布で無記憶性をもつ唯一の分布である（これは実解析の深遠な定理であり，詳しくは Billingsley (1979) p. 160 を参照）．したがって，マルコフ過程である状態が継続する時間の分布は，レートパラメータ λ_i の指数分布となる．レートパラメータ λ_i は，一般に状態 i に依存する．

2 つ目のマルコフ性の重要な意味は，状態遷移に関するものである．次の状態がどうなるかを示す確率分布は，現在の状態だけによって決まる．したがって，マルコフ過程によって決まる状態の時間配列は，マルコフ連鎖を形成する．状態 i から状態 j へ遷移する確率を p_{ij} とおくと，埋め込まれたマルコフ連鎖は状態遷移確率行列 $P = (p_{ij})$ をもつ．

例 8.4 状態遷移確率が

$$P = \begin{pmatrix} 0 & 1/3 & 2/3 \\ 1/2 & 0 & 1/2 \\ 3/4 & 1/4 & 0 \end{pmatrix} \tag{8.15}$$

で与えられるマルコフ連鎖を考える．$\{X_t\}$ の状態間の遷移がこのマルコフ連鎖に従い，状態 1, 2, 3 の平均滞在時間がそれぞれ 1, 2, 3 となると仮定すれば，マルコフ過程を生成できる．

定常状態方程式 $\pi = \pi P$ を解くと，状態 1, 2, 3 に遷移してくる確率が

それぞれ 0.396, 0.227, 0.377 と求まる．しかし，各状態に滞在する時間の割合は，次の状態へ遷移するまでの待ち時間に依存する．これを修正するために相対的な比率 $1 \times 0.396, 2 \times 0.227, 3 \times 0.377$ を導入する．1 に規格化すると（合計で割り算すると）0.200, 0.229, 0.571 になる．したがって，このマルコフ過程において状態 3 にいる時間の割合は 57.1％であり，他の状態についても同様である．これをマルコフ過程の定常状態分布と呼ぶ．一般に，もし $\pi = (\pi_1, \ldots, \pi_m)$ が埋め込まれたマルコフ連鎖の定常状態分布であり，$\lambda = (\lambda_1, \ldots, \lambda_m)$ が遷移率からなるベクトルであるなら，状態 i に滞在する時間の割合は

$$P_i = \frac{(\pi_i/\lambda_i)}{(\pi_1/\lambda_1) + \cdots + (\pi_m/\lambda_m)} \tag{8.16}$$

で与えられる．遷移率 λ_i の逆数は，状態 i での平均滞在時間を表している．まとめるとマルコフ過程は，遷移間隔が状態に依存する遷移率をもつ指数分布に従うマルコフ連鎖であるといえる．

等価なモデルを次のようにしても定式化できる．状態 $X_t = i$ を考え，時間 T_{ij} がレートパラメータ $a_{ij} = \lambda_i p_{ij}$ の指数分布に従っているものとする．さらに $T_{i1}, \ldots, T_{im}$ は，互いに独立であると仮定する．このとき，次の遷移までの待ち時間 T_i は $T_{i1}, \ldots, T_{im}$ の最小値で与えられ，遷移先はその最小値 T_{ij} に対応する状態 j である．2 つの定式化が数学的に等価であることは，

$$T_i = \min(T_{i1}, \ldots, T_{im})$$

がレートパラメータ

$$\lambda_i = \sum_j a_{ij}$$

の指数分布に従うことと

$$\Pr\{T_i = T_{ij}\} = p_{ij}$$

から導かれる．（証明は読者に残しておく．章末の練習問題 7 を見よ．）パラメータ

$$a_{ij} = \lambda_i p_{ij}$$

は状態 i から状態 j への遷移の発生率である．**状態遷移図**に遷移率 a_{ij} を書き込むことが慣例となっている．たとえば，図 8.7 に例 8.4 の状態遷移

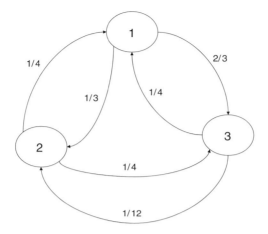

図 8.7 例 8.4 の状態遷移図．図内の数字は，ある状態から別の状態への遷移の発生率．

図を示した．マルコフ過程の構造は，しばしば状態遷移図によって与えられる．

このマルコフ過程の状態遷移図を使って定常状態分布を計算する便利な方法がある．前に定義したように

$$a_{ij} = \lambda_i p_{ij}$$

は，状態 i から状態 j への遷移の発生率である．さらに

$$a_{ii} = -\lambda_i$$

と定義する．これは，状態 i を離れる過程の発生率である．確率関数

$$P_i(t) = \Pr\{X_t = i\} \tag{8.17}$$

は，微分方程式

$$\begin{aligned} P_1'(t) &= a_{11} P_1(t) + \cdots + a_{m1} P_m(t) \\ &\vdots \\ P_m'(t) &= a_{1m} P_1(t) + \cdots + a_{mm} P_m(t) \end{aligned} \tag{8.18}$$

をみたす（Çinlar (1975) p.255 を見よ）．この基本的な条件は，確率の遷移を流体の流れとみなすことで容易に理解できるだろう．各状態 i にある

確率を流体量として可視化（確率をその質量と考える）してみよう．そうすると遷移率 a_{ij} は流体の流率を表しており，

$$P_1(t) + \cdots + P_m(t) = 1$$

は流体の総量が 1 であることを意味する．例 8.4 では

$$\begin{aligned} P_1'(t) &= -P_1(t) + \frac{1}{4}\,P_2(t) + \frac{1}{4}\,P_3(t) \\ P_2'(t) &= \frac{1}{3}\,P_1(t) - \frac{1}{2}\,P_2(t) + \frac{1}{12}\,P_3(t) \\ P_3'(t) &= \frac{2}{3}\,P_1(t) + \frac{1}{4}\,P_2(t) - \frac{1}{3}\,P_3(t) \end{aligned} \tag{8.19}$$

となる．マルコフ過程の定常状態分布は，この微分方程式系の定常解に対応する．すべての i に対して $P_i' = 0$ とすると

$$\begin{aligned} 0 &= -P_1 + \frac{1}{4}\,P_2 + \frac{1}{4}\,P_3 \\ 0 &= \frac{1}{3}\,P_1 - \frac{1}{2}\,P_2 + \frac{1}{12}\,P_3 \\ 0 &= \frac{2}{3}\,P_1 + \frac{1}{4}\,P_2 - \frac{1}{3}\,P_3 \end{aligned} \tag{8.20}$$

を得る．線形方程式 (8.20) を

$$P_1 + P_2 + P_3 = 1$$

と連立させて解くと

$$P = \left(\frac{7}{35}, \frac{8}{35}, \frac{20}{35}\right)$$

が得られる．これは前に導出したものと一致する．

マルコフ過程の定常分布を求めるために必要な方程式は，流体の流れの類比を用いると導出できる．流体は，各状態を出たり入ったりする．平衡を保つためには，各状態に対してそこから出る流率とそこに入る流率が等しくなる必要がある．たとえば図 8.7 で状態 1 を出る流体の流量は $1/3 + 2/3 = 1 \times P_1$ である．状態 2 から状態 1 に戻る流体の量は $1/4 \times P_2$ であり，状態 3 から状態 1 に戻る流体の量は $1/4 \times P_3$ である．ゆえに条件式

$$P_1 = 1/4\,P_2 + 1/4\,P_3$$

が得られる．この原理

$$[出ていく流率] = [入ってくる流率]$$

を他の 2 つの状態にも応用すると，連立方程式

$$\begin{aligned} P_1 &= \frac{1}{4}\,P_2 + \frac{1}{4}\,P_3 \\ \frac{1}{2}\,P_2 &= \frac{1}{3}\,P_1 + \frac{1}{12}\,P_3 \\ \frac{1}{3}\,P_3 &= \frac{2}{3}\,P_1 + \frac{1}{4}\,P_2 \end{aligned} \tag{8.21}$$

が得られる．これは式 (8.20) と同一のものである．連立方程式 (8.21) をマルコフ過程に対する**バランス方程式**と呼ぶ．この条件は，各状態を出たり入ったりする出来事の発生率が釣り合っていることを意味する．

8.1 節でエルゴード的マルコフ連鎖は，常に定常状態に収束することに言及した．対応する結果がマルコフ過程に関しても得られる．もしあらゆる 2 つの状態 i と j に対して有限の回数で i から j へ遷移できるならば，そのマルコフ過程はエルゴード的であるという．エルゴード的マルコフ過程は，常に定常状態に収束するという定理がある．X_t の分布は，初期条件によらずに同じ定常状態分布に近づく（たとえば，Çinlar (1975) p.264 を参照）．マルコフ過程における現在の確率分布を

$$P(t) = (P_1(t), \ldots, P_m(t))$$

と表す．この定理によると，いかなる初期分布 $P(0)$ に対してもマルコフ過程の状態ベクトル X_t の確率分布 $P(t)$ は，$t \to \infty$ で同じ定常状態分布

$$P = (P_1, \ldots, P_m)$$

に収束する．確率分布 $P(t)$ の動態を表現する連立微分方程式 (8.18) は，行列表示で

$$P(t)' = P(t)A \tag{8.22}$$

と書ける．ここで $A = (a_{ij})$ は遷移率行列である．この連立線形微分方程式の定義域は

$$S = \{x \in \mathbb{R}^m : 0 \leq x_i \leq 1; \sum x_i = 1\} \tag{8.23}$$

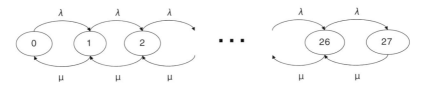

図 8.8 フォークリフトの問題の状態遷移図．図中の数字は，修理中のフォークリフトの台数が増減する遷移の発生率である．

である．上の定理によれば，式 (8.22) で与えられるダイナミカルシステムがエルゴード的な場合，唯一の安定平衡解 P が存在する．いかなる初期条件 $P(0)$ に対しても $t \to \infty$ で $P(t) \to P$ となる．さらにマルコフ過程の過渡的な挙動（時間依存性）についての情報が得たいなら，連立線形微分方程式 (8.22) を普通に解けばよい．

例 8.3 のフォークリフトの問題に戻ろう．時間 t（月）に修理中のフォークリフトの台数 X_t に対するマルコフ過程を生成したい．修理工場は 27 台のフォークリフトしか扱えないので
$$X_t \in \{0, 1, 2, \ldots, 27\}$$
である．$X_t = i$ からは $X_t = i+1$ もしくは $i-1$ にしか遷移できない．この 2 つの遷移率は，それぞれ $\lambda = 4.5$ と $\mu = 7.3$ である．ただし，27 から上には行けないし，0 より下にも行けない．この問題についての状態遷移図を図 8.8 に示した．

定常状態方程式 $PA = 0$ は，状態遷移図から

$$[出ていく流率] = [入ってくる流率]$$

に基づいて得られる．図 8.8 から

$$\begin{aligned}
\lambda P_0 &= \mu P_1 \\
(\mu + \lambda) P_1 &= \lambda P_0 + \mu P_2 \\
(\mu + \lambda) P_2 &= \lambda P_1 + \mu P_3 \\
&\vdots \\
(\mu + \lambda) P_{26} &= \lambda P_{25} + \mu P_{27} \\
\mu P_{27} &= \lambda P_{26}
\end{aligned} \qquad (8.24)$$

である．

規格化条件
$$\sum P_i = 1$$
と併せて解くと，定常状態 $\Pr\{X_t = i\}$ が求まる．我々にとって興味があるのは
$$\Pr\{X_t > 0\} = 1 - \Pr\{X_t = 0\} = 1 - P_0$$
と
$$EX_t = \sum i P_i$$
である．

ステップ 4 に移ろう．まず P_1 を P_0 で解き，次に P_2 を P_1 で解き，あとは同様にしていくとすべての $n = 1, 2, 3, \ldots, 27$ に対して
$$P_n = (\lambda/\mu) P_{n-1}$$
が得られる．したがって，すべての n に対して
$$P_n = (\lambda/\mu)^n P_0$$
である．
$$\sum_{n=0}^{27} P_n = P_0 \sum_{n=0}^{27} \left(\frac{\lambda}{\mu}\right)^n = 1$$
なので，$\rho = \lambda/\mu$ とおくと
$$P_0 = \frac{1-\rho}{1-\rho^{28}}$$
である．ここで等比数列の和の公式を用いた．$n = 1, 2, 3, \ldots, 27$ に対して
$$P_n = \rho^n P_0 = \frac{\rho^n(1-\rho)}{1-\rho^{28}} \tag{8.25}$$
となる．今の場合 $\rho = \lambda/\mu = 4.5/7.3 \approx 0.616$ であるから，$1-\rho^{28} \approx 0.9999987$ である．したがって，実用的な範囲で $P_0 = 1-\rho$ と近似でき，$n \geq 1$ で $P_n = \rho^n(1-\rho)$ とみなしてよい．

このようにして運用成績の 2 つの指標を計算できる．まず
$$\Pr\{X_t > 0\} = 1 - P_0 = \rho \approx 0.616$$
であり，

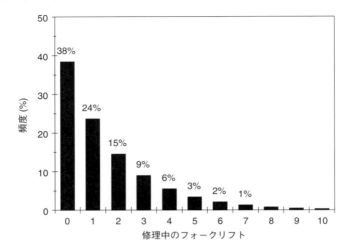

図 8.9 修理中のフォークリフトの台数の分布を示したヒストグラム.

$$
\begin{aligned}
EX_t &= \sum_{n=0}^{27} nP_n \\
&= \sum_{n=0}^{27} n\rho^n(1-\rho)
\end{aligned}
\tag{8.26}
$$

から $EX_t = 1.607$ である.

まとめると（ステップ 5），フォークリフトは，月あたり 4.5 の率で故障し，修理工場の許容範囲で月あたり 7.3 の率で修理される．フォークリフトが修理のために持ち込まれる率は修理できる率のおよそ 60％なので，修理工場の技術者がフォークリフトの修理を行なっている時間の割合はおよそ 60％にすぎない．しかし，故障はランダムに生じるので，技術者にミスがなくても 1 台以上のフォークリフトが修理工場にたまっている時間がある．実際，平均的な日における修理中のフォークリフトは 1.6 台であると期待できる．以上のことは，修理工場にあるフォークリフトの数を毎日記録すると年度末にはその平均台数が 1.6 になることを意味する．さらに詳しく見ると，台数の分布は図 8.9 のようになると期待できる．

マーフィーの法則は，ここでも確かに成り立つ．たとえ修理工場の技術者に全く瑕疵がなくても，1 年のうち 8％の就業日に 5 台以上のフォークリフトがたまることになる．1 台のフォークリフトを修理するのに 3 日かかるので，これはおよそ 3 週間分の仕事がたまっている状況である．1 年の就業日が 250 日だとすると，この不運な状況は 1 年のうち 20 日くらい生じる．一方で，この研究によって技術者が修

理を行なっているのはわずか60％の時間帯だけであることもわかった．この見せかけの不一致は，故障が均等に時間をおいて生じるわけではないという単純な事実によって説明がつく．時には全くの不運によって数台の故障が立て続けに生じて，技術者が猛烈に忙しくなることもある．一方で，長い間故障が起きず技術者が暇を持て余すこともある．

運用上問題にすべき点が2つある．1つ目の問題は，空き時間に関するものである．仕事が散発的にしか発生しないということは避けようがなく，空き時間が継続することは無視できない問題である．整備士は，空き時間に別の仕事を割り振られるかもしれない．もちろん，このような仕事は，故障が生じた際に中断できるものでないといけない．

もう1つの問題は，仕事がたまることである．時には多数のフォークリフトが修理を待つことになる．忙しい時期に人的資源を追加することでこの問題が解決するかどうか調べることもできる（この問題は，章末の練習問題8で扱う）．

最後に感度とロバスト性に関する重要な問題に触れておこう．パフォーマンスのどちらの測定量も比率

$$\rho = \frac{\lambda}{\mu}$$

によって決まり，現在の値は0.616である．その関係は

$$\Pr\{X_t > 0\} \approx \rho \tag{8.27}$$

だけから得られる．システムにある平均台数を $A = EX_t$ とおくと，と $1 - \rho^{28} \approx 1$ を用いて

$$A = \sum_{n=0}^{27} n\rho^n (1 - \rho) \tag{8.28}$$

が得られ，計算すると

$$A = \rho + \rho^2 + \rho^3 + \cdots + \rho^{27} - 27\rho^{28}$$

となる．さらに近似式

$$\rho(1 + \rho + \rho^2 + \rho^3 + \cdots) = \frac{\rho}{1-\rho}$$

を使って

$$\frac{dA}{d\rho} \approx \frac{1}{(1-\rho)^2}$$

が得られる．その結果，

$$S(A,\rho) \approx 2.6$$

であり，ρの小さなずれが$A = EX_t$に基づく結果に大きく影響を与えることがわかる．

修理工場の駐車スペースの広さについても考えてみよう．現在の値は，$K = 27$台分である．ρの中間的な（1に近すぎない）値に対して近似的に

$$1 - \rho^{K+1} \approx 1$$

であるから，パラメータKはあまり違いを生み出さない．実際，この近似は無限の駐車スペースがあると仮定することに対応している．つまり，本質的には$K = \infty$と近似していることになる．使える駐車スペースが広くなっても，修理を受けるフォークリフトの到着率λは変わらない．したがって$\rho = \lambda/\mu$は同じであり，Kはパフォーマンスの測定量に影響を及ぼさない．Kの増加による唯一の影響は，修理を待つフォークリフトの数が増やせる（つまり駐車スペースの追加）ということだけである．

本節で扱った修理工場のモデルは**待ち行列モデル**の一例である．待ち行列モデルとは，1つまたはそれ以上のサービス設備からなり，顧客が到着してすぐにサービスが受けられない場合に行列に並んで待つ必要があるシステムを表現したものである．待ち行列モデルは，すでに多くの研究があり現在も研究されている．オペレーションズリサーチの教科書（たとえば Hillier et al. (1990)）は，その入門に最適である．緩めておきたい重要な仮定は，サービス時間が指数分布に従うという仮定である．一方，到着が多かれ少なかれランダムであるという推測は十分説得力がある．サービス時間が分散σ^2の一般的な分布に従うとすると，サービス設備が使用中である確率は

$$EX_t = \rho + \frac{\lambda^2 \sigma^2 + \rho^2}{2(1-\rho)} \tag{8.29}$$

である（ここで，上記でしたように$K = \infty$を仮定した）．もちろん，サービス時間が指数分布に従う場合は$\rho/(1-\rho)$となる．なぜなら，このとき$\sigma = 1/\mu$であるからである．この公式から導かれる一般的な結論は，故障中のフォークリフトの平均数がサービス時間の分散に対して増加関数になる．つまり，修理時間の不確定性は，待ち時間を長くするのである．

8.3 線形回帰

単純で最もよく使われる確率モデルでは，状態変数の期待値が時間の線形関数で

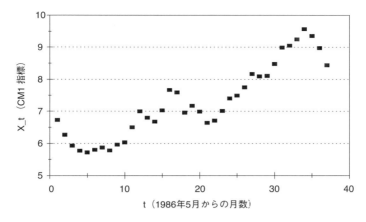

図 8.10 1 年満期型財務省証券利回り指標 (CM1) の時間変動．

あると仮定する．このモデルは，ただ広く用いられている点だけではなく，利用可能なソフトウエアが充実している点でも使い勝手が良い．

例 8.5 民間住宅向け変動金利型住宅抵当証券は，一般に連邦住宅貸付銀行が発表する市場指標のひとつに連動して変動する証券である．たとえば著者が所有する証券は，毎年 5 月の 1 年満期型財務省証券利回り指標 (CM1) に連動するようになっている．1986 年からの 3 年分の過去のデータを表 8.1 に示した（出典：連邦準備制度理事会）．この情報を用いて次期の 1990 年 5 月の指標を予測するという問題を考えよう．

ファイブ・ステップ法を用いる．ステップ 1 は，問題提示である．ここでの問題は，ランダムなゆらぎを伴いながら増加していく傾向を示す変数について未来の動向を評価することである．1986 年 5 月から t か月後の 1 年満期型財務省証券利回り指標 (CM1) を X_t とおく．$t = 1, \ldots, 37$ に対する X_t のグラフを図 8.10 に示した．ここで X_{48} を推定したい．もし X_t がランダムな要素に部分的に依存すると仮定すると X_{48} の正確な値を予測することはできない．せいぜい平均値 EX_{48} と不確定性の大きさを予想することができるだけである．まずは，平均値 EX_{48} の推定値を得ることに集中しよう．その他の問題は，感度分析に関する次節で扱うことにしよう．

ステップ 2 は，モデリング手法を選択する．この問題をモデル化するのに線形回帰を用いることにする．

表 8.1 変動金利型住宅抵当証券に関連する市場指標.

月	TB3	TB6	CM1	CM2	CM3	CM5
6/86	6.21	6.28	6.73	7.18	7.41	7.64
7/86	5.84	5.85	6.27	6.67	6.86	7.06
8/86	5.57	5.58	5.93	6.33	6.49	6.80
9/86	5.19	5.31	5.77	6.35	6.62	6.92
10/86	5.18	5.26	5.72	6.28	6.56	6.83
11/86	5.35	5.42	5.80	6.28	6.46	6.76
12/86	5.49	5.53	5.87	6.27	6.43	6.67
1/87	5.45	5.47	5.78	6.23	6.41	6.64
2/87	5.59	5.60	5.96	6.40	6.56	6.79
3/87	5.56	5.56	6.03	6.42	6.58	6.79
4/87	5.76	5.93	6.50	7.02	7.32	7.57
5/87	5.75	6.11	7.00	7.76	8.02	8.26
6/87	5.69	5.99	6.80	7.57	7.82	8.02
7/87	5.78	5.86	6.68	7.44	7.74	8.01
8/87	6.00	6.14	7.03	7.75	8.03	8.32
9/87	6.32	6.57	7.67	8.34	8.67	8.94
10/87	6.40	6.86	7.59	8.40	8.75	9.08
11/87	5.81	6.23	6.96	7.69	7.99	8.35
12/87	5.80	6.36	7.17	7.86	8.13	8.45
1/88	5.90	6.31	6.99	7.63	7.87	8.18
2/88	5.69	5.96	6.64	7.18	7.38	7.71
3/88	5.69	5.91	6.71	7.27	7.50	7.83
4/88	5.92	6.21	7.01	7.59	7.83	8.19
5/88	6.27	6.53	7.40	8.00	8.24	8.58
6/88	6.50	6.76	7.49	8.03	8.22	8.49
7/88	6.73	6.97	7.75	8.28	8.44	8.66
8/88	7.02	7.36	8.17	8.63	8.77	8.94
9/88	7.23	7.43	8.09	8.46	8.57	8.69
10/88	7.34	7.50	8.11	8.35	8.43	8.51
11/88	7.68	7.76	8.48	8.67	8.72	8.79
12/88	8.09	8.24	8.99	9.09	9.11	9.09
1/89	8.29	8.38	9.05	9.18	9.20	9.15
2/89	8.48	8.49	9.25	9.37	9.32	9.27
3/89	8.83	8.87	9.57	9.68	9.61	9.51
4/89	8.70	8.73	9.36	9.45	9.40	9.30
5/89	8.40	8.39	8.98	9.02	8.98	8.91
6/89	8.22	8.00	8.44	8.41	8.37	8.29

線形回帰モデルでは，

$$X_t = a + bt + \varepsilon_t \tag{8.30}$$

と仮定する．ここで a と b は実定数で，ε_t はランダムなゆらぎの効果を表す確率変数である．

$$\varepsilon_1, \varepsilon_2, \varepsilon_3, \ldots$$

は，独立で平均 0 の同じ分布に従うと仮定する．ε_t を正規分布に従うと仮定するのが一般的である．すなわち $\sigma > 0$ に対して確率変数

$$\varepsilon_t/\sigma$$

は，標準正規分布に従うと仮定しよう．ε_t で表現されているランダムなゆらぎが多数の独立でランダムな要因の和から生じていると考えられる場合，この正規分布の仮定は中心極限定理により正当化される．（正規分布と中心極限定理の関係は 7.3 節で紹介した．）

誤差項 ε_t は平均 0 なので

$$EX_t = a + bt \tag{8.31}$$

となり，EX_t を求める問題はパラメータ a と b を求める問題へ帰着される．もし図 8.10 に直線

$$y = a + bt \tag{8.32}$$

のグラフを書き足せば，データによる点はこの直線の近くに分布すると期待できる．パラメータ a と b の最適な値を推定することで得られる最良あてはめ直線は，その直線からのデータ点のずれの大きさを最小にする．

データ点の集合を

$$(t_1, y_1), \ldots, (t_n, y_n)$$

とすると，回帰直線のあてはまりの良さはデータ点 (t_i, y_i) と回帰直線上の点（式 (8.32) に $t = t_i$ を代入する）との垂直距離

$$|y_i - (a + bt_i)|$$

によって測ることができる．最適化問題の計算が面倒になるのを避けるために絶対値を用いず，全体的なあてはまりの良さを以下のようにして定量

化する．
$$F(a,b) = \sum_{i=1}^{n} (y_i - (a + bt_i))^2. \tag{8.33}$$

最良あてはめ直線は，目的関数 (8.33) を最小化することで特徴づけされる．偏微分をとって $\partial F/\partial a$ と $\partial F/\partial b$ が 0 に等しくなれば良いので以下の式が得られる．

$$\begin{aligned}\sum_{i=1}^{n} y_i &= na + b \sum_{i=1}^{n} t_i \\ \sum_{i=1}^{n} t_i y_i &= a \sum_{i=1}^{n} t_i + b \sum_{i=1}^{n} t_i^2.\end{aligned} \tag{8.34}$$

この 2 変数の線形方程式を解くと a と b が求まる．

回帰方程式 (8.32) の予測力の見積りは，以下のようにして得られる．

$$\overline{y} = \frac{1}{n} \sum_{i=1}^{n} y_i \tag{8.35}$$

を y のデータの平均値とおき，各 i に対して

$$\hat{y}_i = a + bt_i \tag{8.36}$$

とおく．各データと平均値との差 $y_i - \overline{y}$ は和の形で書きかえられる．

$$(y_i - \overline{y}) = (y_i - \hat{y}_i) + (\hat{y}_i - \overline{y}). \tag{8.37}$$

式 (8.37) の右辺第 1 項は，誤差（回帰直線からのデータへの垂直距離）を表しており，第 2 項は回帰直線によって説明される変動の大きさを表している．簡単な計算により

$$\sum_{i=1}^{n} (y_i - \overline{y})^2 = \sum_{i=1}^{n} (y_i - \hat{y}_i)^2 + \sum_{i=1}^{n} (\hat{y}_i - \overline{y})^2 \tag{8.38}$$

が示せる．

統計量

$$R^2 = \frac{\sum_{i=1}^{n} (\hat{y}_i - \overline{y})^2}{\sum_{i=1}^{n} (y_i - \overline{y})^2} \tag{8.39}$$

は，回帰直線によって説明されるデータの変動の割合を測定したものである．残りの部分は，ランダムな誤差（つまり ε_t）によって生じる変動に対応する．もし R^2 が 1 に近いなら，データはほぼ線上にあるといってよい．逆に R^2 が 0 に近いなら，データはほぼランダムであるといえる．

教育機関の計算機の多くには統計解析ソフトウエアがインストールされており，データセットから a, b や R^2 を自動で計算できるだろう．パソコン向けの安価なソフトウエアもあるし，線形回帰の計算が可能な関数電卓もある．この本で扱う線形回帰問題は，これらの方法のいずれかで計算できるので，手でわざわざ解く必要はないだろう．

ステップ 3 は，モデルを定式化することである．1986 年 5 月から t か月後の CM1 指数の値を X_t とおき，式 (8.30) で与えられる線形回帰モデルを仮定する．データは

$$(t_1, y_1) = (1, 6.73)$$
$$(t_2, y_2) = (2, 6.27)$$
$$\vdots \tag{8.40}$$
$$(t_{37}, y_{37}) = (37, 8.44)$$

である．最良あてはめ回帰直線は，式 (8.34) の線形連立方程式の a と b を解くことで得られる．あてはまりの良さを測る統計量 R^2 は式 (8.39) で与えることができる．この線形回帰モデルを計算機のソフトウエアを使って解けば，これらの面倒な計算をしなくてすむだろう．

ステップ 4 では，モデルを解く．統計解析ソフトウエア Minitab を使って回帰直線を求めると

$$y = 5.45 + 0.0970\, t \tag{8.41}$$

と

$$R^2 = 83.0\,\%$$

が得られる．（結果については図 8.11 を見よ）．このためにまず Minitab のワークシートの 1 列目に CM1 指数のデータを入力して 2 列目に時間 $t = 1, 2, 3, \ldots, 37$ を入力する．それからプルダウンメニューを使ってコマンド Stat > Regression > Regression を選択し，CM1 指数のデータを応答に時間を予測変数に指定する．$t = 48$ での予測区間を得るためには，回帰ウインドウの Options を選択して Prediction intervals for new observations のボックスに 48 を入力する．この手続きの詳細と得られる出力は，他の統計解析ソフトウエアや回帰ツール

```
The regression equation is
cm1 = 5.45 + 0.0970 t


Predictor        Coef     SE Coef        T        P
Constant       5.4475      0.1615    33.73    0.000
t            0.096989    0.007409    13.09    0.000


S = 0.481203    R-Sq = 83.0%    R-Sq(adj) = 82.6%


Unusual Observations

Obs    t      cm1     Fit    SE Fit   Residual   St Resid
  1  1.0   6.7300  5.5445   0.1551    1.1855       2.60R

R denotes an observation with a large standardized residual.

Predicted Values for New Observations

New
Obs     Fit   SE Fit       95% CI             95% PI
  1 10.1030  0.2290  (9.6381, 10.5678)  (9.0211, 11.1848)X

X denotes a point that is an outlier in the predictors.

Values of Predictors for New Observations

New
Obs     t
  1   48.0
```

図 8.11 統計解析ソフトウエア Minitab を用いて変動金利型住宅抵当証券の問題を解く.

の付いた表計算ソフトウエアや関数電卓（予測区間の計算のようなことはできないかもしれない）を用いてもほとんど同じである．

式 (8.41)は，式 (8.40)のデータに沿った最良あてはめ直線である．これを図示したものが図 8.12 である．1986 年 6 月から 1989 年 6 月までの CM1 指数の平均的な傾向は，月に 0.0970 ずつ上昇するというものである．式 (8.41)に $t = 48$ を代入すると，1990 年 5 月の CM1 指数の予測値

$$EX_{48} = 5.45 + 0.0970(48) = 10.1$$

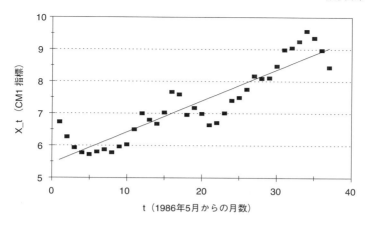

図 8.12 CM1 指数の時間変化と回帰直線のグラフ.

が得られる．$R^2 = 83.0\%$ なので，この回帰方程式は CM1 指数の変動の 83% を説明しているといえる．これは，EX_{48} の予測にかなり高いレベルの信頼性があることを示している．もちろん，X_{48} の実際の値はランダムなゆらぎのため予測値と異なったものになるだろう．このゆらぎの大きさがどれくらいになるかについては，感度分析の所で取り扱う．

最後にステップ 5 に移ろう．CM1 指数は，毎月 0.097 ポイント上昇するという一般的な傾向が結論づけられた．この数値は，過去の 3 年間の観測に基づくものである．これを外挿すると 1990 年 5 月には 10.1 であると予測できる．これは 1989 年 5 月より 1.1 だけ高いので，著者は変動金利型住宅抵当証券の価格がさらに上昇すると予想していいだろう．

ここで最も重要な感度分析の問題は，X_t のランダムなゆらぎの大きさに関するものである．式 (8.30) で ε_t の平均が 0 となる線形回帰モデルを仮定している．統計解析ソフトウエアで回帰分析を行なった結果より標準偏差を $\sigma \approx 0.4812$ と見積もる．言い換えれば $\varepsilon_t / 0.4812$ は，近似的に標準正規分布に従う．データ点のおよそ 95% は，式 (8.41) から $\pm 2\sigma$ の範囲にある．これを未来のゆらぎの大きさとして用いたならば，X_{48} は信頼水準 95% で $10.1 \pm 2\sigma$ の範囲にある．すなわち

$$9.1 \leq X_{48} \leq 11.1$$

である．EX_{48} の推定に含まれる別の不確定性も考慮したもっと洗練された方法が統計解析ソフトウエアに入っている．この方法によると信頼水準 95% で $9.02 \leq X_{48} \leq 11.19$ となる．図 8.11 を見よ．

次に，異常なデータ値に関する感度を考えよう．式 (8.30) から線形回帰モデルを仮定している．ほとんどの時間でランダムな誤差 ε_t は小さいが，ε_t がかなり大きくなる確率も少ないながらある．その結果，回帰直線から大きく離れた位置にあるデータ点も 1 個ないし数個なら存在しうる．このような**外れ値**と呼ばれる異常な点に関する感度を考える必要がある．

$$\begin{aligned} \bar{t} &= \frac{t_1 + \cdots + t_n}{n} \\ \bar{y} &= \frac{y_1 + \cdots + y_n}{n} \end{aligned} \tag{8.42}$$

と定義すると，データ点の集合 $(t_1, y_1), \ldots, (t_n, y_n)$ に対する回帰直線が点 $(\bar{t}, \bar{y})$ を通ることを容易に示せる．今のモデルでは，$\bar{t} = 19$ と $\bar{y} = 7.29$ である．回帰の手順によって点 $(19, 7.29)$ を通る最良あてはめ直線が選ばれる．この手順の本質は回帰直線とデータ点の垂直距離を最小にすることであるため，外れ値は他のデータ点がどこにあるかに関わらず，外れ値の方向に回帰直線を引っ張る傾向がある．データ数 n が小さくなると，個別のデータ点の影響が大きいため，状況がさらに悪くなる．外れ値と $(\bar{t}, \bar{y})$ との距離が大きくなる場合も状況は悪化する．なぜなら，離れた点は，てこの作用で回帰直線により大きい影響を与えるからである．

図 8.11 を見直すと統計解析ソフトウエア Minitab が点 $(1, 6.73)$ を外れ値 (Unusual Observations) とみなしていることがわかる．もし $t = 1$ のデータを回帰方程式に入れると

$$\hat{y}_1 = 5.45 + 0.0970(1) = 5.547$$

が得られる．垂直距離つまり**残差** $y_1 - \hat{y}_1$ は 1.18 であり，このデータが回帰直線から上に標準偏差の 2.6 倍ずれていることを意味している．このモデルの外れ値に対する感度を確かめるためにデータ点 $(1, 6.73)$ を取り除いてもう一度回帰分析を行なう．この感度分析の結果を図 8.13 に示した．

新しい回帰方程式は

$$EX_t = 5.30 + 0.103\, t$$

であり，$R^2 = 86.2\%$ となる．予測値 $EX_{48} = 5.30 + 0.103(48) = 10.24$ は 1990 年 5 月の CM1 指数の新しい見積りである．新しい残差の標準偏差は 0.438450 であり，1990 年 5 月の CM1 指数は $10.24 \pm 2(0.44)$ の範囲にあると期待できる．言い換えれば，信頼水準 95% で

$$9.36 < X_{48} < 11.12$$

```
The regression equation is
cm1 = 5.30 + 0.103 t


Predictor        Coef     SE Coef       T      P
Constant       5.3045      0.1554   34.13  0.000
t            0.102634    0.007034   14.59  0.000


S = 0.438450    R-Sq = 86.2%    R-Sq(adj) = 85.8%
```

図 8.13 統計解析ソフトウエア Minitab を用いた変動金利型住宅抵当証券の問題に対する感度分析.

である．Minitab を用いてより洗練した方法で予測区間を計算すると，少し広い区間 $9.24 \leq X_{48} \leq 11.22$ が得られる．どちらの方法でも前の結果と大きく変わらないので，この外れ値に関して感度は低いと結論づけられる．

ここで重要なロバスト性の問題は，式 (8.30) での線形モデルの選択に関するものである．より一般的に

$$X_t = f(t) + \varepsilon_t \tag{8.43}$$

と仮定してもよい．ここで $f(t)$ は米国債の 1 年物の価格であり，ε_t は市場のゆらぎである．この一般的なモデルの範疇では，線形回帰は基準点 $(\bar{t}, \bar{y})$ の近辺では成り立つ線形近似

$$f(t) \approx a + bt \tag{8.44}$$

に対応している．図 8.11 を見ると Minitab は $t = 48$ の点を中心点 $t = 19$ から離れているとみなしている．$1 \leq t \leq 37$ のデータとこの区間で線形関係があることの強い証拠 ($R^2 = 83\%$) をもっている．言い換えれば，式 (8.44) の線形近似は，この区間内でせいぜい数％の誤差しか含まない．しかし，この区間から外れるとこの線形近似からの誤差が大きくなると考えなくてはいけない．ロバスト性の別の問題は，ランダムな誤差 ε_t が独立で同一の分布に従っているという仮定から生じる．もっと複雑なモデルでは，これらの確率変数間の相関を考慮する．この問題について 8.5 節で扱う．

ここで扱った線形回帰モデルは，**時系列モデル**の単純な例である．時系列モデルは時間変動する 1 変数ないしそれ以上の変数をもつ確率モデルである．ほとんどの経済予測は，時系列モデルを用いてなされる．より複雑な時系列モデルは，多変数の相互作用と変数のランダムなゆらぎ間の相関を表現する．時系列解析は，統計学の一分野である．次の節で時系列解析の要点を紹介する．時系列モデルについてのより詳しい内容を知りたければ，Box et al. (1976) を見るとよいだろう．

8.4 時系列

時系列は時間変動する確率過程であり，たいていは一定の時間観測されたものをいう．日別の気温や降雨量，月別の失業率，年収などは，時系列の典型的な例である．時系列をモデル化する基本ツールが 8.3 節で紹介した線形回帰である．つまり本節は 8.3 節の続きであると考えてよく，追加の応用と方法論を紹介する．ここで考える例は，前の節で扱った変動金利型住宅抵当証券の問題を拡張したものである．本節では，重回帰（2 つ以上の予測変数による線形回帰）を数値実行する．ここで統計解析ソフトウエア（Minitab, SAS, SPSS など）や表計算ソフトウエア（Excelなど）が役に立つ．これらの問題を手で実行するのは非常に面倒なので，使われる計算式を羅列することはしないでおこう．

例 8.6 例 8.5 の変動金利型住宅抵当証券の問題を再考する．ここでは，異なる時間で証券指標の間の相関を考慮して同じ問題に答える．1986 年 6 月から 1989 年 6 月までの CM1 指数のデータを用いて 1990 年 5 月の CM1 指数の値を推定する．

ファイブ・ステップ法を用いる．ステップ 1 は，異なる時間での CM1 指数の相関を考慮する以外は前節と同じである．すなわち，ランダムなゆらぎを伴いながら増加していく傾向を示す変数について未来の動向を評価することである．1986 年 5 月から t か月後の 1 年満期型財務省証券利回り指標（CM1）を X_t とおく．$t = 1, \ldots, 37$ に対する X_t のグラフを図 8.10 に示した．ここで X_{48} を推定したい．X_t は時間 t と過去の値 $X_{t-1}, X_{t-2}, \ldots$ とランダムな要因に依存すると仮定する．平均値 EX_{48} とそのまわりの不確定性を予想したい．

ステップ 2 はモデリング手法を選択する．この問題を時系列としてモデル化し自己回帰モデルをあてはめる．

> 時系列は，時間 $t = 0, 1, 2, \ldots$ にわたりランダムなパターンに従って変化する確率変数の列 $\{X_t\}$ である．時系列をモデル化するための秘訣は，そのパターンを明らかにすることである．典型的な仮定は，パターンには**定常的時系列**に加えて**トレンド**が含まれるというものである．トレンドとは，時間を通して変化するランダムでない作用のことであり，系列の平均的な振る舞いを表現する．トレンドが取り除かれると平均 0 の時系列が残り，その相関関係をモデル化すれば良い．最も単純な場合では，残った時系列は独立な確率変数から成り立つ．しかし典型的な場合では，これらの確率変数間に相関が見つかる．その相関は，**共分散**によって測定できる．2 つの確率変数 X_1 と X_2 に対して共分散は

$$\mathrm{Cov}(X_1, X_2) = E[(X_1 - \mu_1)(X_2 - \mu_2)]$$

である．ここで $\mu_i = E(X_i)$ は，期待値つまり平均値である．共分散は，2つの変数間の線形的な関係を測るものである．もし X_1 と X_2 が独立ならば，共分散は $\mathrm{Cov}(X_1, X_2) = 0$ である．共分散が正ならば，X_1 が平均値より大きい場合に X_2 も平均値より大きいことが多い．同様に X_1 が小さい値をもつ場合には，X_2 も小さいことが多い．X_1 を個人の収入で X_2 をその人の納税額とすると，$\mathrm{Cov}(X_1, X_2)$ は正である．相関関係から収入を知ることで税金の額を言い当てることはできず，高い収入をもつ人が多くの税金を払い，低い収入をもつ人が少ない税金を払っていると主張できるだけである．数学的にいえば，$(X_1 - \mu_1)$ と $(X_2 - \mu_2)$ は平均からの偏差である．共分散は，これらの積の平均値である．もし一方が正になるなら他方も正になり，一方が負になるなら他方も負になるならば，**正の相関**があるといえる．別の例を挙げれば，町の住宅価格の中央値 X_1 は，その町の住宅所有率 X_2 と負の相関をもつ．μ_1 は国の住宅価格の中央値の平均値であり，μ_2 は住宅所有率の平均値である．$X_1 - \mu_1$ が正ならば $X_2 - \mu_2$ は負になる傾向が高く，逆も成り立つ．つまり平均をとって $\mathrm{Cov}(X_1, X_2)$ を求めると負になり，2 つの変数間には**負の相関**が見つかる．ここで注意するべきことは，相関では線形的な関係だけしか見出せないということである．たとえば X_1 を自動車のタイヤ圧として X_2 はタイヤの寿命だとしよう．もし X_1 が理想的なタイヤ圧に近い平均値 μ_1 であったら寿命は X_2 は長くなるだろう．X_1 が平均値より小さかったり大きかったりするなら X_2 は減っていくだろう．共分散の値からは，このような依存性を見出せない．共分散が $\mathrm{Var}(X) = \mathrm{Cov}(X, X)$ という意味で分散を一般化したものであることにも注意しておきたい．

共分散に似た概念に**相関係数**

$$\rho = \mathrm{corr}(X_1, X_2) = \frac{\mathrm{Cov}(X_1, X_2)}{\sigma_1 \sigma_2} = E\left[\frac{(X_1 - \mu_1)}{\sigma_1} \frac{(X_2 - \mu_2)}{\sigma_2}\right]$$

というものがあり，これは共分散を無次元化したものである．ここで確率変数 X_i の $\sigma_i^2 = \mathrm{Var}(X_i)$ は分散であり，σ_i は標準偏差である．μ_i も σ_i も X_i と同じ単位をもつので，分母と分子で単位が消去され無次元化された量が残る．再び X_1 と X_2 が独立ならば $\mathrm{corr}(X_1, X_2) = 0$ で相関がない．相関係数はどんな場合でも $-1 \leq \rho \leq 1$ をみたす．極端な値 $\rho = \pm 1$ は，X_2 が X_1 の 1 次関数で完全に記述できる場合に対応する．$\rho > 0$ な

らば X_1 と X_2 は**正の相関**があり，$\rho < 0$ ならば**負の相関**ある．

相関係数は，時系列内の依存性に関する有用な指標である．これに関連して $\rho(t,h) = \mathrm{corr}(X_t, X_{t+h})$ を時系列の**自己相関関数**と呼ぶ．これは，時系列の異なる時間での依存性を連続的に測ったものである．もし平均 $E(X_t)$ と自己相関関数 $\rho(t,h)$ が時間に依存しないならば，時系列は**定常**（あるいは**弱定常**）と呼ばれる．時系列解析では，時系列を定常なものにするためトレンド除去が必要な場合がある．例 8.5 でも CM1 指数の時系列にある線形的なトレンド $a + bt$ を回帰分析で同定しトレンド除去を行なう．そうすると平均 0 の独立かつ同一の分布に従う誤差項 ε_t が残る．時系列解析の分野では，これをランダムノイズと呼び，最も単純な時系列になっている．さらに一般的にトレンド除去された時系列が少なくとも定常であり時間相関が時間に依存しないことを期待するかもしれない．定常性について確かめる方法はいろいろあるが，最も簡単なものは横軸を時間に縦軸を誤差 ε_t にしたグラフを書き首尾一貫したランダムなパターンに従っているかを確かめることである．非定常の典型的な兆候は，ε_t の分布が時間に依存して広くなったり狭くなったりすることである．これは，**異分散**と呼ばれ，分散が時間変動することを意味する．トレンド除去された時系列が定常であることが示せたら，あとはモデルの共分散構造をモデル化すればよい．最も単純な有用なモデルは，**自己回帰過程**

$$X_t = a + bt + c_1 X_{t-1} + \cdots + c_p X_{t-p} + \varepsilon_t \tag{8.45}$$

である．ここでは，上記の式にトレンドも含ませた．パラメータ p は自己回帰モデルの次数と呼ばれ，略して $\mathrm{AR}(p)$ と書くこともある．線形回帰の方法に従い，観測値 X_t を多数の予測変数に関する係数予測することで自己回帰過程のパラメータを求める．1 番目の予測変数は 8.3 節のように時間 t である．残りの予測変数は過去のデータ $X_{t-1}, \ldots, X_{t-p}$ である．ここで問題となるのは，適切な p をどうやって見つけるかということである．実は 2 つの方法がある．1 つ目は，R^2 の値に着目することである．R^2 は，X_t の変動が予測変数によってどれくらい説明できるかを測る指標であった．データを付け加えることで予測が少しだけでも良くなるはずなので，予測変数を増やすと R^2 は必ず増加する．しかし，その増加量が少なすぎるなら，わざわざ予測変数を付け足す価値はない．そこで R^2 の増加量が最小になるまで予測変数を X_{t-1}, X_{t-2} という具合に付け足していくとよい．予測変数の個数の増加をペナルティとして考慮した調整済みの R^2 も

出力する統計解析ソフトウエアもある．もしそのようなソフトウエアが使えるなら，調整済み R^2 が減少し始めるまで予測変数を付け足していけばよい（一般的にはいくつかのモデルを考え調整済み R^2 が一番大きいものを採用すればよい）．このような統計解析ソフトウエアは，R^2 統計量を拡張した**逐次平方和**も出力する．単回帰（予測変数が 1 つ）モデルを思い出そう．定義式 (8.39) からわかるように R^2 は，回帰 $(\hat{y}_i - \bar{y})$ の二乗の和を全体の変動 $(y_i - \bar{y})$ の二乗の和で割ったものである．逐次平方和は，回帰の二乗の和を個別の要因に分離したものであり，1 つ目の予測変数が時間だとして新たに予測変数が付け加えられるごとに説明される変動量を測る．逐次平方和に着目することは，予測変数が付け加える価値を測るもうひとつの方法であり，R^2 の値の変化に着目することと本質的に等価である．回帰係数 a, b, c_i の推定値の **p 値**も情報として与えられる．p 値はそのパラメータ依存性がモデルがその予測変数を含んでいない（つまり回帰係数が 0 である）ときに偶然に生じた可能性を測る量である．したがって，小さな p 値（たとえば $p < 0.05$）は，モデルにその予測変数が含まれる強いエビデンスを与える．しかし，これは R^2 より重要でない．なぜなら，予測変数が依存変数 X_t に対して統計的に有意であったとしても予測に関して多くの情報を含むとは限らないからである．したがって，モデルに含める価値がないかもしれないのである．これを**倹約の原理**と呼ぶ．すなわち，予測力を犠牲にしない限りできるだけ単純なモデルがよい．

自己回帰モデルに関する 2 つ目の方法は，時系列モデルからの**残差**を考慮することである．ここで残差とは，誤差項 ε_t の推定値のことである．回帰によってパラメータ a, b, c_i の値を決定すると，誤差に関する式

$$\varepsilon_t = X_t - (a + bt + c_1 X_{t-1} + \cdots + c_p X_{t-p})$$

が得られる．ここでの目的は，時系列の依存構造を明らかにする予測式を得ることであるため，得られる ε_t の系列は時間相関のないノイズであってほしい．残差の自己相関関数を計算してこれを確かめる．ほとんどの統計解析ソフトウエアでは，p 値や自己相関関数のエラーバーと同時に残差とその自己相関関数が自動的に計算される．ノイズ系列の時間相関関数のエラーバーは $\rho(h)$ のありえそうな値の範囲を示していて，その範囲の外の値は統計的に有意な相関があることを意味する（基準とする値，たとえば 0.05 より低い p 値によっても示される）．自己相関関数は定常性を仮定しているが，定常性の確認のためにも残差のグラフを描く価値がある．

ステップ3は，モデルを定式化することである．1986年5月からtか月後のCM1指数の値をX_tとおき，線形トレンドをもつ自己回帰モデルを用いる．したがって，式(8.45)を仮定して$a, b, c_1, \ldots, c_p$とノイズε_tを求める．パラメータpの適切な値を選ぶために，満足のいく結果が得られるまで複雑さを$p = 0, 1, 2, \ldots$というように徐々に上げていくとよい．ここで少ない数の予測変数によるモデルによって残差が相関のないノイズ系列になると期待している．これらの手続きの後，1990年5月のCM1指数の予想として$t = 48$でのX_tを適切なエラー幅付きで予測する．

ステップ4では，問題を解く．重回帰，時系列解析，グラフィックス作成などに関する機能が充実した統計解析ソフトウエアMinitabを用いる．例8.5のモデル化の結果の詳細を調べることから始めよう．そこでは線形単回帰モデル$X_t = a + bt + \varepsilon_t$であてはめた．その結果は，図8.11にまとめられている．最良あてはめ直線は，$a = 5.45$と$b = 0.097$で与えられ，CM1指数は上昇トレンドをもつことが示される．統計量$s = 0.48$は誤差ε_tの標準偏差であり，統計量R^2の値からこのトレンドがCM1指数の変動の83％を説明していることがわかる．aとbに関するp値はどちらも0.000という微小値であり，これらのパラメータは0と有意に異なっている．この解析と予測は単回帰に基づいており，誤差ε_tが独立で同一の分布に従うノイズ系列であると仮定している．ここでは，この仮定が本当かどうかをグラフと相関関係を用いて検査する．

残差，つまり評価された誤差の大きさは，8.3節で示したようにaとbの推定値を$\varepsilon_t = X_t - (a + bt)$に代入することで計算できる．図8.12の直線が推定された値$\hat{y}_t = a + bt$であり，点が元データである．残差は，回帰直線からのデータの垂直方向のずれ$(y_t - \hat{y}_t)$で与えられる．ここで$y_t = X_t$は，t番目のCM1指数の観測値である．たとえば2番目のデータ値は$y_2 = 6.27$で，あてはめた値は$\hat{y}_2 = 5.45 + 0.097(2) = 5.64$であり，残差は$y_2 - \hat{y}_2 = 0.63$である．したがって，図8.12の2番目のデータ点は線形回帰直線から上に0.63単位ずれていることが示される．

図8.14は，残差のグラフである．この図は，Minitabの回帰ウィンドウで`Storage`ボタンをクリックし`Residuals`ボックスをチェックすることで得られた．Minitabで`Graph > Scatterplot`を使うことでも同様の図が得られる．データは，値が時間に対して増加も減少もしていない点で定常になって見える．しかし，とくに$t \geq 20$では上昇傾向が見て取れ，連続的な依存性が存在しているようにも見える．これは，非定常，依存性の構造，何らかの相関を含む多くのことを指し示している可能性がある．図8.15は，Minitabのコマンド`Stat > Time Series > Autocorrelation`を残差系列に対して用いて計算した結果を示した．垂直のバー

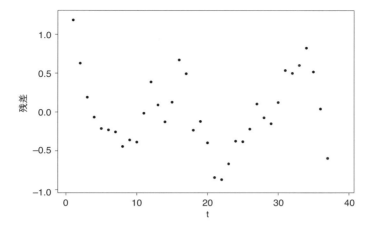

図 8.14 単回帰モデル (8.30)による CM1 指数の残差 ε_t のグラフ．

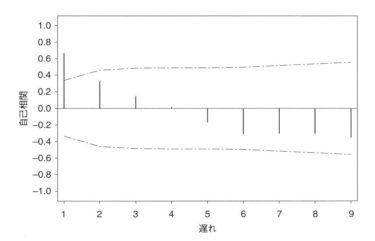

図 8.15 単回帰モデル (8.30)による CM1 指数の残差 ε_t の自己相関関数．

は相関関数 $\rho(h) = \mathrm{corr}(\varepsilon_t, \varepsilon_{t+h})$ を遅れ時間 $h = 1, 2, 3, \ldots$ の関数として示したものであり，破線は95％のエラーバーである．ここで図示した自己相関関数は，実際の自己相関関数の統計的な推定値にすぎず，エラーバーは相関のないノイズ系列に対する自己相関関数の推定値の正規変動の幅である．したがって，エラーバーの外側にある値は，相関が 0 でないという統計的な証拠となる．図 8.15 では最初の値 $\rho(1)$ だけがエラーバーの外にある．これは単回帰から得られた残差 ε_t に系列相関があることを示しており，相関のないランダムな残差を得るためにもっと複雑な

モデルが必要となる証拠である．この種の強い相関は，図 8.14 に見られるようなトレンドに見えるパターンを引き起こす．なぜなら，ε_t が大きな値をもつと，引き続く値も大きくなる傾向があるからである．

ここからは，もっと複雑な回帰時系列モデル (8.45) を考えよう．ここでの目的は，過程に関してどこまで過去を振り返ればよいか，つまり予測変数の数 p の最適な値を見つけることである．$p = 1$ に対して（つまり 1 個の予測変数 X_{t-1} を付け加えて）回帰の手続きを繰り返すことから始めよう．まず，データは X_{t-1} を別の列に用意しておく（CM1 指数のデータを 1 つ下にずらす）．コピーアンドペーストしてもよいし，Minitab のコマンド Stat > Time Series > Lag を使ってもよい．この統計解析ソフトウエアでは予測変数のデータと予測されるデータとで長さが揃っている必要があるので，遅れデータの列の最後の値は消去しておく必要がある（もちろん予測変数の最初の行は空白になるが Minitab のデータセルでは ∗ となる）．詳細は統計解析ソフトウエアによって異なるが，手続きは似ているだろう．前節と同じ方法を繰り返して回帰コマンドを使って残差を得ることができる．

図 8.16 は，Minitab のコマンドと出力を示したものである．回帰方程式は $X_t = 1.60 + 0.033t + 0.698 X_{t-1}$ となる．ここで X_t は，1986 年 5 月から t か月後の CM1 指数である．これにより時系列には上昇傾向があり，前月の CM1 指数との間に系列依存が存在することがわかる．統計量 $R^2 = 94.1\%$ によって，トレンドと前月からの系列依存から当月の CM1 指数の変動の 94.1% が説明できることが示される．例 8.5 の単回帰の場合の $R^2 = 83.0\%$ と比較すると大きく改善したことがわかる．

調整済み決定係数は $R^2 = 93.8\%$ となり例 8.5 の場合の 82.6% より高い数値になる．これも自己回帰モデルが優れていることの証拠となる．分散統計量の解析を行なうと R^2 の計算の詳細がわかる．公式 (8.39) を見ると R^2 は 2 つの二乗和の比から成り立つことがわかる．つまり，二乗した回帰の合計 $\sum_i (\hat{y}_i - \bar{y})^2 = 44.676$ と全変動の二乗の合計 $\sum_i (y_i - \bar{y})^2 = 47.460$ である．この 2 つの比が $R^2 = 44.676/47.460 = 0.941$ である．続く 2 つの合計が示していることは，変動 44.676 のうち 40.924 が 1 つ目の予測変数 t によって説明され，残りの 3.752 が 2 つ目の予測変数 X_{t-1} によって説明されるということである．もし，2 つの予測変数の順番を入れ替えたら，2 つの数値も変わる．なぜなら，予測変数 t と X_{t-1} は，独立でないからである．総計が 44.676 になることは，変わらない．定数項 $a = 1.5987$ に対する p 値は 0.008 であり，予測変数 t の係数 $b = 0.03299$ に対する p 値は 0.007 であり，予測変数 X_{t-1} の係数 $c_1 = 0.6977$ に対する p 値は 0.000 であることにも注意しよう．これらの p 値は，これらの係数が統計的に有意に 0 でなくモデルに含

```
The regression equation is
CM1 = 1.60 + 0.0330 t + 0.698 X(t-1)


Predictor        Coef    SE Coef       T       P
Constant       1.5987     0.5652    2.83   0.008
t             0.03299    0.01144    2.88   0.007
X(t-1)         0.6977     0.1046    6.67   0.000


S = 0.290471    R-Sq = 94.1%    R-Sq(adj) = 93.8%


Analysis of Variance

Source            DF       SS        MS        F       P
Regression         2   44.676    22.338   264.75   0.000
Residual Error    33    2.784     0.084
Total             35   47.460


Source    DF   Seq SS
t          1   40.924
X(t-1)     1    3.752
```

図 8.16 統計解析ソフトウエア Minitab を用いた変動金利型住宅抵当証券の問題に対する自己回帰モデル.

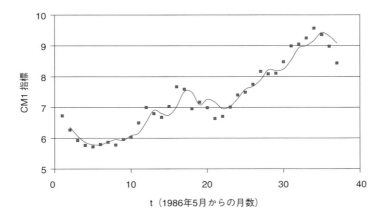

図 8.17 CM1 指数の時間変化と $p=1$ の自己回帰モデル (8.45)から得られた結果.

めるべきであることを示す証拠である.

モデルのあてはまり具合を確かめるため図 8.17 にあてはめたモデルの結果

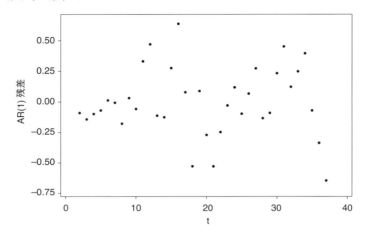

図 8.18 CM1 指数の残差の ε_t と $p=1$ の自己回帰モデル (8.45)から得られた結果.

$1.60 + 0.033t + 0.698X_{t-1}$ を元データに重ねて表示した. 図 8.12 と比較すると単回帰モデルの直線より良くあてはまっているように見える. X_{48} の予測値は, 方程式 $X_t = 1.60 + 0.033t + 0.698X_{t-1}$ を $t = 37$ から始めて繰り返し用いることで得られる（たとえば関数電卓か表計算ソフトウエアを用いる）. その結果,

$$X_{38} = 1.60 + 0.0330(38) + 0.698(8.44) = 8.75$$

$$X_{39} = 1.60 + 0.0330(39) + 0.698(8.75) = 8.99$$

$$\vdots$$

$$X_{48} = 1.60 + 0.0330(48) + 0.698(10.16) = 10.28$$

となり, 1990 年 5 月 CM1 指数の値は 10.28 になると予測される. モデル $X_t = 1.60 + 0.033t + 0.698X_{t-1} + \varepsilon_t$ と誤差項 ε_t の標準偏差が 0.290471 と見積もれたことを使えば, 95 ％の確からしさで 1990 年 5 月 CM1 指数の値は $10.28 \pm 2(0.29)$ の範囲（つまり 9.7 と 10.9 の間）にある. この回帰モデルのほうがあてはまりが良く標準偏差が小さいので, 例 8.5 より正確であるといえる. ここで標準偏差は, グラフ上のデータ点と回帰直線との垂直距離の典型的な値を与えるので, あてはまりが良ければ標準偏差は小さくなる. しかし, 変動金利型住宅抵当証券が 1990 年も値上がりし続けるという結論は, 前と同じである. 実際, 改善したモデルのほうが, 1990 年 5 月 CM1 指数を少しだけ高く予測している.

次に, このモデルによって得られた残差が無相関のホワイトノイズ系列になっているかどうかを確かめよう. 図 8.18 は AR(1) モデルの残差を時間の関数として表

示したものである．このグラフは，相関に関する有意な兆候が見られず，図 8.14 より満足のいくものである．前にやったように残差の自己相関関数も調べることができる．自己相関関数も，すべてエラーバーの範囲内であり（図示していない），相関が見出せない．したがって，$p=1$ とした AR(1) モデル (8.45) は CM1 指数の時系列の依存性のすべてを取り込んでいると考えてよい．この結論を確認するため，予測変数が 3 つの場合 t, X_{t-1}, X_{t-2} についての回帰モデルを考える．詳細は，読者の演習にとっておく（練習問題 8.19）．

最後にステップ 5 に移る．例 8.6 によって，例 8.5 の結果のロバスト性を解析できる．例 8.5 では 1990 年 5 月の CM1 指数の値が 10.1 になると予想した．これは，1989 年の 5 月の値 8.98 より 1.1 ポイントだけ大きい値になる．本節の洗練したモデルによって 10.2 と少し大きい値が予想された．例 8.5 では 95% の信頼水準で (9.1, 11.1) であったことを思い出そう．洗練したモデルでは，もっと狭い区間 (9.7, 10.9) が得られる．これらすべてを総合すると，1990 年 5 月の CM1 指数は 1989 年 5 月に比べて 1 ポイントより少しだけ大きくなると見込めるし，少なくとも上昇すると確信していいだろう．

感度分析は，いろいろな要因に対して行なえる．たとえば，$t=16, 37$ の 2 つの観測値が大きい残差として Minitab でマークされる（どちらも平均から標準偏差の 2.2 倍以上ずれている）．したがって，これらの観測値を取り除いて同じ解析をして，これらが重大な影響を及ぼしているかを確かめることができる．$a + bt + ct^2$ や at^b のように異なるトレンド関数を用いることもできる（練習問題 18 で消防署の場所の問題に関する出動時間データを取り扱う際，このようなトレンドを適用する）．さらに予測変数を $X_{t-2}, X_{t-3}, \ldots$ という具合に増やしたときに大きな違いが生じるかどうかも確かめられる（練習問題 8.19）．モデル拡張の可能性は，文字通りエンドレスなので，何かの判断基準が必要である．ここで倹約の原理の出番である．ここでの目的は，手元にあるデータを用いて 1990 年 5 月の CM1 指数の妥当な予測値を得ることである．モデルを例 8.5 の単回帰から例 8.6 の AR(1) に拡張したことは，おそらく意義がある．予測値自体は 10.1 から 10.2 に変わっただけであったが，予測区間の幅が狭くなったことは重要である．もし，点推定値だけを気にするなら，単回帰でおそらく十分である．さらに予測関数がもっと多かったりトレンド関数がもっと複雑だったりする代替モデルを考慮していく価値があるかどうかは，それほど明確ではない．感度分析は時間と資金が許す限り続けることもできるが，実際は利口なモデル制作者はどこか途中で満足して別の仕事にとりかかるだろう．

ロバスト性に関する多くの興味深い問題は，実世界の時系列を解析する際に重要である．ここで線形のトレンドを使ったが，高次の多項式（練習問題 16）や非線形

トレンド（練習問題 18）を用いるという選択肢も考えられる．パラメータの数を増やせばあてはまりは良くなるが，注意が必要である．調整済み R^2 は，過剰パラメータ表現を避けるひとつの方法である．トレンド関数の選択は，その適用分野に依存する．たとえば収入や人口では，線形増加より指数増加が期待される．別の重要な論点に変化点分析法がある．これは相関構造やトレンド関数が観測された時間内のある時点で変化していないかを確かめる方法である．これは，地球温暖化の論争の重要な観点となっている．理論と応用の両方で時系列は発展中の分野である．基礎をなす理論を学びたいなら，Brockwell and Davis (1991) が入門としてよいだろう．

8.5 練習問題

1. 例 8.1 の在庫の問題を再び考えるが，今度は店の方針として，週末に在庫品が 2 個未満であるときに水槽を注文するとしよう．どちらの場合（0 個か残り 1 個）にも，店は水槽の在庫品の総数が再び 3 個になるように注文する．

    (a) ある週に水槽の需要が供給を上回る確率を計算せよ．ファイブ・ステップ法を用いて，定常状態のマルコフ連鎖としてモデル化せよ．
    (b) 需要率 λ についての感度分析を行なえ．$\lambda = 0.75, 0.9, 1.0, 1.1, 1.25$ として，需要が供給を上回る定常状態の確率を計算し，図 8.5 のようなグラフの形式で表示せよ．
    (c) p を需要が供給を上回る定常状態の確率としよう．(b) の結果を用いて $S(p, \lambda)$ を推定せよ．

2. （数式処理ソフトウエアが必要）例 8.1 の在庫の問題を再び考えよう．この問題では，需要が需要率 λ への供給を上回る確率 p の感度分析を調べる．

    (a) 任意の λ に対する状態遷移図を描け．式 (8.11) はこの問題の適当な状態遷移確率であることを示せ．
    (b) 一般的な λ に対する定常状態分布を得るために解く必要のある，式 (8.10) と同じような方程式系を書き下せ．数式処理ソフトウエアを使ってこの式を解け．
    (c) p は需要が供給を上回るような定常状態確率を表すとしよう．(b) の結果を用いて，λ による p の式を求めよ．$0 \le \lambda \le 2$ の範囲の λ に対する p のグラフを描け．
    (d) 数式処理ソフトウエアを使って (c) で得られた式を p について微分せよ．

$\lambda = 1$ での厳密な感度を計算せよ．

3. 例 8.1 の在庫の問題を再び考えるが，今度は在庫方針は最近の売上の履歴によるとしよう．在庫が 0 になったときにはいつでも，注文する単位の個数は，最大で 4 個までとして，その前の週に売れた個数に 2 を加えた個数に等しいとする．

   (a) 在庫の水槽の個数の定常状態確率分布を決定せよ．ファイブ・ステップ法を使ってマルコフ連鎖としてモデル化せよ．
   (b) 需要が供給を上回る定常状態確率を決定せよ．
   (c) 再供給の注文の個数の平均を決定せよ．
   (d) (a) と (b) を繰り返すが，今度は週の需要が週当たり平均 2 人の客のポアソン分布であるとしよう．

4. 例 8.1 の在庫の問題を再び考えるが，今度は週末に在庫が 2 個未満であるときに追加の水槽を注文するとしよう．

   (a) 任意に与えられた週で需要が供給を上回る確率を決定せよ．ファイブ・ステップ法を使って，定常状態のマルコフ連鎖としてモデル化せよ．
   (b) (a) からの定常状態確率を用いて，この在庫方針のもとで，週当たりに売れる水槽の期待値を計算せよ．
   (c) 例 8.1 の在庫方針で (b) を繰り返せ．
   (d) 店は売れた水槽 20 ガロン当たり，5 ドルのもうけがあるとしよう．店は新しい在庫方針を実施することによってどのくらいの利益があるだろうか？

5. この問題の目的に対して株式市場が 3 つの状態の 1 つであると考える：

   $$\begin{array}{ll} 1 & \text{弱気市場} \\ 2 & \text{強い強気市場} \\ 3 & \text{弱い強気市場} \end{array}$$

   歴史的には，ある投資信託会社は，状態 1, 2, 3 のときに，毎年それぞれ，-3%, 28%, 10% の利益を得ていた．状態遷移確率行列

   $$P = \begin{pmatrix} 0.90 & 0.02 & 0.08 \\ 0.05 & 0.85 & 0.10 \\ 0.05 & 0.05 & 0.90 \end{pmatrix}$$

   は株式市場の状態の週間変化にあてはまるとしよう．

   (a) 株式市場の定常状態分布を決定せよ．

(b) 10年間で10,000ドルがこの資金に投資されるとしよう．期待される利回りの合計を決定せよ．状態遷移の順番は違いを与えるだろうか？

(c) 最悪の場合のシナリオでは，長期間にわたって期待される市場の状態の時間の割合は，それぞれ40％, 20％, 40％である．(b) に対する答えに与える効果は何か？

(d) 最良の場合のシナリオでは，長期間にわたって期待される市場の状態の時間の割合は，それぞれ10％, 70％, 20％である．(b) に対する答えに与える効果は何か？

(e) この投資信託会社は現在の利回りが約8％の現金運用ファンドよりも良い投資機会を与えるだろうか？ 現金運用ファンドは低いリスクを与えると考えよ．

6. 洪水のマルコフ連鎖モデルは状態変数 $X_n = 0, 1, 2, 3, 4$ を用いる．ただし，状態0は1日の平均の流れが毎秒1,000立方フート (cfs) 未満，状態1は1,000–2,000 cfs，状態2は2,000–5,000 cfs，状態3は5,000–10,000 cfs，状態4は10,000 cfs以上である．このモデルの状態遷移確率行列は

$$P = \begin{pmatrix} 0.9 & 0.05 & 0.025 & 0.015 & 0.01 \\ 0.3 & 0.7 & 0 & 0 & 0 \\ 0 & 0.4 & 0.6 & 0 & 0 \\ 0 & 0 & 0.6 & 0.4 & 0 \\ 0 & 0 & 0 & 0.8 & 0.2 \end{pmatrix}$$

である．

(a) このモデルに対する状態遷移確率の図を描け．
(b) このモデルに対する状態遷移確率分布を求めよ．
(c) 深刻な洪水（10,000 cfs以上）はどのくらい頻繁に起こると期待されるだろうか？
(d) 干ばつ用の貯蔵のために使われる貯水池はこの川の流れに頼っている．流れが5,000 cfs以上のとき，貯水池は1日あたり1,000エーカーフート貯蔵できる．流れが1,000 cfs未満のとき，貯水池は1日あたり100エーカーフートを川に戻す必要がある．1年あたりに期待される貯水池にためる水のエーカーフート数を求めよ．この数は正だろうか負だろうか？ これは何を意味しているのだろうか？

7. この問題はマルコフ過程モデルの2つの定式化の同等性を示す．

(a) $T_{i1}, \ldots, T_{im}$ を独立な確率変数とし，T_{ij} をレートパラメータ $a_{ij} = p_{ij}\lambda_i$ の指数分布としよう．$\sum p_{ij} = 1$ および $\lambda_i > 0$ を仮定する．

$$T_i = \min(T_{i1}, \ldots, T_{im})$$

はレートパラメータ λ_i の指数分布に従うことを示せ．［ヒント：すべての $x > 0$ に対して

$$\Pr\{T_i > x\} = \Pr\{T_{i1} > x, \ldots, T_{im} > x\}$$

という事実を使え．］

(b) $m = 2$ とした $T_i = \min(T_{i1}, T_{i2})$ のとき，$\Pr\{T_i = T_{i1}\} = p_{i1}$ を示せ．
［ヒント：

$$\begin{aligned}\Pr\{T_i = T_{i1}\} &= \Pr\{T_{i2} > T_{i1}\} \\ &= \int_0^\infty \Pr\{T_{i2} > x\} f_{i1}(x)\, dx\end{aligned}$$

という事実を使え．ただし，$f_{i1}(x)$ は確率変数 T_{i1} の確率密度関数である．］

(c) (a) と (b) の結果を使って一般的に $\Pr\{T_i = T_{ij}\} = p_{ij}$ であることを示せ．

8. 例 8.3 のフォークリフトの問題を再び考えるが，今度は 2 台以上のトラックが修理を必要とするときはいつでも 2 人目の整備士が呼ばれるとしよう．

(a) 修理を必要とするトラックの数の定常状態分布を決定せよ．ファイブ・ステップ法を用いてマルコフ過程としてモデル化せよ．

(b) (a) の結果を用いて，修理に取りかかることができるフォークリフトトラックの定常状態の期待値，1 人目の整備士の手がふさがっている確率，2 人目の整備士が呼ばれる確率を計算せよ．例 8.3 の 1 人の整備士について得られた結果と比較せよ．

(c) 2 人目の整備士の経費は 1 日あたり 250 ドルであり，その整備士は働く日に対してだけ支払われる．未処理の場合（修理中のトラックが 2 台以上）に使われる別の選択は，トラックが修理中の客に対して，1 車両あたり 1 週間あたり 125 ドルの費用で，代わりの車両を貸すことである．2 つの案のどちらがより費用対効果が高いだろうか？

(d) 未処理の間に 2 人目の整備士を連れてくる実際の費用は若干不確かである．貸す方がもっと良い方法となるような，2 人目の整備士の 1 日あたりの最

小の費用はいくらだろうか？

9. 5地点が無線通信でつながれている．無線通信のリンクは20％の時間で有効であるが，残りの80％の時間は無線通信が有効ではない．主な地点は，平均して30秒間無線通信を送るが，残りの4地点は平均して10秒間の長さの通信を送る．すべての無線通信の半分は主な地点で発信されるが，残りは他の4地点の間で等しい割合で発信される．

   (a) 各地点について，その地点が任意の与えられた時刻で通信を送るような定常状態の確率を決定せよ．ファイブ・ステップ法を用いてマルコフ過程としてモデル化せよ．
   (b) 監視している放送局は，5分ごとに1回，このネットワーク上の無線通信の発信からサンプルをとっている．監視装置がある特定の地点から発信中の通信を見つけるまでには平均してどのくらいの時間がかかるだろうか？
   (c) 監視装置が監視し始めたあとに少なくとも3秒間通信が続くならば，監視装置は無線通信の発信源を特定することができる．監視装置がある特定の地点の所在を突き止めるまでにどのくらいの時間がかかるだろうか？
   (d) 感度分析を行なって，(c)の結果は無線通信の周波数の利用割合（現在は20％）によってどのような影響を受けるのかを調べよ．

10. ガソリン給油所には2つのポンプがあり，同時に2台の車に給油することができる．すべてのポンプが使われているとき，車は一列に並んでポンプが空くのを待つ．給油所は競争的な環境のもとで経営しているので，この給油所で長い列に出くわした客は他の給油所で用事を済ますことが予想される．

   (a) 列で待つ定常状態の確率と，列の長さの期待値の両方を予想するのに使えるモデルを作れ．ファイブ・ステップ法を用いて，マルコフ過程としてモデル化せよ．客の要求，給油時間，躊躇（待ち行列に加わるのを拒む）といった何か別の仮定を加える必要がある．
   (b) (a)のモデルを用いて，客の躊躇による潜在的な商売の損失の割合を推定せよ．可能なレベルの範囲の客の要求を考えよ．
   (c) 給油所のマネージャーがアクセスできるデータから，客の要求のレベル（すなわち，潜在的な売上）を推論する最も簡単な方法は何だろうか？
   (d) どのような環境下で給油所にもっとポンプを購入することを勧めるだろうか？

表 8.2　10 個の最も貧しいアジアの国に対する 1 人あたりの所得と人口密度.

国	1 人あたりの所得 （ドル，1982 年）	人口密度 （平方マイルあたりの人口）
ネパール	168	290
カンプチア	117	101
バングラデシュ	122	1740
ビルマ	171	139
アフガニスタン	172	71
ブータン	142	76
ベトナム	188	458
中国	267	284
インド	252	578
ラオス	325	45

11. ある形の単細胞生物は細胞分裂によって繁殖するが，2 匹の子供を生むとしよう．細胞分裂前の平均寿命は 1 時間であり，それぞれの細胞は繁殖する前に 10％の確率で死んでしまう．

    (a) 長時間の集団の進化を表すモデルを作れ．マルコフ過程を用いてレート図を描け．
    (b) 長時間の集団レベルにどんなことが期待されるのかを一般的な言葉を使って述べよ．
    (c) このモデルに定常状態確率を適用するような問題はどのようなものだろうか？

12. 表 8.2 では，アジアでの 10 個の最も貧しい国についての，1982 年の一人あたりのドルの所得と，平方マイルあたりの人口密度を表す (原典：Webster's New World Atlas, (1988))．

    (a) データは繁栄が人口密度と関連していることを支持しているだろうか？線形回帰を使って，人口密度の 1 次関数として 1 人あたりの所得を予測する式を得よ．
    (b) 1 人あたりの所得の総変動の何％が人口密度の変動によるものだろうか？
    (c) もしも平方マイルあたりの人口密度が 1,000 人以上の国 (バングラデシュ) を除いたら，(a) と (b) に対する答えに与える影響はどのようなものだろうか？
    (d) 回帰モデルに基づいて，貧しいアジアの国の国民が人口を 25％まで減少さ

せることの潜在的な利益を推定せよ．

13. 練習問題 12(a) を再び考えるが，今度は基礎となっている最適化問題を手で解くことによって回帰直線を求めよ．t_i を国 i の人口密度，y_i を国 i の 1 人あたりの所得としたとき，候補となる回帰直線

$$y = a + bt$$

に対するあてはまりの良さは本文の式 (8.33) で与えられる．データ点 (t_i, y_i) を入れて関数 $F(a, b)$ を計算せよ．次に，すべての $(a, b) \in \mathbb{R}^2$ の集合上で $F(a, b)$ を最小化することによって最適な直線を得よ．

14. 例 8.5 の変動金利型住宅抵当証券の問題を再び考えよう．1986 年の 6 月から 1988 年の 6 月までの期間のデータだけを知っているとして，1989 年 5 月の CM1 指数の値を予測しようとしていた．

    (a) 線形回帰の計算機や電卓のプログラムを用いて，このデータに対する回帰直線を求めよ．
    (b) (a) の回帰モデルに従えば，1989 年 5 月の CM1 指数の予測値はいくつだろうか？
    (c) (a) のモデルに対する R^2 の値はいくつだろうか？　この値はどのように解釈されるだろうか？
    (d) 1989 年 5 月の CM1 指数の実際の値と比較せよ．予測値はどのくらい近いだろうか？　2 標準偏差以内にあっただろうか？

15. 練習問題 14 を再び考えるが，TB3 指数の数字を用いよ．

16. 例 8.5 の変動金利型住宅抵当証券の問題を再び考えよう．多重回帰の計算機プログラムを用いて，2 次多項式にデータをあてはめることによって CM1 の将来のトレンドを予測せよ．第 1 列に時間の指数 $t = 1, 2, 3, \ldots$ を，第 2 列に CM1 指数を入力したあとで，時間の指数の二乗を含むデータ $t^2 = 1, 4, 9, \ldots$ として第 3 列を用意せよ．多重回帰は最適な 2 次多項式

$$\text{CM1} = a + bt + ct^2$$

を与えて，R^2 は前と同じように解釈できる．この技術は**多項式最小二乗法**として知られている．

    (a) 多重線形回帰の計算機プログラムを用いて，t の 2 次関数として CM1 指

数を予測する式を求めよ．
- (b) (a) で得られた式を用いて，1990 年 5 月の CM1 指数の期待値を予測せよ．
- (c) CM1 指数の総変動の何%がこのモデルで考慮できるだろうか？
- (d) この多重回帰モデルの R^2 の値を 8.3 節で行なったものと比較せよ．どちらのモデルが最良のあてはまりを与えるだろうか？

17. （例 3.2 からの反応時間公式）郊外では古い消防署を新しい施設に変えようとしている．計画プロセスの一部として，反応時間データが過去の四半期について集められた．消防隊員を派遣するのに平均して 3.2 分かかった．派遣時間はほんのわずかしか変動しないことがわかった．消防隊員が火事の現場に到着する時間（運転時間）は現場までの距離に著しく依存して変動することがわかった．運転時間のデータは表 8.3 に示されている．

- (a) 線形回帰を用いて，移動距離の 1 次関数として運転時間を予測する式を求めよ．次に，派遣時間も含めて，総反応時間の式を決定せよ．
- (b) 運転時間の総変動の何%が (a) で答えた式によって考慮されるだろうか？
- (c) 表 8.3 のデータに対して，距離に対する運転時間のグラフを描け．データは線形のトレンドを示しているように見えるだろうか？
- (d) (c) で作られたグラフ上に，(a) からの回帰直線をプロットせよ．直線はこのデータに対する良い予測者であるように見えるだろうか？

18. （練習問題 17 の続き）距離 r に運転時間 d を関連づける式を得る別の方法はベキ乗則モデルを使うことである．d と r の間の基礎となる関係は $d = ar^b$ の形をしていると仮定しよう．両辺の対数をとると関係

$$\ln d = \ln a + b \ln r$$

を得る．次に，線形回帰はこの線形方程式のパラメータ $\ln a$ と b を推定するために使われる．

- (a) 運転時間 d と距離 r の両方に対数をとることによって，表 8.3 のデータを変換せよ．$\ln r$ に対する $\ln d$ をプロットせよ．グラフは $\ln d$ と $\ln r$ の間の線形関係を示唆しているだろうか？
- (b) 線形回帰を用いて，$\ln r$ の 1 次関数として $\ln d$ を予測する式を求めよ．次に，火事までの距離 r の関数として，派遣時間を含む，総反応時間の式を決定せよ．例 3.2 の式と比較せよ．
- (c) (b) の回帰モデルに対する R^2 の値はいくつだろうか？ この数字はどの

表 8.3 施設配置の問題に対する反応時間のデータ.

距離 (マイル)	運転時間 (分)
1.22	2.62
3.48	8.35
5.10	6.44
3.39	3.51
4.13	6.52
1.75	2.46
2.95	5.02
1.30	1.73
0.76	1.14
2.52	4.56
1.66	2.90
1.84	3.19
3.19	4.26
4.11	7.00
3.09	5.49
4.96	7.64
1.64	3.09
3.23	3.88
3.07	5.49
4.26	6.82
4.40	5.53
2.42	4.30
2.96	3.55

ように解釈されるだろうか？

(d) 距離 r に対する運転時間 d をプロットしてから，(b) で決定した r の関数として，d の式のグラフの略図を描け．ベキ乗則モデルはこのデータによく合っているように見えるだろうか？

(e) (c) と (d) の結果を練習問題 17 の結果と比較せよ．どちらのモデルがこのデータにより合っているように見えるだろうか？　その答えを正当化せよ．

19. (CM1 のデータに対するモデル選択) 例 8.6 の変動金利型住宅抵当証券の問題を再び考えるが，今度は 2 か月前のデータを使う予測としての時系列モデルを考えよう．

(a) 多重線形回帰の計算機パッケージを用いて，CM1 データにモデル

$$X_t = a + bt + c_1 X_{t-1} + c_2 X_{t-2} + \varepsilon_t$$

をあてはめよ．

(b) このモデルの R^2 の値を解釈して，例 8.6 の結果と比較せよ．

(c) 本文の図 8.18 のような，このモデルの残差をプロットせよ．残差は，定常な無相関のノイズの列を作っているように見えるだろうか？

(d) (a) のモデル式を繰り返して，1990 年 5 月の CM1 指数を推定せよ．報告されている標準偏差を使って，95％信頼区間を与えよ．例 8.6 の結果と比較せよ．この新しいモデルは著しく良いだろうか？

20. (TB3 データのモデル選択) 例 8.5 と例 8.6 の変動金利型住宅抵当証券の問題を再び考えるが，今度は表 8.1 からの TB3 データを考えよう．

(a) 単純な線形回帰を用いて例 8.5 のようなモデル $X_t = a + bt + \varepsilon_t$ にあてはめよ．1989 年 9 月の TB3 指数を予測して，95％信頼区間を与えよ．

(b) (a) のモデルに対する残差を計算して，定常性と前後の依存性をチェックせよ．モデルは適切に見えるだろうか？

(c) 例 8.6 のような自己回帰モデル $X_t = a + bt + c_1 X_{t-1} + \varepsilon_t$ を使って，(a) と (b) を繰り返して，(a) と (b) の結果と比較せよ．

(d) 2 つのモデルのどちらがお薦めだろうか？ その答えを正当化せよ．

さらに進んだ文献

1. Arrow, K. et al. (1958) *Studies in the Mathematical Theory of Inventory and Production.* Stanford University Press, Stanford, California.
2. Billingsley, P. (1979) *Probability and Measure.* Wiley, New York.
3. Box, G. and Jenkins, G. (1976) *Time Series Analysis, Forecasting, and Control.* Holden-Day, San Francisco.
4. Brockwell, P. and Davis, R. (1991) *Time Series: Theory and Methods.* 2nd Ed., Springer–Verlag, New York.
5. Çinlar, E. (1975) *Introduction to Stochastic Processes.* Prentice–Hall, Englewood Cliffs, New Jersey.
6. Cornell, R., Flora, J. and Roi, L. *The Statistical Evaluation of Burn Care.* UMAP module 553.
7. Freedman, D. et al. (1978) *Statistics.* W. W. Norton, New York.
8. Giordano, F., Wells, M. and Wilde, C. *Dimensional Analysis.* UMAP

module 526.
9. Giordano, M., Jaye, M. and Weir, M. *The Use of Dimensional Analysis in Mathematical Modeling.* UMAP module 632.
10. Hillier, F. and Lieberman, G. (1990) *Introduction to Operations Research.* 5th Ed., Holden-Day, Oakland CA.
11. Hogg, R. and Tanis, E. (1988) *Probability and Statistical Inference.* Macmillan, New York.
12. Huff, D. (1954) *How to Lie with Statistics.* W. W. Norton, New York.
13. Kayne, H. *Testing a Hypothesis: t–Test for Independent Samples.* UMAP module 268.
14. Keller, M. *Markov Chains and Applications of Matrix Methods: Fixed–Point and Absorbing Markov Chains.* UMAP modules 107 and 111.
15. Knapp, T. *Regression Toward the Mean.* UMAP module 406.
16. Meerschaert, M. and Cherry, W. P. (1988) Modeling the behavior of a scanning radio communications sensor. *Naval Research Logistics Quarterly*, Vol. 35, 307–315.
17. Travers, K., and Heeler, P. *An Iterative Approach to Linear Regression.* UMAP module 429.
18. Yates, F. *Evaluating and Analyzing Probabilistic Forecasts.* UMAP module 572.

第9章　確率モデルの
シミュレーション

　たいていの最適化問題は難しすぎて解析的に解くことができないので，最適化の計算方法は重要になってくる．動的モデルについては，定常状態の振る舞いを解析的に決定することが，時には可能であるが，過渡的な（時間依存的な）振る舞いを研究するためには計算機シミュレーションが必要である．確率モデルは，さらにいっそう複雑である．時間のダイナミクスがないモデルは，解析的に解けることもあるが，定常状態の結果は最も単純な確率モデルで得られる．しかし，ほとんどの場合に，確率モデルはシミュレーションによって解かれる．この章では，確率モデルで役に立つ最も一般的なシミュレーションの方法のいくつかを議論する．

9.1　モンテカルロシミュレーション

　確率モデルの過渡的あるいは時間依存的な振る舞いを含む問題は，解析的に解くことが難しい．モンテカルロシミュレーションは，通常，そのような問題に対して有効になる，一般的なモデリングのテクニックである．モンテカルロシミュレーションのソフトウエアを作るのは時間がかかるし，正確さや感度分析に必要となる反復的なシミュレーションの実行は法外な費用がかかる．それでも，モンテカルロシミュレーションモデルはとても幅広い人気を集めてきた．たやすく概念化でき，説明しやすく，何といっても，多くの複雑な確率システムのモデリングに対する唯一の実行可能な方法である．モンテカルロシミュレーションは，ランダムな振る舞いをモデル化する．それは，コイン投げやサイコロ投げのような，あらゆる単純なランダム化の装置をもとにして実行できるが，一般的には，計算機による擬似乱数の生成プログラムを使う．ランダムな要因のために，モデルの反復ごとに異なる結果が生じる．

例 9.1　待ちに待った休暇がやってきたが，あなたは地元の気象サービスが今週は雨の降る確率が毎日50％であると予報していることを知ってがっかりした．3日間連続して雨である確率はいくらか？

変数: $X_t = \begin{cases} 0 & (t \text{ 日目に雨が降らない場合}) \\ 1 & (t \text{ 日目に雨が降る場合}) \end{cases}$

仮定: $X_1, X_2, \ldots, X_7$ は独立.
$\Pr\{X_t = 0\} = \Pr\{X_t = 1\} = 1/2$

目的: ある $t = 1, 2, 3, 4, 5$ に対して
$X_t = X_{t+1} = X_{t+2} = 1$ となる確率を求める.

図 9.1 雨の日の問題のステップ 1 の結果.

ファイブ・ステップ法を使う．ステップ1では問題を定式化する．この過程で，関心をもっている値に変数名を割り当て，この変数についての仮定を明記する．次に，この変数を使って問題を示す．ステップ1の結果については図9.1を見よ．ステップ2ではモデリングの方法を選ぶ．ここではモンテカルロシミュレーションを使う．

モンテカルロシミュレーションはどんな確率モデルにも適用することができるテクニックである．確率モデルは多数の確率変数を含んでいて，それぞれの確率分布をきちんと示しておく必要がある．モンテカルロシミュレーションは，確率分布に従って各々の確率変数に値を割り当てるために，ランダム化の装置を使う．シミュレーションの結果はランダムな要因に依存しているので，同じシミュレーションでもその後の反復では異なる結果が生じる．通常，モンテカルロシミュレーションは，平均の結果あるいは期待値の結果を決めるために，何回も繰り返し実行される．

一般的に，モンテカルロシミュレーションは，1つ以上のシステムの性能指標 (MOPs) を評価するために使われる．繰り返し実行されるシミュレーションは独立なランダムな試行であると考えられる．ここで，シミュレーションの唯一のパラメータ Y を調べなければならない状況にあるとしよう．シミュレーションの反復によって $Y_1, Y_2, \ldots, Y_n$ という結果を得るが，これはどのような分布かわからない独立同分布の確率変数であると考えられる．大数の強法則によって，$n \to \infty$ のとき

$$\frac{Y_1 + \cdots + Y_n}{n} \to EY \tag{9.1}$$

となる．したがって，Y の真の期待値を推定するためには $Y_1, \ldots, Y_n$ の

平均を用いなければならない．また，

$$S_n = Y_1 + \cdots + Y_n$$

のとき，中心極限定理により

$$\frac{S_n - n\mu}{\sigma\sqrt{n}}$$

は大きな n に対して近似的に標準正規分布に従う．ただし，$\mu = EY$，$\sigma^2 = VY$ とする．たいていの場合，$n \geq 10$ のときに正規近似はかなり良い．μ や σ を知らなくても，中心極限定理はいくらかの重要な示唆を与える．観測値の平均 S_n/n と真の平均 $\mu = EY$ の間の差は

$$\frac{S_n}{n} - \mu = \frac{\sigma}{\sqrt{n}}\left(\frac{S_n - n\mu}{\sigma\sqrt{n}}\right) \tag{9.2}$$

となるので，観測値の平均における変動は，だいたい $1/\sqrt{n}$ の速さで 0 に近づくと期待できる．言い換えれば，EY を小数でもう1桁の精度を得るためには，100倍のシミュレーションの反復回数が必要になる．もう少し洗練された統計解析も可能だが，基本的なアイディアは明らかである．モンテカルロシミュレーションを使うなら，平均的な振る舞いのかなり大ざっぱな近似で満足しなければならない．

実際問題として，モデリングの問題での誤差や変動には様々な原因があるが，モンテカルロシミュレーションによって加えられる変動は概して最も深刻というものではない．感度分析の賢明な応用として，シミュレーションの結果を適切に使うということを確実にしておけば十分である．

ステップ3に進むにあたって，モデルの定式化が必要である．図9.2に雨の日の問題のモンテカルロシミュレーションのアルゴリズムを与える．

第3章と同様に，Random $\{S\}$ という記号は集合 S からランダムに選ばれた点を示している．シミュレーションでは，毎日の天気は $[0,1]$ 区間からの乱数によって表される．数が p よりも小さければ，雨の日であると仮定する．そうでなければ，晴れの日である．したがって，p は雨の日の確率である．変数 C は雨の日が続いている数を数えるだけである．図9.3に少しだけ修正したアルゴリズムを示す．修正版では，モンテカルロシミュレーションを n 回繰り返し，雨の週の数（すなわち，続けて3日雨が降った週の数）を数える．

$$Y \leftarrow \text{Rainy Day Simulation}\ (p)$$

アルゴリズム： 雨の日のシミュレーション

変数：
p = 1日あたりの降水確率

$$X(t) = \begin{cases} 1 & (t \text{ 日目に雨が降る場合}) \\ 0 & (\text{それ以外}) \end{cases}$$

$$Y = \begin{cases} 1 & (3\text{ 日以上連続して雨が降る場合}) \\ 0 & (\text{それ以外}) \end{cases}$$

入力： p

過程：
Begin
$Y \leftarrow 0$
$C \leftarrow 0$
for $t = 1$ to 7 do
 Begin
 if Random $\{[0,1]\} < p$ then
  $X(t) = 1$
 else
  $X(t) = 0$
 if $X(t) = 1$ then
  $C \leftarrow C + 1$
 else
  $C \leftarrow 0$
 if $C \geq 3$ then $Y \leftarrow 1$
 End
End

出力： Y

図 9.2 雨の日の問題のモンテカルロシミュレーションの擬似コード．

という記号は，入力変数 p と図 9.2 から雨の日のシミュレーションを実行することによって出力変数 Y を評価することを示す．

ステップ 4 で問題を解く．$p = 0.5, n = 100$ として図 9.3 のアルゴリズムを計算機で実行した．シミュレーションは 100 回のうち 43 回の雨の週を数えた．これに基づき雨の週の確率は 43％であると推定した．さらに何回か実行することによって，この結果を確認した．どの場合でも，シミュレーションは 100 回のうちほぼ 40 回の雨の週を数えた．50％と推定された雨の週の確率での，もっともらしい大きさ

アルゴリズム： 繰り返して実行する雨の日のシミュレーション

変数： $p = 1$ 日の降水確率
$n = $ シミュレーションする週の数
$S = $ 雨の週の数

入力： p, n

過程：
Begin
$S \leftarrow 0$
for $k = 1$ to n do
　Begin
　$Y \leftarrow$ Rainy Day Simulation (p)
　$S \leftarrow S + Y$
　End

出力： S

図 9.3 雨の日の問題で平均的な振る舞いを決定するための反復的なモンテカルロシミュレーションの擬似コード．

の誤差がわかれば，それがほぼこの問題で必要な大きさの精度である．ランダムな要因へのシミュレーションの結果の感度についての詳細はのちほど感度分析の章で議論する．

最後がステップ 5 である．休暇がやってきて，地元の気象サービスがこの 1 週間で雨の降る確率が毎日 50％であると予報していることを知った．この予報が正しければ今週は少なくとも 3 日間連続して雨の日である確率が 40％であることを，シミュレーションは示している．この結果は雨の日だけでなく晴れの日にも応用できるので，いくらかもっと楽観的なメモで終えるために，今週は晴れる確率が毎日 50％であることと，少なくとも 3 日間連続して晴れる確率が 40％であることを指摘しておこう．どうぞ良い休暇を！

シミュレーション結果のランダムな要因への感度を調べることによって，感度分析を始めよう．毎回のモデルの実行で，100 週の休暇をシミュレートして，雨の週の数を数える．ステップ 2 の用語を使うと，MOP は Y であるが，$Y = 1$ は雨の週であり，$Y = 0$ はそうでないことを示している．モデルでは，Y と同じ分布をもつ $n = 100$ 個の独立な確率変数 $Y_1, \ldots, Y_n$ をシミュレートする．ここで $Y_k = 1$ は k 週目が雨の週であったことを示している．モデルでは，雨の週の数を表す確率

変数 $S_n = Y_1 + \cdots + Y_n$ を出力する．次式

$$q = \Pr\{Y = 1\} \tag{9.3}$$

は雨の週の確率を示している．次のことを計算するのは難しいことではない：

$$\begin{aligned}\mu &= EY = q \\ \sigma^2 &= VY = q(1-q).\end{aligned} \tag{9.4}$$

最初のモデルの実行では $S_n = 43$ を出力した．これに基づいて，式 (9.1) の大数の強法則を使うと，次のことが推定できる：

$$q = EY \approx S_n/n = 0.43. \tag{9.5}$$

この推定値はどのくらい良いのだろうか？ 中心極限定理によって，式 (9.2) から S_n/n は $\mu = q$ とは $2\sigma/\sqrt{n}$ 以上異なるということはなさそうだということがわかる．というのも，標準正規分布に従う確率変数は，95％の確率で絶対値が 2 未満だからである．式 (9.4) と式 (9.5) を使うことによって，式 (9.5) の推定は，q の真の値の

$$2\sqrt{(0.43)(0.57)/100} \approx 0.1 \tag{9.6}$$

以内であると結論できる．

　シミュレーション結果のランダムな要因への感度を調べるためのもっと基本的な方法は多数のモデルの実行結果を比較することである．図 9.4 は，それぞれが 100 週の休暇をシミュレートした 40 回のモデルの実行結果を示している．

　このモデルの実行はすべて $S_n/n \approx 0.4$ という推定になるだけでなく，区間 0.4 ± 0.1 の外にはない．S_n の分布はだいたい正規分布のように見える．

　降水確率 50％という予報についてのシミュレーション結果の感度を調べる必要がある．図 9.5 は，p を雨が降る日の確率として，$p = 0.3, 0.4, 0.5, 0.6, 0.7$ の場合について，さらに 10 回ずつのモデルの実行結果を示している．直線でつながっている箱は平均の結果（雨の週の割合）を，縦棒は各々の場合の結果の範囲を，それぞれ表している．毎日 40％の降水確率のとき，1 週間のうちで少なくとも 3 日間連続して雨の日である確率は約 20％であることなどがいえる．3 日間連続して雨である確率がかなり変化しても，毎日の降水確率がそこそこであるなら，1 週間のうち 3 日間連続して雨の日である確率もそこそこであると言っても良いだろう．

　ロバスト性についてはどうだろうか？ モデルの構造を作り上げる重要な仮定を

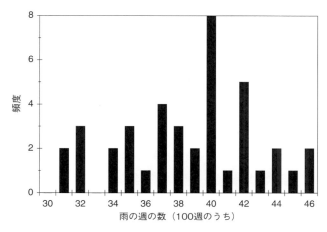

図 9.4 雨の日の問題について 100 週のうちの雨の週の数の分布を示すヒストグラム．

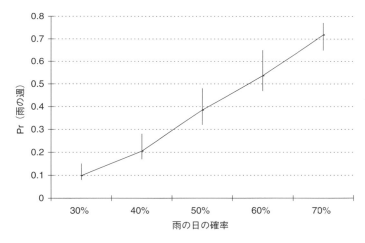

図 9.5 雨の日の問題について，雨の日の確率に対する雨の週の確率のグラフ．

調べなければならない．ステップ 1 では指示確率変数 $X_1, \ldots, X_7$ は独立同分布であった．すなわち，降水確率は毎日同じであり，その日の天気は他の日の天気とは独立である．独立性の仮定はそのままにして，今度は，$\Pr\{X_t = 1\}$ が t とともに変化するとしよう．3 日間連続して雨が降る確率は，$\Pr\{X_t = 1\}$ が増加すると単調に増加することから，その上限と下限を求めるときに，感度分析の結果を使うことができる．t 日目の降水確率が高いと，他がすべて同じであれば，3 日間連続して雨が降る確率も高くなる．したがって，$\Pr\{X_t = 1\}$ がすべて 0.4 と 0.6 の間（40 % か

ら60％の降水確率）であれば，3日間連続して雨が降る確率は，0.2と0.6の間になる．あまり正確な答えを探しているわけではないということもあるが，モデルはこのような点ではかなりロバストである．

次に，$\{X_t\}$ が独立ではないとしよう．たとえば，$\{X_t\}$ を状態空間 $\{0,1\}$ 上のマルコフ連鎖としてモデル化することができる．これは，今日雨が降る確率は昨日の天気に依存するということである．そのようなモデルを定式化するのに必要な情報，特に状態遷移確率のようなものは，地元の天気予報ではめったに得られない．しかし，そのような情報はいつも推測することができるので，それほど当てずっぽうでもないことを確かめるために感度分析が使える．ここで問われているような類いの問題は，確率過程の時間依存的な動きや過渡的な振る舞いに関することなので，定常状態の解析を使っても答えることはできない．このような問題は通常は解析的に取り扱うことは難しく，高度なテクニックを使っても大変である．このことは，モンテカルロシミュレーションがかなり広く使われている理由のひとつでもある．一方，ときには解析解が得られることもある；練習問題9.19を参照せよ．

9.2 マルコフ性

未来の状態の確率分布を決定するために必要なことは現在の状態の情報だけであるとき，確率過程は**マルコフ性**をもつという．マルコフ連鎖とマルコフ過程は第8章で紹介した．どちらもマルコフ性をもっている．マルコフ性は計算機に記憶しておくべき情報量を減らすために，確率過程のモンテカルロシミュレーションがずっと簡単になる．

例 9.2 例 4.3 のドッキングの問題について再び考えるが，今度はランダムな要素を考慮する．基本的な仮定は図4.7にまとめてある．目標は前と同じく，速度をうまく合わせるような制御方法を決めることである．

ファイブ・ステップ法を使おう．出発点は図4.7であるが，変数 a_n, c_n, w_n にも仮定をおく必要がある．理想的には，宇宙飛行士の反応時間とか，制御を見たり操作するための時間といった要素について，実験を行なってデータを集めるべきだろう．そのようなデータはないので，似た状況で知っていることと矛盾しないような理にかなった仮定をおこう．

最大の不確実性を表す確率変数 c_n は，制御を調節するために必要な時間である．この変数は，接近の速さを観測し，望ましい加速の調整を計算して，その調整を実行するために必要な時間を表す．ここでは，接近の速さを観測するのに約1秒，調整を計算するのに約2秒，調整を行うのに約2秒かかるとしよう．それぞれの段階を

実行する実際の時間はランダムである．接近の速さを理解する時間を R_n，望ましい調整を計算する時間を S_n，調整を行う時間を T_n としよう．このとき，$ER_n = 1$ 秒，$ES_n = ET_n = 2$ 秒である．これらの確率変数の分布について適切な仮定をおく必要がある．すべて，非負であり，互いに独立であり，平均に近い結果が最も起こりやすいと仮定するのは無理がないだろう．このような一般的な記述に見合う分布は多種多様に（無限個！）存在して，今のところ，あるものが別のものよりも良いという特別な理由はない．このようなわけで，現時点では，正確な分布を特定することは我慢しよう．確率変数のひとつは $c_n = R_n + S_n + T_n$ である．その他は，次の制御の調整までの待機時間 w_n と，制御の調整のあとの加速 a_n である．ここで，（小さな）ランダムなエラー ε_n を使って $a_n = -kv_n + \varepsilon_n$ と仮定しよう．ε_n は平均 0 の正規分布であるとしよう．ε_n の分散は，人間の操作の腕前と制御メカニズムの感度に依存する．一般的に，約 ± 0.05 m／秒^2 の正確さを得るとして，ε_n の標準偏差を $\sigma = 0.05$ とする．合計で 15 秒という固定した制御の調整時間を維持するのであれば，待機時間 w_n は c_n に依存する．E_n が小さなランダムなエラーのとき，$w_n = 15 - c_n + E_n$ としよう．E_n は平均 0 の正規分布であるとして，宇宙飛行士の反応時間の限界は標準偏差 0.1 秒であると仮定する．

さて，解析の目的を考えなければならない．うまくいく制御方法を決めたい．確かに $v_n \to 0$ となるのを見ることに関心がある．シミュレーションはそれを決めることができる．しかし，システムの性能の別の側面についての情報を集めるチャンスもある．今度はステップ 1 の部分として，どんな性能指標 (MOPs) を追跡したいのかを決めなければならない．選んだ MOPs は，制御方法の選択肢を計算することによって比較するための基準として使われるような，重要で定量的な情報を示すべきである．最初の接近速度は 50 m／秒であるとして，接近速度が 0.1 m／秒にまで下がったときに速度が釣り合う過程がうまくいったと考えることにしよう．成功するのにかかった時間の合計に一番興味があるだろう．これが性能指標である．これでステップ 1 を終わらせるために，図 9.6 に結果をまとめておく．

ステップ 2 はモデリングの方法を選ぶことである．ここではマルコフ性をもつモンテカルロシミュレーションを使おう．

> 一般的なアイディアは次の通りである．各々の時間ステップ n では，システムの現在の状態を示すベクトル X_n がある．ランダムなベクトル列 $\{X_n\}$ はマルコフ性をもつと仮定する．すなわち，現在の状態 X_n は次の状態 X_{n+1} の確率分布を決めるために必要な情報をすべて含んでいる．

シミュレーションの一般的な構造は次の通りである．まず，変数を初期

変数： $t_n = n$ 番目の速度測定の時間（秒）
$v_n = $ 時刻 t_n での速度（m／秒）
$c_n = n$ 番目の制御の調整の時間（秒）
$a_n = n$ 番目の制御の調整後の加速（m／秒^2）
$w_n = (n+1)$ 番目の観測前の待機（秒）
$R_n = $ 速度の読み取り時間（秒）
$S_n = $ 調整を計算するための時間（秒）
$T_n = $ 調整の時間（秒）
$\varepsilon_n = $ 制御の調整でのランダムなエラー（m／秒^2）
$E_n = $ 待機時間でのランダムなエラー（秒）

仮定： $t_{n+1} = t_n + c_n + w_n$
$v_{n+1} = v_n + a_{n-1}c_n + a_n w_n$
$a_n = -kv_n + \varepsilon_n$
$c_n = R_n + S_n + T_n$
$w_n = 15 - c_n + E_n$
$v_0 = 50, \ t_0 = 0$
$ER_n = 1, \ ES_n = ET_n = 2$ であり
$R_n, \ S_n, \ T_n$ の分布はまだ特定されていない
ε_n は平均 0, 標準偏差 0.05 の正規分布
E_n は平均 0, 標準偏差 0.1 の正規分布

目的： $T = \min\{t_n : |v_n| \leq 0.1\}$ を決定する.

図 9.6 ランダムな要因をもつドッキングの問題のステップ 1 の結果.

化してデータファイルを読む．この段階では初期状態 X_0 を指定する必要がある．次に，終了条件を満足するまで続くループに入る．そのループでは，X_{n+1} の分布を指定するために X_n を使い，その分布に従って X_{n+1} を決めるために乱数の生成プログラムを使う．シミュレーションの MOPs を生成するのに必要などんな情報も計算し記憶しておかなければならない．終了条件が生じれば，ループを出て MOSs を出力する．これで終わる．このシミュレーションのアルゴリズムを図 9.7 に示す．

内側のループを少し詳しく議論する必要がある．いま，状態ベクトル X_n が 1 次元であるとしよう．また

$$F_\Theta(t) = \Pr\{X_{n+1} \leq t | X_n = \Theta\}$$

とする．$\Theta = X_n$ の値は X_{n+1} の確率分布を決める．関数 F_Θ は状態空間

$$E \subseteq \mathbb{R}$$

```
Begin
Read data
Initialize X_0
While (not done) do
   Begin
   Determine distribution of X_{n+1} using X_n
   Use Monte Carlo method to determine X_{n+1}
   Update records for MOPs
   End
Calculate and output MOPs
End
```
図 9.7 一般的なマルコフシミュレーションのアルゴリズム．

を区間 $[0,1]$ へ写像する．$[0,1]$ 上の乱数を生成するときに広く利用されている方法があり，分布 F_Θ をもつ確率変数を生成するために使うことができる．

$$y = F_\Theta(x)$$

は

$$E \to [0,1]$$

のように写像するので，逆関数

$$x = F_\Theta^{-1}(y)$$

は

$$[0,1] \to E$$

のように写像する．U は $[0,1]$ 上に一様に分布している確率変数であるとき，$X_{n+1} = F_\Theta^{-1}(U)$ は分布 F_Θ をもつ．なぜなら，

$$\Pr\{U \le x\} = x \quad (0 \le x \le 1)$$

なので，$X_n = \Theta$ とすると

$$\begin{aligned}
\Pr\{X_{n+1} \le t\} &= \Pr\{F_\Theta^{-1}(U) \le t\} \\
&= \Pr\{U \le F_\Theta(t)\} \\
&= F_\Theta(t)
\end{aligned} \tag{9.7}$$

だからである．

例 9.3 $\{X_n\}$ は確率過程を表していて，X_{n+1} はレートパラメータ X_n の指数分布に従うとしよう．$X_0 = 1$ とするとき，初到達時間

$$T = \min\{n : X_1 + \cdots + X_n \geq 100\}$$

を決定せよ．

X_n から X_{n+1} を生成する詳細を議論してから，この問題を解くための計算機シミュレーションを示す．$\Theta = X_n$ とすると，X_{n+1} の密度関数は $x \geq 0$ 上で

$$f_\Theta(x) = \Theta e^{-\Theta x}$$

である．分布関数は

$$F_\Theta(x) = 1 - e^{-\Theta x}$$

である．

$$y = F_\Theta(x) = 1 - e^{-\Theta x}$$

とおいて逆関数を求めると，

$$x = F_\Theta^{-1}(y) = -\ln(1-y)/\Theta$$

となる．したがって，U を 0 と 1 の間の乱数とすれば，

$$X_{n+1} = -\ln(1-U)/\Theta$$

とできる．完全なシミュレーションアルゴリズムについては図 9.8 を見よ．

上の議論は，あらかじめ決められた任意の分布をもつ確率変数を生成する方法を与える．理論としては有用であるが，実際にはしばしば問題がある．正規分布をはじめとして，多くの分布では，逆関数 F_Θ^{-1} は簡単に計算することはできない．関数値の表から補間することによってこの問題からいつも逃れることができるが，正規分布の場合には，もっと簡単な方法がある．

中心極限定理によって，平均 μ と分散 σ^2 をもつ独立同分布に従う任意の確率変数列 $\{X_n\}$ に対して，規格化した部分和

$$\frac{(X_1 + \cdots + X_n) - n\mu}{\sigma\sqrt{n}}$$

アルゴリズム： 初到達時間のシミュレーション（例 9.3）

変数： $X =$ 初期状態変数
$N =$ 初到達時間

入力： X

過程： Begin
$S \leftarrow 0$
$N \leftarrow 0$
until $(S \geq 100)$ do
　Begin
　$U \leftarrow \text{Random } \{[0,1]\}$
　$R \leftarrow X$
　$X \leftarrow -\ln(1-U)/R$
　$S \leftarrow S + X$
　$N \leftarrow N + 1$
　End
End

出力： N

図 9.8　例 9.3 のマルコフシミュレーションに対する擬似コード．

は標準正規分布に近づく．$\{X_n\}$ は $[0,1]$ 上の一様分布に従うとしよう．このとき，

$$\mu = \int_0^1 x\,dx = 1/2$$
$$\sigma^2 = \int_0^1 (x-1/2)^2\,dx = 1/12 \tag{9.8}$$

であるから，十分大きな n に対して，確率変数

$$Z = \frac{(X_1 + \cdots + X_n) - n/2}{\sqrt{n/12}} \tag{9.9}$$

は近似的に標準正規分布に従う．多くの目的では，$n \geq 10$ の値であれば十分である．式 (9.9) の分母を消去するために $n = 12$ としよう．標準正規分布に従う確率変数 Z を使って，平均 μ と標準偏差 σ をもつ別の正規確率変数 Y が

アルゴリズム： 正規確率変数

変数： μ = 平均
σ = 標準偏差
Y = 平均 μ と標準偏差 σ をもつ正規確率変数

入力： μ, σ

過程： Begin
$S \leftarrow 0$
for $n = 1$ to 12 do
　　Begin
　　$S \leftarrow S + \mathrm{Random}\{[0, 1]\}$
　　End
$Z \leftarrow S - 6$
$Y \leftarrow \mu + \sigma Z$
End

出力： Y

図 9.9　正規確率変数のモンテカルロシミュレーションに対する擬似コード．

$$Y = \mu + \sigma Z \tag{9.10}$$

とおくことによって得られる．図 9.9 は，決められた平均と分散をもつ正規確率変数を生成するための簡単なアルゴリズムを示す．

ドッキングの問題に戻って，ステップ 3 から始めよう．最初の問題は状態変数を決めることである．この場合には，状態変数として

$$\begin{aligned} T &= t_n \\ V &= v_n \\ A &= a_n \\ B &= a_{n-1} \end{aligned} \tag{9.11}$$

とできる．ただひとつの MOP はすでに確率変数であるため，その目的のためにさらに加える変数の初期化や更新は必要ない．図 9.10 にドッキングシミュレーションのアルゴリズムを与える．記号 Normal (μ, σ) は，図 9.9 の中の正規確率変数のアルゴリズムの結果を表す．

さしあたり

9.2 マルコフ性

アルゴリズム： ドッキングシミュレーション

変数： k = 制御パラメータ
n = 制御の調整の数
$T(n)$ = 時間（秒）
$V(n)$ = 現在の速度（m／秒）
$A(n)$ = 現在の加速度（m／秒^2）
$B(n)$ = 以前の加速度（m／秒^2）

入力： $T(0), V(0), A(0), B(0), k$

過程：
Begin
$n \leftarrow 0$
while $|V(n)| > 0.1$ do
　　Begin
　　$c \leftarrow$ Normal $(5, 1)$
　　$B(n) \leftarrow A(n)$
　　$A(n) \leftarrow$ Normal $(-kV(n), 0.05)$
　　$w \leftarrow$ Normal $(15 - c, 0.1)$
　　$T(n) \leftarrow T(n) + c + w$
　　$V(n) \leftarrow V(n) + cB(n) + wA(n)$
　　$n \leftarrow n + 1$
　　End
End

出力： $T(n)$

図 9.10　ドッキングの問題のモンテカルロシミュレーションに対する擬似コード．

$$c_n = R_n + S_n + T_n$$

は平均 $\mu = 5$ 秒で標準偏差 $\sigma = 1$ 秒の正規分布に従うと仮定しよう．

図 9.11 は 20 回のシミュレーションの実行結果を示す．これらの実行では，ドッキング時間は 156 秒から 604 秒までの範囲にわたっていて，平均ドッキング時間は 305 秒である．

宇宙船の手動ドッキングに対する速度の釣り合いの練習問題のモンテカルロシミュレーションを行なってきた．シミュレーションでは，この人間と機械のシステムに固有のランダムな要因を考慮している．操縦士の能力について適当だと思われる一連の仮定に基づいて，モデルはドッキングの手順を完了するまでの時間に大きな分散があることを示している．たとえば，相対速度 50 m／秒から始まる速度に釣り

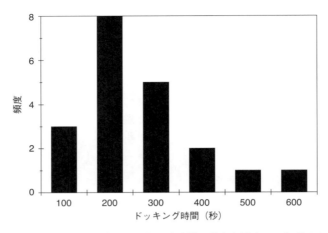

図 9.11 ドッキングの問題におけるドッキング時間の分布を示すヒストグラム：$k = 0.02$, $\sigma = 0.1$ の場合.

合うための時間は，1：50 の制御因子を使って，平均して約 5 分である．しかし，3 分未満または 7 分より大きな結果はまれである．変動の主な原因は，パイロットが制御調整手順を完了するのに要する時間である．

感度分析の重要なパラメータのひとつは，制御調整するための時間 c_n の標準偏差である．c_n の標準偏差は $\sigma = 1$ と仮定した．図 9.12 では，1 付近のいくつかの σ に対する，さらに 20 回のモデルの実行結果を示す．図 9.5 のように，縦棒は結果の範囲を表し，直線で結ばれた箱は σ の値の結果の平均を表す．全般的な結論として σ の正確な値には比較的感度が低いように思われる．すべての場合で，平均ドッキング時間は約 300 秒（5 分）であり，ドッキング時間の変動はかなり大きい．

感度分析でのおそらく最も重要なパラメータは制御パラメータ k である．$k = 0.02$ と仮定してきたことによって，平均ドッキング時間が約 300 秒という結論になった．図 9.13 は，k を変化させたときの補足的なモデルの実行結果を示す．新たな k の値に対して補足的な 20 回のモデルを実行した．前と同じように，縦棒は結果の範囲を表し，箱は各 k の値に対する結果の平均を表す．期待されるように，ドッキング時間は制御パラメータ k にかなり感度が高い．もちろん，k の最良の値を決めることに非常に関心がある．この問題は練習問題に残しておこう．

このモデルに対する主なロバスト性の問題は c_n の分布であるが，ここでは正規分布を仮定した．σ の小さな変化では結果はあまり変化しなかったことと，正確さはそれほど要求していないので，モデルが c_n の分布に関するロバスト性を示すと期待する理由は十分にある．そのようなことを示唆するロバスト性を確かめるための

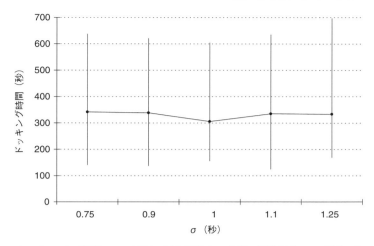

図 9.12 ドッキングの問題で，n 回目に制御調整する時間の標準偏差 σ に対するドッキング時間のグラフ．

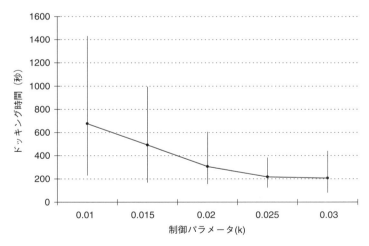

図 9.13 ドッキングの問題で，制御パラメータ k に対するドッキング時間のグラフ：$\sigma = 1$ の場合．

いくつかの簡単な実験がある．これらは練習問題に残しておく．

9.3 解析的シミュレーション

　モンテカルロシミュレーションモデルは定式化するのが比較的容易であり，直感的に訴えてくる．主な欠点は，信頼できる結果を得るためには，非常に多くの回数

のモデルの実行が必要であるということであるが，特に感度分析の分野ではそうである．解析的シミュレーションは定式化するのがもっと難しいが，もっと効率的に計算できる．

例 9.4 軍隊作戦アナリストは，十分に防御された標的への空爆を計画している．この重要な標的を攻撃するために高高度から戦略爆撃機が発射される．この攻撃が戦争の初期に，できれば初日に，成功することが重要である．防空を通り抜けて，標的を捕捉する（すなわち，見つける）と，航空機は 0.5 の確率で標的を破壊する．航空機が標的を捕捉する確率は 0.9 である．標的は 2 つの地対空ミサイル (SAM) のバッテリーと多数の防空砲である．航空機の飛行のイメージでは，防空砲は有効でない（なぜなら飛行機は非常に高度が高いからである）．それぞれの SAM のバッテリーは，それ自身で，進路のレーダーや，計算機の誘導設備をもっていて，同時に，2 機の航空機を追跡したり，2 機のミサイルを誘導したりすることができる．情報機関は 1 機のミサイルが標的の航空機を無力にする確率は 0.6 であると予測する．両方の SAM のバッテリーは標的捕捉レーダーを共有するが，それは 50 マイルまでの範囲で，高高度からの爆撃機に対して非常に有効である．追跡レーダーの有効な範囲は 15 マイルである．爆撃機は高度 5 マイルで 500 マイル／時で進み，攻撃では 1 分間標的の場所でロイター飛行することが要求される．それぞれの SAM のバッテリーは，30 秒ごとにミサイル 1 つを発射することができて，そのミサイルは 1,000 マイル／時で進む．確実に破壊するためにはこの標的に対していくつの爆撃機を送るべきだろうか？

ファイブ・ステップ法を用いよう．ステップ 1 は問題を定式化することである．何機の航空機にこのミッションを任せるべきかを知りたい．目標は標的を破壊することであるが，100％の成功の保証を求めることができないことはすぐにわかる．いま，標的を 99％の確かさで破壊したいとしよう．後ほどこの数字についての感度分析を行うことになるだろう．N 機の航空機がこのミッションを任せられているとしよう．標的への攻撃を達成する前に防空によって破壊されてしまう飛行機の数は確率変数である．この確率変数を X で表そう．そのミッションが成功する確率 S に対する表現を得るために，2 つの段階に進む．まず，標的を攻撃する前に $X = i$ 機の飛行機が破壊されるとき，ミッションの成功確率 P_i に対する表現を得る．次に，X の確率分布によって

$$S = \sum_i P_i \Pr\{X = i\} \tag{9.12}$$

を計算することができる．

もしも N 機の航空機が送られて，標的に到達する前に $X = i$ 機が破壊されるとしたら，$(N-i)$ 機の攻撃中の航空機がある．1 機の攻撃中の航空機が標的を破壊できる確率を p とすると，$(1-p)$ は 1 機の攻撃中の航空機が標的の破壊に失敗する確率である．$(N-i)$ 機のすべての攻撃中の航空機が標的を破壊するのに失敗する確率は

$$(1-p)^{N-i}$$

である．したがって，攻撃中の航空機が少なくとも 1 つ標的の破壊に成功する確率は

$$P_i = 1 - (1-p)^{N-i} \tag{9.13}$$

である．

攻撃を達成する前に防空にさらされる時間の合計は，標的への途中が

$$\frac{15 \text{ マイル}}{500 \text{ マイル／時}} \cdot \frac{60 \text{ 分}}{\text{時}} = 1.8 \text{ 分}$$

であり，標的の場所でさらに 1 分かかって合計 2.8 分となり，その間に SAM のバッテリーが 5 回発射する．したがって，攻撃中の航空機は合計 $m = 10$ 回の発射にさらされる．破壊される航空機の数 X は**二項分布**

$$\Pr\{X = i\} = \binom{m}{i} q^i (1-q)^{m-i} \tag{9.14}$$

に従うと仮定する．ここで

$$\binom{m}{i} = \frac{m!}{i!(m-i)!} \tag{9.15}$$

は二項係数である．（式 (9.14) の分布は m 回の試行のうちの成功する回数に対する解析的モデルであり，q は成功の確率を表す．詳細については練習問題 12 を参照せよ．）いま，ミッションの成功確率 S を計算するために式 (9.13) と式 (9.14) を式 (9.12) に代入する必要がある．このとき，目標は $S > 0.99$ となる最小の N を決定することである．これでステップ 1 を終わる．結果を図 9.14 にまとめる．

ステップ 2 はモデリング方法を選ぶことである．ここでは解析的シミュレーションモデルを使おう．モンテカルロシミュレーションでは，事象をシミュレートするために乱数を引いて確率と期待値を推定するために試行を繰り返す．解析的シミュレーションでは確率と期待値を計算するために確率論を組み合わせて計算機プログラミングを用いる．解析的シミュレーションはより数学的に高度であるが，それゆ

変数： $N =$ 送りこまれる爆撃機の数
$m =$ 発射されるミサイルの数
$p = 1$ つの爆撃機が標的を破壊する確率
$q = 1$ つのミサイルが爆撃機を無力にする確率
$X =$ 攻撃の前に無力になる爆撃機の数
$P_i = X = i$ のときにミッションが成功する確率
$S =$ ミッションが成功する確率の合計

仮定： $p = (0.9)(0.5)$
$q = 0.6$
$m = 10$
$P_i = 1 - (1-p)^{N-i}$
$\Pr\{X = i\} = \binom{m}{i} q^i (1-q)^{m-i}; i = 0, 1, 2, \ldots, m$
$S = \sum_{i=0}^{m} P_i \Pr\{X = i\}$

目的： $S > 0.99$ となる最小の N を見つけよ

図 9.14 爆撃航程の問題のステップ 1 の結果.

えにずっと効率的である．解析的シミュレーションが実行可能であるかどうかは，問題の複雑さとモデルを作る人の能力にかかっている．最も熟練した解析はモンテカルロシミュレーションを最後の頼みと考えていて，適当な解析的モデルを定式化することができないときに限って利用する．

ステップ 3 はモデルの定式化である．図 9.15 は爆撃航程の問題の解析的シミュレーションのアルゴリズムを示す．Binomial (m, i, q) という記号は式 (9.14)と式 (9.15) で定義される二項確率の値を表す．

ステップ 4 はモデルを解くことである．図 9.15 では，入力

$$m = 10$$
$$p = (0.9)(0.5)$$
$$q = 0.6$$

を使ったアルゴリズムの計算機による実行を行い，N を変化させて図 9.16 で示した結果を得た．

ミッションの成功確率 99％を保証するためには，最小で $N = 15$ 機の飛行機が必要である．ステップ 5 は，この任務が 99％の確からしさで成功するように投入しなければならない爆撃機の数はいくつであるかという問題に答えることである．答

9.3 解析的シミュレーション　　335

アルゴリズム：　爆撃航程の問題

変数：
$N = $ 送りこまれる爆撃機の数
$m = $ 発射されるミサイルの数
$p = $ 1 機の爆撃機が標的を破壊する確率
$q = $ 1 機のミサイルが爆撃機を無力にする確率
$S = $ ミッションの成功確率

入力：　N, m, p, q

過程：
Begin
$S \leftarrow 0$
for $i = 0$ to m do
　　Begin
　　$P \leftarrow 1 - (1-p)^{N-i}$
　　$B \leftarrow $ Binomial (m, i, q)
　　$S \leftarrow S + P \cdot B$
　　End
End

出力：　S

図 9.15　爆撃航程の問題の解析的シミュレーションの擬似コード．

えは 15 である．今度は，このミッションに投入すべき爆撃機の十分な数はいくつだろうかという，もっと大雑把な問題で答えを得るための感度分析を行う必要がある．

まず，$S = 0.99$ という成功確率が望ましいと考えよう．これは文字通りたったいま作った数字である．図 9.17 はこのパラメータを変化させた効果を示している．10 より大きくて 20 より小さい数であればどんなものでもよいのだが，$N = 15$ は合理的な決定であるように思われる．20 機を超える飛行機を送りこむことは多すぎる．

悪い天気は探知確率を減少させて，式 $p = (0.9)(0.5)$ のようになるだろう．探知確率が 0.5 まで減少すると，$p = 0.25$ であるが，$S > 0.99$ に対しては少なくとも $N = 23$ 機の航空機が必要となる．探知確率が 0.3 であれば，$N = 35$ 機の航空機が必要である．探知確率とミッションの成功に必要な飛行機の数の間にある全部ひっくるめた関係は図 9.18 で説明されている．悪い天気のときにはこの任務で飛行したいとは思わないだろう．

この類いのモデルへの応用のひとつは，工学の進歩によって潜在的に使うことができる影響を解析することである．1,200 マイル／時で飛行し，標的のところでロ

336　第 9 章　確率モデルのシミュレーション

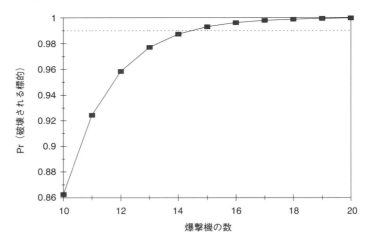

図 9.16　爆撃航程の問題での，送りこまれる爆撃機の数 N に対するミッションの成功確率 S のグラフ．

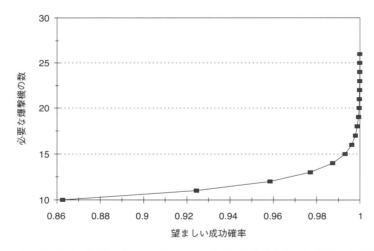

図 9.17　爆撃航程の問題でミッションの成功確率 S を得るために必要となる最小の爆撃機の数 N のグラフ．

イター飛行する時間を 15 秒まで減少させる爆撃機を手に入れたとしよう．いま航空機は 1 分間だけ SAM の発射にさらされているので，防空はわずか $m = 4$ 機のミサイルしか撃つことができない．99 ％の成功確率を得るためには $N = 11$ 機の爆撃機が必要である．図 9.19 は，基準の場合（$m = 10$ 機のミサイルが防空によって発射される）と進歩した想像上の航空機の場合（$m = 4$）に，送りこまれる爆撃機

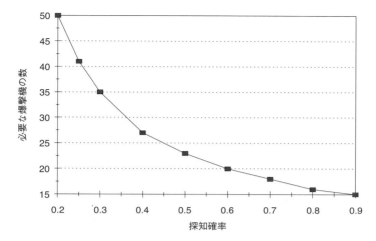

図 9.18 爆撃航程の問題で，爆撃機が標的を探知できる確率に対するミッションの成功のために必要な最小の爆撃機の数のグラフ．

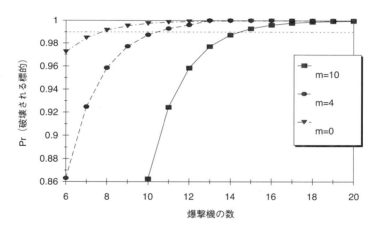

図 9.19 爆撃航程の問題で，送りこまれる爆撃機の数 N に対するミッションの成功確率 S のグラフ：発射されるミサイルの数が $m = 0, 4, 10$ の 3 通りの場合の比較．

の数とミッションの成功確率の間の関係を示す．比較のために，$m=0$ 個のミサイルが発射された場合も含めよう．この曲線は提案された技術の潜在的な利益の最大値を表している．爆撃機が防空からの脅威にさらされていないとき，99 %の成功確率を保証するためには，依然として少なくとも 8 機の飛行機が必要である．

1 機の航空機が標的を破壊する確率を 0.8 まで増やすようなもっと良い標的システムを作るとしよう．いま，$p = (0.9)(0.8) = 0.72$ であり，他のすべてが同じで

あれば，$S > 0.99$ を達成するためには $N = 13$ 機の航空機が必要である．これは，たいした改善ではない．高精度の爆弾に高速度の爆撃機を組み合わせれば，必要な飛行機の数を 8 機まで削減することができる．

敵の防空の効果を過小評価したらどうなるだろうか？ $q = 0.8$ のとき，$S > 0.99$ のためには $N = 17$ 機の航空機が必要となる．$q = 0.6$ で $m = 15$（3 個の SAM のバッテリーがあると仮定せよ）のとき，$S > 0.99$ のためには $N = 18$ 機の飛行機が必要である．どちらの場合にも，一般的な結論はそれほど変わらない．

ロバスト性については，モデルで多くの単純な仮定をおいてきた．攻撃している航空機はそれぞれ独立に等確率で標的を得ると仮定した．現実には，最初の爆弾は煙とほこりを吐き出して，標的場所をさえぎってしまう．このことは，残りの爆撃機が標的を得る確率を減少させるだろう．すでにこのパラメータについての感度分析を行なっていて，N はこの確率に非常に影響を受けやすいということがわかっている．ここでは，モデルは依存性を示すことはできないが，限度を与える．それぞれの航空機が，少なくとも 50％の確率で標的を得るならば，$N = 23$ 機の飛行機で十分である．

モデルでは SAM のバッテリーは決して同じ航空機を 2 回撃つことはないということも仮定した．これは，潜在的な標的の数が砲弾の数の最大値よりも多いような，標的がたくさんある状況では確かに最適な戦略である．しかし，最新のステルス技術が検知する航空機の数を著しく減少させられるとしよう．いま，防空は標的よりも多くの砲弾を備えている．防空が航空機を無力にするかどうかを示すことができれば，砲弾を無駄にすることがない．d 機の航空機が検知されたとき，m 個の砲弾のうちで航空機を破壊する数はマルコフ連鎖モデルを使って表せて，

$$X_n \in \{0, 1, \ldots, d\}$$

は n 個の砲弾後に当たった数である．状態遷移確率は $0 \leq i < d$ に対して

$$\Pr\{X_{n+1} = i+1 | X_n = i\} = q \text{ かつ } \Pr\{X_{n+1} = i | X_n = i\} = 1 - q$$

であり，もちろん

$$\Pr\{X_{n+1} = d | X_n = d\} = 1$$

である．$X_0 = 0$ のとき，X_m は航空機の損失の数である．$d = 1, \ldots, N$ のそれぞれに対して X_m の確率分布を計算することができて，モデルの修正版に組み入れることができる．これはマルコフ連鎖の遷移解析の応用例である．この問題に対してモンテカルロシミュレーションを実行することもずっと簡単である．下の練習問題

14 と 15 を参照せよ．この点では，解析的シミュレーションモデルはあまりロバストではない．

9.4 粒子追跡

粒子追跡は，関連づけられた確率過程をシミュレートすることによって偏微分方程式を解く方法である．このモンテカルロシミュレーションの方法は他の数値解析法よりもずっと簡単にコード化することができる．変動する係数や，でこぼこした領域など，境界値をもつモデルでは特に有効である．拡散の問題では，個々の粒子の動きに対する有効な物理モデルも与える．

例 9.5 汚染の問題の例 7.5 について再び考えるが，今度は風速は都市に近づくにつれて増加すると考えることにする．風速は，流出場所での毎時 3 km から，町の中心部での毎時 8 km まで増加する．これは**ヒートアイランド**効果のせいであるが，都市のビルや舗装道路が高温を維持することによって，暖かい状態になり風速が大きくなる．このことを考慮に入れると，町で予想される最大の濃度はいくらで，それはいつ起こり，汚染物質の濃度が安全なレベル以下に戻るまでどのくらいかかるのだろうか？このカテゴリー 1 の汚染物質（最も危険な種類）に対して，アメリカ合衆国環境保護庁の安全なレベルは，容量にして 50 百万分率 (ppm) である．

ファイブ・ステップ法を使おう．最初のステップは問題を尋ねることである．町の汚染物質の濃度と，それが時間とともにどのように変化するのかを知りたい．風速は町の中心部からの距離に依存して変化すると仮定する．実際の風速がどのように変化するのかを知らないので，風速は距離 10 での 3 km／時の値と，町の中心部での 8 km／時までの間に，線形に変化するという単純な仮定を置くことにしよう．あとで，感度分析とロバスト性分析によってこの仮定を検証する（この章の最後の練習問題 21 も参照せよ）．ステップ 1 の結果を図 9.20 にまとめる．

ステップ 2 はモデリング方法を選ぶことである．拡散モデルを使って，粒子追跡法によってモデルを解く．

拡散方程式

$$\frac{\partial C}{\partial t} = \frac{D}{2}\frac{\partial^2 C}{\partial x^2} \tag{9.16}$$

は 7.4 節で導入された．いま，煙の速度を明示的に表すように，この方程式を修正する．$C(x,t)$ は時刻 t における場所 x での汚染物質の相対濃度を表すことを思い出そう．拡散方程式 (9.16) は，煙の重心からの拡散をモデル化するが，v が平均速度のとき，重心は $\mu = vt$ に位置している．拡散方程

変数： $t =$ 汚染物質が放出されてからの時間（時）
$d =$ 汚染粒子と町の間の距離 (km)
$s =$ 時刻 t での煙の拡散 (km)
$P =$ 町の汚染濃度 (ppm)
$v =$ 町からの距離 d での風速（km／時）

仮定： $d > 10$ のとき $v = 3$
$d \leq 10$ のとき $v = 8 - 5d/10$
$t = 1$ 時での最高濃度 $P = 1000$ ppm
煙の速度は $t = 1$ 時で $s = 2000$ m

目標： 町での最大汚染レベルと汚染が 50 ppm の安全なレベルに下がるまでの時間を決定せよ

図 9.20 汚染の問題のステップ 1 の結果．

式に対する確率モデルは 7.4 節でも説明された．そのモデルでは，重心を原点とした，移動する座標系で粒子の煙を追跡する．各々の粒子は，小さな時間間隔 Δt で小さなランダムな移動 X_i をするが，この移動は独立で平均 0 と分散 $D\Delta t$ をもつと仮定する．このとき，中心極限定理は，粒子が十分大きな n に対して，時刻 $t = n\Delta t$ で重心から $X_1 + \cdots + X_n \approx \sqrt{Dt}Z$ の量だけずれているということを意味している．ただし，Z は標準正規分布である．いま，一定の煙の速度 v を仮定して，n ステップ後の実際の粒子の場所を考えよう．ランダムに選んだ粒子は時間間隔 Δt で $v\Delta t + X_i$ という量だけ移動するので，n 回のジャンプ後にはその粒子は

$$X_1 + \cdots + X_n + vt \approx vt + \sqrt{Dt}Z$$

に位置している．$\sqrt{Dt}Z$ の確率密度関数は 7.4 節の式 (7.32) で与えられていた．項 vt はランダムではないので，単純な変数変換によって，任意の $t > 0$ に対して，$vt + \sqrt{Dt}Z$ が確率密度関数

$$C(x, t) = \frac{1}{\sqrt{2\pi Dt}} e^{-(x-vt)^2/(2Dt)} \tag{9.17}$$

をもつということがわかる．この変数変換はグラフの中心を $x = 0$ から $x = vt$ へと移す．

次に，式 (9.17) がドリフトをもつ拡散方程式の解であることを確かめるためにフーリエ変換を使う．$C(x, t)$ が式 (9.17) によって与えられるとき，

変数変換 $y = (x - vt)/\sqrt{Dt}$ によって式 (7.30)は

$$\hat{C}(k,t) = \int_{-\infty}^{\infty} e^{-ikx} C(x,t) \, dx = e^{-ikvt - Dtk^2/2}$$

となる．このとき，

$$\frac{d\hat{C}}{dt} = -v(ik)\hat{C} + \frac{D}{2}(ik)^2 \hat{C} \tag{9.18}$$

であり，逆フーリエ変換によって，ドリフトをもつ拡散方程式

$$\frac{\partial C}{\partial t} = -v\frac{\partial C}{\partial x} + \frac{D}{2}\frac{\partial^2 C}{\partial x^2} \tag{9.19}$$

となる．

粒子追跡によってこの方程式を解くためには，$t = n\Delta t$ とした $(X_1 + v\Delta t) + \cdots + (X_n + v\Delta t)$ のモンテカルロシミュレーションを使って，大きな数 N 個のランダムな粒子をシミュレートせよ．このとき，粒子の場所の相対頻度のヒストグラムは確率密度を表す曲線 $C(x,t)$ を近似する．ただし，$C(x,t)$ は無限個の粒子の理論的な相対濃度を与える．図 9.21 は，このアルゴリズムの擬似コードを示す．図 9.22 は，$v = 3.0$ km／時で $D = 0.25$ km^2／時のときの例 7.5 の汚染の問題を解くための，計算機の実行結果を示す．シミュレーションは $N = 10{,}000$ 個の粒子を使ったが，最終時刻は $T = 4$ 時で，$M = 50$ 時間ステップだった．図 9.22 は，比較のために解析解 (9.17)も示す．ヒストグラムは，正規分布の密度曲線の良い近似を与えているのがわかる．粒子モデルはこの問題に対する基本的な物理モデルとして考えられる．密度曲線は近似であるが，中心極限定理によって正当化される．

粒子追跡アルゴリズムは，式 (9.19)の中の係数 v, D を空間上で変化させることができるように容易に拡張できる．速度 v が空間上で変化するとき，唯一の違いは，任意の粒子に対して，ジャンプの大きさの平均 $v\Delta t$ が現在の場所に依存することである．言い換えると，粒子のジャンプは，連続状態空間 $-\infty < x < \infty$ 上のマルコフ連鎖となり，ジャンプの分布は非常に単純な方法で現在の状態に依存している．$\Delta t \to 0$ のとき，このマルコフ連鎖のジャンプは**拡散過程**に収束するが，密度関数 $C(x,t)$ はドリフトをもつ拡散方程式 (9.19)の解である．詳細については Friedman (1975) を参照せよ．

アルゴリズム： 粒子追跡コード

変数：
- $N = $ 粒子数
- $T = $ 最後の粒子のジャンプの時刻
- $M = $ 粒子のジャンプの数
- $v = $ 粒子の速度
- $D = $ 粒子の分散性
- $t(j) = j$ 回目のジャンプの時刻
- $S(i,j) = $ 時刻 $t(j)$ での i 番目の粒子の場所

入力： N, T, M, v, D

過程：
Begin
$\Delta t \leftarrow T/M$
for $j = 0$ to M do
  Begin
    $t(j) \leftarrow j\Delta t$
  End
for $i = 1$ to N do
  Begin
    $S(i,0) \leftarrow 0$
    for $j = 0$ to $M-1$ do
      Begin
        $S(i,j+1) \leftarrow S(i,j) + \text{Normal}(v\Delta t, \sqrt{D\Delta t})$
      End
  End

出力：
$t(1), \ldots, t(M)$
$S(1,1), \ldots, S(N,1)$
$\vdots$
$S(1,M), \ldots, S(N,M)$

図 9.21　7.5 節の粒子追跡シミュレーションに対する擬似コード．

今から汚染の問題のステップ3を続ける．粒子追跡法を使って汚染の煙をランダムな粒子の雲としてモデル化し，煙の移動を追跡するためにモンテカルロシミュレーションを用いる．汚染物質の放出が場所0で起こり，町は 10 km の場所にあるような座標系を仮定する．このとき，場所 x と町の中心部の間の距離は $d = |x-10|$ によって与えられる．すべての N 個の粒子は時刻 $t = 0$ で $x = 0$ に位置している．

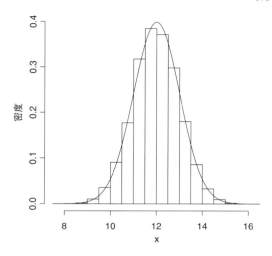

図 9.22 $N = 10{,}000$, $T = 4$, $M = 50$, $v = 3.0$, $D = 0.25$ のときの図 9.21 の粒子追跡コードの結果を表す相対頻度のヒストグラム．時刻 $t = 4$ でのドリフトをもつ拡散方程式 (9.19) に対応する解析解（実線）も比較のために示す．

各々の時間ステップ Δt で，各々の粒子はランダムな移動 $v\Delta t + X_i$ をする．ただし

$$v = v(x) = \begin{cases} 3 & (|x-10| > 10 \text{ のとき}) \\ 8 - 0.5|x-10| & (|x-10| \le 10 \text{ のとき}) \end{cases} \quad (9.20)$$

である．$D = 0.25$ として，各 X_i は平均 0 と分散 $D\Delta t$ をもつ．シミュレーションでは，各 X_i は正規分布とする．各粒子には質量を割り当てる．時刻 $t = 1$ での汚染濃度の最大値は 20×50 ppm $= 1000$ ppm なので，汚染濃度 $P(x, t)$ は，7.4 節の計算を用いれば，$P_0 = 1000\sqrt{0.5\pi}$ としたとき $P = P_0 C$ によって相対濃度 $C(x, t)$ に関連づけられる．したがって，各々の粒子に濃度 $\Delta P = P_0/N$ を割り当てる．問題の設定では，$x = 0$ は汚染源を，$x = 10$ は町の中心部を表している．場所 $9.5 < x \le 10.5$ での粒子数をもとにして町の中心部の濃度を推定する．N 個の粒子のうちの K 個がこの区間に入っていれば，相対濃度は $C \approx K/N$ であり，汚染レベルは $P \approx P_0(K/N) = K\Delta P$ である．時間区間 $[0, T]$ が M 回のジャンプに分割されるとき，時間増分は $\Delta t = T/M$ である．この粒子追跡シミュレーションの擬似コードは図 9.23 にまとめられている．変数 $t(j)$ は j 時間ステップ後の時刻である．状態変数 $S(i, j)$ は時刻 $t(j)$ での粒子 i の場所を表す．シミュレーションでは現在の状態を記憶することだけが必要である．すなわち，コードでは，$S(i, j)$ を S によって置き換えられる．変数 $P(j)$ は時刻 $t(j)$ での町の推定汚染レベルを

アルゴリズム： 粒子追跡コード（例 9.5）

変数：
$N =$ 粒子数
$T =$ 最後の粒子のジャンプの時刻（時）
$M =$ 粒子のジャンプの数
$t(j) = j$ 回目のジャンプの時刻（時）
$P(j) = j$ 回目のジャンプの後の町の汚染濃度 (ppm)
$Pmax =$ 町の最大汚染濃度 (ppm)
$Tmax =$ 町の最大の汚染の時刻（時）
$Tsafe =$ 町の汚染が安全なレベルに下がる時刻（時）

入力： N, T, M

過程：
Begin
$\Delta t \leftarrow T/M$
$\Delta P \leftarrow 1000\sqrt{0.5\pi}/N$
for $j = 1$ to M do
　$t(j) \leftarrow j\Delta t$
　$P(j) \leftarrow 0$
for $i = 1$ to N do
　$S(i, 0) \leftarrow 0$
　for $j = 1$ to M do
　　$v \leftarrow 3$
　　if $|S(i, j-1) - 10| \leq 10$ then $v \leftarrow 8 - 0.5|S(i, j-1) - 10|$
　　$S(i, j) \leftarrow S(i, j-1) + \text{Normal}(v\Delta t, 0.5\sqrt{\Delta t})$
　　if $9.5 < S(i, j) \leq 10.5$ then $P(j) = P(j) + \Delta P$
$Tmax \leftarrow 0$
$Pmax \leftarrow 0$
$Tsafe \leftarrow 0$
for $j = 1$ to M do
　if $P(j) > Pmax$ then
　　$Pmax \leftarrow P(j)$
　　$Tmax \leftarrow t(j)$
　if $P(j) > 50$ then $Tsafe = t(j) + \Delta t$
End

出力： $Tmax, Pmax, Tsafe$

図 9.23 変化する風速をもつ汚染の問題の粒子追跡シミュレーションの擬似コード．

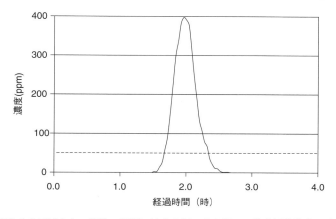

図 9.24 変化する風速をもつ汚染の問題に対する町の中心部での推定汚染濃度．点線は最大安全レベルを表す．

表す．

　ステップ 4 はステップ 3 で示した粒子追跡コードを実行することである．図 9.23 のアルゴリズムを実行したあとで，最終時刻 $T = 4.0$ 時で $M = 100$ 時間ステップで $N = 1,000$ 個の粒子のときのコードの実行結果のひとつが，3 つの MOP に対して $Pmax = 397, Tmax = 1.96, Tsafe = 2.32$ という推定を出した．図 9.24 は，各時刻 $t(j)$ でシミュレートされた濃度レベル $P(j)$ を示す．グラフのでこぼこは粒子追跡シミュレーションのせいである．（たとえば，N を増やして）もっと多くの粒子を使えばもっと滑らかなグラフになるだろう．

　ステップ 5 は問題に答えることである．町の最大汚染レベルは事故後の約 2 時間に起こると推定する．町の最大汚染レベルは，容量にして 400 百万分率 (ppm) に達すると予想されるが，これはこのカテゴリー 1 の汚染物質の最大安全レベルの約 8 倍以上である．汚染の煙は風によって運ばれて町の中に広がっていき，町の毒性のレベルが安全な閾値を下回るのは約 2 時間 40 分後であると推定される．この推定は，町に向かう先頭の汚染粒子の道を近似する粒子追跡シミュレーションに基づいている．一般的に風速は都市で大きいので，シミュレーションは風速の変化を考慮に入れている．図 9.24 は，事故の時点から始まって，町の中心部で予想される汚染物質のレベルの時間経過を示している．この図の点線は $50\,\mathrm{ppm}$ の最大安全レベルを表す．

　感度分析では，ランダムな要因に対するシミュレーション結果の感度を調べることから始める．図 9.25 は，図 9.23 のアルゴリズムの $R = 100$ 回のシミュレーショ

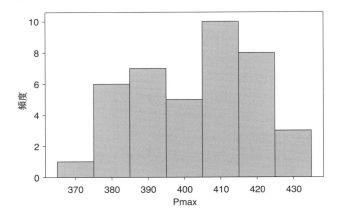

図 9.25 変化する風速をもつ汚染の問題に対する町の中心部での推定汚染濃度. 100 回のシミュレーションの結果.

ン実行結果を示す．各シミュレーションは，時間ステップ $M = 100$ とした最終時刻 $T = 4.0$ 時と $N = 1{,}000$ 個の粒子を仮定している．このシミュレーションの $Pmax$ の平均値は約 400 ppm であるが，代表的な範囲は ± 20 ppm である．もう少し具体的には，$R = 100$ 回のシミュレーション実行は $Pmax$ の 100 個の値を生じるが，標本平均は 404.12 で，標本標準偏差は 16.18 である．標本平均と標本標準偏差はプログラミングのプラットフォームの組込み関数を使うことによって計算された．R 個のデータ点 $X_1, \ldots, X_R$ に対して，**標本平均** $\bar{x}$ はちょうど平均

$$\bar{x} = \frac{1}{R} \sum_{j=1}^{R} X_j$$

である．**標本分散**は公式

$$s^2 = \frac{1}{R-1} \sum_{j=1}^{R} (X_j - \bar{x})^2$$

によって与えられるが，標本平均からの偏差を平方したものの平均である．このとき，**標本標準偏差** s は，標本分散の平方根である．標本分散の公式では，R の代わりに $R - 1$ で割ることによって，σ^2 の推定値が不偏であることが保証される．すなわち，同じ設定でこの公式を繰り返し使うことによって，平均すれば正確な値となるような推定値を与える．標本平均は代表的な値と考えられるが，標本標準偏差は代表的な広がりの値を測る．詳細については Ross (1985) を参照せよ．

最大濃度の時刻 $Tmax$ の最も普通の値は 1.92 時だったが，すべての試行は 1.88

と 1.96 の間の値を与えた．安全レベルまでの時刻 $Tsafe$ の最も普通の値は，2.32 時だったが，すべての値は 2.28 と 2.36 の間だった．時間ステップは $T/M = 0.04$ なので，最も普通の値と最大値あるいは最小値の間の差は 1 時間ステップだった．$Tmax$ と $Tsafe$ はランダムな要因にあまり影響されないと結論づけられる．$Pmax$ のランダムな要因への感度はいくらか大きい．これの標準偏差は，各シミュレーションで使われる粒子数 N に依存する．

これを検証するために，$N = 10,000$ 個の粒子で他のパラメータは同じときの，あと $R = 10$ 回のシミュレーションを行なった．最大濃度 $Pmax$ として得られた値はすべて 395 と 408 の間にあり，標本平均は 400 で，標本標準偏差は 5.6 だった．単純な確率モデルは，結果の変化がどのように標本の大きさに依存するのかを説明する．$Pmax$ の推定値は $K\Delta P$ である．ここで，$\Delta P = P_0/N$ はランダムではなく，K は区間 $9.5 < x \leq 10.5$ の中にある粒子を表す乱数である．

$$q = \int_{9.5}^{10.5} C(x,t)\,dx$$

とするとき，$Pmax = P_0 q$ という量は，ある粒子が時刻 $t = Tmax$ でこの区間に入る理論的な確率である．9.1 節の場合と同じように，i 番目の粒子がこの区間に入っていれば $Y_i = 1$ とし，入っていなければ $Y_i = 0$ とすると，各 Y_i は平均 q と分散 $\sigma^2 = q(1-q)$ をもつ．このとき，$K = Y_1 + \cdots + Y_N$ はこの区間に入る粒子の数である．粒子数 $N \to \infty$ のとき，大数の強法則によって

$$K\Delta P = P_0(K/N) = P_0 \frac{Y_1 + \cdots + Y_N}{N} \to P_0 q = Pmax$$

が保証される．中心極限定理は，大きな N に対して，K/N が平均 q から $2\sigma/\sqrt{N}$ 以上も離れていることはありそうにないということを示す．したがって，粒子数を 10 倍に増やすと，シミュレーション結果の変動を $\sqrt{10} \approx 3$ 倍だけ減らすはずであり，ここでの結果と整合性がある．もう少し進んで，すべての粒子の合計の質量は

$$P_0 = \int_{-\infty}^{\infty} P(x,t)\,dx = 1000\sqrt{0.5\pi} \approx 1253 \text{ ppm}$$

であるため，400 ppm の最大濃度は約 30％の粒子を表す．このとき，$Pmax$ に対するシミュレーションの推定値の約 68％は真の値の $P_0\sqrt{(0.3)(0.7)/N}$ ppm 以内にあるはずであるが，$N = 1000$ では 18 ppm であり，$N = 10,000$ では 5.7 ppm である．これは，シミュレーションで観測される標準偏差（それぞれ 16 と 5.6）にかなり一致している．同様の解析は，推定される濃度曲線である図 9.24 での変化が

シミュレーションの粒子数の平方根に反比例して減少することを示す．したがって，もっと多くの粒子数だともっと滑らかな曲線になる．しかし，変化は標本の大きさの平方根に反比例して減少するので，完全に滑らかな曲線を得るためには十分な粒子をシミュレートすることが必ずしも現実的であるとは限らない．

次に，$v = v(x)$ という形の速度関数の仮定への結果の感度を考えよう．7.4 節の結果との比較から，一定の速度の場合と比べると，粒子追跡モデルは最大濃度の早い到着や最大濃度の低いレベルを予想することがわかる．安全なレベルは 50 ppm なので，一定の風速 3.0 km／時で 3.3 時間後に達成される町の最高濃度は，$50 \times 11 = 550$ ppm である．これは，図 9.23 の粒子追跡コードの行

$$\text{if } |S(i,j) - 10| \leq 10 \text{ then } v \leftarrow 8 - 0.5|S(i,j) - 10|$$

を削除するという単純な修正によってもチェックできる．このとき，速度はシミュレーションではずっと 3.0 km／時に固定する．最終時刻 $T = 6.0$ 時，$M = 150$ 時間ステップ，$N = 10{,}000$ 個の粒子での修正コードのシミュレーション実行から，時刻 $Tmax = 3.28$ 時で $Pmax = 528$ と $Tsafe = 4.04$ という推定値を得たが，7.4 節の結果と良く一致している．まとめると，風速が変化すれば，低い濃度をもつ最大値に早く到着すると思われる．これは「平均的な」風速が増加するという事実によるのだろうか？

表 7.1 の感度分析によって，町の最大濃度は風速 1.0 km／時での $50 \times 6.3 = 315$ ppm から，風速 5.0 km／時での $50 \times 14.2 = 710$ ppm までの間の範囲にあることがわかる．すなわち，風速が大きいと，町の最大濃度が高くなり，早く到着する．風速が大きく，煙が早く到着し，広がるのに時間がかからないので，これは筋が通っている．実際，式 (9.20) によって与えられる，変化する風速 $v(x) \geq 3$ km／時をもつ粒子追跡シミュレーションでは，煙のピークはすぐに到着することが予測される．しかし，モデルは**低い**ピーク濃度も予測する．このパラドックスを理解するために，個々の粒子追跡をもっと詳細に見ることにしよう．

図 9.26 の左のパネルは，変化する風速をもつ粒子追跡モデル (9.20) から $N = 20$ 個の粒子の道をグラフ化している．これらのグラフは，図 9.23 のアルゴリズムを使って，粒子 $i = 1, 2, \ldots, N$ と $j = 1, 2, \ldots, M$ について，$t(j)$ に対する $S(i,j)$ のプロットから作られた．図 9.26 の右のパネルと比較せよ．それは，一定の風速 $v = 5$ をもつ $N = 20$ 個の粒子の道をグラフ化したものであるが，どちらの煙もほぼ同じ時刻に座標 $x = 10$ の都市に到着しているものを選んでいる．一定速度のモデルと比較して，変化する速度の道はかなり大きく拡散している．左のパネルをさらによく調べてみると，この拡散の理由がわかる．ランダムな要因によって，いく

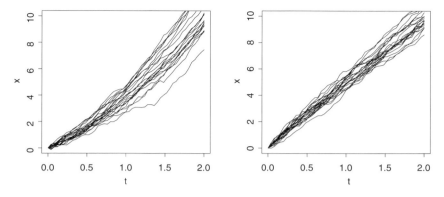

図 9.26 左のパネル：変化する風速をもつ粒子追跡モデル (9.20)に対する粒子追跡．右のパネル：一定の風速 $v = 5\,\mathrm{km}\,/$時をもつ粒子追跡モデルに対する粒子追跡．

つかの粒子はゆっくりと動き始めるので，引き続き低速度でジャンプする．他の粒子は速く動き始めて，速い道にとどまる．**拡散**という言葉は，速度の違いによる粒子の広がりを表現するのに使われる．空中と水中の汚染の問題に対して，拡散はしばしば煙の伝播の背後にある主な駆動要因である．

汚染物質の運搬の工学モデルでは，煙の放出の基本モデルとして，ドリフトをもつ拡散方程式 (9.19)を使うことが一般的である．多くの研究で，データにガウス確率密度曲線をあてはめることによって決まるパラメータ D は，時間（あるいは煙の重心が進んだ距離）とともに大きくなる傾向があると言われてきた．この異常拡散はしばしば粒子速度の変化によるものである．多くの研究では，地下水の汚染物質の研究で使われる多孔性の材料に対する興味深いフラクタルモデルが，ある $p > 0$ に対する $D = D_0 t^p$ のような，D がベキ乗則で成長する傾向があるという観測を説明するために提案されてきた．詳細については，Wheatcraft and Tyler (1988) を参照せよ．

図 9.27 は変化する速度をもつ粒子追跡モデルでの異常拡散を示す．グラフは，$N = 1000$ 個の粒子で，時間増分 $\Delta t = 0.04$ は前と同じく，最終時刻 $T = 2.0$ 時，$M = 50$ 時間ステップの場合の粒子追跡シミュレーションの結果を示している．図 9.23 のアルゴリズムを使うことによって，箱は，$j = 1, \ldots, M$ に対する，時刻 $t(j)$ での粒子の場所 $\{S(i,j) : 1 \leq i \leq N\}$ の分散を示す．一定速度では，時刻 t での粒子の場所は $vt + Z_t$ となるので，分散は線形に増加する．ただし，Z_t は平均 0 で分散 $= Dt$ の正規分布に従う．これは，グラフ上では理論的な分散の線である．一定速度 $v = 5\,\mathrm{km}\,/$時だが他のすべてのパラメータは同じであるような図 9.23 の

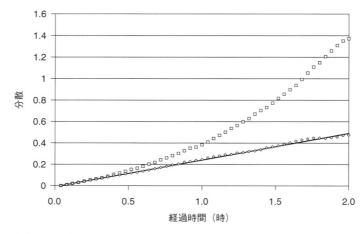

図 9.27 変化する風速をもつ粒子追跡モデル (9.20)に対して観測された拡散（箱）と，比較のために，一定の風速 $v = 5$ km ／時をもつ同じモデルに対して観測された拡散（ダイアモンド）と一定の風速をもつモデルに対する理論的な拡散（直線）．

アルゴリズムによる別の粒子追跡シミュレーションの結果は，この理論的な結果をチェックするために走らせたものである．グラフ上のダイアモンドは，観測された分散がどのくらい良く理論的なモデルに一致しているのかを明らかにするために，各時間ステップでの粒子の場所についての分散の結果を示す．一定速度は粒子の場所の平均を変えるだけで，分散には影響しないので，$v = 3$ または $v = 8$ あるいは他の値をもつ一定速度のシミュレーションは同じ結果を与えることに注意せよ．

　汚染物質の煙における異常拡散が実際に重要な問題を生み出すのは，一定係数の方程式 (9.19)は煙の振る舞いを予測するのに不適当であるからである．この問題を解決するために様々な方法が適用されてきたが，その中には変数係数をもつ 1 次元以上の微分方程式系というもっと複雑なシステムを含んでいて，それは粒子追跡やこの本の第 6 章で説明されたものに類似した有限差分コードによって解くことができる．最近では，異常拡散する煙をモデル化するために，分数階微分を使って，興味深い新しいアイディアが提案されてきた．新しいモデルは，式 (9.19)での 2 階微分を，$1 < \alpha < 2$ の分数階微分によって置き換える．次の章では，この分数階拡散モデルの応用を調べよう．

9.5　分数階拡散

　分数階微分は，兄弟分である整数階微分のすぐあとの 1695 年に，Leibnitz によって発明されたが，最近になってようやく有用な応用が見つけられた．いまや，水質

9.5 分数階拡散 351

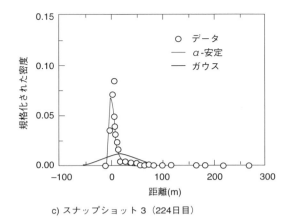

c) スナップショット 3（224日目）

図 9.28 分数階拡散の問題の例 9.6 から測定されたトリチウム濃度（白丸）と適合した安定な密度（太い実線）と適合したガウス密度（細い黒線）．Benson et al. (2001) より抜粋．

汚染または大気汚染での不規則な拡散や，複雑な物質中の熱移動や，侵入種や，細胞膜や，電子工学のモデルで使われている．この節では，水質汚染での分数階微分のモデルを調べるために粒子追跡を用いる．

例 9.6 地下水の拡散を研究する実験が，1993 年にミシシッピー州コロンブスのアメリカ空軍基地で行われた（詳細については Boggs et al. (1993) を参照せよ）．放射性トレーサー（トリチウム）を含んでいる水が地下に注入されて，地下水を流れるトリチウムのプルームの移動が時間の経過とともに追跡された．図 9.28 は，注入から $t = 224$ 日後の測定をもとにして，注入場所から下流への距離 x m に対するトリチウムトレーサーの相対濃度 $C(x,t)$ を示す．グラフの下の方にある細い曲線は，最も適合したガウス密度であり，ドリフトをもつ拡散方程式 (9.19) の解である．実験コース上での重心の移動はおおよそ経過時間に比例した．プルームは $t^{0.9}$ に比例して拡散するが，これが異常拡散のしるしである．またプルームの形が明らかに正の（下流の）方向に強く歪んでいるので，従来の拡散方程式 (9.19) に対する対称なガウス解はこのデータには適当なモデルとはならない．トリチウムのレベルは放射能の単位のキュリーで測定された．1 キュリー (Ci) は 3.7×10^{10} 壊変毎秒として定義される．この実験では，$P_0 = 540$ Ci のトリチウムが注入された．注入場所の下流 $x = 20$ m の地点での最大トリチウムレベルの時間と量とともに，その場所でトリチウム濃度が 2 Ci 以下に下がるのに要する時間を推定せよ．

ファイブ・ステップ法を使おう．最初のステップは問題を尋ねることである．図

変数： $t=$ トレーサー放出後の時間（日）
$x=$ 注入場所から下流方向への距離 (m)
$P=$ 時刻 t における場所 x での汚染濃度 (Ci)

仮定： プルームの平均速度は一定である
プルームは $t^{0.9}$ に比例して拡散する
プルームは正に歪んでいる

目的： 20 m 下流での最大トレーサー濃度，
最大値が生じる時間，
濃度が 2 Ci 以下に下がるまでの時間を決定せよ．

図 9.29 水質汚染の問題のステップ 1 の結果．

9.28 と同じように，$x=0$ が注入場所であり，水は x の正の方向に流れるような座標系を採用する．注入場所から下流 $x=20\,\mathrm{m}$ の場所でのトリチウムトレーサーの濃度と，時間とともにどのように変化するのかを予測したい．ステップ 1 の結果は図 9.29 にまとめられている．

ステップ 2 はモデリング方法を選ぶことである．分数階拡散モデルを使い，粒子追跡法によってそのモデルを解く．

分数階微分 $\partial^\alpha C/\partial x^\alpha$ はフーリエ変換が $(ik)^\alpha \hat{C}$ である関数として定義できる．ドリフトをもつ分数階拡散方程式は，$1<\alpha<2$ のとき，

$$\frac{\partial C}{\partial t} = -v\frac{\partial C}{\partial x} + D\frac{\partial^\alpha C}{\partial x^\alpha} \tag{9.21}$$

である．両辺をフーリエ変換すれば

$$\frac{d\hat{C}}{dt} = -v(ik)\hat{C} + D(ik)^\alpha \hat{C}$$

を得るので，点源の初期条件 $\hat{C}(k,0) \equiv 1$ を使って解くと，任意の $t>0$ に対して

$$\hat{C}(k,t) = \int_{-\infty}^{\infty} e^{-ikx} C(x,t)\,dx = e^{-ikvt + Dt(ik)^\alpha} \tag{9.22}$$

となる．このフーリエ変換は閉じた形では逆変換できないが，確率論から $C(x,t)$ が α-**安定密度関数**であることがわかる．

安定密度は**拡張された中心極限定理**で現れる．$X, X_1, X_2, \ldots$ は独立同

分布の確率変数であるとしよう．ある $A > 0$ とある $1 < \alpha < 2$ に対して，$\Pr\{X > x\} = Ax^{-\alpha}$ であるならば，拡張された中心極限定理によって

$$\lim_{n \to \infty} \Pr\left\{\frac{X_1 + \cdots + X_n - n\mu}{n^{1/\alpha}} \leq x\right\} \to \Pr\{Z_\alpha \leq x\} \quad (9.23)$$

である．ただし，$\mu = E(X)$ および Z_α は添字 α をもつ安定な確率変数であり，その密度 $g_\alpha(x)$ のフーリエ変換は，A と α に依存したある $D > 0$ に対して

$$\hat{g}(k) = \int_{-\infty}^{\infty} e^{-ikx} g_\alpha(x)\, dx = e^{D(ik)^\alpha} \quad (9.24)$$

である．この場合には $\sigma^2 = V(X) = \infty$ であるため，7.3 節で議論した通常の中心極限定理はここでは適用できない．安定な法則，拡張された中心極限定理，分数階微分に関する詳細は Meerschaert and Sikorskii (2012) を参照せよ．

分数階微分方程式に対する解 $C(x,t)$ の拡散率はフーリエ変換から決定できる．簡単な変数変換によって，平均を中心とする密度 $C_0(x,t) = C(x+vt,t)$ はフーリエ変換

$$\int_{-\infty}^{\infty} e^{-ikx} C_0(x,t)\, dx = e^{Dt(ik)^\alpha} \quad (9.25)$$

をもつことがわかり，別の変数変換では $t^{-1/\alpha} C_0(t^{-1/\alpha} x, 1)$ が $C_0(x,t)$ と同じフーリエ変換をもつことがわかる．このことは，最大密度は $t^{1/\alpha}$ に反比例して減少し，プルームは $x = vt$ での重心から離れて $t^{1/\alpha}$ に比例して広がることを示している．$\alpha < 2$ より，これはプルームが従来の拡散よりも速く拡散することを意味するので，ドリフトをもつ分数階拡散方程式 (9.21) は，異常拡散に対するモデルである．最後に，$\alpha = 2$ の場合には，分数階拡散モデルは従来の拡散になることに注意せよ．

ステップ 3 はモデルを定式化することである．分数階拡散方程式 (9.21) を使ってトリチウムのプルームをモデル化する．拡張された中心極限定理 (9.23) を使って，9.4 節で紹介した粒子追跡法により，この方程式を解く．式 (9.23) の確率変数 $X_1, \ldots, X_n$ は，累積分布関数

$$F(x) = \begin{cases} 0 & (x < A^{1/\alpha} \text{ のとき}) \\ 1 - Ax^{-\alpha} & (x \geq A^{1/\alpha} \text{ のとき}) \end{cases} \quad (9.26)$$

をもつ確率変数 X と独立同分布である．その確率密度関数は

$$f(x) = \begin{cases} 0 & (x < A^{1/\alpha} \text{ のとき}) \\ A\alpha x^{-\alpha-1} & (x \geq A^{1/\alpha} \text{ のとき}) \end{cases}$$

であり，平均は

$$\mu = \int_{A^{1/\alpha}}^{\infty} x \, A\alpha x^{-\alpha-1} dx = A^{1/\alpha} \frac{\alpha}{\alpha-1}$$

である．確率変数 X をシミュレートするために，例 9.3 で展開した逆関数法を使う．$y = F(x) = 1 - Ax^{-\alpha}$ とおいて反転すれば

$$x = F^{-1}(y) = \left(\frac{A}{1-y}\right)^{1/\alpha}$$

を得るので，$X = F^{-1}(U)$ とする．ただし，U は $(0,1)$ 上の一様分布である．X が望む分布であることを確かめるために，$x \geq A^{1/\alpha}$ のとき，

$$\Pr\{X \leq x\} = \Pr\left\{\left(\frac{A}{1-U}\right)^{1/\alpha} \leq x\right\}$$
$$= \Pr\left\{U \leq 1 - Ax^{-\alpha}\right\} = 1 - Ax^{-\alpha}$$

となるので，$0 < 1 - Ax^{-\alpha} < 1$ である．

粒子追跡モデルでは，小さな時間間隔 $\Delta t = t/n$ で，各粒子は小さなランダムな移動 $v\Delta t + (\Delta t)^{1/\alpha} X_i$ をすると仮定せよ．ただし，

$$X_i = \left(\frac{A}{1-U_i}\right)^{1/\alpha} - A^{1/\alpha} \frac{\alpha}{\alpha-1}$$

かつ $U_1, \ldots, U_n$ は独立で $(0,1)$ 上の一様な確率変数である．$\mu = 0$ として，拡張された中心極限定理(9.23)を使うと，大きな n に対して $X_1 + \cdots + X_n \approx n^{1/\alpha} Z_\alpha$ であることがわかる．$t = n\Delta t$ より，

$$\left(v\Delta t + (\Delta t)^{1/\alpha} X_1\right) + \cdots + \left(v\Delta t + (\Delta t)^{1/\alpha} X_n\right) \approx vt + (n\Delta t)^{1/\alpha} Z_\alpha$$
$$= vt + t^{1/\alpha} Z_\alpha$$

である．

Z_α の分布関数は

であるため、極限 $vt + t^{1/\alpha} Z_\alpha$ の分布関数は

$$G(x) = \int_{-\infty}^{x} g_\alpha(u)\, du$$

$$\Pr\{vt + t^{1/\alpha} Z_\alpha \leq x\} = \Pr\left\{Z_\alpha \leq \frac{x - vt}{t^{1/\alpha}}\right\}$$

$$= \int_{-\infty}^{t^{-1/\alpha}(x-vt)} g_\alpha(u)\, du$$

$$= \int_{-\infty}^{x} g_\alpha(t^{-1/\alpha}(y - vt)) t^{-1/\alpha}\, dy$$

である。ただし、最後の行で $u = t^{-1/\alpha}(y - vt)$ という置換を行った。$vt + t^{1/\alpha} Z_\alpha$ の密度のフーリエ変換は、式 (9.24) に従って、再び $u = t^{-1/\alpha}(y - vt)$ という同じ置換を行なえば、

$$\hat{C}(k, t) = \int_{-\infty}^{\infty} e^{-iky} g_\alpha(t^{-1/\alpha}(y - vt)) t^{-1/\alpha}\, dy$$

$$= \int_{-\infty}^{\infty} e^{-ik(vt + t^{1/\alpha} u)} g_\alpha(u)\, du$$

$$= e^{-ikvt} \int_{-\infty}^{\infty} e^{-i(kt^{1/\alpha})u} g_\alpha(u)\, du$$

$$= e^{-ikvt + Dt(ik)^\alpha}$$

である。これは式 (9.22) と同じであるので、$C(x, t)$ はドリフトをもつ分数階微分方程式 (9.21) の解であるということになる。したがって、粒子の場所の相対頻度のヒストグラムは、無限個の粒子の理論的な相対濃度を与える確率密度曲線 $C(x, t)$ を近似する。

図 9.28 の α 安定曲線は、$v = 0.12\,\text{m}$ /日というもっとも適合した速度を使って、安定密度に対する逆フーリエ変換 (9.22) によって数値的に得られたものである。この速度の仮定のロバスト性はこの節で後ほど議論する。安定指標 $\alpha = 1.1$ は、$t^{1/1.1} \approx t^{0.9}$ という拡散率を与えるように選ばれた。α として適合した値も、最大値の濃度の減少率や濃度曲線の裾の先端をチェックすることによって確かめられた。図 9.30 は、最も適合したガウスモデルや安定モデルとともに、両対数軸での図 9.28 からの同じ追跡データを示している。α 安定密度 $C = C(x, t)$ は、十分大きな x に対して、$C \approx t\alpha A x^{-\alpha - 1}$ という性質をもっているので、$\log C \approx \log(t\alpha A) - (\alpha + 1) \log x$ となる。したがって、適合した安定密度の両対数プロットは、大きな x に対して直線であるように見える。（この直線の傾きは、パラメータ α を推定するために使うこ

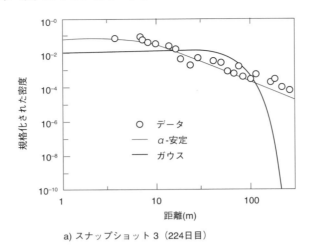

a) スナップショット 3 (224日目)

図 9.30 ベキ乗則の裾を示すために,両対数軸で描かれた,図 9.28 からの追跡データと最も適合したモデル.

とができる.)濃度データもこの直線に従っているという事実は,分数階拡散モデルに有利となる新しい証拠を与えている.追跡濃度の正規推定値はプルームの先端では 10^6 乗をかけても小さいので,従来の拡散モデルでは,下流での汚染リスクをかなり過小評価してしまう.式 (9.21) での分数階の拡散 $D = 0.14$ m$^\alpha$ /日は,すべての時刻に最も適合した安定曲線を与えるように選ばれた.(データは 27 日,132 日,224 日,328 日で集めた.)このことから,Meerschaert and Sikorskii (2012) の定理 3.41 の公式 $A = D(\alpha - 1)/\Gamma(2 - \alpha)$ を使うことによって,粒子のジャンプに対する $A = 0.0131$ という推定値が得られる.ガンマ関数はこの章の最後の練習問題 23 で議論される.

粒子追跡法シミュレーションのコードを図 9.31 に載せる.コードは図 9.23 に似ているが,少し変更している.粒子の総質量は $P_0 = 540$ Ci であり,標的濃度は 2 Ci である.場所 $x = 20$ でのトリチウム濃度は,区間 $15 < x \leq 25$ での粒子数のカウントと,それを区間の長さで割ることによって推定される.2 つの分布パラメータも載せている.パラメータ α は裾を規定し,A はスケールを決定する.すなわち,平均値は $A^{1/\alpha}$ に比例する.$P_0 = 540$ Ci のトリチウムが注入されたので,$P(x,t) = P_0 C(x,t)$ を使ってトリチウム濃度をモデル化する.

ステップ 4 に進む前に,図 9.31 のコードを試してみて,図 9.28 の濃度曲線を再現できるかどうかを調べた.図 9.32 は,図 9.31 のコードの計算機の実行に基づいた,$N = 10{,}000$ 粒子で $M = 100$ 時間ステップの粒子追跡シミュレーションによ

アルゴリズム： 粒子追跡コード（例 9.6）

変数：
$N = $ 粒子数
$T = $ 最後の粒子のジャンプの時刻（日）
$M = $ 粒子のジャンプの回数
$t(j) = j$ 番目のジャンプの時刻（日）
$P(j) = j$ 番目のジャンプ後のトリチウム濃度 (Ci)
$Pmax = $ 最大トリチウム濃度 (Ci)
$Tmax = $ 最大濃度の時刻（時）
$Tsafe = $ 濃度が 2.0 Ci まで減少する時刻（時）
$A = 0.0131$ 式 (9.26)のスケールパラメータ
$\alpha = 1.1$ 式 (9.26)の裾のパラメータ

入力： N, T, M

過程：
```
Begin
Δt ← T/M
ΔP ← 540/N
for j = 1 to M do
   t(j) ← jΔt
   P(j) ← 0
for i = 1 to N do
   S(i,0) ← 0
   for j = 1 to M do
      U ← Random(0,1)
      X ← (A/(1−U))^(1/α) − A^(1/α)α/(α−1)
      S(i,j) ← S(i,j−1) + 0.12Δt + Δt^(1/α) X
      if 15 < S(i,j) ≤ 25 then P(j) = P(j) + ΔP/10
Tmax ← 0
Pmax ← 0
Tsafe ← 0
for j = 1 to M do
   if P(j) > Pmax then
      Pmax ← P(j)
      Tmax ← t(j)
   if P(j) > 2.0 then Tsafe = t(j) + Δt
End
```

出力： $Tmax, Pmax, Tsafe$

図 9.31 例 9.6 の分数階拡散の問題の粒子追跡シミュレーションに対する擬似コード．

る，粒子 $i = 1, \ldots, N$ の時刻 $T = t(M) = 224$ 日での場所 $S(i, M)$ の相対頻度ヒストグラムを示す．図 9.32 の粒子の場所のヒストグラムは，図 9.28 の α 安定密度曲線にかなり良く合っていることに満足しよう．

ステップ 4 はモデルを解くことである．図 9.33 は，$N = 10{,}000$ 個の粒子で最

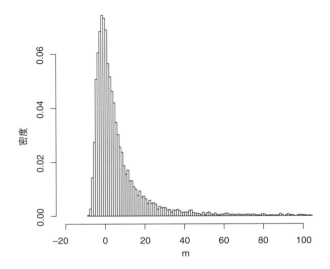

図 9.32 例 9.6 の分数階拡散の問題の粒子追跡シミュレーションの時刻 $t = 224$ 日での結果．ヒストグラムによってドリフトをもつ分数階拡散方程式 (9.21) の解 $C(x,t)$ を近似する．

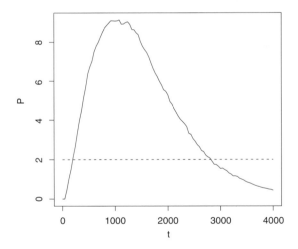

図 9.33 例 9.6 の水質汚染の問題に対する，注入場所から $x = 20\,\mathrm{m}$ 下流で推定されるトリチウムのレベル．

終時刻が $T = 4000$ 日で $M = 100$ 時間ステップでの，図 9.31 のコードを走らせた結果をまとめている．グラフは，粒子数を増やすことによってより滑らかにできる．最大濃度 $Pmax = 9.14\,\mathrm{Ci}$ は時刻 $Tmax = 1080$ 日で起こった．トリチウム

のレベルが 2 Ci まで減少するのに $Tsafe = 2840$ 日かかった.

ステップ5は質問に答えることである. 注入場所から $x = 20$ m 下流の地点でのトリチウムの最大濃度はおよそ3年以内に起こると見積もられる. その時, 推定濃度は約 9 Ci である. トリチウムのプルームは地下水によって下流に運ばれるので, この地点でのトリチウム濃度が 2 Ci 以下に下がるのにだいたい8年かかるだろう. 図 9.33 は, $x = 20$ m 下流の地点での, 注入時刻からの経過時間に対する予想されるトリチウム濃度のレベルを示す. この図の破線は標準レベルの 2 Ci を示す. 予想されるトリチウムのプルームが地表の水流の方向に延びていることを注意することも意義のあることである. 図 9.32 は, 注入から 224 日後に予想される煙の形状を示す.

ステップ5で報告された結果はモンテカルロシミュレーションによるものなので, ランダムな要因への感度を調べることは重要である. $N = 1,000$ 個の粒子で, 最終時刻が $T = 4000$ 日で, $M = 100$ ステップとしたシミュレーションを 30 回繰り返した. これは, シミュレーションを速めるために, 実行ごとの粒子数を減らした以外は, ステップ4と同じ値である. 3つの MOP で得られた値は, 標本平均 ± 標本標準偏差として報告すると, $Pmax = 9.6 \pm 0.6, Tmax = 944 \pm 125, Tsafe = 2830 \pm 110$ である. 30 回のシミュレーションの平均値はステップ5で報告された値と一致していて, 標準偏差は1単位 (Ci または年) だけ少ないので, ステップ5で報告された値はそこで述べた正確さで, 信頼できると結論できる.

次に, 粒子の平均速度の推定方法のロバスト性を考えたい. 速度 $v = 0.12$ m /日は濃度測定の平均 (重み付け平均) に基づいて推定されたことを思い出そう. 濃度曲線は非常に歪んでいるので, 平均 (プルームの重心) はモード (最高濃度の点) から離れている. たとえば, $t = 224$ 日の時刻での平均は $x = vt = (0.12)(224) = 26.88$ m である. しかし, 図 9.28 における α 安定密度曲線のピークはこの点の左に離れて存在する. 濃度曲線が**重い裾**をもっているために, 平均はモードから著しくずれているのである. 図 9.32 のヒストグラムを考えよう. $N = 10,000$ 個の粒子でシミュレーションすると, そのモンテカルロシミュレーションでは, 標本平均は 18.5 m で標本標準偏差は 355.2 m だった. このばかげたほど大きい標本標準偏差は (2 次モーメントが存在しないので) 理論的な標準偏差が無限大であることによる. したがって, 標本標準偏差は, 粒子の位置のデータにはかなりのばらつきがあるということを強調する以外には有用な情報を与えない. 実際, 粒子の位置は -8.45 m から 28,352.3 m まで及んでいた. ごくいくつかの粒子は非常に長い距離をさまよう. r m 以上も下流にジャンプする確率は, 粒子ジャンプモデルでは $r^{-\alpha}$ に比例して減少したことを思い出そう. $\alpha \approx 1$ なので, このことは 10,000 個に約1個の粒子は,

通常よりも 10,000 倍遠くにジャンプするということを意味する．統計学では，このような極端なデータ点は**外れ値**と呼ばれる．

外れ値がある場合には，平均は典型的な振る舞いに対して信頼できない推定値となりうる．オーナーが毎年 1,000,000 ドルの収入を得ていて，20 人の従業員の給料はそれぞれ毎年 50,000 ドルであるような会社を考えよう．オーナーを含む平均給料は毎年 $(2,000,000)/21 \approx 95,000$ ドルであるが，これはとても典型的な給料の指標とはいえない．同様に，トリチウムのプルームでの平均的な粒子の位置は，少数の外れ値が平均を上げるために，プルームの中心の信頼できるような指標ではない．粒子の位置の中央値はだいたい 2.0 m である（50％の粒子はずっと下流をさまよう）．中央値は，外れ値に影響を受けないので，平均やピーク（最頻値）よりも信頼できる基準である．しかし，中央値をモデル (9.21) のパラメータに関連づける単純な方法はない．

図 9.28 の濃度の数値はすべて，注入場所からおよそ 300 m 以内であることに注意しよう．この測定方法はプルームの濃度を切断する．これは推定速度にどのような切断効果を与えるだろうか？ 図 9.28 から，$N = 10,000$ 個の粒子の位置は，理論的な平均の 26.88 m からは（大きな標本標準偏差を考えると）それほど離れていないような，18.5 m の標本平均をもっていたことを思い出そう．この位置のデータをソートして，10,000 個のデータ点のうち 58 個の点が 300 m を越えていたことがわかった．そこで，これらの値を計算から外すことによって，平均の粒子の位置を再計算した（すなわち，残りのデータ値を足し上げて，9942 で割った）．結果として得られた平均の粒子の位置は 8.33 m であり，すべての平均の 18.5 m の半分未満であった．すべてのデータ値の 99.4 ％ を用いたが，残りの 0.6 ％は平均の粒子の位置に重大な効果をもっている．この計算はモンテカルロシミュレーションに基づいているので，この過程を何回か繰り返した．結果として得られたすべての粒子に対する平均の位置は著しく変化した．標準偏差と最大の粒子の位置はものすごく変化した．しかし，300 m 未満の下流で終わった粒子の平均の位置は，常に約 8 m であった．速度パラメータ v を図 9.28（および他の 3 つのスナップ写真）の濃度データから推定するとき，この切断効果が考慮された．実際，図 9.28 から推定された平均値は 8.0 m だった．切断効果は正規確率密度関数では無視できるので，図 9.28 のガウス曲線は約 8 m の平均である．

モデリングでは，与えられたモデルで推定されたパラメータ値は，決してこれらのパラメータについての実際の"真実"と混同してはならない．伝統的な拡散モデルも分数階拡散モデルも，どちらも速度パラメータを含んでいるが，これらのパラメータの意味は応用の内容によっては異なる可能性がある．このような理由から，

あるモデル（伝統的な拡散モデル）の内容で速度パラメータを推定し，同じ値が別のモデル（分数階拡散モデル）でも正しいと仮定することは誤りである．同じことがすべてのモデルパラメータにあてはまる．たとえば，ベキ乗則モデル (9.26) で裾のパラメータ α を推定し，同じパラメータ値が安定なモデルにもあてはまると仮定するのは適当ではない．経済の文献では，この単純な真実はいくらか深刻な混乱の原因になっているが，さらに詳細については McCulloch (1997) を参照せよ．

分数階微分，ベキ乗則のジャンプ，フラクタルの間の関連性についていくつか述べてこの例を終えよう．次数 α の分数階微分をもつ分数階拡散方程式はランダムなベキ乗則のジャンプの和を決めているということをすでに見てきた．ここで，α という数はベキ乗則のジャンプの確率の裾の指数でもある．ベキ乗則のジャンプをもつ確率モデルは分数階微分の具体的な理解を与える．分数階微分が何を意味しているのかを考えるための良い方法は，拡散の粒子追跡モデルを考えることである．2階微分は平均 0 で有限の分散をもつ粒子のジャンプを決める．分数階微分はベキ乗則のジャンプを決める．

7.4 節では，フィックの法則 (7.27) に則って，質量保存方程式 (7.26) を適用することによって伝統的な拡散方程式 (7.28) を導いた．フィックの法則は経験的であることを思い出そう．すなわち，ある制御された実験の設定での現実世界の観察に基づいている．分数階拡散方程式は，分数階フィックの法則を用いて，同様の方法で導くことができる．分数階フィックの法則では，粒子の流量

$$q = -D \frac{\partial^{\alpha-1} C}{\partial x^{\alpha-1}} \quad (9.27)$$

は，カオス的なダイナミカルシステムからの経験的な観察に基づいている．そこでは，1 時間ステップの間に大きさ Δx の箱を j 回横切ってジャンプする粒子の割合がベキ乗則に比例して減少する．この分数階拡散に対する決定論的モデルは，ベキ乗則の分布をもつランダムなジャンプに基づいて，粒子追跡モデルと密接に結びついている．さらに詳細については Meerschaert and Sikorskii (2012) を参照せよ．

6.4 節では，フラクタルという興味深いテーマを議論した．伝統的な拡散と分数階拡散の粒子の軌跡はどちらもランダムなフラクタルである．図 9.26 の右のパネルは，いくつかの代表的な粒子の軌跡を示していて，$t(n)$ に対する $S(n)$ をプロットして得られたものである．ここで，

$$S(n) = \sum_{j=1}^{n} \left(v\Delta t + \sqrt{D\Delta t}\, Z_j \right) \quad (9.28)$$

であり，Z_j は平均 0 で分散 1 の独立な標準正規確率変数である．和 $S(n)$ は，$t = n\Delta t$

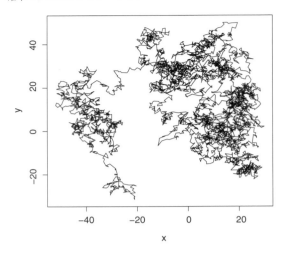

図 9.34 次元 $d=2$ のランダムなフラクタルであるブラウン運動の粒子追跡シミュレーション．

のとき，平均 vt で分散 Dt の正規分布をもつ．$n \to \infty$ のとき，時刻 $t(n)$ で値 $S(n)$ をもつ離散時間確率過程はドリフト $B(t)+vt$ をもつ**ブラウン運動**に収束する．ブラウン運動 $B(t)$ は状態空間が実数直線全体であるようなマルコフ過程である．その密度関数 $C(x,t)$ は拡散方程式 (7.28) の解である．ブラウン運動の粒子の軌跡は次元 $d=3/2$ のランダムなフラクタルである．式 (9.28) の正規確率変数を，同じ平均と分散をもつ他の任意の確率変数で置き換えても，中心極限定理が応用できて，極限では同じブラウン運動の過程を得る．2 以上の次元では，ブラウン運動の粒子の軌跡は次元 $d=2$ のランダムなフラクタルである．次元は整数であるが，次元は 1 ではないので，これらの粒子の軌跡はフラクタルのままである．

図 9.34 はブラウン運動の典型的な粒子の軌跡を示す．粒子の軌跡はフラクタルであるので，グラフの一部分に焦点を合わせると，大きな絵のように，他の構造も明らかになってくる．これは，ブラウン運動の自己相似性に関連している：時間スケール $c>0$ での過程 $B(ct)$ は過程 $c^{1/2}B(t)$ と確率論的に同等である．時間スケール c を減少させると，空間スケール $c^{1/2}$ も減少するが，これはグラフ上で拡大することに相当する．

式 (9.28) の正規変数を，$1<\alpha<2$ の分布 (9.26) に従うベキ乗則のジャンプに置き換えると，拡張された中心極限定理によって極限は指数 α の安定分布である．$n \to \infty$ のとき，時刻 $t(n)$ での値 $S(n)$ をもつ離散時間確率過程は**ドリフトをもつ安定な Lévy 運動** $L(t)+vt$ に収束する．安定な Lévy 運動 $L(t)$ はブラウン運動

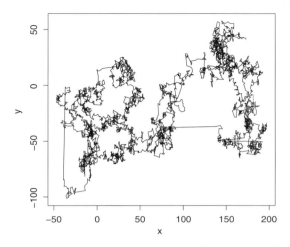

図 9.35 次元 $d = \alpha = 1.8$ のランダムなフラクタルである安定な Lévy 運動の粒子追跡シミュレーション．

の近い親類である．その密度関数 $C(x, t)$ は $v = 0$ の分数階拡散方程式 (9.21) を解く．2 以上の次元では，α 安定な Lévy 運動の粒子の軌跡は次元 $d = \alpha$ のランダムなフラクタルである．図 9.35 はこの場合の $\alpha = 1.8$ の安定な Lévy 運動の典型的な粒子の軌跡を示す．絵は，時々の大きなジャンプを除いて，ブラウン運動に似ている．振る舞いは例 6.6 の天気の問題にやや似ている．軌跡はしばらく局所的にとどまってから，別の近くの場所にすばやくジャンプする．時間スケール $c > 0$ での過程 $L(ct)$ は過程 $c^{1/\alpha} L(t)$ と確率論的に同等である．フラクタル次元 α の減少とともに，グラフは滑らかになっていく．まとめると，パラメータ α はベキ乗則のジャンプ，フラクタル微分の次数，粒子の軌跡のフラクタル次元を決定する．

9.6 練習問題

1. 偶然の単純なゲームがコイン投げによって行なわれる．賭博場はコインを投げてプレイヤーは空中でコールする．コインがプレイヤーがコールしたように地面に落ちたら，賭博場はプレイヤーに 1 ドルを支払う；そうでなければ，プレイヤーが賭博場に 1 ドルを支払う．プレイヤーは 10 ドルで始める．

    (a) プレイヤーが持ち金を倍増させる前に破産する確率はどのくらいか？ ファイブ・ステップ法を用いて，モンテカルロシミュレーションによりモデル化せよ．

    (b) (a) で書かれているゲームは平均してどのくらい続くだろうか？

(c) プレイヤーは 25 回のコイン投げのあとに平均していくら持っているだろうか？

2. 2個のサイコロ投げでは，合計 7 は確率 1/6 で生じる．

   (a) このサイコロ投げを 100 回行うとき，合計 7 が 5 回連続して起こる確率はいくつか？ ファイブ・ステップ法を用いて，モンテカルロシミュレーションによりモデル化せよ．

   (b) 合計 7 が起こるまでに投げる回数は平均していくつだろうか？ どんな方法を使ってもよい．

3. 例 8.1 の在庫の問題を再び考えよう．本文では，客が到着する時間間隔が平均 1（週間）の指数分布に従うとき，1 週間の到着人数の分布は平均 1 のポアソン分布に従うと述べた．

   (a) 1 週間の到着をモデル化するためにモンテカルロシミュレーションを使え．到着の時間間隔は平均 1 の指数分布に従うと仮定せよ．1 週間の間の平均到着人数を決定するためにシミュレーションせよ．

   (b) 0, 1, 2, 3 あるいは 4 以上の到着があるようなシミュレーションの週の割合を追跡するためのシミュレーションプログラムを修正せよ．8.1 節で与えられたポアソン確率と比較せよ．

4. (a) 練習問題 3 を繰り返すが，客の到着時間間隔は 0 週間と 2 週間の間に一様に分布していると仮定せよ．

   (b) 例 8.1 のマルコフ連鎖の状態遷移確率を修正した計算機プログラムの出力による確率を用いよ．

   (c) 客の一様な到着間隔時間を仮定して，定常状態の確率に対する $\pi = \pi P$ を解け．

   (d) この修正された例に対して，需要が供給を超える定常状態確率を決定せよ．

   (e) (d) の結果を 8.1 節の計算と比較して，ランダムな到着という仮定をもつ元々のモデルのロバスト性について述べよ．

5. 例 9.3 のドッキングの問題を再び考えるが，今度は制御を調整するための時間は 4 秒と 6 秒の間で一様に分布していると仮定する．

   (a) c_n の分布にこの変化を反映させるために，図 9.10 のアルゴリズムを修正せよ．

(b) (a) のアルゴリズムを計算機上で実行せよ．
(c) $k = 0.02$ で 20 回のシミュレーションを実行して，結果を表にせよ．ドッキングの平均時間を推定せよ．
(d) (c) の結果を 9.2 節で得られた結果と比較せよ．モデルは c_n が正規分布に従うという仮定についてロバストであるといえるだろうか？

6. 例 9.3 のドッキングの問題を再び考えよう．

  (a) 図 9.10 のアルゴリズムを計算機上で実行せよ．モデルを何回か実行して，本文の結果と比較せよ．
  (b) パラメータ k を変化させて，この制御パラメータの最適な値を決定せよ．平均的な振る舞いを決定するために k の各々の値に対してモデルの実行を何回か行なう必要があるだろう．
  (c) (b) の解答の宇宙船の初期速度への感度を調べよ．50 m／秒と仮定していた．
  (d) (b) の解答のドッキングの閾値への感度を調べよ．0.1 m／秒と仮定していた．

7. 例 9.1 の雨の日の問題を再び考えるが，今度は，今日が雨のとき，明日も雨である確率は 75％であり，今日が晴れのとき，明日も晴れである確率は 75％であると仮定する．休暇中の到着日が晴れだった ($X_0 = 0$)．

  (a) 到着日以降での定常状態の雨の日の確率を決定せよ．マルコフ連鎖として $\{X_t\}$ をモデル化せよ．
  (b) モンテカルロシミュレーションを用いて 3 日間連続して雨である確率を推定せよ．

8. 第 8 章 練習問題 11 の細胞分裂の問題を再び考えよう．

  (a) モンテカルロシミュレーションを使って細胞分裂の過程をモデル化せよ．ひとつの細胞が 100 個の細胞に成長するのに平均してどのくらいの時間がかかるだろうか？
  (b) ひとつの細胞の系統が 100 個の細胞になる前に死滅してしまう確率はどのくらいだろうか？

9. （第 7 章 練習問題 8 の続き）モンテカルロ法を用いて平均の到着間隔が 5 分のランダムな到着過程をシミュレーションせよ．$t = 1$ 時になる前の最後の到

着から $t=1$ 時より後の次の到着までの平均時間を決定せよ．

10. （第 7 章　練習問題 9 の続き）スーパーマーケットのレジの列の問題をシミュレーションせよ．サービス時間を表す乱数を引いて，あなたの数を超えるためにはいくつの乱数が必要かを調べよ．多数回のシミュレーションを繰り返して，あなたの数を超えるような乱数を見つけるために必要な平均の個数を決定せよ．答えと第 7 章の練習問題 9 の (c) で得られたものとの差を正当化せよ．

11. 練習問題 8.1 の在庫の問題を再び考えて，1 週間あたりに損した売上の平均の個数を決定せよ．

   (a) 毎日，確率 0.2 で客が到着すると仮定せよ．1 日の時間ステップに基づくモンテカルロシミュレーションを作り，1 週間の売上活動をシミュレーションせよ．初めの在庫が $1, 2, 3$ 個の水槽の場合に，シミュレーションを繰り返すことによって損した売上の平均の個数を決定せよ．
   (b) (a) の結果を 8.1 節で計算した定常状態の確率と結びつけて，1 週間あたりに損した売上の全体的な平均の個数を決定せよ．

12. この練習問題は二項モデルを説明する．m 回の独立なランダムな試行が行なわれて，それぞれの試行は q の成功確率であるとせよ．i 番目の試行が成功するとき $X_i = 1$ として，成功しないとき $X_i = 0$ としよう．このとき $X = X_1 + \cdots + X_m$ は成功回数である．

   (a) $EX = mq, VX = mq(1-q)$ を示せ．[ヒント：まず $EX_i = q, VX_i = q(1-q)$ を示せ．]
   (b) $X = i$ が起こるために $\binom{m}{i}$ 個の方法が可能である理由とそれぞれの確率が $q^i(1-q)^{m-i}$ である理由を説明せよ．
   (c) 本文の式 (9.14) が m 回の試行のうち i 回成功する確率を表している理由を説明せよ．

13. 例 9.4 の爆撃航程の問題を再び考えよう．モデルを修正して，このミッションにより失われる飛行機の数の期待値を出力せよ．爆撃機は標的の場所に向けて発射されるので，攻撃が終わったあとでさらに飛行機が失われる確率を考慮に入れよ．

   (a) $N = 15$ 回送られるとき，ミッションにより平均して何機の飛行機が失われるだろうか？
   (b) N について感度分析を行なえ．

(c) 1,200マイル／時で飛び，標的の場所で15秒間だけロイター飛行すればいい先進の爆撃機が使えるとしたら，どうなるだろうか？

(d) 1機のミサイルが1機の飛行機を撃ち落とす確率 q について感度分析を行なえ．$q = 0.4, 0.5, 0.6, 0.7, 0.8$ の場合を考えよ．一般的な結論を述べよ．担当司令官はどのような状況でパイロットにこのミッションで飛ぶように命令するだろうか？

14. 例9.4の爆撃航程の問題を再び考えよう．優れた技術はほとんどの爆撃機を検知されずに防空の中を通り抜けさせると仮定せよ．

   (a) 4機の飛行機が検知されるとしよう．Y を防空による8回の攻撃から逃れる飛行機の数としよう．Y の確率分布を決めて，攻撃が完了する前に失われる飛行機の平均の数を計算せよ．9.3節の終わりで議論したようなマルコフ連鎖に基づくモンテカルロシミュレーションを用いよ．

   (b) (a)を繰り返すが，今度は解析的シミュレーションを使え．

   (c) 例9.4のモデルに1機の飛行機で複数の攻撃の確率を組み入れることが要求されたとしよう．利用できる2つの選択がある．(b)の結果を組み入れて純粋に解析的シミュレーションを書くか，(a)のモンテカルロシミュレーションモデルを一般化したものを使って，検知される $d = 1, \ldots, 7$ 機の飛行機に対して Y の確率分布を求めて，その結果をデータとしてモデルに組み込むことである．どちらの選択を選ぶか？　説明せよ．

15. （難しい問題）問題14(c)で書かれているモデルの拡張を行なえ．

16. 例9.4の爆撃航程の問題を再び考えよう．

   (a) モンテカルロシミュレーションを用いて $N = 15$ 機の飛行機が送り込まれるときのミッションの成功確率を見つけよ．

   (b) N の感度分析を行なえ．$N = 12, 15, 18, 21$ に対するミッションの近似的な成功確率を決定せよ．

   (c) モデルの定式化と感度分析の両方の難しさから，モンテカルロシミュレーションと解析的シミュレーションの相対的な利点を比較せよ．

17. 例9.4の爆撃航程の問題を再び考えよう．この問題は二項式

$$(a+b)^n = \sum_{i=0}^{n} \binom{n}{i} a^i b^{n-i}$$

がどのように使われて，本文で示された解析的シミュレーションモデルを簡単

にするのかを示す.

(a) 二項式を使って式

$$S = 1 - (1-p)^{N-m}(q + (1-p)(1-q))^m$$

を導け.

(b) 成功確率 S を保証するために必要な飛行機の数 N は

$$N = \log\left[\frac{(1-S)(1-p)^m}{(q+(1-p)(1-q))^m}\right] / \log(1-p)$$

以上の最小の整数であることを示せ.

(c) この式を使って図 9.17 で報告された感度分析の結果を確かめよ.

18. 無線通信チャンネルは，20％の時間で使われているが，80％の時間で使われていない．平均的なメッセージは 20 秒続く．検出器は周期的にチャンネルを監視してこのチャンネルを使っている発信の場所を検知しようとする．検出器の性能の解析的シミュレーションモデルが作られる．ある検査で得られたチャンネルの状態（混んでいるか空いているか）は前の検査で得られた状態とは独立であるということが少なくとも近似的に真であるならば，モデルは非常に単純化できる．2 状態マルコフ過程を使ってチャンネルをモデル化して，解析的シミュレーションを使うことによって，過程が定常状態に落ち着くまでにはどのくらいの時間がかかるのかを決定せよ．ここからは過程は本質的にもとの状態を忘れる.

(a) このマルコフ過程について定常状態の分布を決定せよ.

(b) 状態確率 $P_t(i) = \Pr\{X_t = i\}$ をみたす微分方程式の集合を導け．8.2 節を参照せよ.

(c) $X_t = 0$（チャンネルが空いている）のとき，状態の確率が定常状態の値の 5％以内を得るにはどのくらいの時間がかかるだろうか？

(d) $X_t = 1$（チャンネルが混んでいる）を仮定して (c) を繰り返せ.

(e) （少なくとも）このモデルに対してマルコフ性を適用するためには検査はどのくらい離れて連続しているのが適当だろうか？

19. この問題は解析的モデルを使って例 9.1 の雨の日の問題を解く方法を示す.

(a) C_t は t 日までに連続した雨の日数を表すとしよう．$\{C_t\}$ はマルコフ連鎖

であることを示せ．このマルコフ連鎖に対する状態遷移図と状態遷移行列を書き下せ．

(b) $\max\{C_1, \ldots, C_7\} \geq 3$ の確率に興味がある．(a) から状態空間をちょうど $\{0, 1, 2, 3\}$ だけに限定することによってマルコフ連鎖モデルを変更せよ．3 が吸収状態であるように状態遷移確率を変化させよ．すなわち

$$\Pr\{C_{t+1} = 3 | C_t = 3\} = 1$$

とおけ．今週に少なくとも 3 日間連続して雨の日である確率が $\Pr\{C_7 = 3 | C_0 = 0\}$ である理由を説明せよ．

(c) 毎日 50％の確率で雨が降ると仮定して，第 8 章の方法を用いて，1 週間のうち少なくとも 3 日間連続して雨の日である確率を計算せよ．

(d) 50％の仮定について感度分析を行なえ．図 9.5 で示された結果と比較せよ．

(e) この解析的モデルを 9.1 節で用いられたモンテカルロモデルと比較せよ．どちらが好きか，またなぜか？ この問題にちょうどいま出くわしたら，どちらのモデリングの方法を選ぶだろうか？

20. 粒子追跡法を用いて例 7.5 の汚染の問題を解け．

(a) 図 9.23 の粒子追跡コードを実行せよ．コードを走らせて出力が本文の例 9.5 で報告されたものとかなりよく合っていることを確かめよ．

(b) 速度を定数 $v = 3.0\,\mathrm{km}$／時としてコードを修正せよ．(a) を繰り返して，例 7.5 の結果と比較せよ．結果は本文で報告されたものと合っているだろうか？

(c) (b) のモンテカルロシミュレーションの結果の感度分析を行ない，3 つの性能指標 $Tmax, Pmax, Tsafe$ がどのようにランダムな要因に依存しているのかを決定せよ．(b) で報告された結果はどのくらい確信がもてるか？

(d) 煙の速度について感度分析を行なえ．表 7.1 の v のそれぞれの値に対して (b) のシミュレーションを数回繰り返して，平均をとることによって，表 7.1 の結果を再現せよ．表の結果はどのくらい確信がもてるか？

(e) このモンテカルロシミュレーションモデルを 7.4 節で使われた解析的モデルと比較せよ．どちらが好きか，またなぜか？ この問題にちょうどいま出くわしたら，どちらのモデリングの方法を選ぶだろうか？

21. 例 7.5 の汚染の問題を再び考えるが，今度は風速 v（km／時）は式

$$v = 3 + \frac{M - 3}{1 + 0.1 d^2} \tag{9.29}$$

で与えられると仮定しよう．ただし，d (km) は町の中心からの距離であり，$M = 8\,\mathrm{km}$/時は町の中心の風速である．

(a) 例 7.5 の風速の関数とともに新しい風速の関数をプロットせよ．似ているだろうか？

(b) 図 9.23 の粒子追跡コードを実行せよ．コードを走らせて出力が本文の例 9.5 で報告されたものとかなりよく合っていることを確かめよ．

(c) 新しい風速を使って (b) のコードを修正せよ．(b) を繰り返して結果を比較せよ．例 7.5 のモデルは仮定した風速の関数についてロバストだろうか？

(d) 町の最大風速について感度分析を行なえ．$M = 4, 6, 8, 10, 12\,\mathrm{km}$/時に対して (c) を繰り返せ．3 つの性能指標 $Tmax, Pmax, Tsafe$ は最大風速に対してどのくらい敏感だろうか？

22. この問題では例 7.5 の汚染の問題の拡散の程度に対するベキ乗則モデルを調べる．

(a) 図 9.23 の粒子追跡コードを実行せよ．コードを走らせて出力が本文の例 9.5 で報告されたものとかなりよく合っていることを確かめよ．

(b) (a) のコードを修正して，$j = 1, 2, \ldots, M$ に対する各時刻 $t(j)$ での粒子の位置 $\{S(i, j) : 1 \leq i \leq N\}$ の標本分散 $s^2(j)$ を計算せよ．

(c) 図 9.27 に似ているが，(b) の時刻 $t(j)$ に対する分散 $s^2(j)$ をプロットせよ．グラフの主な特徴を述べよ．

(d) (b) の時刻 $t(j)$ に対する分散 $s^2(j)$ の両対数プロットを作成せよ．すなわち，$\log t(j)$ に対する $\log s^2(j)$ をプロットせよ．この両対数プロット上の点は直線に従っているように見えるだろうか？

(e) (b) の結果にベキ乗則モデル $\sigma = Ct^p$ をあてはめよ．これを行うためのひとつの方法は，対数変換したデータに線形回帰を適用することであるが，第 8 章の練習問題 18 と比較せよ．(c) の分散のデータとともに (e) のベキ乗則モデルをプロットせよ．粒子の煙の分散に対してベキ乗則モデルを採用することは適当だろうか？　このモデルの現実的な有用性は何だろうか？

23. この問題は，分数階微分という文脈で，ガンマ関数とラプラス変換を導入する．ガンマ関数は $b > 0$ に対して

$$\Gamma(b) = \int_0^\infty x^{b-1} e^{-x} dx$$

によって定義される．関数 $f(x)$ のラプラス変換は

$$F(s) = \int_0^\infty e^{-sx} f(x)\, dx$$

によって定義される．

(a) 部分積分を使って $\Gamma(b+1) = b\Gamma(b)$ を示せ．$\Gamma(n+1) = n!$ と結論づけよ．

(b) 置換 $y = sx$ を使って，関数 $f(x) = x^p$ のラプラス変換は $s^{-p-1}\Gamma(p+1)$ であることを示せ．

(c) 部分積分を使って $sF(s) - f(0)$ は 1 回微分 $f'(x)$ のラプラス変換であることを示せ．

(d) 次数 $0 < \alpha < 1$ の Caputo 分数階微分 s のラプラス変換は $s^\alpha F(s) - s^{\alpha-1} f(0)$ であることを示せ．この式を使って $f(x) = x^p$ が分数階微分

$$\frac{\Gamma(p+1)}{\Gamma(p+1-\alpha)} x^{p-\alpha}$$

をもつことを示せ．

(e) 同じ式が正整数 α に対しても成り立つ理由を説明せよ．

24. この問題は分数階微分の2つの式を導入する．次数 $n-1 < \alpha < n$ の Riemann-Liouville 分数階微分は，練習問題 23 で導入されたガンマ関数を用いて

$$\frac{1}{\Gamma(n-\alpha)} \frac{d^n}{dx^n} \int_0^\infty f(x-y) y^{n-\alpha-1} dy \tag{9.30}$$

と定義される．次数 $n-1 < \alpha < n$ の Caputo 分数階微分は，積分の中に微分を移動させることによって

$$\frac{1}{\Gamma(n-\alpha)} \int_0^\infty \frac{d^n}{dx^n} f(x-y) y^{n-\alpha-1} dy \tag{9.31}$$

と定義される．

(a) 式 (9.30)を応用して，$a > 0$ に対する関数 $f(x) = e^{ax}$ の Riemann-Liouville 分数階微分を計算せよ．

(b) 結果として得られる式が正整数 α に対しても正しい理由を説明せよ．

(c) 式 (9.31)を応用して，$a > 0$ に対する関数 $f(x) = e^{ax}$ の Caputo 分数階微分を計算せよ．(a) の答えと比較せよ．

(d) 式 (9.30)を応用して，任意の $x \geq 0$ に対する定数関数 $f(x) = 1$ の Riemann-Liouville 分数階微分を計算せよ．

(e) 式 (9.31) を応用して，任意の $x \geq 0$ に対する定数関数の Caputo 分数階微分を計算せよ．(d) の答えと比較せよ．α が正整数の場合にはどちらの式が合っているか？

25. 例 9.6 の水質汚染の問題を再び考えるが，今度は早い時刻での下流の汚染の単純な解析モデルを考えよう．

    (a) 図 9.31 の粒子追跡コードを実行せよ．コードを走らせて，出力が本文の例 9.6 で報告されたものとかなりよく合っていることを確かめよ．
    (b) コードを修正して，$x = 20\,\mathrm{m}$ 下流の場所での濃度が 2 Ci を超える**最も早い時刻** $Trisk$ を推定せよ．
    (c) (b) を何回か繰り返して，$Trisk$ の平均値を求めよ．この値はどのくらい正確だろうか？
    (d) $x = 25, 30, 35, 40\,\mathrm{m}$ 下流に対して (c) を繰り返せ．x に対する $Trisk$ をプロットせよ．
    (e) 本文では，十分大きな x に対して，α 安定な密度は $C(x,t) \approx t\alpha A x^{-\alpha-1}$ であることを述べた．この漸近近似を用いて $Trisk$ を推定せよ．モンテカルロシミュレーションの結果と比較せよ．解析的な式は適切な推定を与えるだろうか？

26. 例 9.6 の水質汚染の問題を再び考えて，裾のパラメータ α について感度分析を行なえ．

    (a) 図 9.31 の粒子追跡コードを実行せよ．コードを走らせて，出力が本文の例 9.6 で報告されたものとかなりよく合っていることを確かめよ．
    (b) $\alpha = 1.2, 1.3, 1.5, 1.8$ として (a) を繰り返せ．結果は裾のパラメータ α に対してどのくらい敏感だろうか？
    (c) $\alpha = 1.1, 1.2, 1.3, 1.5, 1.8$ の各値に対して (b) を何回か繰り返せ．各々の性能指標 $Tmax, Pmax, Tsafe$ の平均値を表にせよ．
    (d) (c) で表にした数字に対して正確な推定を与えよ．
    (e) 感度 $S(Tmax, \alpha), S(Pmax, \alpha), S(Tsafe, \alpha)$ を推定して，この問題の文脈で解釈せよ．

27. 例 9.6 の水質汚染の問題を再び考えよう．粒子のジャンプの大きさには自然の上限値が存在していると信じている科学者もいる．

(a) 図 9.31 の粒子追跡コードを実行せよ．コードを走らせて，出力が本文の例 9.6 で報告されたものとかなりよく合っていることを確かめよ．

(b) コードを修正して，平均のジャンプの大きさの $J = 100$ 倍であるような粒子の最大のジャンプを実行せよ．(a) を繰り返して結果を比較せよ．

(c) (b) を何回か繰り返して，各々の性能指標 $Tmax, Pmax, Tsafe$ の平均値を表にせよ．

(d) $J = 25$ として (c) を繰り返せ．最大のジャンプの大きさは結果にどのような影響を与えるだろうか？

28. 例 9.6 の水質汚染の問題を再び考えて，裾のパラメータ α が粒子の位置の分布にどのような影響を与えるかを考えよう．

(a) 図 9.31 の粒子追跡コードを実行せよ．コードを走らせて，出力が本文の例 9.6 で報告されたものとかなりよく合っていることを確かめよ．

(b) 図 9.32 と同じような，時刻 $t = 224$ 日での粒子の位置の相対頻度のヒストグラムをプロットせよ．何回か繰り返して，ヒストグラムの形はランダムな要因に依存してどのように変わるかを述べよ．

(c) $\alpha = 1.2, 1.3, 1.5, 1.8$ として (b) を繰り返せ．粒子の位置の分布は裾のパラメータ α とともにどのように変わるだろうか？

(d) $\alpha = 4$ として (b) を繰り返せ．結果として得られたヒストグラムの形はどのように比較されるだろうか？

(e) 7.3 節の中心極限定理は (d) の粒子の位置の分布についてどのようなことを意味しているだろうか？

29. この問題は 9.5 節で議論されたフラクタルの粒子の軌跡を調べる．

(a) $N = 20$ として図 9.31 の粒子追跡コードを実行して，$i = 1, 2, \ldots, N$ の粒子に対する時刻 $t(j)$ での粒子の位置 $S(i, j)$ をシミュレーションして求めよ．

(b) (a) の結果を用いて，図 9.26 と同じような，$N = 20$ 個の粒子に対する粒子の軌跡をプロットせよ．これらのプロットの特徴を述べよ．図 9.26 の粒子の軌跡とどのように比較されるだろうか？

(c) $\alpha = 1.2, 1.3, 1.5, 1.8$ に対して (b) を繰り返して，9.5 節から各々のグラフは $2 - 1/\alpha$ 次元のフラクタルであることを思い出そう．グラフはパラメータ α とともにどのように変わるだろうか？

(d) コードを修正して，粒子の x 座標と y 座標を表すように，各粒子に対する 2 組の軌跡を作れ．x の位置に対する y の位置をプロットして，図 9.35 と同じようなグラフを得よ．

(e) $\alpha = 1.2, 1.3, 1.5, 1.8$ に対して (d) を繰り返して，9.5 節から各々のグラフは α 次元のフラクタルであることを思い出そう．グラフの見かけは α が増えるとどのように変わるだろうか？

さらに進んだ文献

1. Benson, D. A., Schumer, R., Meerschaert, M. M. and Wheatcraft, S. W. (2001) Fractional dispersion, Lévy motion, and the MADE tracer tests, *Transport in Porous Media* Vol. 42, 211–240.

2. Boggs, J. M., Beard, L. M., Long, S. E. and McGee, M. P. (1993) Database for the second macrodispersion experiment (MADE-2), EPRI report TR-102072, Electric Power Res. Inst., Palo Alto, CA.

3. Bratley, P. et al. (1983) *A Guide to Simulation.* Springer-Verlag, New York.

4. Friedman, A. (1975) *Stochastic differential equations and applications. Vol. 1*, Academic Press, New York.

5. Hoffman, D. *Monte Carlo: The Use of Random Digits to Simulate Experiments.* UMAP module 269.

6. McCulloch, J. H. (1997) Measuring tail thickness to estimate the stable index α: a critique. *J. Business Econom. Statist.* Vol. 15, 74–81.

7. Meerschaert, M. and Cherry, W. P. (1988) Modeling the behavior of a scanning radio communications sensor. *Naval Research Logistics Quarterly*, Vol. 35, 307–315.

8. Meerschaert, M. M. and Sikorskii, A. (2012) *Stochastic Models for Fractional Calculus.* De Gruyter Studies in Mathematics **43**, De Gruyter, Berlin.

9. Molloy, M. (1989) *Fundamentals of Performance Modeling.* Macmillan, New York.

10. Press, W. et al. (1987) *Numerical Recipies.* Cambridge University Press, New York.

11. Ross, S. (1985) *Introduction to Probability Models.* 3rd ed., Academic Press, New York.

12. Rubenstein, R. (1981) *Simulation and the Monte Carlo Method.* Wiley, New York.
13. Shephard, R., Hartley, D., Haysman, P., Thorpe, L. and M. Bathe. (1988) *Applied Operations research: Examples from Defense Assessment.* Plenum Press, London.
14. Wheatcraft, S. W. and Tyler, S. (1988) An explanation of scale-dependent dispersivity in heterogeneous aquifers using concepts of fractal geometry, *Water Resources Research*, Vol. 24, 566–578.

あとがき

　数学は問題を解決する言語である．数学はすべての科学と技術の中心である．数学を教えることのすばらしさは，想像できるどんな技術的な仕事についてもあなたに続ける自由を与えることである．次の数ページでは，高度な数学のトレーニングを積んだ学生にとって，共通した仕事に就くチャンスについての簡単な議論を与える．このアドバイスは数学の学位を得た学生にあてはまるが，そのような学生に限ったわけではない．それは，また，他の分野で学位を得たが数学で高度なトレーニングを積むことを選んだ学生にも関係している．現実世界の問題を解く数学を使う仕事で成功を勝ち取る方法についてもいくつか提案する．多くの学生の頭の中にある一番の問題は，すぐに仕事に就くべきか，他のもっと上級の学位を取るべきかである．数学の学士や修士の学位をもった卒業生には，仕事に就くチャンスが最も多くあることを述べることから始めよう．

　コンピュータの仕事は高度な数学のトレーニングを積んだ学生にとって仕事に就く一番のチャンスである．高度なプログラミング，オペレーティングシステム，データ構造，などを含む，コンピュータを利用するコースを，高度な数学と組み合わせた学生は，工場で様々な仕事に就くチャンスを見つけるだろう．実際，コンピュータを利用する仕事の求人市場はますます競争が激しくなっているので，コンピュータの知識をもった学生は履歴書を良くするために補完的な分野の専門知識を求めるし，数学はこのための最良の方法のひとつである．あなたのコンピュータの勉強がJavaやCのような普通の役に立つプログラム言語を含むようにすることも重要である．コンピュータの利用はあなたにたくさんの扉を開くための売りになる技能である．仕事を得て本領を発揮した後には，他の多くの仕事のチャンスがそれを示していることがわかるだろう．

　数学を勉強した学生にとって他の良い仕事に就くチャンスは，保険統計の仕事である．保険統計会社はしばしば，学歴だけに基づいて数学を専攻した良い人を雇うだろうが，もしも本当に興味があるのなら，卒業する前にまず（確率を含んでいる）保険統計の試験を受けるというのは良いアイディアだ．十分な一人前の保険計理士

になるためには，一連の試験に合格する必要がある．試験の準備を手助けするような保険統計科学科では大学院生のコースがあるし，自分自身で勉強することも可能である．もしも能力や自己鍛錬があれば，非常に面白くて儲かる職業のトップにすぐに上り詰めることができる．保険会社や独立した保険統計会社で出世の見込みがあるとは言わないが，米国の売上規模上位 500 社の多くは，少なくとも一人，保険計理士の副社長がいる．保険計理士はこのような会社で数理モデリングを行う．これは特にビジネスに強い興味をもっている人々には良い出世コースであるが，それにふさわしい者となるために，ビジネス，経済学，会計学でのどんなコース学習も受ける必要はない．

多くの学生は自分の数学の学位を工学，計算機科学，会計学，の 2 つめの学位と結びつけることを選択する．もちろん，これらの分野のひとつが得意な学生は立派な仕事を得るのに問題はない．学生がもつ疑問は，その仕事がどの程度まで自分の数学の知識を十分に活かしているのかということである．正直に言うと，そこには良い知らせと悪い知らせがある．悪い知らせは，入社 1 年目と 2 年目では，大学レベルの数学の多くを使うような就職のチャンスはほとんどないということである．全員がどこかから出発するのだが，ほとんどの人は底辺から出発する必要がある．重要で覚えておくべきことは，エネルギー，情熱，正確さを使って実行するということである．この部分の職歴を，もっと洗練された仕事に対する用意ができているかどうかを確かめるためのテストと考えよう．良い知らせは，はじめのイニングをいったん通過すれば，数学を使って重要で面白い問題に従事する正真正銘の仕事のチャンスがたくさんあるということである．もちろん，難題を処理する能力があるということを証明する必要がある．

次に，上級の学位を取ろうとしている数学の学生に対する就職のチャンスをいくつか議論しよう．高等数学のトレーニングを積んだ学生は，ほとんどすべての大学院のプログラムで，とりわけ科学や工学で歓迎される．これらの分野のほとんどの上級課程で行なわれる仕事の種類を見れば，多くの数学を含んでいることがわかるだろう．ここでは，驚くほど様々な就職のチャンスが得られることを述べるだけのスペースがない．これらの分野について，まずは現実世界の問題を解くという数学の側面から考えることにしよう．

数学の上級の大学院教育は，数学の学位をもっている人にとっては最良と考えられる選択である．現実世界の問題を解くことに興味があるならば，応用数学，統計学，オペレーションズリサーチのプログラムを提供する大学院を探すべきである．計算機科学は，前にも述べたような理由から，もうひとつの魅力的な選択肢である．コンピュータを利用したという良い経歴をもっていて，数学を専攻した聡明な学生

は，計算機科学の大学院で数学の技術を使うチャンスを十分に見つけるだろう．卒業後は，このような人たちは，魅惑的な実に様々な現実世界の問題に向けられる数学とコンピュータの技能の強力な組合せをもつことになるだろう．統計学はもうひとつの良い選択である．多くの統計学者は数学の学位を取ってから働き始める．たくさんの仕事の始まりがあり，その仕事は多くの人々が信じているよりもずっと多様である．数理モデリングの最も面白い仕事のいくつかは，統計学者によって行われる．事実，この教科書の著者はいま統計学科に勤務している．

オペレーションズリサーチは，通常，数理モデリングとして考えられるものの多くを網羅するような非常に幅広い研究分野である．最適化，待ち行列理論，在庫理論の問題の研究を含んでいる．数学の学位を取ってこの分野に入ることは可能であるが，オペレーションズリサーチの上級の学位を取ってから働き始めるほうが良い．ここでの最大の問題は，正しい問題を見つけることである．数学，統計学，計算機科学，工学，そしてMBAプログラムでさえ，この分野での専攻あるいは重点研究を提供してくれる．好きなものを選んでみよう；どの学科が学位を与えるかは大して違いはない．大学が異なると，そのようなプログラムがどこにあるべきかについて異なる哲学をもっている．もうひとつ困惑する問題は，プログラムの名前である．オペレーションズリサーチ，オペレーションズマネージメント，マネージメントサイエンス，システム科学はすべて，本質的には同じものに対する異なる名前である．もう一度言うが，このうちのどれが学位に現れても全く問題はない．

研究や教育に関心があるのなら，博士のプログラムを考えよ．数学の博士号は，学問の中では最も売れる学位のひとつであって，応用数学のいくつかの分野（たとえば，数値解析や偏微分方程式など）での博士号は会社の研究室で非常に良い仕事に就かせてくれる．これらの仕事は大学でも売りになるが，それというのも，応用数学は，応用コースで教えるのにも学際的な研究プロジェクトに参加するのにも重要だからである．大学の仕事に興味があれば，統計学，計算機科学，あるいはオペレーションズリサーチで博士号を取ることも考えるべきである．仕事はたいてい数学であり，勤め口の需要は比較的良いし，給料も比較的高い．実際，科学や工学のほとんどの分野での博士号のプログラムは現実世界の問題を解くために数学を使うチャンスを十分に与えてくれる．想像力をとらえるようなものは何でも追い求めることを恐れてはならない．最後に，他の博士号も併せて取得することの可能性を見過ごしてはいけない．数理物理学，数理生物学，数理心理学，数理経済学でのプログラムはユニークなやりがいを提供してくれる．また大学の仕事と会社の仕事の間での選択について考え始めたいかもしれない．大学の仕事は生きるための手当という点では多くを与えてくれる一方で，会社の仕事は概してほぼその2倍を払ってく

れる．選べるような立場になることが望ましいだろう．

さらに進んだ文献

1. *101 Careers in Mathematics*, edited by Andrew Sterrett, Mathematical Association of America, 1529 18th Street NW, Washington DC 20036–1385, www.maa.org/careers
2. *Careers in Applied Mathematics*, Society for Industrial and Applied Mathematics, 3600 Market Street, 6th Floor, Philadelphia, PA 19104-2688, www.siam.org/careers/
3. *Careers in Operations Research*, Institute for Operations Research and the Management Sciences, 7240 Parkway Drive, Suite 300, Hanover MD 21076 USA, www.informs.org/Build-Your-Career/INFORMS-Student-Union/
4. *Careers in Statistics*, American Statistical Association, 732 North Washington Street, Alexandria VA 22314-1943, www.amstat.org/careers
5. *Occupational Outlook Handbook*, Computer and Mathematical Occupations, U.S. Bureau of Labor Statistics, Office of Occupational Statistics and Employment Projections, PSB Suite 2135, 2 Massachusetts Avenue NE, Washington DC 20212-0001, www.bls.gov/oco/
6. *Mathematical Sciences Career Information*, American Mathematical Society, 201 Charles Street, Providence RI 02904-2294, www.ams.org/careers
7. *The Actuarial Profession*, Society of Actuaries, 475 North Martingale Rd., Schaumburg IL 60173–2226, www.soa.org/careers

索引

数字
1 変数最適化　6
2 進整数計画問題　102

K
Kirchhoff の電圧法則　157
Kirchhoff の電流法則　157

R
RLC 回路の問題　158, 167, 174, 175, 194, 222, 223

V
v-i 特性関数　157

あ
あてはまりの良さ　287
雨の日の問題　365, 368
安定　125, 134
安定な運動　362
安定分布　352
異常拡散　253
一様分布　325
エルゴード的マルコフ連鎖　269, 279
オイラー法　194
汚染の問題　247, 259, 261, 339
重い裾　359

か
ガーデンチェア製造の問題　70, 108
解析的シミュレーション　333
カオス　202, 224
価格弾力性　26
拡散　349
拡散方程式　339
拡張された中心極限定理　352
確率分布　234

確率変数　325
火事の通報の問題　242, 255
株式市場の問題　305
貨物輸送の問題　55, 108
完全グラフ　59
感染症の問題　142, 217
感度　12, 65
感度分析　8
気象の問題　208, 228
期待値　234, 239
木の問題　138, 139, 145, 174, 177, 221
供給と需要の問題　142, 174
共分散　294
クジラの問題　18, 51, 52, 106, 139, 140, 171–173, 186, 202, 217–219, 225
グラフ解法　58
クラメールの法則　123
グリッド検索　68
決定係数　288
決定変数　38
コイル　157
洪水の問題　306
勾配ベクトル　34
固有値　146, 210
固有値の方法　146, 152
固有ベクトル　147
コンデンサ　157

さ
在庫の問題　263, 304, 305, 364, 366
細胞分裂の問題　309, 365
残差　292, 297
時系列モデル　293
次元　204

自己相関関数　296
自己相似的　204
指数分布　240, 326
施設配置の問題　66, 106, 311
実行可能領域　39
質量保存　248
シャドウ・プライス　50
重心　239
住宅抵当証券の問題　285, 310
条件付き確率　240
状態空間　121, 133
状態遷移確率　265
状態遷移行列　265
状態遷移図　265, 277
状態変数　121, 133
初到達時間　326
心臓発作の問題　256
シンプレックス法　77
新聞社の問題　19, 53, 54, 108

水質汚染の問題　351
数式処理ソフトウエア　25, 61, 304
ストレンジアトラクタ　214
スラック変数　77

正規分布　243, 327, 340
正規変動幅　245
整数計画法　94
性能指標　316, 323, 324
制約　32
制約付き最適化　32
制約なし最適化　22
切断効果　360
線形回帰　285
線形近似　146, 153, 170
線形計画法　75
線形縮小写像　153
戦争の問題　141, 180, 214–216, 221

相関係数　295
相図　158
速度ベクトル　127

た
ダイオードの問題　234, 253
大数の強法則　236, 316, 347
タクシーの問題　256, 366
多項式最小二乗法　310

多重回帰　310
多変数関数の合成関数微分公式　29, 44
地域射撃　179
地対空ミサイル　332
中心極限定理　243, 247, 340, 347
直接射撃　179

抵抗　157
定常状態　120
定常状態分布　267
テレビ製造の問題　21, 32, 52, 107, 108, 112
電圧　157
電気回路　157
電流　157

統計学的推定　242
統計的に有意　245
同相写像　159
ダイナミカルシステム　126
動的モデル 1　120
独立な確率変数　236
ドッキングの問題　132, 143, 175, 217, 322, 364
ドリフトをもつ拡散　340
泥運搬の問題　84, 100

な
内的自然増加率　120

二項式　367
二項分布　333, 366
ニュートン法　62, 72

農場経営の問題　75, 93

は
爆撃航程の問題　332, 366, 367
外れ値　292
バランス方程式　122, 279
反復関数　152, 170

ヒートアイランド　339
表計算ソフトウエア　85, 102, 197
標準正規分布　243
標本標準偏差　346
標本分散　346
標本平均　346

ファイブ・ステップ法　4, 26

フィックの法則　248, 361
フーリエ変換　340, 352
フォークリフトの問題　274
不規則な拡散　351
複素絶対値　153
ブラウン運動　247, 362
フラクタル　202, 204, 349, 361–363
振り子の問題　224
分散　243
分枝限定法　94
分数階拡散方程式　352
分数階微分　351, 352
分布関数　239

平衡点　121
ベクトル場　127

ポアソン過程　242
ポアソン分布　255, 264
放射性崩壊の問題　238, 254
捕食者–被食者の問題　141, 173, 220

ま
待ち行列モデル　284
マーフィーの法則　256, 282
摩耗率　180
マルコフ過程　274, 306
マルコフ決定理論　273
マルコフ性　274, 323
マルコフ連鎖　264

密度関数　239

無記憶性　240, 274
無線通信検出器の問題　258, 368

目的関数　35
モンテカルロシミュレーション　316, 339, 341

や
養豚の問題　4, 16–19, 57, 104, 105

ら
ラグランジュ乗数　32
ランダム検索　67
ランダム到着　239
ランチェスターモデル　141

離散時間シミュレーション　180

離散時間ダイナミカルシステム　133
離散的確率変数　234
リミットサイクル　196
粒子追跡　339

ルンゲ・クッタ法　225

レジの列の問題　256, 366
連続時間シミュレーション　187
連続的確率変数　238

ロバスト性　14

訳者一覧

佐々木徹（岡山大学）　　　　第1章，第2章
竹内康博（青山学院大学）　　　第3章
梶原　毅（岡山大学）　　　　　第4章，第5章
宮崎倫子（静岡大学）　　　　　第6章
守田　智（静岡大学）　　　　　第7章，第8章本文
佐藤一憲（静岡大学）　　　　　第8章練習問題，第9章

訳者紹介

佐藤 一憲（さとう かずのり）
- 略　歴　1993年九州大学大学院理学研究科博士後期課程（生物学専攻）修了，日本学術振興会特別研究員，室蘭工業大学講師，同助教授，静岡大学助教授を経て2015年より現職
- 現　在　静岡大学大学院総合科学技術研究科准教授，博士（理学）
- 専　門　数理生物学

梶原 毅（かじわら つよし）
- 略　歴　1984年大阪大学大学院基礎工学研究科博士後期課程（数理系専攻）修了，岡山大学教養部講師，同助教授，環境理工学部教授，同大学環境生命科学研究科教授を経て2021年より現職
- 現　在　岡山大学特命教授（研究），工学博士
- 専　門　生物数学，関数解析学

佐々木 徹（ささき とおる）
- 略　歴　1993年東京大学大学院数理科学研究科博士課程（数理科学専攻）修了，岡山大学教養部講師，岡山大学環境理工学部講師，岡山大学大学院環境学研究科講師，同准教授，岡山大学大学院環境生命科学研究科准教授，同教授を経て2021年より現職
- 現　在　岡山大学学術研究院環境生命科学学域教授，博士（数理科学）
- 専　門　応用解析学，生物数学

竹内 康博（たけうち やすひろ）
- 略　歴　1979年京都大学大学院工学研究科博士課程（数理工学専攻）修了，同年静岡大学工学部助教授，1994年同教授，2006年同創造科学技術大学院教授，2012年青山学院大学教授を経て2020年より現職
- 現　在　静岡大学・青山学院大学・東京大学客員教授，工学博士
- 専　門　生物数学

宮崎 倫子（みやざき りんこ）
- 略　歴　1990年大阪府立大学大学院工学研究科博士前期課程修了，大阪府立大学助手，静岡大学助教授および准教授および教授を経て2015年より現職
- 現　在　静岡大学大学院総合科学技術研究科教授，博士（理学）
- 専　門　関数微分方程式論

守田 智（もりた さとる）
- 略　歴　1997年京都大学大学院理学研究科博士後期課程修了，慶應義塾大学理工学部助手（有期・未来開拓学術研究事業），静岡大学工学部助手，同助教，同講師，同准教授を経て2016年より現職
- 現　在　静岡大学大学院総合科学技術研究科教授，博士（理学）
- 専　門　非線形動力学，統計物理学

数理モデリング入門　原著第4版 ─ファイブ・ステップ法─ *Mathematical Modeling* *Fourth Edition* 2015年1月30日　初 版 1 刷発行 2022年5月1日　初 版 4 刷発行	著　者　Mark M. Meerschaert 訳　者　佐藤一憲・梶原　毅 　　　　佐々木徹・竹内康博　ⓒ 2015 　　　　宮崎倫子・守田　智 発行者　南條光章 発行所　共立出版株式会社 　　　　郵便番号 112-0006 　　　　東京都文京区小日向 4-6-19 　　　　電話 03-3947-2511（代表） 　　　　振替口座 00110-2-57035 　　　　URL www.kyoritsu-pub.co.jp 印刷 製本　藤原印刷

一般社団法人
自然科学書協会
会員

検印廃止
NDC 417
ISBN 978-4-320-11100-4

Printed in Japan

JCOPY ＜出版者著作権管理機構委託出版物＞

本書の無断複製は著作権法上での例外を除き禁じられています．複製される場合は，そのつど事前に，出版者著作権管理機構（ＴＥＬ：03-5244-5088，ＦＡＸ：03-5244-5089，e-mail: info@jcopy.or.jp）の許諾を得てください．

An Introduction to Mathematical Biology
生物数学入門
差分方程式・微分方程式の基礎からのアプローチ

Linda J. S. Allen [著]

竹内康博・佐藤一憲・守田　智・宮崎倫子 [監訳]

　本書は，生物学における様々な数理モデルの紹介とその解析手法を教授することを目的としている。必要な数学の知識は微積分や線形代数，微分方程式の初歩的なものである。本書の特徴は生物現象の時空間ダイナミクスを理解するために必要な力学系の基礎理論をコンパクトにまとめていることである。

　特に差分・常微分・偏微分方程式系の解析手法が1冊にまとめられている点，多くの例題が取り上げられている点，また練習問題が多くあげられている点が入門書として優れている。また取り上げられている生物現象は個体群ダイナミクスや感染症モデル，神経系のモデルなど範囲が広い。MATLABやMapleプログラムが与えられているので，本書で取り上げられている数理モデルを簡単に数値シミュレーションすることが可能である。したがって，時間・空間発展する生物現象を調べるために必要な数学的手法と数学モデリングを学ぶための格好の入門書である。

● 主要目次 ●

第1章　線形差分方程式：理論と例
第2章　非線形差分方程式：理論と例
第3章　差分方程式の生物学への応用
第4章　線形微分方程式：理論と例
第5章　非線形常微分方程式：理論と例
第6章　微分方程式の生物学への応用
第7章　偏微分方程式：理論，例と応用

菊判・456頁・定価 6,380 円(税込)
ISBN978-4-320-05715-9

www.kyoritsu-pub.co.jp

共立出版　(価格は変更される場合がございます)

 公式 Facebook
https://www.facebook.com/kyoritsu.pub